全国高等医药院校教材

大学实验化学

（供基础医学、预防医学、临床医学、医学检验、药学及相关专业使用）

主　编　沈雪松　仇佩虹

副主编　秦雪莲　秦秀英　顾生玖　王金英

编　者　（以姓氏笔画为序）

马献力　王金英　仇佩虹　白先群

刘汉甫　李寿芬　李　燕　李芳耀

吴文娟　陈素一　辛　懋　沈雪松

林家逊　罗朝晖　秦雪莲　秦秀英

桂劲松　顾生玖　黄丽芳　黄　晓

黄耀峰　黄锁义　蒋东丽　蒋彩娜

谢文娟

中国医药科技出版社

内 容 提 要

《大学实验化学》共10章，前2章介绍了化学实验的常规知识、基本操作与技术，后8章是化学基础实验、制备实验、化学平衡实验、物质与性质鉴定实验、物质含量测定实验、物理与化学参数测定实验、综合性实验、设计性实验、具体包括77个实验。本教材将“四大化学”实验的实验内容和实验方法，密切结合医药专业的应用需要，科学整合，根据各学科的内在规律和联系，独立成一门新体系的课程。

本教材可作为高等院校医药专业及化学、化工、材料、轻工、食品、冶金、生物工程等专业的化学实验教材，也可供从事化学实验室工作或化学研究工作的人员参考。

图书在版编目（CIP）数据

大学实验化学/沈雪松，仇佩虹主编．—北京：中国医药科技出版社，2010.9

全国高等医药院校教材

ISBN 978－7－5067－4726－4

Ⅰ.①大…　Ⅱ.①沈…②仇…　Ⅲ.①化学实验－医院学校－教材　Ⅳ.①06－3

中国版本图书馆CIP数据核字（2010）第157590号

美术编辑　陈君杞

版式设计　郭小平

出版　中国医药科技出版社
地址　北京市海淀区文慧园北路甲22号
邮编　100082
电话　发行：010－62227427　邮购：010－62236938
网址　www：cmstp. com
规格　787×1092mm $^1/_{16}$
印张　21
字数　478千字
版次　2010年9月第1版
印次　2010年9月第1次印刷
印刷　廊坊市华北石油华星印务有限公司
经销　全国各地新华书店
书号　ISBN 978－7－5067－4726－4
定价　39.00元

化学作为医药专业人才培养的先行学科、基础学科，化学实验教学在创新人才培养方面占有十分重要的地位，本教材根据应用型医药人才培养目标以及对化学知识的基本要求，调整实验课程结构，重点加强学生基本操作和基本技能的训练，加强动手、动脑的能力训练。

本教材将“四大化学”实验的基本操作技能训练、合成制备、性质鉴定与含量测定等实验内容和各种实验方法密切结合医药专业的应用需要，科学整合，优化教学资源，精选、整合为一个整体。内含四个层次：化学基本技能实验、化学基本方法实验、综合性实验、设计性实验。根据各学科的内在规律和联系，独立形成一门新体系的大学实验化学课程。

该教材具有先进性、科学性和教育教学的适用性。可作为高等院校医药专业及化学、化工、材料、轻工、食品、冶金、生物工程等专业的化学实验教材，也可供从事化学实验室工作或化学研究工作的人员参考。

本教材主要包括如下内容。

1. 化学实验基础知识与基本操作、常用测量仪器的使用及实验结果的表示与处理等内容的介绍。

2. 基本操作实验。着重对学生进行简单的玻璃加工、称量、试剂的取用、溶液的配制、固体的溶解、固液分离、蒸发、结晶的基本实验技能的训练。

3. 基本化学原理实验。旨在通过实验加深学生对化学基本理论（化学热力学、化学动力学及酸碱平衡、沉淀溶解平衡、氧化还原平衡、配位平衡等）的理解、掌握和运用。

4. 重要元素及化合物性质实验。对主要化合物的性质和变化规律进行学习、巩固和验证。

5. 综合性实验。注重理论与实际的结合，将化学理论和化学实验的基本原理和操作技术在实验的过程中加以综合应用。

6. 设计性实验。具有以下几方面的特色。

（1）加强基础知识、基本操作和基本技能的训练，为进一步学习打下坚实的基础。

（2）实验内容由浅入深、由基础到综合，循序渐进，符合学生认知学习规律。

（3）给出设计提示，引导学生在给定的药品和仪器规格、数量基础上，自行设计方案。促使学生由被动学习到主动求知，既有效地利用了实验室现有的条件，考虑到学生对化学专业知识掌握的程度，又使学生的综合实践能力得到了强化训练。

（4）利用化学教研室的科研项目，编写相关的研究性实验，有些可作为开放实验，便于学生了解科学研究的方法，扩大知识面，有助于其科学思维的培养和创新能力的训练。

本教材由沈雪松教授、仇佩虹教授担任主编，负责全书的策划、编排和审定，秦雪莲、秦秀英、顾生玖、王金英参与主编，全书的统稿、复核由秦雪莲负责。参与教材编写工作的有秦雪莲、秦秀英、李寿芬、顾生玖、黄耀峰、黄丽芳、黄晓、黄锁义、吴文娟、李芳耀、刘汉甫、蒋东丽、李燕、罗朝晖、白先群、陈素一、辛懋、马献力、林家逊、谢文娟等。编者以桂林医学院药学院化学教研室的教师为主体，其中外校编者有：仇佩虹教授（温州医学院）、吴文娟教授（广东药学院）、王金英教授（牡丹江医学院）、黄锁义教授（右江医学院）。桂林医学院药学院化学教研室同仁为《大学实验化学》编写提供大量的帮助，中国医药科技出版社为《大学实验化学》的编辑出版做了大量的工作，在此谨向他们致以诚挚的谢意。

《大学实验化学》编写时也参考了兄弟院校的教材和公开出版的书刊及互联网上的相关内容，在此对相关的作者和出版社表示衷心的感谢。

《大学实验化学》是广西高校“十一五”优秀教材立项项目，同时吸收借鉴了多年来各级教学与改革研究成果。在此对资助方的大力支持表示衷心的感谢。

由于时间紧迫、水平有限，书中难免有不妥之处，敬请同行和读者批评指正。

编者

2010 年 7 月

目 录

附 录

第一章　化学实验的常规知识

第一节　实验室规则

（1）实验前应认真预习实验内容，了解实验目的、基本原理、实验操作步骤、实验装置和所用试剂的属性，并写出预习报告。

（2）实验室严禁吸烟、进餐，不得穿背心、拖鞋进实验室，保持实验室的安静，不准大声喧哗。

（3）实验过程中要遵从老师的指导，严格遵守操作规程，仔细观察实验现象，如实记录、认真思考和分析问题。不得擅自离开实验室。

（4）公用仪器、试剂在指定地方使用，用完立即放回原处。节约使用试剂和物品。损坏仪器应及时报告和补充，并按规定补偿。

（5）熟悉实验室的安全设备，掌握灭火器的使用方法以及试剂中毒急救的相关知识。

（6）保持实验室整洁卫生，实验仪器摆放整齐有序，以免碰撞损坏。废纸、火柴棒、沸石、玻璃等固体物质投入废物桶中，不得倒入水槽，以免堵塞。废酸、废碱倒入废液桶中，实验产生的废液倒入指定的回收瓶统一处理。

（7）实验结束，将仪器洗净放好，做好实验桌的清洁卫生，严禁将实验室的任何物品带出实验室。

（8）值日生负责做好实验室的清洁卫生，离开实验室前要关水、关电、关窗。

第二节　实验室的安全知识

一、实验室安全守则

在化学实验中，常常会用到一些易燃、易爆、有腐蚀性和有毒性的化学药品，所以必须十分重视安全问题，绝不能麻痹大意。在实验前应充分了解每次实验中的安全问题和注意事项，实验过程中要集中精力、严格遵守操作规程和安全守则，这样，才能避免事故的发生；万一发生了事故，要立即紧急处理。实验室安全守则如下。

（1）绝对禁止在实验室内饮食、吸烟、打闹。

（2）一切易燃、易爆物质的操作都要在远离火源的地方进行。

（3）有毒、有刺激性的气体的操作都要在通风橱内进行。当需要借助于嗅觉判别少量的气体时，绝不能用鼻子直接对着瓶口或试管口嗅闻气体，而应当用手轻轻煽动少量气体进行嗅闻。不允许用手直接取固体药品。

（4）加热、浓缩液体的操作要十分小心，不能俯视正在加热的液体；加热试管时，不能将试管口对着自己或别人。浓缩液体时，特别是有晶体出现之后，要不停地搅拌，不能离开，应尽可能戴上防护眼镜。

（5）有毒的药品（如铬盐、钡盐、铅盐、砷的化合物、汞及汞的化合物、氰化物等）严格防止进入口内和接触伤口。剩余的药品或废液不许倒入下水道，应回收集中处理。

（6）使用具有强腐蚀性的浓酸、浓碱、洗液时，应避免接触皮肤和溅在衣服上，更要注意保护眼睛，必要时可戴上防护眼镜。

（7）禁止任意混合各种试剂和药品。

（8）实验室所有仪器、药品不得带出室外。

（9）水、电、煤气使用完毕应立即关闭。

（10）实验结束后，应洗净双手才能离开实验室。

二、防火、防爆与急救

如果在实验过程中发生意外事故，可以采取如下救护措施。

涉及有机物的实验，使用的溶剂大多是易燃易挥发的，有些药品甚至是有爆炸性的，因而着火是有机实验室常见的事故之一，此外，当空气中混杂的易燃溶剂蒸气的浓度在它的爆炸体积范围之内，一有明火或火星就会立即爆炸。预防的基本原则如下。

（1）勿将易燃易挥发溶剂放在敞开容器（如烧杯）中，盛放易燃有机溶剂的容器要妥善保管，不得靠近火源。数量较大的易燃有机溶剂应放在危险药品柜内。

（2）加热易燃溶剂时不能采用明火加热，应采用间接的加热方法，如水浴、油浴或沙浴等。为避免蒸汽的挥发，还应根据情况选用空气冷凝管或水冷凝管，冷凝水应保持畅通，否则大量有机溶剂来不及冷凝而逸出会造成火灾。

（3）不得把易燃有机溶剂倒入废物缸中，要专门回收，以免引起下水道着火。

（4）使用易燃、易爆气体（如氢气）时要保持空气通畅，严禁明火，并防止一切火星的产生，如敲击、摩擦、电器开关等。

（5）常压操作时，要使实验装置和大气有相通之处，切忌组成密闭体系。减压蒸馏时，应使用圆底烧瓶或吸滤瓶作接受器，不可用锥形瓶或平底烧瓶，否则会发生炸裂。

（6）某些类型的有机化合物如金属炔化物、过氧化物、干燥的重氮盐、硝酸酯、多硝基化合物等，具有爆炸性，须严格按照操作规程进行实验，防止蒸干或碰撞。

（7）防止煤气泄露。要经常检查煤气管道和阀门是否漏气。

若不小心发生火灾，切勿惊慌失措，要沉着应对，立即关闭煤气和电源，并采取各种相应措施，把损失降低到最小程度。

如地面或桌面着火，且火势较小时，用湿抹布或沙子扑灭，火势大时用灭火器。如反应瓶着火，可用石棉板或湿布盖住瓶口，火即刻熄灭。如油类着火，要用沙子或灭火器灭火。如电器着火，应切断电源，然后用四氯化碳灭火器灭火。如衣服着火，切勿奔跑，用厚外衣或防火毯裹紧使之熄灭；较严重者应躺在地上打滚并用防火毯紧紧裹住使之熄灭，或用水冲灭。

常用的灭火器有二氧化碳、四氯化碳和泡沫灭火器。

二氧化碳灭火器：是实验室中最常见的一种灭火器。钢瓶内贮放压缩的二氧化碳。使用时要一手提灭火器，另一手握在喷二氧化碳的喇叭筒的把手上（不能手握喇叭筒，因二氧化碳喷出时压力骤降，温度随之骤降，手若握在喇叭筒上易被冻伤），打开开关，二氧化碳气体即会喷出。

泡沫灭火器：其内部分别装有含发泡剂的碳酸氢钠溶液和硫酸铝溶液。使用时将筒身颠倒，大量二氧化碳泡沫喷出。这种灭火器一经使用，就要将筒内容物喷完才能放正，非大火一般不用泡沫灭火器。因泡沫能导电，不能用于电器的灭火。

四氯化碳灭火器：用于扑灭电器着火，四氯化碳有毒，使用时要保持通风，以防中毒。

水不能用于扑灭油浴和有机溶剂着火，泼水后火势更易蔓延。

三、防毒与中毒处理

化学试剂大多数具有不同程度的毒性，产生中毒的根本原因是接触或吸入有毒试剂。要避免中毒，在使用有毒化学试剂时应做到以下几点。

（1）有毒试剂的存放要专人负责，妥善保管，不准乱放。使用有毒试剂者必须遵守操作规程，实验后的有毒残渣必须做妥善有效的处理，不准乱丢，使用过的器皿应及时清洗。

（2）勿让有毒试剂接触五官或伤口。有些有毒物会通过皮肤渗入体内，因此在使用这类物质时应戴橡皮手套，操作后立即洗手。

（3）使用有毒试剂或在反应过程中可能产生有毒或有腐蚀气体的实验，应在通风柜中进行。避免过多吸入有毒蒸气。

万一发生中毒事故，应根据情况作如下处理。

（1）一般试剂溅到皮肤上，用大量的水冲洗。

（2）有毒试剂溅入口中而未吞咽的，用大量的水冲洗口腔；若吞服，用大量水冲洗口腔，然后根据有毒物品的性质服用解毒剂，严重者应立即送往医院。

（3）对于腐蚀性物品中毒的，若为强酸，先饮用大量的水，然后再服用氢氧化铝、鸡蛋白、牛奶；若为强碱，先饮用大量的水，然后服用醋、鸡蛋白、牛奶。

（4）对于刺激性或神经性中毒的，先服用牛奶或鸡蛋白使之冲淡缓和，再服硫酸镁催吐，有时也可用手指伸入喉部促使呕吐，然后立即送往医院。

（5）对于气体中毒的，应立即将中毒者移至室外，解开衣领及钮扣，必要时做人工呼吸并急送医院。

四、其他事故的预防与急救

（1）实验室中应防止触电事故的发生，使用者必须检查插头接线是否完好，电线有否磨损，负荷是否恰当，不能用湿手或手握湿物接触电插头。

触电急救：立即关闭电源或用不导电物使触电者脱离电源，然后对触电者进行人工呼吸并急送医院抢救。

（2）玻璃割伤是化学实验室中常见事故之一。防止打碎玻璃器皿和折断温度计，因为在处理碎玻璃时最易被割伤。在切割玻管玻棒时，若未锉好即行折断也易被割伤，断面锋利，要烧熔平光。

割伤处理：小心取出伤口中的玻璃碎屑，挤出污血，用蒸馏水洗伤口后涂上碘酒和红药水，用消毒绷带扎好。大伤口则应先按紧主血管以防止大量出血，并急送医院。

（3）试剂灼伤的处理视情况而定。

酸：立即用大量水洗，再以3%～5%碳酸氢钠溶液洗，最后用水洗；严重时要消毒，轻轻拭干后涂烫伤油膏。

碱：立即用大量水洗，再以2%醋酸洗，最后用水洗；严重时也要消毒，轻轻拭干后涂烫伤油膏。

钠：可见小块用镊子移去，其余与碱灼伤处理相同。

溴：立即用大量水洗，再用乙醇擦至无溴液存在为止，然后涂上甘油或烫伤油膏。

（4）烫伤：皮肤接触热的火焰或物体，极易烫伤，在实验过程中应避免接触。若发生烫伤，轻者涂烫伤膏，严重者立即送往医院救治。

第三节　实验的预习、记录和实验报告

一、实验预习

（1）实验前，应认真阅读实验教材及相关的参考书目和文献资料，明确实验目的和要求，掌握实验原理和方法。

（2）了解仪器的结构和操作规程，明确实验的内容和操作步骤。

（3）根据对实验的理解，用简明扼要的方式写出预习报告，重点表述对实验原理和实验方法的理解，特别是实验操作步骤及操作过程中要注意的问题，并设计好记录原始数据的图表。

二、实验与记录

1. 严格、规范操作

（1）进入实验室后，首先检查仪器和试剂是否符合要求，并做好实验的各项准备工作。

（2）在不了解仪器使用方法之前，不得擅自使用和拆卸仪器。仪器和线路安装或连接好后，须经教师检查无误后方能接通电源开始实验。

（3）在教师指导下，严格按操作规程进行操作，不得随意更改。

2. 仔细观察实验现象，如实、准确地记录实验数据。要善于发现和解决实验中出现的问题。

3. 实验结束后，应将实验数据交指导教师审阅通过后，方能拆除实验装置。若不合格，则需重做或补做。

4. 严格遵守实验室各项规则，保持实验室安静和整洁，尊重教师的指导。

三、实验报告

1. 实验后必须及时、认真地完成实验报告。实验报告必须独立完成，同一小组成员不得合写一份报告。实验报告要格式规范、内容完整、文字简练、表达清晰、结论明确。

2. 实验报告不仅是概括实验过程和总结实验结果的重要的文献性资料，也是提高学生思维能力、专业能力和初步科研能力的重要的训练环节，希望能高度重视。

3. 实验报告案例

（1）案例 1

实验名称________________

姓名________学号________班级________日期________室温________大气压________

实验目的

实验原理

实验内容　　　　实验步骤与现象　　　　实验现象解析

实验总结

备注

（2）案例 2

实验名称________________

姓名________学号________班级________日期________

一、实验目的

二、实验原理

三、主要试剂及产物的物理常数

四、实验装置图

五、实验步骤

六、数据或现象的记录及处理

七、讨论

同学应对观察到的现象与结果进行讨论，分析自己在实验中存在的问题或对实验提出改进意见。

(3) 案例3

实验名称____________________

姓名________学号________班级________日期________

一、实验目的

二、实验原理（简述）

三、实验内容

选用最简明扼要的方式表达每一项实验内容的操作步骤。

四、实验现象或实验数据

五、实验结论、解释或实验数据处理、计算结果

六、实验讨论

包括对实验中遇到的异常现象或问题的说明，分析误差的原因，并对该实验提出进一步的修改建议或意见。

七、思考题

第四节 误差分析与实验数据处理

一、误差理论和有效数字

在测量实验中，测量值和真实值不可能完全一致，其差值称为误差。分析测量结果的准确性和产生误差的主要原因，寻找减少误差的有效措施，可以提高测量结果的准确性。

（一）误差的分类

1. 系统误差 在同一条件下对同一量进行多次测量时，误差的符号保持恒定（即多次测量中均出现正误差或负误差，具有单一方向性），其数值按某一确定的规律变化，这种误差称为系统误差。

系统误差不能依靠增加实验的次数使之消除，但可以通过改进实验方法、校正仪器、提高试剂纯度等，有针对性地使之减少到最小程度。

2. 偶然误差 偶然误差通常由一些不确定的因素所引起。从单次测量值看，误差的绝对值和符号的变化时大时小、时正时负，呈现随机性，但是其多次测量的结果服从概率统计规律，可采用多次测量取算术平均值的方法来减小偶然误差对测量结果的影响，使测得结果接近真实值。

3. 过失误差 过失误差是一种与事实不符的误差，是由于工作粗心大意、操作不正确引起的。例如读错刻度值，看错砝码，加错试剂，记录错误，计算错误等。此种误差只要加强责任心，工作认真细致即可避免。

（二）准确度与精密度

准确度是指测量值与真实值符合的程度。若实验的准确度高，说明测量值与真实值之间的差值小。精密度是指测量中所测数据重复性的好坏。若所测数据重复性好，说明此实验结果的精密度高。

在分析测定过程中，由于存在误差且误差会传递，因而直接影响分析结果的精密度和准确度。系统误差仅影响分析结果的准确度，而偶然误差既影响精密度，也影响准确度。

评价分析结果应先看精密度再看准确度。但是，精密度高，准确度不一定高；而高准确度的数据却要足够的精密度来保证。因此，只有精密度、准确度都高的数值，才是可取的。

（三）实验误差的表示

表示实验误差的方法很多，下面介绍常用的几种。

1. 算术平均值与平均误差　在任何测量中，偶然误差总是存在，所以我们不能以任何一次的观察值作为测量结果。为了使测量结果有较大的可靠性，常取多次测量的算术平均值。设物理量 A 的每次测量值为 x_1、x_2、$x_3 \cdots x_n$，共测量 n 次，其算术平均值 $\bar{x}$ 为：

$$\bar{x} = \frac{x_1 + x_2 + x_3 + \cdots + x_n}{n} \tag{1-1}$$

测定值与平均值之差称为偏差，用以衡量精密度的高低。

$$\Delta x_i = x_i - \bar{x} \tag{1-2}$$

Δx_i 值越小，测量的精度越高。又因为各次测量误差的数值可正可负，故需引入平均偏差的概念：

$$\overline{\Delta x} = \frac{|\Delta x_1| + |\Delta x_2| + |\Delta x_3| + \cdots + |\Delta x_n|}{n} = \frac{\sum_{i=1}^{n} |x_i - \bar{x}|}{n} \tag{1-3}$$

而相对平均偏差则为：

$$\frac{\overline{\Delta x}}{\bar{x}} = \frac{|\Delta x_1| + |\Delta x_2| + |\Delta x_3| + \cdots + |\Delta x_n|}{n\bar{x}} \times 100\% \tag{1-4}$$

2. 标准偏差　若物理量 A 的个别测量值为 x_i，n 次测量的算术平均值为 $\bar{x}$，则标准偏差 S 为：

$$S = \sqrt{\frac{\sum_{i=1}^{n} (x_i - \bar{x})^2}{n-1}} \tag{1-5}$$

3. 间接测量的误差传递　有些物理量不能直接测量（如物质的相对分子质量等），但可通过其他可以测量的数据，经过数学运算间接得到所需的结果，称为间接测量。下面讨论间接测量的误差传递。

设直接测量的数据为 x 及 y，测量误差为 $\mathrm{d}x$ 和 $\mathrm{d}y$，当误差和测量值相比很小时，可以把它们看作微分 $\mathrm{d}x$、$\mathrm{d}y$。已知物理量 U 是由直接测量的 x、y 经过计算而得，即 U 是 x、y 的函数，写作：

$$U = f(x, y)$$

微分之

$$\mathrm{d}U = \left(\frac{\partial U}{\partial x}\right)_y \mathrm{d}x + \left(\frac{\partial U}{\partial y}\right)_x \mathrm{d}y \tag{1-6}$$

因此，在运算中，误差 dx 和 dy 将影响最后结果 U，使其产生 dU 的误差。对于各种运算过程所受影响的规律归纳于表 1－1 中。

表 1－1　各种运算过程所受影响的规律

函数式	绝对误差	相对误差
$U = x + y$	$\pm (dx + dy)$	$\pm \left(\frac{dx + dy}{x + y}\right)$
$U = \frac{x}{y}$	$\pm \left(\frac{xdy + ydx}{y^2}\right)$	$\pm \left(\frac{dx}{x} + \frac{dy}{y}\right)$

例如，用冰点降低法测定相对分子质量时，所用计算公式为：

$$M = \frac{1000k_f \cdot m}{m_0(t_0 - t)} = \frac{1000k_f \cdot m}{m_0 \cdot \theta}$$

式中：k_f为冰点下降常数；m 为溶质质量；m_0 为溶剂质量；θ 为冰点下降度数；t_0 为溶剂冰点；t 为溶液冰点。由实验测出：m ＝（0.3000 ± 0.0002）g，m_0 ＝（20.00 ± 0.02）g，θ ＝（0.300 ± 0.008）℃，求相对分子质量的相对误差。

解：根据表 1－1 中误差传递的计算方法，相对分子质量的相对误差为：

$$\frac{\Delta M}{M} = \frac{\Delta m}{m} + \frac{\Delta m_0}{m_0} + \frac{\Delta\theta}{\theta} = \frac{0.0002}{0.3000} + \frac{0.02}{20.00} + \frac{0.008}{0.300}$$
$$= 7 \times 10^{-4} + 1 \times 10^{-3} + 2.6 \times 10^{-2}$$
$$= 0.028 = 2.8\%$$

从以上计算可知，测量物质的相对分子质量最大相对误差为 2.8%，因此，其误差主要来源于温度的测量，称重并不能增加测量的准确度，所以不必采取过分准确的称量。要想提高测量的准确度，应寻找更精密的测温仪器或选用其他更好的实验方法。

（四）有效数字

实验所获得的数值，不仅表示某个量的大小，还应反映测量这个量的准确程度。记录和计算测量结果都应与测量的误差相适应，不应超过测量的精确程度，即测量和计算所表示的数字位数，除末位数字为可疑者外，其余各位数从仪器上可直接测得。通常将所有确定的数字和最后不确定数字一起称为有效数字。常用仪器的精度见表 1－2。

表 1－2　常用仪器的精度

仪器名称	仪器的精度	举例	有效数字位数
托盘天平	0.1g	15.6g	3 位
1/100 天平	0.01g	15.61g	4 位
电光天平	0.0001g	15.6068g	6 位
10ml 量筒	0.1ml	8.5ml	2 位
100ml 量筒	1ml	96ml	2 位
移液管	0.01ml	25.00ml	4 位
滴定管	0.01ml	50.00ml	4 位
容量瓶	0.01ml	100.00ml	5 位

任何超出或低于仪器精度的数字都是不恰当的。例如上述滴定管的读数为 50.00ml，不能当作 50ml，也不能当作 50.000ml，因为前者降低了实验的精确度，后者则夸大了实验的精确度。

现列出有效数字的一些规则和概念。

（1）根据 0 在数字中的位置，确定其是否包括在有效数字的位数中。若 0 在数字前面，只表示小数点的位置（仅起定位作用），不包括在有效数字中；若 0 在数字的中间或在小数的末端，则表示一定的数值，应包括在有效数字的位数中。例如：

数值	0.68	6.80×10^{-3}	0.02350	6.08
有效数字位数	2 位	3 位	4 位	3 位

但在另一种情况下，例如 1480 这个数值就无法判断后面一个 0 究竟是用来表示有效数字的，还是用以标志小数点位置的。为了避免这种困惑，常采用指数表示法。例如，137000 表示三位有效数字，则可写成 1.37×10^5；若表示四位有效数字，则写成 1.370×10^5。

（2）对数值有效数字位数，仅由小数部分的位数决定，首数（整数部分）只起定位作用，不是有效数字。对数运算时，对数小数部分的有效数字位数应与相应真数的有效数字位数相同。例如，pH = 7.68，其相应的真数为 $c_{H^+} = 2.1\times10^{-8}$ mol/L，即有效数字为二位，而不是三位。

（3）记录和计算结果所得的数值，均只能保留一位可疑数字。当有效数字的位数确定后，其余的尾数应根据“四舍六入五留双”的方法取舍。

（4）若第一位的数值等于或大于 8，则有效数字的总位数可以多算一位。例如 9.15，虽然实际上只有三位有效数字，但在运算时可以看做四位。

（5）加减法运算时，各数值小数点后面所取的位数与其中最少者相同。乘除运算时，所得的积或商的有效数字，应以各值中有效数字位数最少的值为标准。

二、实验数据的表示法和处理

化学实验数据的表达方式主要有列表法、作图法和方程式法。

1. 列表法　实验结束后，将测得的一系列数据按自变量和因变量的对应关系用表格列出，这种表达方式称为列表法。列表时应注意以下几点。

（1）每一个表都应有简明而又完备的名称。

（2）在表的每一行或每一栏要详细地写出名称和单位。

（3）表中的数据应化为最简单的形式，公共的乘方因子应在第一栏的名称中注明。

（4）在每一行中数值要排列整齐，通常将位数和小数点对齐。

（5）实验条件和环境条件应在表中或表外注明，如室温、大气压、测定日期和时间等。

列表法简单易行，便于参考比较，实验的原始数据记录一般采用列表法。

2. 作图法 用几何图形来表示实验数据的方法称为作图法。作图法有很多优点，如能清晰显示数据的变化规律；能直观看出数据之间所显示的特点，如直线、曲线、极大、极小和转折点等；能利用直线求斜率，由曲线求切线；还能用内插、外推等方法对数据作进一步处理。如“燃烧热的测定”、“反应热量计的应用”、“凝固点降低法测定相对分子质量”、“差热分析”、“离子迁移数的测定——希托夫法”、“极化曲线的测定”、“电导法测定弱电解质的电离常数”、“电泳”、“磁化率的测定”等实验用此方法。

（1）求内插值：根据实验所得数据，作出函数间相互关系的曲线，然后找出与某函数相应的物理量的数值。

（2）求外推值：在某种情况下，测量数据间的线性关系可以外推到测量范围之外，求某一函数的极限值，这种方法称为外推法。很多情况下，外推法可以推广到无法用实验方法测量的范围中。

（3）求任何一点函数的导数：过曲线上的已知点作切线，求出切线的斜率即为该点函数的导数，是物理化学实验数据处理中常用的方法。如反应物浓度对时间作图，在不同时间下求曲线切线的斜率即为该时间的反应速度。

（4）求经验方程式：若函数和自变量有线性关系：$y = mx + b$，则以相应的 x 和 y 的实验值作图，得到一条尽可能连接各实验点的直线，由直线的斜率和截距可求出方程式中 m 和 b 的数值，代入上述方程即得所求经验方程。

下面为作图法的一般步骤和规则。

①坐标纸和比例尺的选择：直角坐标纸最常用，有时也用单对数坐标纸或对数坐标纸，在表达三组分物系相图时，常用三角坐标纸。

在直角坐标图上，习惯用横坐标表示自变量，以纵坐标表示因变量，横、纵坐标读数不一定从零开始，但应充分合理地利用坐标纸的全部面积。

为了能从图上迅速读出任一点的坐标值，坐标分度宜选 1、2、4、5 的倍数。直角坐标的两个变量的全部变化范围在两个坐标轴上表示的长度要相近，否则图形会扁平或细长。若所作图形为直线，则两坐标轴标度的选择应使直线的斜率值在 1 附近。

②描绘实验点及连线：习惯上用●、○、△等符号表示实验各点。在同一张图纸上，不同的物理量应选用不同的符号表示，以示区别，并在图中注明。

作曲线时，应根据所描的数据点，将曲线光滑、连续地描出。通常曲线并不能通过所有数据点，应使数据点平均地分布在曲线两旁，或使所有的实验点离开曲线距离的平方和最小，此即“最小二乘法原理”。

③写图名：每个图都应写上简明的图题、横纵坐标表示的物理量名称、标度和单位。与列表法相同的是横纵坐标的标注应是纯数，物理量和单位之间用斜线“/”隔开。

用计算机作图给数据处理带来了极大的方便，但是应用计算机作图时，也要遵循以上规则。

3. 方程式法　用数学方程式表示实验数据的方法称为方程式法。该法不但表达方式简单，记录方便，而且能在实验范围内计算与自变量相对应的函数值，并能对所得方程式进行微分、积分和内插求值。

通常情况下，两个变量间的关系是已知的。但是，当两个变量间存在的具体关系未知时，可以先作图，由图形的形状与已知方程式相对应的图形比较，判断曲线的类型。由于直线关系式最简单而又容易直接检验，因此，对所得的函数关系式要尽量通过函数变化将其直线化，用图解法求出该直线的斜率和截距，即直线方程式 $y = a + bx$ 中的 a 和 b 两常数。但是，在很多情况下，变量之间的关系为 $y = a + bx + cx^2 + dx^3 + \cdots$ 的多项式。

通常用作图法、平均值法和最小二乘法 3 种方法求线性方程中的常数 a 和 b。图解法最简便，常用于实验数据较少、比较精密的情况；平均法较麻烦，但在有 6 个以上比较精密的数据时，结果比作图法好；最小二乘法处理较繁，但结果可靠，它需要 7 个以上的数据。

三、计算机处理实验数据的方法

1. 化学实验数据处理的方法　化学实验中常用的数据处理方法主要有 3 种。

(1) 图形分析及公式计算：如“燃烧热的测定”、“反应热量计的应用”、“凝固点降低法测定相对分子质量”、“差热分析”、“电导法测定弱电解质的电离常数”等实验用此方法。

(2) 用实验数据作图或对实验数据计算后作图，然后线性拟合，由拟合直线的斜率或截距求得需要的参数：如“液体饱和蒸气压的测定”、“氢超电势的测定”、“一级反应——蔗糖的转化”、“丙酮碘化反应速率常数的测定”、“乙酸乙酯皂化反应速率常数的测定”、“黏度法测大分子化合物的相对分子质量”、“固体比表面的测定”、“偶极矩的测定”等实验用此方法。

(3) 非线性曲线拟合，作切线，求截距或斜率：如“溶液表面吸附的测定”、“沉降分析”等实验用此方法。

第 (1) 种数据处理方法用计算器即可完成，第 (2) 和第 (3) 种数据处理方法可用 Origin 软件在计算机上完成。第 (2) 种数据处理方法即线性拟合，用 Origin 软件很容易完成。第 (3) 种数据处理方法即非线性曲线拟合，如果已知曲线的函数关系，可直接用函数拟合，由拟合的参数得到需要的物理量；如果不知道曲线的函数关系，可根据曲线的形状和趋势选择合适的函数和参数，以达到最佳拟合效果，多项式拟合适用于多种曲线，通过对拟合的多项式求导得到曲线的切线斜率，由此进一步处理数据。

2. Origin 软件处理实验数据的操作　Origin 软件数据处理基本功能有：对数据进行函数计算或输入表达式计算，数据排序，选择需要的数据范围，数据统计、分类、计数、关联、t 检验等。Origin 软件图形处理基本功能有：数据点屏蔽，平滑，FFT 滤波，差分与积分，基线校正，水平与垂直转换，多个曲线平均，插值与外推，线性拟合，多项式拟合，指数衰减拟合，指数增长拟合，S 形拟合，Gaussian 拟合，Lorentzian 拟合，多峰拟合，非线性曲线拟合等。

物化实验数据处理主要用到 Origin 软件的如下功能：对数据进行函数计算或输入表达式计算，数据点屏蔽，线性拟合，插值与外推，多项式拟合，非线性曲线拟合，差分等。

对数据进行函数计算或输入表达式计算的操作如下：在工作表中输入实验数据，右击需要计算的数据行顶部，从快捷菜单中选择 Set Column Values，在文本框中输入需要的函数、公式和参数，点击 OK，即刷新该行的值。

Origin 可以屏蔽单个数据或一定范围的数据，用以去除不需要的数据。屏蔽图形中的数据点操作如下：打开 View 菜单中 Toolbars，选择 Mask，然后点击 Close。点击工具条上 Mask point toggle 图标，双击图形中需要屏蔽的数据点，数据点变为红色，即被屏蔽。点击工具条上 Hide/Show Mask Points 图标，隐藏屏蔽数据点。

线性拟合的操作：绘出散点图，选择 Analysis 菜单中的 Fit Linear 或 Tools 菜单中的 Linear Fit，即可对该图形进行线性拟合。结果记录中显示：拟合直线的公式、斜率和截距的值及其误差，相关系数和标准偏差等数据。

插值与外推的操作：线性拟合后，在图形状态下选择 Analysis 菜单中的 Interpolate/Extrapolate，在对话框中输入最大 X 值和最小 X 值及直线的点数，即可对直线插值和外推。

Origin 提供了多种非线性曲线拟合方式：①在 Analysis 菜单中提供了如下拟合函数：多项式拟合、指数衰减拟合、指数增长拟合、S 形拟合、Gaussian 拟合、Lorentzian 拟合和多峰拟合；在 Tools 菜单中提供了多项式拟合和 S 形拟合。②Analysis 菜单中的 Non - linear Curve Fit 选项提供了许多拟合函数的公式和图形。③Analysis 菜单中的 Non - linear Curve Fit 选项可让用户自定义函数。

多项式拟合适用于多种曲线，且方便易行，操作如下：对数据作散点图，选择 Analysis 菜单中的 Fit Polynomial 或 Tools 菜单中的 Polynomial Fit，打开多项式拟合对话框，设定多项式的级数、拟合曲线的点数、拟合曲线中 X 的范围，点击 OK 或 Fit 即可完成多项式拟合。结果记录中显示：拟合的多项式公式、参数的值及其误差，R^2（相关系数的平方）、SD（标准偏差）、N（曲线数据的点数）、P 值（$R^2=0$ 的概率）等。

差分即对曲线求导，在需要作切线时用到。可对曲线拟合后，对拟合的函数手工求导，或用 Origin 对曲线差分，操作如下：选择需要差分的曲线，点击 Analysis 菜单中 Calculus/Differentiate，即可对该曲线差分。

另外，Origin 可打开 Excel 工作薄，调用其中的数据，进行作图、处理和分析。Origin 中的数据表、图形以及结果记录可复制到 Word 文档中，并进行编辑处理。

关于 Origin 软件的其他的更详细的用法，参照 Origin 用户手册及有关参考资料。

第五节　化学实验常用仪器

一、常用玻璃仪器

1. 普通玻璃仪器　见表1-3。

表1-3　普通玻璃仪器

仪器	规格	用途	注意事项
烧杯　三角烧瓶	以容积（单位：ml）表示。容量/ml：1、5、10、15、25、100、250、500、1000、2000	用作配制溶液时的容器或简易水浴的盛水器；三角烧瓶也可用于滴定分析	加热时杯内待加热溶液体积不要超过总溶剂的2/3；应放在石棉网上，使其受热均匀，一般不可烧干
漏斗	锥体角均为60°；规格以口径（单位：mm）表示。长颈/mm：口径30、60，管长150；短颈/mm：口径50、60、75，管长90、120	长颈漏斗用于定量分析过滤沉淀；短颈用于一般过滤	不能用火加热；根据沉淀量选择漏斗大小；过滤时滤纸应低于漏斗上沿约2～3mm
抽滤瓶和布氏漏斗	抽滤瓶以容积（单位：ml）表示；布氏漏斗或砂芯漏斗以容积或口径（单位：ml）表示	两者配套使用，用于减压过滤	不能用火加热
量筒　量杯	以容积（单位：ml）表示。容量（ml）：10、20、50、100、200等	粗略地量取一定体积的液体	不能量取热的液体，不能加热，不可用作反应容器

续表

仪器	规格	用途	注意事项
吸量管、移液管	规格以容积（单位：ml）表示。容量/ml：1、2、5、10、25、50 等	准确地移取液体	不能加热；用后应洗净，置于吸管架上，以免沾污
试管　离心管	玻璃质。分硬质试管，软质试管，普通试管，离心试管	少量试剂的定性检验；离心试管主要用于沉淀分离	硬质玻璃的试管可直接在火上加热；离心试管只能在水浴中加热
比色管	规格以容量（单位：ml）表示	用于比色分析	不可直接加热；非标准磨口必须原配；不可用去污粉刷洗
表面皿	规格以口径（单位：mm）表示	盖玻璃烧杯及漏斗等，防止液体迸溅或其他用途	不可直接加热；直径要大于所盖容器

2. 磨口玻璃仪器　见表 1-4。

表 1-4　磨口玻璃仪器

仪器	规格	用途	注意事项
容量瓶	规格以容积（单位：ml）表示。容量（ml）：25、50、100、250、1000 和 3000 等	配制准确体积的标准溶液或被测溶液	不能烘烤或直接加热，可用水浴加热；磨口瓶塞不能互换使用
称量瓶	分高型和矮型。规格以外径（单位：mm）×内径（单位：mm）表示。	高型用于称量样品；矮型用于烘样品	不能直接用火加热；盖与瓶配套，不能互换；烘烤时不可盖紧磨口；称量时不可直接用手拿取，应带指套或垫洁净纸条拿取

续表

仪器	规格	用途	注意事项
 试剂瓶（细口瓶、广口瓶）	带磨口塞，分无色和棕色。规格以容量（单位：ml）表示	细口瓶用于存放液体试剂；广口瓶用于装固体试剂；棕色瓶用于存放怕光的试剂	不能加热；不能在瓶内配制液体；放碱液的瓶子应用橡皮塞，以防止瓶塞被腐蚀粘牢
 滴瓶	分无色和棕色。规格以容量（单位：ml）表示	用于盛放液体药品	不要将溶液吸入橡皮头内
 干燥器	分普通干燥器和真空干燥器。规格以上口内径（单位：mm）表示	保存烘干及灼烧过的物质的干燥；干燥制备的物质	盖磨口要涂适量凡士林；不可将炽热物体放入；放入物体后要间隔一定时间开盖，以调节器内压力
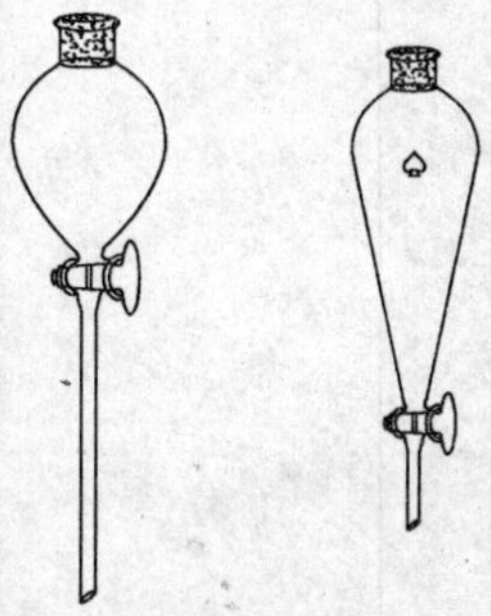 分液漏斗	以容积（单位：ml）表示。容量（ml）：50、100、250、1000，无刻度	分开两种液体，用于萃取分离和富集	不能加热，磨口必须原配；活塞要涂凡士林；当充分摇动后要马上放出逸出的蒸气，防止冲开活塞；长期不用时磨口处垫一张纸
 滴定管	规格以容积（单位：ml）表示。常用酸式、碱式滴定管的容积为25ml、50ml	用于分析滴定操作，也用于准确地量取液体	活塞要原配；不能加热或量取热的液体；酸、碱滴定管不能互换使用；不能存放碱液

续表

仪器	规格	用途	注意事项
 圆底烧瓶 　梨形烧瓶 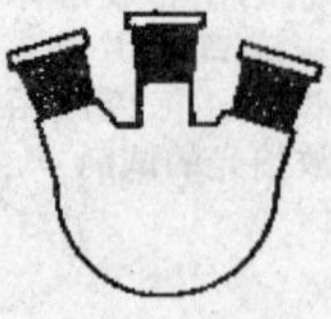　三颈烧瓶			
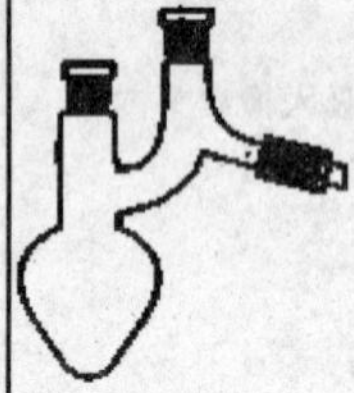 克氏蒸馏烧瓶 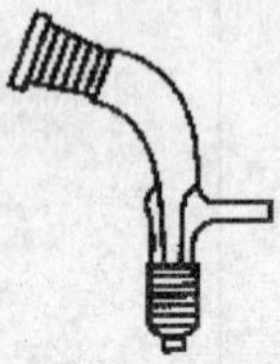　真空接液管 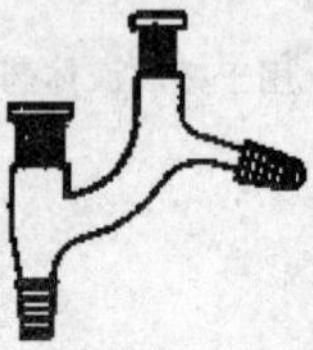　克氏蒸馏头	标准磨口仪器口径的大小，通常用数字编号表示，该数字指磨口最大端直径的毫米整数。常用的有 10，14，19，24，29，34，40 等	使用标准磨口仪器可以省去配塞子和钻孔等步骤，规格相同的磨口可以相互连接，不同规格的磨口仪器可以通过接头连接。可避免塞子给反应带进杂质，而且紧密性、密封性良好	①磨口处必须洁净。若粘有固体杂质，会使磨口对接不严密，漏气或损坏磨口。②用后应拆卸洗净。若长期放置，磨口连接处会粘牢，难以拆开。③反应中有强碱时，涂抹润滑剂，以免腐蚀磨口导致粘牢而无法打开
 空气冷凝管 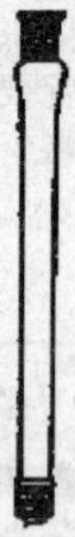　直形冷凝管 　球形冷凝管			
 蛇形冷凝管 　刺形分馏柱 　恒压滴液漏斗			
 蒸馏头 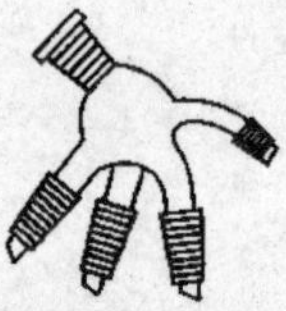　三叉燕尾管 　直形干燥管 　U形干燥管			

3. 其他常用仪器　见表1－5。

表1－5　其他常用仪器

仪器	规格	用途	注意事项
试管夹	由木料或粗金属丝、塑料制成，形状各有不同	夹持试管	防止烧损和锈蚀
毛刷	以大小和用途表示	洗刷玻璃器皿	使用前应检查顶部竖毛是否完整，避免顶端铁丝戳破玻璃仪器
药匙	由牛角或者塑料制成，也有铁皮质的药匙；用长短表示规格	拿取固体药品	不能用以取用灼热的药品；用后应洗净擦干备用；铁皮质药匙使用要注意避免与所取药品发生化学反应
水浴锅	铜或铝制品	用于间接加热。也可用作粗略控温实验	加热时防止锅内水烧干；用后应将水倒出，洗净，擦干
铁架台、铁架、铁夹	铁制品。烧瓶夹也有铝制或铜制的	用于固定或放置反应容器。铁环也可代替漏斗架使用	使用前检查各旋钮是否可旋动；使用时仪器的重心应处于铁架台底盘中部
三角架	铁制品；有大小高低之分	放置较大或较重的加热容器，作仪器的支撑物	
泥三角	用铁丝弯成，套以瓷管；有大小之分	灼烧坩埚时放置坩埚用	铁丝已断裂的不能使用；灼热的泥三角不能直接置于桌面上

续表

仪器	规格	用途	注意事项
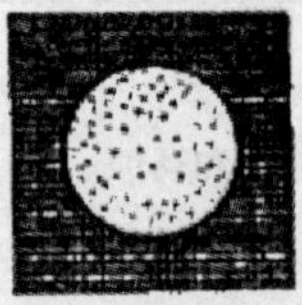 石棉网	由铁丝编成，中间涂石棉；规格以铁丝网边长表示	加热时垫在受热仪器与热源之间，能使受热物体均匀受热	用前检查石棉是否完好，石棉脱落的不能使用；不能与水接触或卷折
 坩埚钳	金属制品；通常以长度表示规格	夹持坩埚加热，或用热源中取放坩埚	使用前钳尖应预热；用后钳尖应向上放在桌面或石棉网上
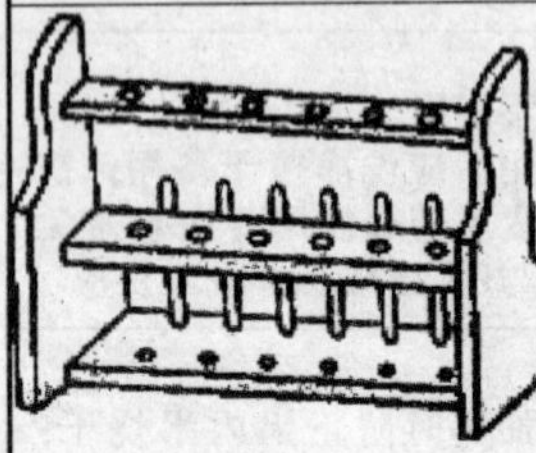 试管架	有木质、铝制和塑料质等。有大小不同、形状不一的各种规格	盛放试管	加热后的试管应以试管夹夹好悬放架上
 研钵	用瓷、玻璃、玛瑙、或金属制成。规格以口径（单位：mm）表示	研磨固体试样及试剂	不能撞击，不能烘烤或用火直接加热；研磨时只能碾碎；不能研磨易爆物质
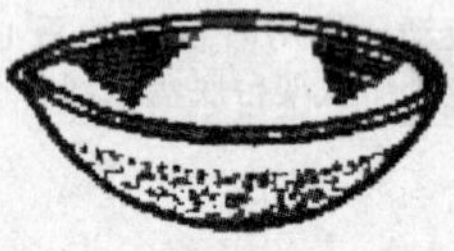 蒸发皿	规格以口径（单位：mm）或容量（单位：ml）表示。瓷质，也有玻璃、石英或金属制成的	蒸发浓缩液体	能耐高温，但不宜骤冷。蒸发溶液时一般放在石棉网上，也可直接用火加热
 坩埚	规格以容积大小（单位：ml）表示。瓷质，也有玻璃、石英或金属制成的	用于灼烧固体	灼热的坩埚不可直接放在桌上，可放在石棉网上
 点滴板	透明玻璃质、瓷质。分黑釉和白釉两种。按凹穴的多少分有四穴、六穴、十二穴等	用作同时进行多个不需分离的少量沉淀反应的容器	不能加热；不能用于含氢氟酸溶液和浓碱液的反应
 洗瓶	以容积（单位：ml）表示	装蒸馏水	可用平圆低烧瓶自制

二、常用光、电学仪器

1. 电吹风　能吹冷、热风，用于干燥玻璃仪器。

2. 搅拌器

（1）*电动搅拌器*（图1－1）：用作搅拌，通过调节变压器控制转速。不宜用于搅拌很黏稠物质。

（2）*磁力搅拌器*（图1－2）：通过可旋转的磁铁带动磁子的转动而达到搅拌的目的。一般具有加热和控速功能。

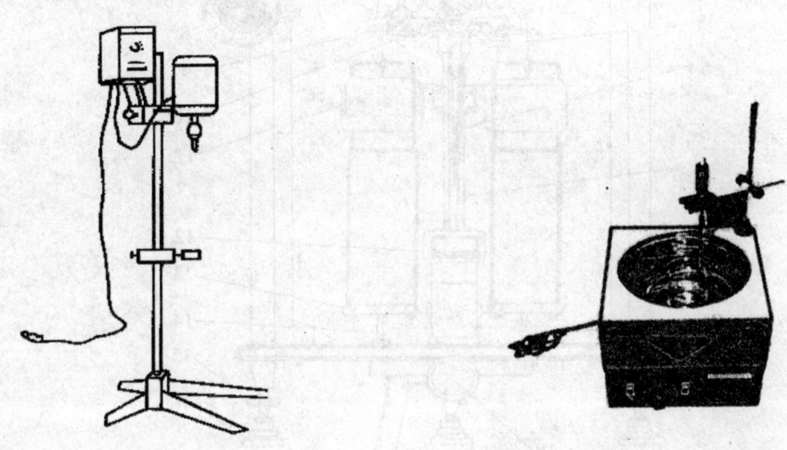

图1－1　电动搅拌器　　　图1－2　磁力搅拌器

3. 烘箱　一般为恒温鼓风干燥箱，主要用以干燥玻璃仪器或烘干无腐蚀、加热时不易分解的试样。以乙醇、丙酮淋洗过的玻璃仪器或挥发性易燃物不能置于烘热的烘箱中，以免发生爆炸。

4. 气流烘干器（图1－3）　利用气流快速吹干玻璃仪器，具有冷风和热风两档。

5. 远红外快速干燥器（图1－4）　利用红外灯照射加热干燥。

6. 电热套（图1－5）　由玻璃纤维包裹电热丝制成的电加热设备，通过调节外接变压器调节温度。具有受热均匀、安全等特点。

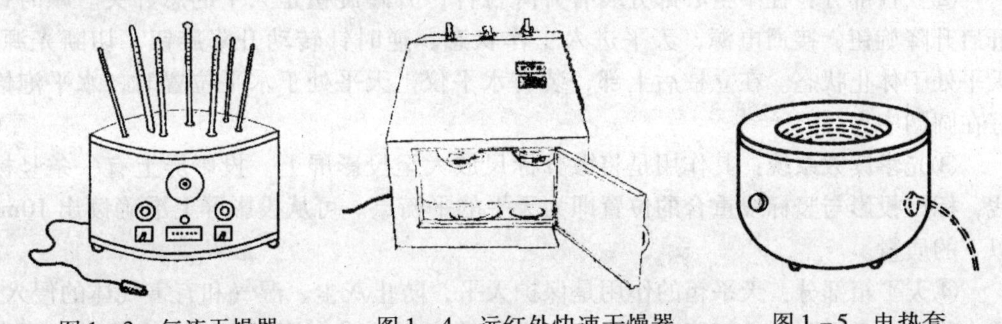

图1－3　气流干燥器　　图1－4　远红外快速干燥器　　图1－5　电热套

7. 水泵　是一种低级的真空泵，能获得2000～4000Pa的极限真空，用于对真空度要求不高的减压系统，如抽滤、蒸馏等。

8. 分析天平 分析天平是定量分析实验中使用频率最高的仪器之一，用于准确称量物质的质量。分析天平的种类较多，其中双盘电光天平和单盘电光天平都是根据杠杆原理设制而成，具有光学读数装置、机械加码装置和空气阻尼器。电子天平则是基于电磁力补偿工作原理制得，全量程不需砝码，称量速度快，精度高。

(1) 双盘电光天平：外形结构如图1-6所示，主要由以下几部分构成。

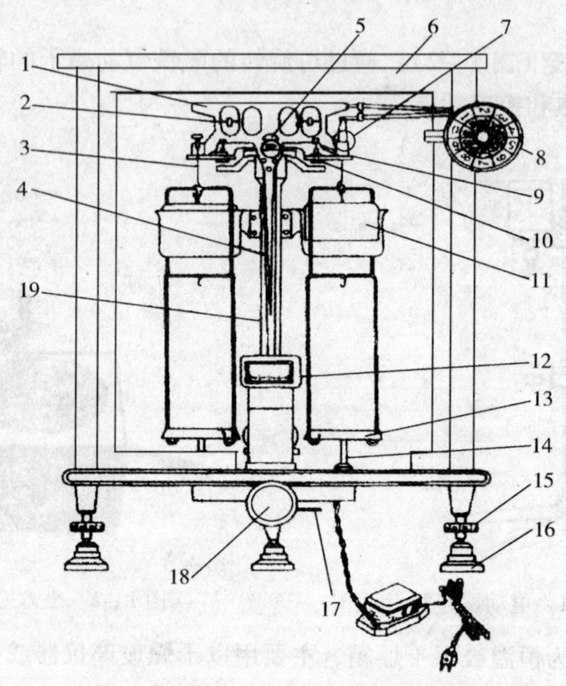

图1-6 TG-328B型半机械加码电光天平外表

1. 横梁 2. 平衡螺丝 3. 吊耳 4. 指针 5. 支点刀 6. 天平箱 7. 圈码 8. 指数盘 9. 支力销 10. 托叶 11. 阻尼器 12. 投影屏 13. 秤盘 14. 盘托 15. 螺旋脚 16. 脚垫 17. 调零杆 18. 升降旋钮 19. 立柱

①横梁部分：天平横梁是天平的主要部件，横梁两边各有一个平衡螺丝，用于调节天平空载时的平衡位置。

②立柱部分：柱中空心部分装有升降拉杆，升降旋钮是天平的总开关。顺时针开启升降旋钮，接通电源，天平进入工作状态；逆时针转动升降旋钮，切断光源，天平处于休止状态。在立柱后上部，装有水平仪，天平处于水平位置时，水平泡恰好在圆圈中央。

③光学读数系统：其作用是将微分标尺放大至投影屏上。投影屏上有一条竖标线，标尺投影与竖标线重合的位置即为天平的平衡点。可从投影屏上准确读出10mg以下的质量。

④天平箱部分：天平箱的作用是保护天平，防止灰尘、湿气和有害气体的侵入，减少称量时天平附近空气流动的影响。天平箱底板下设有调零杆，左右拨动，可微调天平零点位置。天平箱底部有三只天平脚，前面两只脚有可调螺丝，用以调整天平的水平位置。天平箱前面右上角配有机械加码装置（图1-7），10mg ~1g 的砝码

制成圈形（称为圈码），挂在机械加码装置上，转动圈码指数盘，可在右端横杆上加放10～990mg的圈码。指数盘内层为10～90mg，外层为100～900mg。如图1－8所示的读数为230mg。

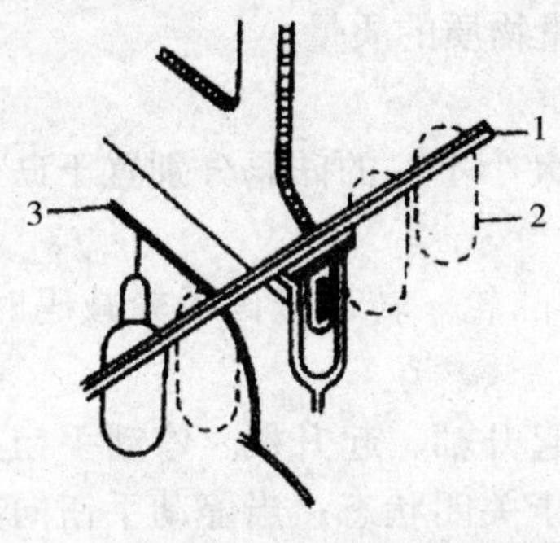

图1－7　机械加码装置

1. 横杆　2. 圈码　3. 加码杠杆

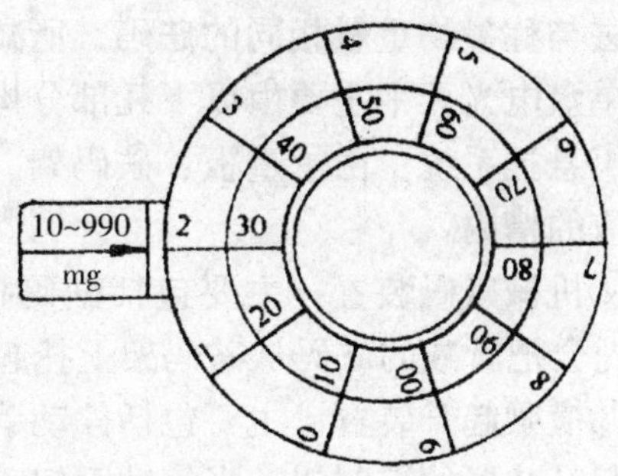

图1－8　圈码指数盘

只有1g以下的圈码是由加码装置控制的天平称为半机械加码电光天平；而所有砝码全部都由加码装置控制的天平称为全机械加码电光天平。

⑤砝码：每台天平都有一盒配套的砝码。为了减少称量误差，称量时应尽量选用同一砝码。

（2）单盘电光天平：单盘电光天平为不等臂、全机械减码电光天平，其外形结构如图1－9、图1－10。

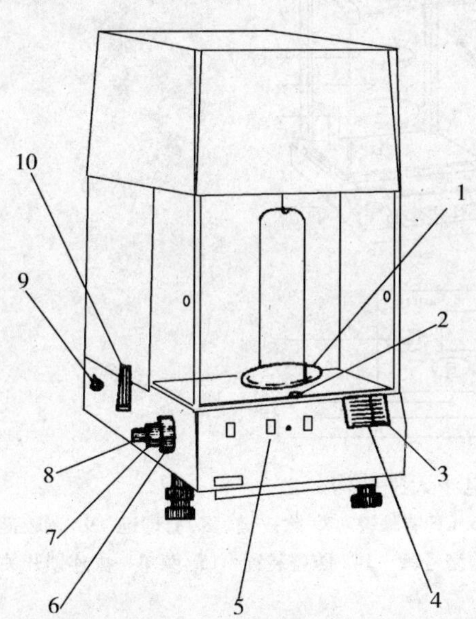

图1－9　DT－100型单盘电光天平左侧外型

1. 秤盘　2. 水准器　3. 微读数字窗　4. 投影屏　5. 减码数字窗　6. 10～90g减码手轮　7. 1～9g减码手轮　8. 0.1～0.9g减码手轮　9. 电源开关　10. 停动手钮

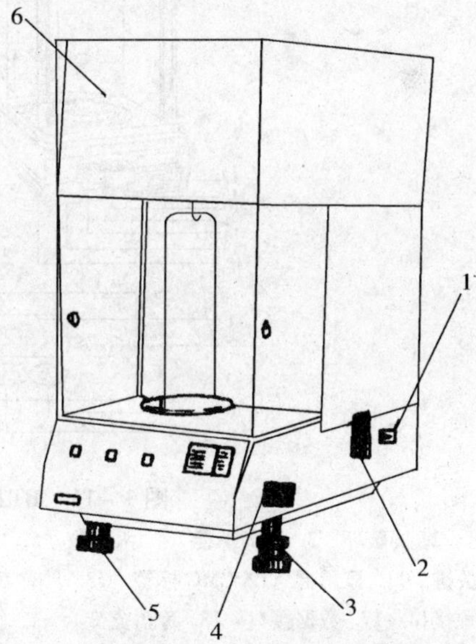

图1－10　DT－100型单盘电光天平右侧外型

1. 零调手钮　2. 停动手钮　3. 调整脚螺丝　4. 微读手钮　5. 减震脚垫　6. 顶罩

单盘电光天平最大载荷的全部砝码及一个秤盘都在同一悬挂系统，装设在横梁的承重臂上，横梁的另一臂装有配重铊，以平衡全部砝码和秤盘的质量。当秤盘上放置称量物质时，悬挂系统因重量增加而下沉，为了维持天平原有的平衡状态，必须减去与称量物重量相同的砝码，所减的砝码即为称量物质的质量。

单盘电光天平主要由以下几部分构成。

①悬挂系统：由承重板、砝码架、秤盘等组成。大小不一的砝码分别置于砝码架相应的槽内。

②机械减码装置：主要包括砝码托、减码手轮和凸轮。转动减码手轮减码时，Y形托会把所减的砝码从砝码架上托起。

③横梁起升装置：主要包括停动手钮、停动轴、起升轴、起升板。停动手钮是横梁起升装置的控制钮。当停动手钮垂直时，天平处于关闭状态；当停动手钮向前转90°（尖端指向操作者）时，天平处于开启状态。

④速停装置：为空气阻尼器。

⑤光学读数系统：其作用是将微分标尺放大至投影屏上。在投影屏上可读取100mg以下的称量值。

（3）电子天平：电子天平是基于电磁力补偿工作原理制得的，全量程不需砝码，称量速度快，精度高。电子天平还具有自动校正、全量程范围实现去皮重、累加、超载显示、故障报警等功能。其外形结构如图1－11。

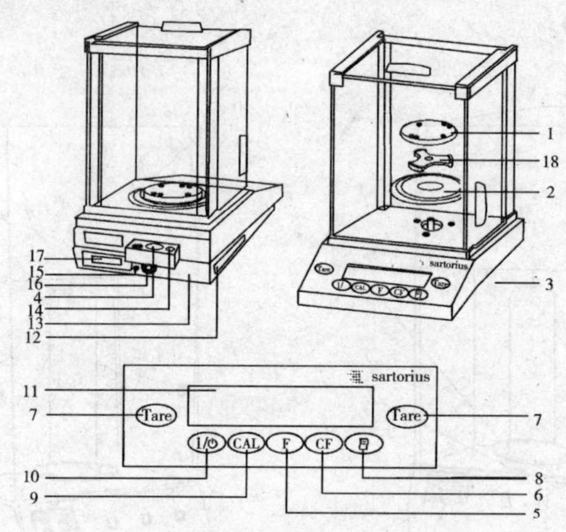

图1－11　BT224S型电子天平结构

1. 称盘　2. 屏蔽环　3. 地脚螺栓　4. 水平仪　5. 功能键　6. CF清除键　7. 除皮键　8. 打印键　9. 调较键　10. 开关键　11. 显示器　12. CMC标签　13. 具有$C\in$标记的型号牌　14. 防盗装置　15. 菜单—去连锁开关　16. 电源接口　17. 数据接口　18. 称盘支架

9. 酸度计　酸度计主要用于测定溶液的酸度（pH）和电极电位，亦可配合离子选择电极使用，作为电位滴定分析的终点显示器。酸度计的类型较多，图1－12为pHS－3C pH计示意图。

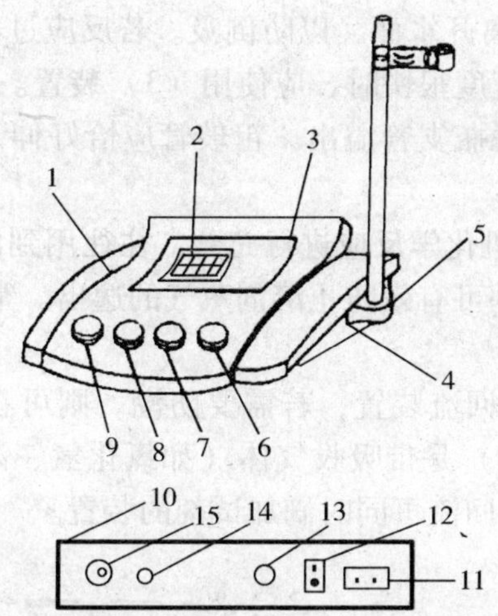

图 1－12　pHS－3C pH 计示意图

1. 机箱盖　2. 显示屏　3. 面板　4. 机箱底　5. 电极梗插座　6. 定位调节旋扭　7. 斜率补偿调节旋扭　8. 温度补偿调节旋扭　9. 选择开关旋扭　10. 仪器后面板　11. 电源插座　12. 电源开关　13. 保险丝　14. 参比电极口　15. 测量电极插座

10. 紫外－可见分光光度计　紫外－可见分光光度计是用于测定物质对紫外－可见光选择性吸收所产生的吸光度的仪器，其型号很多，如图 1－13 为 721 型可见分光光度计的外形结构。

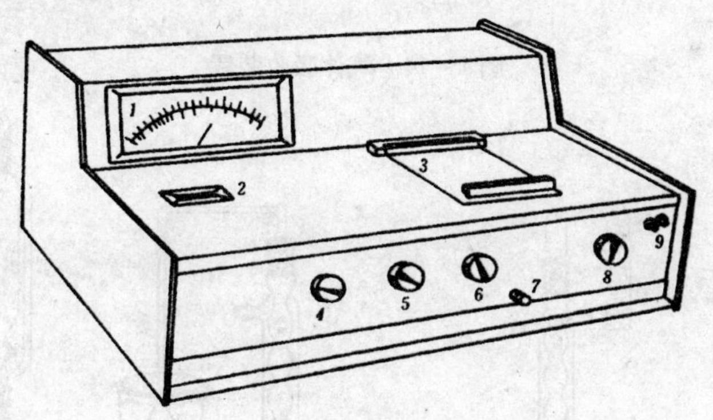

图 1－13　721 型可见分光光度计

1. 微安表　2. 波长显示窗　3. 吸收池暗盒盖　4. 波长调节钮　5. “0” 透光率调节钮　6. “100” 透光率调节钮　7. 吸收池座拉杆　8. 灵敏度调节钮　9. 电源开关

三、实验常用装置

1. 气体吸收装置　在化学实验中，有些反应会产生有刺激性、水溶性的气体，为避免空气的污染，必须使用气体吸收装置来吸收这些气体。常见的气体吸收装置见图 1－14。

其中（1）和（2）是用于吸收少量气体的装置：（1）中的漏斗口应略微倾斜，使一半在水中，一半露出水面。这样既能防止气体逸出，又可防止水被倒吸至反应瓶中；（2）的玻管应略微离开水面，以防倒吸。若反应过程中会生成或逸出大量有害气体，特别当气体逸出速度很快时，应使用（3）装置。在（3）中，水自上端流下，在恒定的平面上从吸滤瓶支管溢出。粗玻管应恰好伸入水面，被水封住，以防止气体逸入大气中。

2. 回流装置 为使有机化学反应进行充分，往往用到回流装置，通过加热使反应在一定的温度下进行，并可有效防止溶剂蒸气的逸出。常用的回流装置如图1－15所示。

其中图（1）是一般的回流装置，若需要防潮，则可在冷凝管顶端装一个氯化钙干燥管如图（2）。图（3）是带吸收气体（如氯化氢、溴化氢、二氧化硫等）装置的回流装置。图（4）是回流可同时滴加试剂的装置。

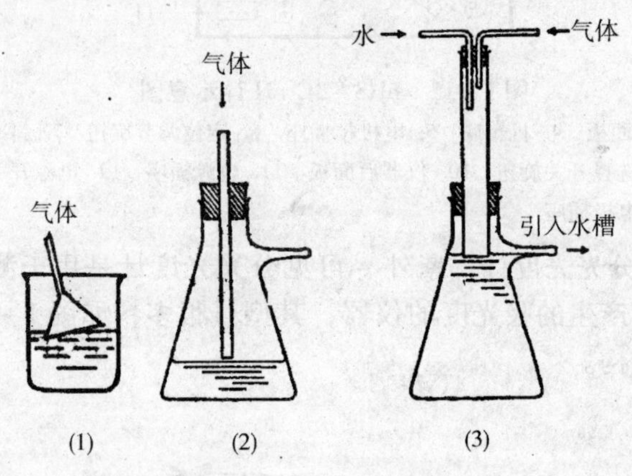

图1－14 气体吸收装置

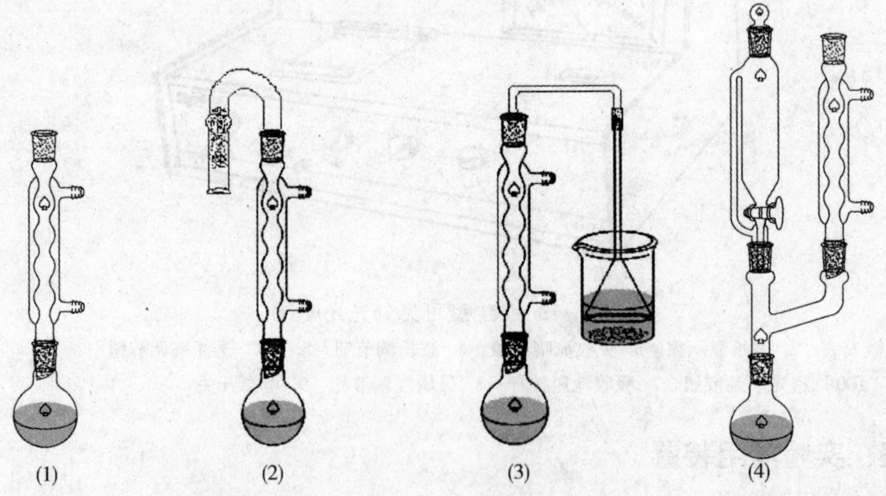

图1－15 回流装置

3. 搅拌装置 当进行非均相反应，或反应物之一需要逐滴滴加时，为了迅速均匀混合或避免反应液局部过浓过热而导致其他副反应或有机化合物分解，必须要进行搅拌。搅拌方法有三种：人工搅拌、机器搅拌和磁力搅拌。对于反应时间短而且不需加热的可人工搅拌，对于反应要加热并且时间长的则需用到机器搅拌或磁力搅拌。

常见的机器搅拌装置如图 1－16 所示。图（1）是可以同时进行搅拌、测温和回流的装置。图（2）是同时进行拌搅、回流和滴加液体的装置。图（3）是可同时拌搅、回流、滴加液体和测温的装置。

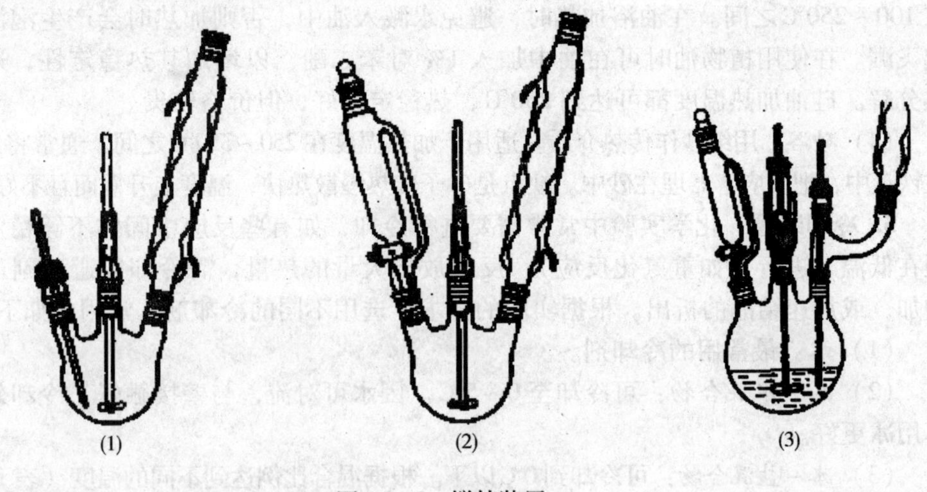

图 1－16　搅拌装置

搅拌棒多用玻璃或塑料制成，根据搅拌要求，可采用不同的形式，如图 1－17 所示。

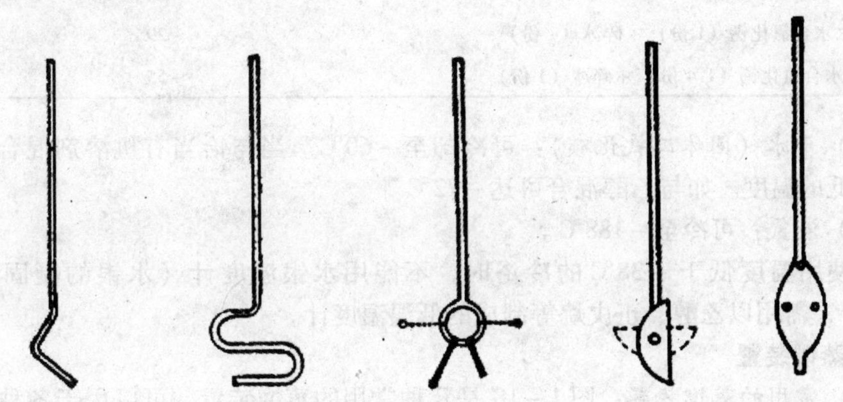

图 1－17　搅拌棒

磁力搅拌，其优点是搅拌噪声小，搅拌均匀有力，但不适用于过于黏稠的体系。

4. 加热装置　化学反应在常温下进行较慢，为了提高反应速度，往往需要对反应体系进行加热。此外，在分离和纯化等操作中（如重结晶、蒸馏）也常常要加热。常用的加热方法如下。

（1）空气浴：用空气作传热介质。利用酒精灯或电炉隔着石棉网直接对玻璃仪器加热。对于沸点在 80℃以上的液体均可使用，但这种加热方式较猛烈，受热不均匀，因而不适用于低沸点易燃液体的回流操作，也不能用于减压蒸馏操作。

（2）水浴：用水作传热介质。将反应容器置入水浴锅中再进行加热，适用于100℃以下的有机反应加热。与空气浴加热相比，水浴加热均匀、温度易控制，适合于低沸点物质回流加热。如果加热温度接近100℃，可用沸水浴或水蒸气浴。

（3）油浴：用油（如石蜡油、硅油、植物油等）作传热介质。适用于加热温度在100～250℃之间。在油浴加热时，避免水溅入油中，否则加热时会产生泡沫或引起飞溅。在使用植物油时可在油中加入1%对苯二酚，以增加其热稳定性，避免受热分解。硅油加热温度都可达到250℃，热稳定性好，但价格较贵。

（4）砂浴：用细砂作传热介质。适用于加热温度在250～350℃之间。通常将细砂装在铁盘中，把反应容器埋在砂中。缺点是砂子传热慢散热快，温度上升慢而且不好控制。

5. 冷却装置 化学实验中常常需要进行冷却，如有些反应中间体不够稳定，必须在低温下进行（如重氮化反应）；反应放出大量的热量，需冷却以避免副产物的增加，或加速结晶的析出。根据实验的要求，选用不同的冷却剂。常用的如下。

（1）水：最常用的冷却剂。

（2）冰－水混合物：可冷却至0～5℃。因水可对流，与壁接触好，冷却效果比单用冰更好。

（3）冰－盐混合物：可冷却到0℃以下。根据混合比例达到不同的温度（表1－6）。

表1－6 水盐混合物冷却温度

冷却剂组成	最低冷却温度（℃）
氯化铵（1份）＋碎冰（4份）	－15
氯化钠（1份）＋碎冰（3份）	－21
六水合氯化钙（1份）＋碎冰（1份）	－29
六水合氯化钙（1.4份）＋碎冰（1份）	－55

（4）干冰（固体二氧化碳）：可冷却至－60℃。当与恰当有机溶剂混合，还可得到更低的温度。如与乙醇混合可达－72℃。

（5）液氮：可冷至－188℃。

在使用温度低于－38℃的冷浴时，不能用水银温度计（水银的凝固点为－38.9℃），需用以乙醇、正戊烷等制成的低温温度计。

6. 蒸馏装置

（1）常用的蒸馏装置：图1－18是几种常用的蒸馏装置，可以用于各种不同的场合，其中（1）和（2）是最常用的蒸馏装置。

这种装置的出口处会逸出一些馏液的蒸气，故当蒸馏低沸点、挥发性大的溶剂时，可在接液管的支管处连上一根橡皮管通向室外。若蒸馏时需要防潮可将接受装置改成图1－18（3）的（a）；如果蒸馏过程中有刺激性气体（如HCl等）逸出，可将接液管支管与一气体吸收装置相连，如图1－18（3）中的（b）。沸点在140℃以上的液体的蒸馏则需将装置中的直形冷凝管换成空气冷凝管，否则由于蒸气温度过高而使直形冷凝管炸裂。图1－18（4）是蒸除较大量溶剂的装置，液体可从滴液漏斗中不断加入，调节滴入速度，使之与蒸出速度基本相等，可避免使用较大的蒸馏瓶，以上的装置可根据具体情况加以适当的变动。

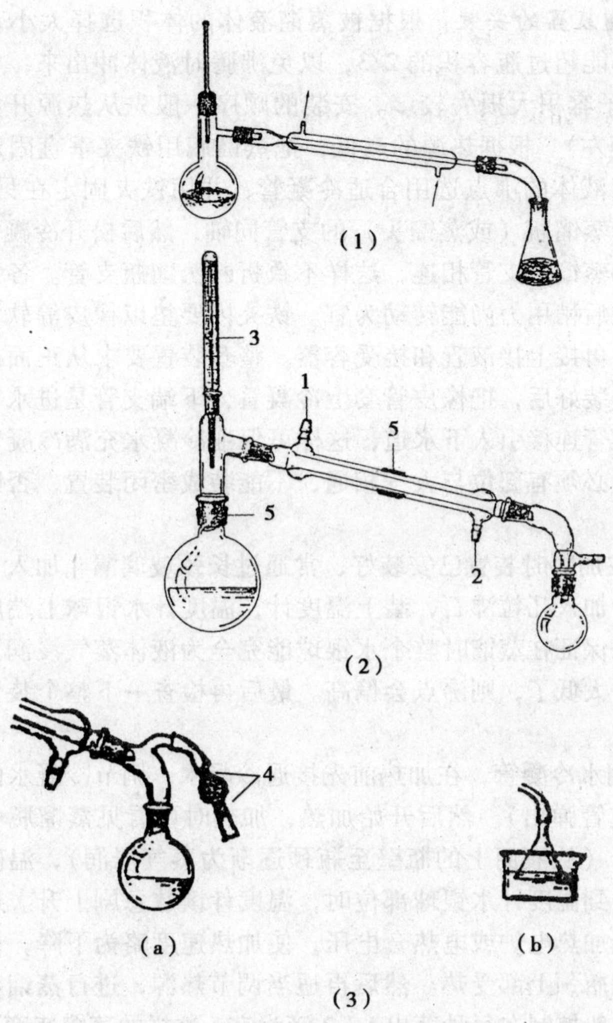

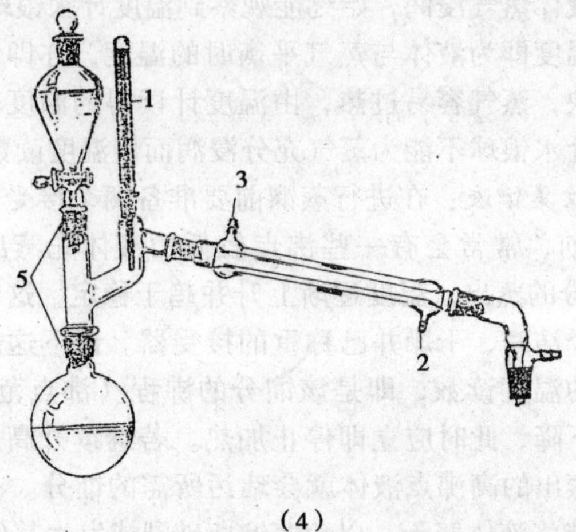

图 1－18　常用蒸馏装置

1. 温度计　2. 进水　3. 出水　4. 棉花或玻璃毛　5. 铁夹

(2) 蒸馏操作蒸馏装置的安装：根据被蒸馏液体的体积选择大小合适的蒸馏瓶，一般液体的体积不能超过瓶容积的2/3，以免沸腾时液体冲出来；也不能少于1/3，若太少，由于瓶子容积大损失较多。安装的顺序一般先从热源开始，由下而上，由左至右（或右至左）。根据热源的高低，把蒸馏瓶用铁夹垂直固定在热源上方铁架上。根据被蒸馏液体的沸点选用合适冷凝管，并用铁夹固定在另一铁架上，调整冷凝管位置使之与蒸馏瓶（或蒸馏头）的支管同轴，然后松开冷凝管铁夹，把它沿此轴向斜上移动和蒸馏瓶支管相连，这样不致折断蒸馏瓶支管。各铁夹不能夹得太紧或太松，以夹住后稍用力尚能转动为宜。铁夹内要垫以橡皮等软性物质，以免夹破玻璃仪器，然后再接上接液管和接受容器。整套装置要求从正面或侧面看都必须在同一平面内。安装好后，把橡皮管套上冷凝管，下端支管是进水口，上端支管是出水口，并由橡皮管连接引入下水道，这样可保证冷凝水充满冷凝管起到良好的冷凝作用。整套装置必须有部位与大气相通，不能装成密闭装置，否则加热后会造成爆炸。

(3) 加料：一般在加料时装置已安装好，常通过长颈玻璃漏斗加入，漏斗脚应超过蒸馏瓶支管。然后加入几粒沸石，装上温度计，温度计水银球上端应与支管下端在同一水平面上，以保证在蒸馏时整个水银球能完全为液体蒸气浸润。水银球太高，所测沸点会偏低；太低了，则沸点会偏高。最后再检查一下整个装置是否正确无误。

(4) 加热：若使用水冷凝管，在加热前先接通冷凝水，调节冷凝水的流速要适中（太大时容易把橡皮管弹出）。然后开始加热，加热时可看见蒸馏瓶中的液体开始沸腾，蒸气逐渐上升（从液面上的瓶壁至瓶颈逐渐为蒸气浸润），温度计读数也略有上升，当蒸气上升到温度计水银球部位时，温度计读数急剧上升。这时应稍微调小煤气灯火焰或降低加热电炉或电热套电压，使加热速度略为下降，让蒸气顶端停留在原处使温度计和瓶颈上部受热。然后再适当调节热源，进行蒸馏。以控制热源来调节蒸馏速度，一般控制在每秒蒸出1~2滴为宜。这样的蒸馏速度可以维持温度计水银球上一直为液体蒸气浸润，始终能观察到温度计水银球上有被冷凝的液滴。此时温度计上所示的温度即为液体与蒸气平衡时的温度，亦即馏出液的沸点。热源温度过高蒸馏速度过快，蒸气容易过热，由温度计读得的温度较真实沸点高。蒸馏速度过慢，由于温度计水银球不能为蒸气充分浸润而使温度读数偏低或不规则。

(5) 观察沸点和收集馏液：在进行蒸馏前要准备两个接受容器，因为在达到所需蒸出液体的沸点以前，常常会有一些沸点较低的液体先蒸出，这部分馏液称为“前馏分”。随着前馏分的蒸出，温度逐渐上升并趋于稳定，这时蒸出的就是较纯的物质，应立即更换一个洁净、干燥并已称重的接受器。记下这部分液体开始馏出时和收集到最后一滴时的温度读数，即是该馏分的沸程（沸点范围）。每当一种馏分蒸完后，温度会突然下降，此时应立即停止加热。若继续升高加热温度，温度计读数又可以上升，这时蒸出的高沸点液体就会玷污所需的馏分。在任何情况下（即使温度仍然恒定）都不能将液体蒸干，以免蒸馏瓶破裂或发生其他意外事故。

(6) 结束蒸馏，拆除装置：蒸馏完毕，应先停止加热，然后停止通冷凝水。拆除仪器次序与装配时相反，先取下接受器，妥善放置以免产物倒翻，然后依次拆下接液管、冷凝管和蒸馏瓶。温度计须待冷却后再进行洗涤，以免炸裂。

液体的沸程常常可以表示它的纯度，纯粹液体的沸程一般在1～2℃之内。合成的产品中常含有未反应的原料和反应副产物，虽经各种处理除去部分杂质但仍是一个混合物，由于简单蒸馏的分离能力有限，故在普通制备实验中收集的沸程较大。

7. 恒温装置　恒温控制可分为两类，一类是利用物质的相变点温度来获得恒温，但温度的选择受到很大限制；另外一类是利用电子调节系统进行温度控制，此方法控温范围宽、可以任意调节设定温度。

恒温槽是实验工作中常用的一种以液体为介质的恒温装置，根据温度控制范围，可用以下液体介质：-60～30℃用乙醇或乙醇水溶液；0～90℃用水；80～160℃用甘油或甘油水溶液；70～300℃用液体石蜡、汽缸润滑油、硅油。

恒温槽通常由下列构件组成（具体装置示意图见图1-19）。

（1）*槽体*：如果控制的温度同室温相差不是太大，用敞口大玻璃缸作为槽体是比较满意的。对于较高和较低温度，则应考虑保温问题。具有循环泵的超级恒温槽，有时仅作供给恒温液体之用，而实验则在另一工作槽中进行。

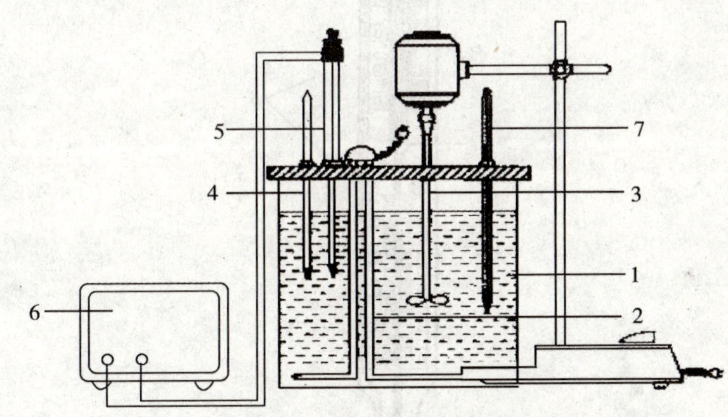

图1-19　恒温槽的装置示意图

1. 浴槽　2. 加热器　3. 搅拌器　4. 温度计　5. 电接点温度计　6. 继电器　7. 贝克曼温度计

（2）*加热器及冷却器*：如果要求恒温的温度高于室温，则须不断向槽中供给热量以补偿其向四周散失的热量；如恒温的温度低于室温，则须不断从恒温槽取走热量，以抵偿环境向槽中的传热。在前一种情况下，通常采用电加热器间歇加热来实现恒温控制。对电加热器的要求是热容量小、导热性好、功率适当。选择加热器的功率最好能使加热和停止的时间约各占一半。

（3）*温度调节器*：温度调节器的作用是当恒温槽的温度被加热或冷却到指定值时发出信号，命令执行机构停止加热或冷却；离开指定温度时则发出信号，命令执行机构继续工作。

目前普遍使用的温度调节器是接点温度计。电接点温度计（图1-20）是一支可以导电的特殊温度计，又称为接触温度计。它有两个电极，一个是可调电极金属丝4，由上部伸入毛细管内。顶端有一磁铁，可以旋转螺旋丝杆，用以调节金属丝的高低位置，从而调节设定温度。另一个电极是固定与底部的水银球相连的接触丝

5，4、5 连出的两根导线接到继电器上。当温度升高时，毛细管中水银柱上升与 7 接触，两电极导通，温度控制器接通，使继电器线圈中电流断开，加热器停止加热；当温度降低时，水银柱与金属丝断开，继电器线圈通过电流，使加热器线路接通，温度又回升。如此，不断反复，使恒温槽控制在一个微小的温度区间波动，被测体系的温度也就限制在一个相应的微小区间内，从而达到恒温的目的。在水银接点温度计接触丝 4 的上段一块小金属标铁 6 可和 7 同时升降，其后背有一温度刻度表，由 6 的上沿位置可读出所需控制的大概温度值。温度恒定后，将 2 的螺钉固定，以免由于震动而影响温度的控制。

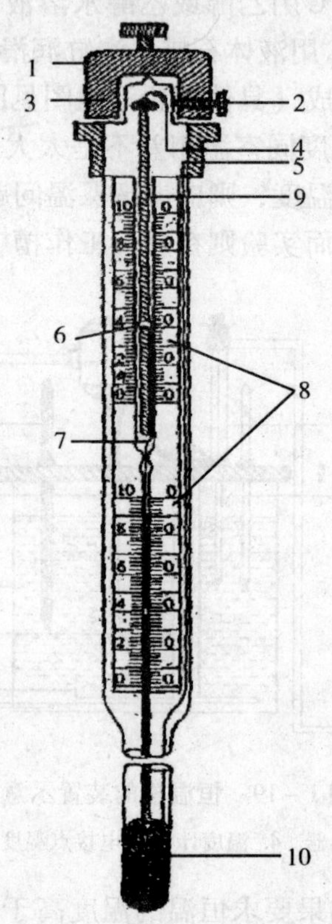

1－20　水银接点温度计构造图

1. 调节帽　2. 调节帽固定螺丝　3. 铁丝　4. 螺旋杆引出线　5. 水银槽引出线
6. 标铁　7. 触针　8. 刻度盘　9. 螺丝杆　10. 水银槽

（4）温度控制器：温度控制器常由继电器和控制电路组成，故又称电子继电器。从汞定温计传来的信号，经控制电路放大后，推动继电器以开关电热器。

（5）搅拌器：加强液体介质的搅拌，对保证恒温槽温度均匀起着非常重要的作用。

设计一个优良的恒温槽应满足的基本条件是：①定温计灵敏度高。②搅拌强烈而均匀。③加热器导热良好而且功率适当。④搅拌器、汞定温计和加热器相互接近，使被加热的液体能立即搅拌均匀并流经定温计及时进行温度控制。

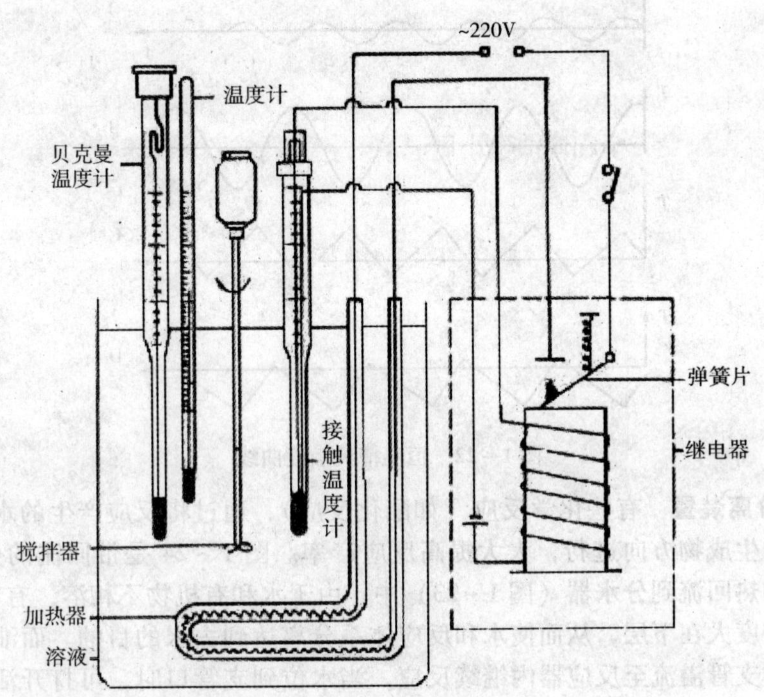

图 1－21 恒温槽装置电路示意图

恒温槽的温度控制装置属于“通”“断”类型，当加热器接通后，恒温介质温度上升，热量的传递使水银温度计中的水银柱上升。但热量的传递需要时间，因此常出现温度传递的滞后，往往是加热器附近介质的温度超过设定温度，所以恒温槽的温度超过设定温度。同理，降温时也会出现滞后现象。由此可知，恒温槽控制的温度有一个波动范围，并不是控制在某一固定不变的温度。控温效果可以用灵敏度 Δt 表示：

$$\Delta t = \pm (t_1 - t_2)/2$$

式中，t_1 为恒温过程中水浴的最高温度，t_2 为恒温过程中水浴的最低温度。由图 1－22 可以看出：曲线（A）表示恒温槽灵敏度较高；（B）表示恒温槽灵敏度较差；（C）表示加热器功率太小或散热太快。影响恒温槽灵敏度的因素很多，大体有以下几个方面：①恒温介质流动性好，传热性能好，控温灵敏度就高；②加热器功率要适宜，热容量要小，控温灵敏度就高；③搅拌器搅拌速度要足够大，才能保证恒温槽内温度均匀；④继电器电磁吸引电键，后者发生机械作用的时间愈短，断电时线圈中的铁芯剩磁愈小，控温灵敏度愈高；⑤电接点温度计热容小，对温度的变化敏感，则灵敏度高；⑥环境温度与设定温度的差值越小，控温效果越好。

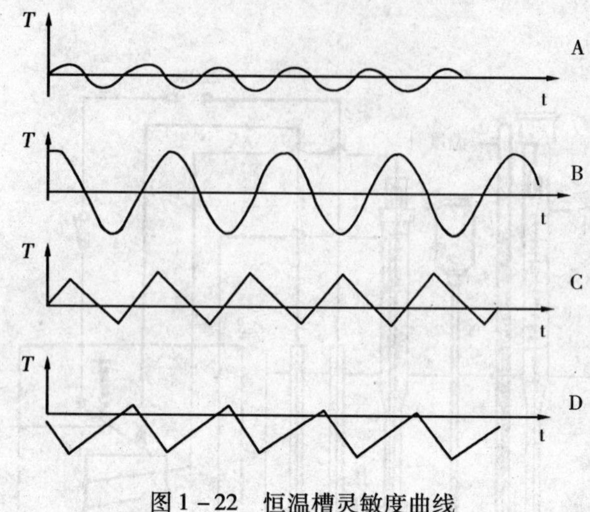

图 1－22　恒温槽灵敏度曲线

8. 水分离装置　有些化学反应（如酯化反应），通过将反应产生的水移开，可加速反应向生成物方向进行，大大提高反应产率。图 1－24 是带回流的分水装置。反应液经加热回流到分水器（图 1－23）中，由于水和有机物不相溶，有明显分层，一般水的密度大在下层，从而使水和反应体系分离达到去水的目的。而油状物在上层，可通过支管溢流至反应器内继续反应，当水位到支管口时，可打开活塞将反应生成的水分离出来。

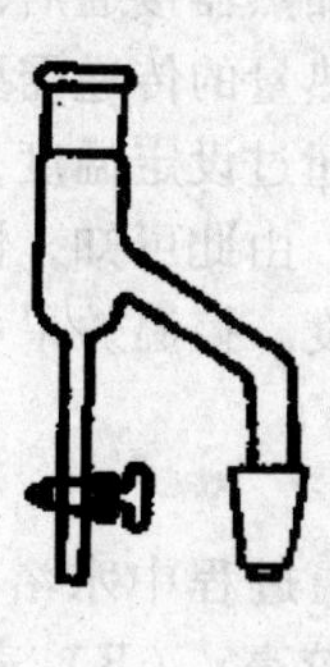

图 1－23　分水器

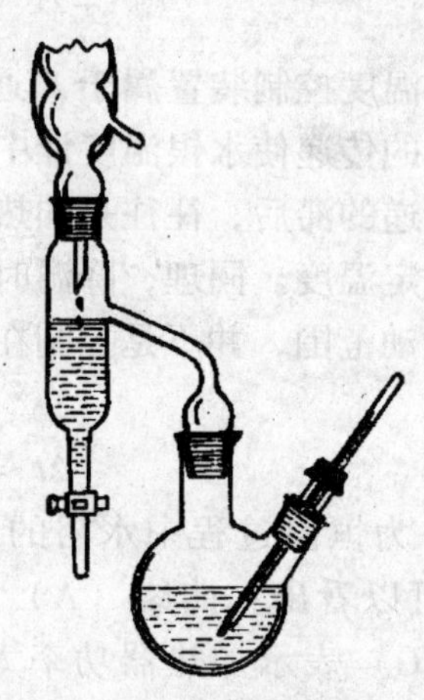

图 1－24　水分离装置

9. 仪器装置方法　化学实验中玻璃仪器需用到铁夹固定并置于铁架台上，铁夹的双钳应贴橡皮、绒布等软性物质。固定时，一手将铁夹双钳夹紧仪器，另一手慢慢拧紧铁夹的螺丝。待螺丝触及双钳时，可停止旋动，以免用力过猛夹裂仪器。安装装置需遵循如下规则：①玻璃仪器的重心落在铁架台铁板上；②由下及上，由左（右）到右（左）；③仪器轴心与铁架台的支撑杆平行，装置与桌面边沿平行，整齐美观；④装置气密性良好；⑤装置必须与大气相通，避免封闭体系发生危险。

第二章　基本操作与技术

第一节　玻璃仪器的洗涤与干燥

一、铬酸洗液的配制

称取2.5g重铬酸钾粉末于小烧杯中，加入8ml热水，溶解后，冷却，一面搅拌一面缓慢加入42ml工业用浓硫酸至溶液呈暗褐色，冷却后贮于玻璃瓶中备用。铬酸洗液能反复使用多次，直至溶液颜色呈绿色时，方因失效而不能使用。

二、玻璃仪器的洗涤

玻璃仪器在使用之前必须洗净，以防杂质污染化学反应体系。洗净的玻璃仪器内壁应能被水均匀润湿而无小水珠。若仍能挂住水珠，则必须重新洗涤。

一般敞口玻璃仪器（如烧杯、锥形瓶、圆底烧瓶等）的洗涤可先用毛刷和肥皂水或洗衣粉刷洗器壁，除去污物后再用自来水冲洗干净。若还不能洗净，则可根据污垢的性质选用适当的洗涤液进行洗涤。如有油污，可用铬酸洗液进行洗涤，洗涤时先倾倒容器的水分，再加入适量酪酸洗液，慢慢转动容器，使之充分湿润其内壁，浸泡数分钟后将酪酸洗液倒回原瓶，然后用自来水将容器冲洗干净。

用于分析实验或精密实验的玻璃器皿，按上述方法洗净后，其内壁还必须用适量的蒸馏水润洗3次以上，方可使用。

1. 滴定管的洗涤　酸式滴定管可倒入铬酸洗液10ml，把滴定管横过来，两手平端滴定管，缓慢转动直至洗液布满全管内壁，然后直立滴定管，让铬酸洗液由滴定管尖嘴放出。

碱式滴定管则应先将橡皮管卸下，在管口套上一旧的滴管帽，用小烧杯接在管的下端，然后倒入铬酸洗液进行润洗。

经铬酸洗液洗过的滴定管应先用自来水洗净后，再用适量蒸馏水润洗3次以上。

2. 容量瓶的洗涤　倒入洗涤液摇动或浸泡，将洗涤液倒出，然后用自来水洗净，再用适量蒸馏水润洗3次以上。

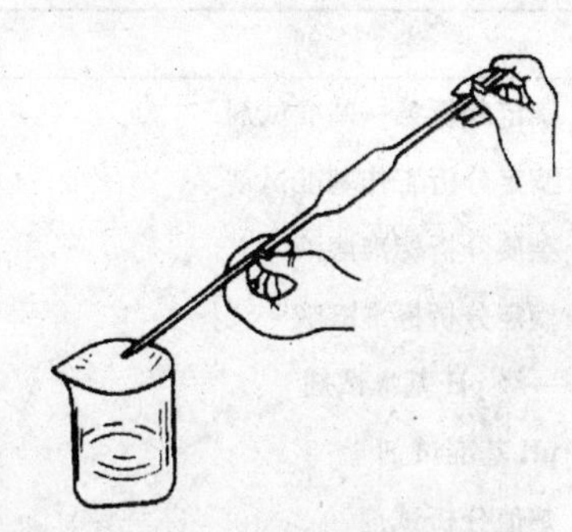

图2－1　移液管的洗涤操作

3. 移液管的洗涤 用洗耳球吸取少量洗涤液于移液管中，横放并缓慢转动，至管内壁均匀沾上洗涤液后直立移液管，让洗涤液由移液管的尖嘴放出（图 2-1）。然后用自来水洗净，再用适量蒸馏水润洗 3 次以上。

三、玻璃仪器的干燥

1. 晾干 将玻璃仪器倒置在晾干架上，让其自然干燥。

2. 烘干 将玻璃仪器由上及下置于烘箱内烘干。带有磨口玻璃塞的仪器，烘干时必须打开玻璃塞。烘干时烘箱的温度一般为 105～110℃，烘 1h 左右，待冷却至室温后再取出；亦可将玻璃仪器置于红外灯干燥箱中烘干。

3. 吹干 用电风机或气流干燥器吹干。对于急于干燥的玻璃器皿，可倒入少量无水乙醇或丙酮，使之润湿其内壁，然后用电吹风吹干（先用冷风吹 1～2min，待大部分溶剂挥发后再用热风吹至完全干燥，最后用冷风吹去残余蒸汽）。

第二节　试剂及其取用

一、化学试剂的分类、选用及变质和管理

1. 化学试剂的分类 化学试剂的分类标准很多，世界各国对化学试剂的分类和分级的标准不尽一致，各国都有自己的国家标准及其他标准（行业标准、学会标准等）。我国化学试剂产品有国家标准（GB）、化工部标准（HG）及企业标准（QB）三级。

化学试剂产品已有数千种，有分析试剂、仪器分析专用试剂、指示剂、有机合成试剂、生化试剂、电子工业专用试剂、医用试剂等。随着科学技术和生产的发展，新的试剂种类还将不断产生，至目前为止，还没有统一的分类标准。暂将化学试剂分为标准试剂、一般试剂、高纯试剂、专用试剂四大类，逐一作简单介绍。

（1）标准试剂：标准试剂是用于衡量其他（欲测）物质化学量的标准物质。标准试剂的特点是主体含量高而且准确可靠，其产品一般由大型试剂厂生产，并严格按国家标准检验。主要国产标准试剂的种类及用途列于表 2-1。

表 2-1　主要国产标准试剂的种类与用途

类　别	主要用途
滴定分析第一基准试剂	工作基准试剂的定值
滴定分析工作基准试剂	滴定分析标准溶液的定值
杂质分析标准溶液	仪器及化学分析中作为微量杂质分析的标准
滴定分析标准溶液	滴定分析法测定物质的含量
一级 pH 基准试剂	pH 基准试剂的定值和高精密度 pH 计的校准
pH 基准试剂	pH 计的校准（定位）
热值分析试剂	热值分析仪的标定

续表

类　别	主要用途
色谱分析标准	气相色谱法进行定性和定量分析的标准
临床分析标准溶液	临床化验
农药分析标准	农药分析
有机元素分析标准	有机物元素分析

（2）一般试剂：一般试剂是实验室最普遍使用的试剂，一般可分为四个等级和生化试剂等。一般试剂的分级、标志、适用范围及标签颜色列于表2－2中。指示剂也属于一般试剂。

（3）高纯试剂：高纯试剂的特点是杂质含量低（比优级纯基准试剂都低），主体含量一般与优级纯试剂相当，而且规定检测的杂质项目比同种优级纯或基准试剂多1～2倍。高纯试剂主要用于微量分析中试样的分解及试液的制备。

表2－2　一般试剂的规格和运用范围

级别	中文名称	英文符号	标签颜色	适用范围
一级	优级纯（保证试剂）	GR	绿色	精密分析实验
二级	分析纯（分析试剂）	AR	红色	一般分析实验
三级	化学纯	CP	蓝色	一般化学实验
四级	实验试剂	LR	棕色或其他色	一般化学实验辅助试剂
生化试剂	生化试剂 生物染色剂	BR	咖啡色 染色剂（玫瑰色）	生物化学及 医用化学实验

高纯试剂多属于通用试剂（如HCl、$HClO_4$、$NH_3 \cdot H_2O$、Na_2CO_3、H_3BO_3等）。目前只有几种高纯试剂颁布国家标准，多数产品一般执行企业标准，在标签上标有“特优”或“超优”试剂字样。

（4）专用试剂：专用试剂是指有特殊用途的试剂。如仪器分析中色谱分析标准试剂、气相色谱担体及固定液、液相色谱填料、薄层色谱试剂、紫外及红外光谱纯试剂、核磁共振分析用试剂等。与高纯试剂相似之处是专用试剂不仅主体含量较高，而且杂质含量很低。它与高纯试剂的区别是，在特定的用途中（如发射光谱分析）有干扰的杂质成分只需控制在不致产生明显干扰的限度以下。

2. 化学试剂的选用　要根据所做实验的具体情况，如分析方法的灵敏度和选择性、分析对象的含量及对分析结果准确度的要求，合理地选用相应级别的试剂。由于高纯试制和基准试剂的价格要比一般试剂高得多，因此，在满足实验要求的前提下，选择试剂的级别应就低而不就高，注意节约。试剂的选用要考虑以下几点。

（1）滴定分析中常用标准溶液，应选择分析纯试剂配制、工作基准试剂标定。在某些情况下，如对分析结果要求不很高的实验，也可用优级纯或分析纯代替工作基准试剂标定。滴定分析中所用的其他试剂一般为分析纯试剂。

（2）如所做实验对杂质含量要求低，应选择优级纯试剂，若只对主体含量要求高，则应选用分析纯试剂。

（3）仪器分析实验中一般选用优级纯或专用试剂，测定微量成分时应选用高纯试剂。

3. 化学试剂变质的因素

(1) 空气的影响：空气中的氧易使还原性试剂氧化而变质。强碱性试剂易吸收二氧化碳变成碳酸盐。水分可以使某些试剂潮解、结块。纤维、灰尘能使某些试剂还原、变色等。

(2) 温度的影响：试剂变质的速率与温度有关。夏季高温会加快不稳定试剂的分解、加快易挥发试剂的挥发速度，也易使易升华的固体的升华速度加快；冬季严寒会促使某些试剂析出沉淀、发生冻结等。如甲醛溶液在6℃以下时析出三聚甲醛，使甲醛变质。

(3) 光的影响：日光中的紫外线能加速某些试剂的化学反应而使其变质。如银盐，汞盐，溴和碘的钾、钠、铵盐和某些酚试剂。

(4) 杂质的影响：不稳定试剂的纯净与否，对其变质情况的影响不容忽视。如纯净的溴化汞实际上不受光的影响，而含有微量溴化亚汞或有机物杂质的溴化汞遇光易变黑。

(5) 贮存期的影响：不稳定的试剂在长期贮存后可能发生歧化聚合，分解或沉淀等变化。

4. 化学实验药品的管理

(1) 化学药品的贮存与管理：这里所说的化学药品是指原装化学试剂。大部分化学药品都具有一定的毒性，有的是易燃易爆的危险品，因此必须了解化学药品的性质，避开引起试剂变质的各种因素，妥善保管。较大量的化学药品应放在药品贮藏室内，专人保管，贮藏室应是朝北的房间，避免阳光照射，室内温度不能过高，一般应保持在15~20℃，最高不要高于28℃。室内保持一定的湿度，相对湿度最好在40%~70%。室内应通风良好，严禁明火！危险化学药品应按国家公安部门的规定管理。一般化学药品的存放可分类如下。

无机物的存放分类：①盐类及氧化物，按周期表分类存放；②钠、钾、铵、镁、钙、锌等的盐及CaO、MgO、ZnO等；③碱类，如NaOH、KOH、$NH_3 \cdot H_2O$等；④酸类，如H_2SO_4、HNO_3、HCl、$HClO_4$等。

有机物的存放分类：①按官能团分类存放，如烃类、醇类、酚类、醛类、酮类、脂类、羧酸类、胺类、卤代烷类、苯系物等；②指示剂，如酸类指示剂、氧化还原指示剂、配位滴定指示剂、荧光指示剂等；③贵重药品由专人保管。

(2) 化学试剂的贮存与管理：在化学实验室中，化学试剂的贮存也是一项十分重要的工作。一般化学试剂应贮存在通风良好、干净和干燥的房间，要远离火源，并注意防止水分、灰尘和其他物质的污染。同时，根据试剂的性质应有不同的贮存方法。①固体试剂应装在广口瓶中，液体试剂盛在细口瓶或滴瓶中；见光易分解的试剂（如$AgNO_3$、$KMnO_4$、$CHCl_3$、CCl_4等）应盛放在棕色瓶中；容易侵蚀玻璃而影响试剂纯度的（如氢氟酸、含氟盐、苛性碱等）应贮存于塑料瓶中；盛碱的瓶子要用橡皮塞，不能用磨口塞，以防瓶口被碱溶结。②吸水性强的试剂如无水碳酸盐、苛性钠、过氧化钠等应严格用蜡密封。③剧毒试剂如氰化物、砒霜、$HgCl_2$等，应设专人妥善保管，要经一定手续取用，以免发生事故。④特种试剂应采取特殊贮存方法：如易受热分解的试剂，必须存放在冰箱中；易吸湿或易氧化的试剂则应贮存在干燥器中；金属钠浸在煤油中；白磷要浸在水中等。

此外，盛溶液的试剂瓶，外面应贴上标签，标明试剂的名称、规格、浓度、配制时间等。试剂瓶上的标签，最好涂上石蜡保护，以防标签受试剂侵蚀而字迹脱落。

二、试剂的取用

取用试剂前，应看清标签。取用时，先打开瓶塞，将瓶塞反放在实验台上。如果瓶塞上端不是平顶而是扁平的，可用示指和中指将瓶塞夹住（或放在清洁的表面皿上），绝不可将它横置桌上以免沾污。不能用手直接接触化学试剂。应根据用量取用试剂，不必多取，这样既能节约药品，又能取得好的实验结果。取完试剂后，一定要把瓶塞盖严，绝不允许将瓶盖张冠李戴。然后把试剂瓶放回原处，以保持实验台整齐干净。

1. 固体试剂的取用

（1）要用清洁、干燥的药匙取试剂。药匙的两端为大小两个匙，分别用于取大量固体和取少量固体。应专匙专用。用过的药匙必须洗净晾干后才能再使用。

（2）注意不要超过指定用量取药，多取的不能倒回原瓶，可放在指定的容器中供他人使用。

（3）要求取用一定质量的固体试剂时，可把固体放在干燥的纸上称量。具有腐蚀性或易潮解的固体应放在表面皿上或玻璃容器内称量。

（4）往试管（特别是湿试管）中加入固体试剂时，可用药匙或将取出的药品放在对折的纸片上，伸进试管约2/3处（图2-2、图2-3），直立试管，把试剂放入。加入块状固体时，应将试管倾斜，使其沿管壁慢慢滑下（图2-4），以免击破管底。

（5）固体的颗粒较大时，可在清洁而干燥的研钵中研碎。研钵中所盛固体的量不要超过研钵容量的1/3。

（6）有毒药品要在教师指导下取用。

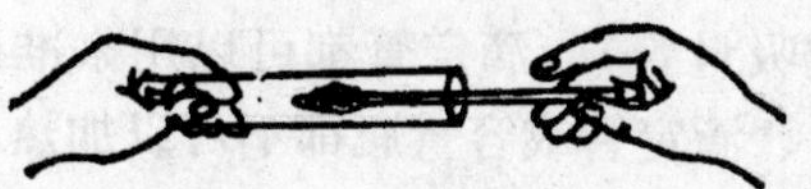

图2-2　用药匙往试管里送入固体试剂

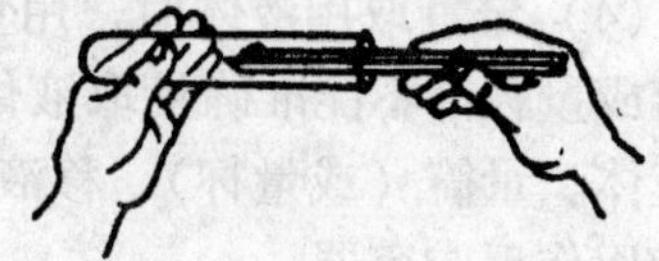

图2-3　用纸槽往试管里送入固体试剂

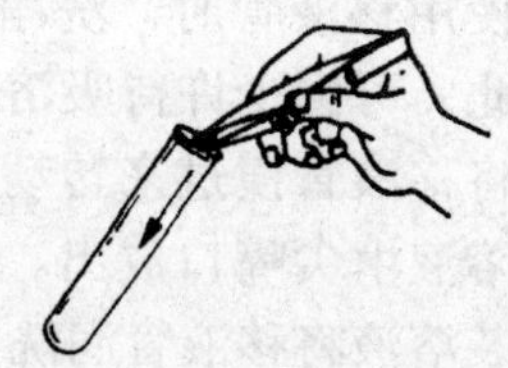

图2-4　块状固体沿管壁慢慢滑下

2. 液体试剂的取用

（1）从滴瓶中取用液体试剂时，要用滴瓶中的滴管。使用滴管的方法是：提起滴管，使滴管口离开液面，用手指捏滴管上部的胶头，以排出滴管中的空气，然后把滴管伸入试剂里，放松手指吸入试剂，再提起滴管，竖直地放在试管口或烧杯的上方，将试剂逐滴滴入（图2-5）。

使用滴管应注意：滴管绝不能伸入所用的容器中，以免接触器壁而沾污药品。如果用滴管从试剂瓶中取少量液体试剂时，则需用附于该试剂瓶的专用滴管取用。装有药品的滴管不得横置或滴管口向上斜放，更不能倒置，以免液体流入滴管的橡皮头中。

（2）从细口瓶中取用液体试剂时，用倾注法。先将瓶塞取下，反放在桌面上，手握住试剂瓶上贴标签的一面，逐渐倾斜瓶子，让试剂沿着洁净的试管壁流入试管或沿着洁净的玻璃棒注入烧杯中（图2-6）。注出所需量后，将试剂瓶口在容器上靠一下，再逐渐竖起瓶子，以免遗留在瓶口的液滴流到瓶的外壁。

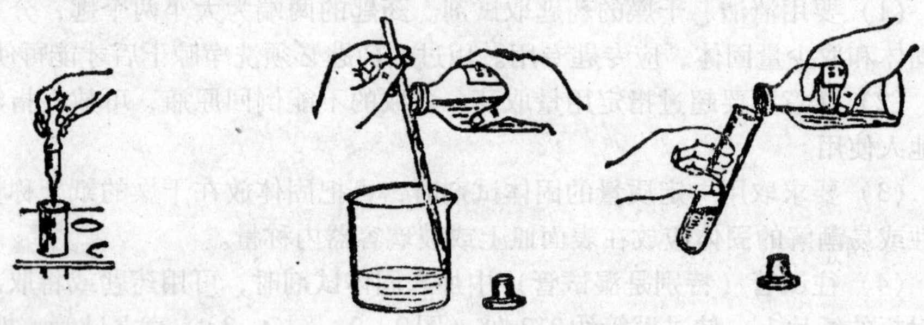

图2-5　滴液入试管的手法　　　　图2-6　倾注法

（3）在试管里进行某些实验时，取试剂不需要准确用量，只要估计取用液体的量即可。例如用滴管取用液体，1ml 相当多少滴，5ml 液体占一个试管容量的几分之几等。倒入试管里溶液的量，一般不超过其容积的1/3。

（4）定量取用液体时，用量筒（或量杯）、移液管（或吸量管）、滴定管。用量筒或量杯都不能准确量取液体，移液管（或吸量管）、滴定管都可以用来准确量取液体。量筒（或量杯）、移液管（或吸量管）、滴定管或容量瓶都不可以加热，也不能用作反应容器。

①量筒或量杯的量取：量筒或量杯用于量度一定体积的液体，可根据需要选用不同容量的量筒。量取液体时，要按图2-7所示，使视线与量筒内液体的弯月面的最低处保持水平，偏高或偏低者都会读不准而造成较大的误差。

②移液管、吸量管的移取：使用移液管时，洗净的移液管要用待装溶液润洗3次，以除去管内残留的水分。为此，可倒少许待吸溶液于一只干净、干燥的小烧杯中，用移液管吸取少量的溶液，将移液管横过来转动，使溶液流过管内标线下所有的内壁，然后使移液管直立，将溶液由尖嘴口放出。亦可用滤纸将洗净的移液管尖端内外的水吸去，然后用少量待装溶液将移液管润洗3次。

吸取溶液时，一般可用左手拿洗耳球，右手把移液管插入溶液中吸取溶液（图2-8），当溶液吸至标线以上时，马上用右手示指堵住管口，将移液管提出液面，并将原插入溶液的部分沿待吸液容器内壁轻转两圈（或用滤纸擦干下端）以除去管壁上黏附的溶液，然后，稍松示指，使液面下降，直至溶液的弯月面最低点与标线相切，立刻用示指压紧管口。取出移液管，把准备承接溶液的容器倾斜，将移液管垂直移入容器中，管尖靠着容器内壁（图 2－9），松开示指，使溶液自由流出，流完后稍等 15s，残留于管尖的液体不必吹出（刻有“吹”字的除外），因为在校正移液管时，未把这部分液体体积计算在内。移液管使用后，应立即洗净并放在移液管架上。

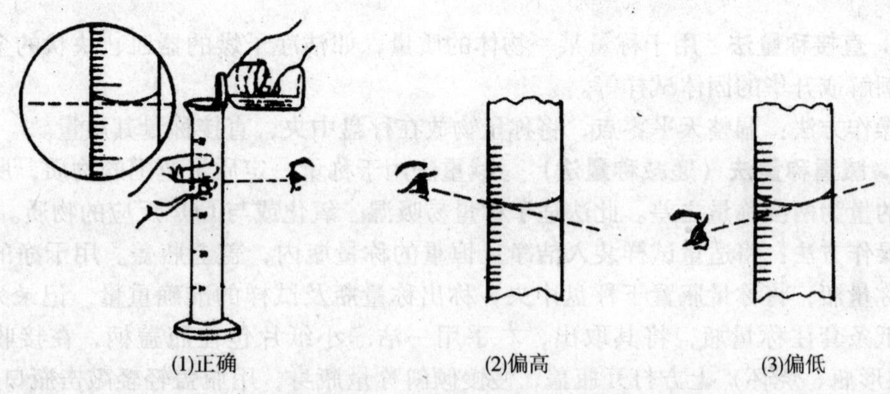

图 2－7　观看量筒内液体的容积

③滴定管的移取：使用滴定管时，洗净的滴定管要用待装溶液润洗 3 次，以除去管内残留的水分。为此，可倒少许待装溶液于滴定管中，将滴定管横过来转动，使溶液流过管内标线下所有的内壁，然后使滴定管直立，将溶液由尖嘴口放出。

将待移取的溶液装入滴定管，调节溶液的弯月面最低点与零刻线相切，将滴定管夹于铁架台上，将管内的溶液滴加到准备承接溶液的容器中，直至所要移取的体积。

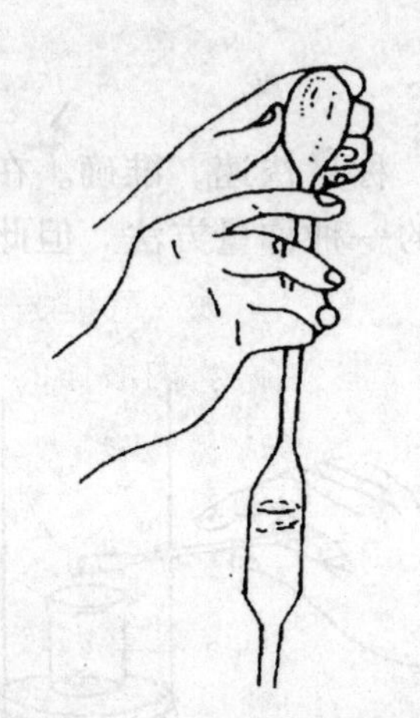

图 2－8　移液管吸取溶液的操作

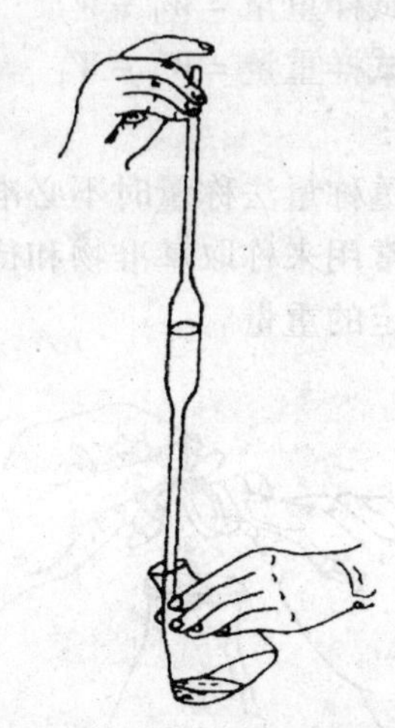

图 2－9　移液管放出溶液的操作

第三节 称 量

一、称量方法

称量时，应根据称量物的不同性质，采取相应的称量方法。常用的称量方法如下。

1. 直接称量法 用于称量某一物体的质量，如洁净干燥的器皿、块状的金属及不易潮解或升华的固体试样等。

操作方法：调整天平零点，将称量物放在秤盘中央，直接称量其质量。

2. 减重称量法（递减称量法） 减重法用于称量一定质量范围的物质，所称取物质的量为两次称量之差。此法适于称量易吸湿、氧化或与 CO_2 反应的物质。

操作方法：将适量试样装入洁净且恒重的称量瓶内，盖上瓶盖。用干净的纸条套住称量瓶，将称量瓶置于秤盘中央，称出称量瓶及试样的准确重量，记录为 W_1。再用纸条套住称量瓶，将其取出，右手用一洁净小纸片包住瓶盖柄，在接收容器（如锥形瓶、烧杯）上方打开瓶盖，慢慢倾斜称量瓶身，用瓶盖轻轻敲击瓶口上缘，使试样缓缓落入受器中（图 2－10），直至倒出的试样接近所需量时，边敲边缓慢竖起称量瓶，使粘附在瓶口的试样落入受器或落回称量瓶中，再盖好瓶盖。把称量瓶放回秤盘上，准确称量其重量，记录为 W_2，两次称量差值，就是所称取的试样重量。若一次倒出的试样未达到所需量时，可再敲出适量的试样，直至符合称量范围（即：欲称重量的 ±10%）。但称取一份试样，最好敲一、二次即能达到所需量，否则会因试样吸潮等因素而引起误差。如敲出的试样大大超过所需量时，只能弃去，重新称量。重复以上操作，可称得 W_3、W_4、……，这样可连续称取多份试样。

第一份试样重量 $= W_1 - W_2$ (g)

第二份试样重量 $= W_2 - W_3$ (g)

⋮

采用减重称量法称量时不必准确调整天平的零点，称量快速、准确。在分析化学实验中，常用来称取基准物和待测样品，是最常用的一种称量方法。但此法不宜用于称取指定的重量。

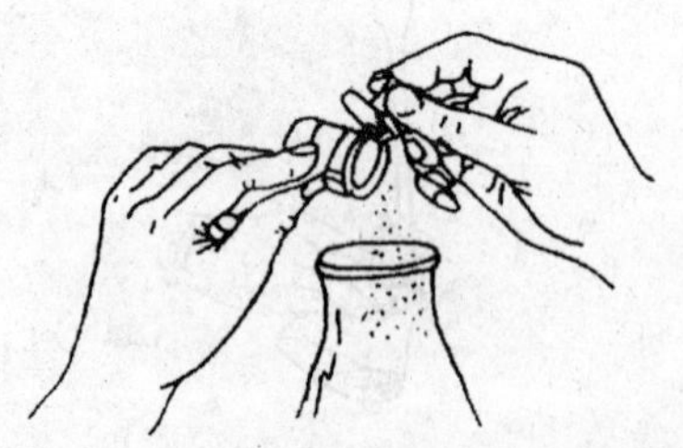

图 2－10 减量称量法敲减样品的操作

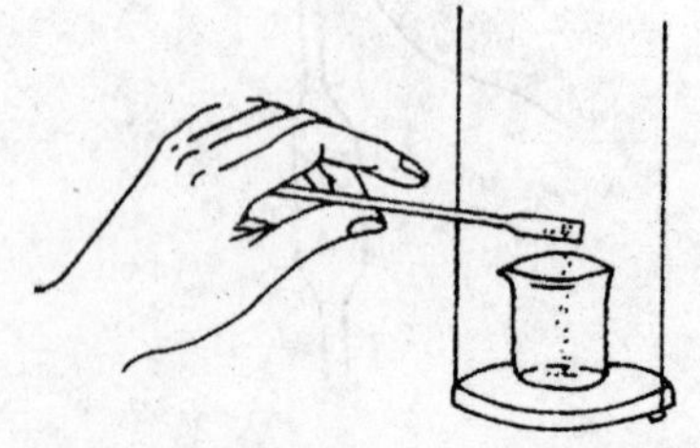

图 2－11 固定质量称量法加样品的操作

3. 固定质量称量法（增量法） 当需称取某一固定质量的试剂或试样时，可用固定质量称量法称量。此法适于称取不易吸湿、在空气中性质稳定的粉末及小颗粒状物质。

操作方法：调整天平零点，将洁净且恒重的容器（如小烧杯、小表面皿等）置于秤盘中央，准确称其重量，记下读数，然后把所需称取试样量的砝码加上（对于单盘电光天平则是减去相应砝码），此时砝码的总数值是容器加试样的总重量，再用药匙将试样逐渐加入容器中，直至所加试样只差极小量即达到平衡时，全开天平，并小心地添加试样（图 2－11），用左手拇指、中指及掌心拿稳盛有试样的药匙，在容器上方约 2～3cm 处，以左手示指轻轻敲药匙柄，使匙内的试样缓慢落入容器中，此时既要注意药勺，又要观察投影屏中标尺的移动，待标尺刻线正好移至所需要的数值时，立即停止抖入试样，关闭天平及天平侧门。再打开天平，若投影屏中标尺刻线为所需要的数值，则称量完毕；否则，应继续称量，直至达到要求。

若不慎抖落的试样过量，则只能关闭天平，用药匙取出过量的试样，再按上述操作直至符合指定质量为止。

在分析化学实验中，采用直接法配制指定浓度的标准溶液时，需用固定质量称量法来称取基准物。

二、天平的使用

1. 电光分析天平

（1）双盘半机械加码电光天平

①准备工作：取下防尘罩，折好放在天平箱上。用软毛刷轻扫秤盘上的灰尘，检查天平是否处于水平，观察各部件是否正常。然后接通电源，检查光学读数系统是否正常。

②调整零点：开启天平，当标尺静止时，如果投影屏中间的标线与标尺上的“0”线不重合，可拨动调零杆，使屏中的标线正好与标尺的“0”线重合，即调整好零点。若用调零杆调不到零点，则应关闭天平，调节横梁上的平衡螺丝后，再重新调节零点。零点调定后，在整个称量过程中不能再拨动调零杆。

③称量：先用台秤称量欲称物的重量，然后再用分析天平精密称量。推开天平左侧门，将欲称物放在天平左盘中央，根据粗称的数据在天平右盘上加放相应的砝码至克位，再转动指数盘，加上相应的百毫克（即小数点后第一位）的圈码。半开天平，观察投影屏上标尺移动的方向，判断是否需要增减圈码或砝码。当百毫克组圈码调定后，再调整十毫克组（即小数点后第二位）圈码，调定后，在天平侧门关闭的状态下，完全开启天平，准备读数。

④读数：待投影标尺停稳后即可读取称量数值。欲称物的重量等于天平右盘所加放的砝码值（克以上的数值）、指数盘指示的圈码值（小数点后第 1、2 位数值），再加上屏幕中标尺的读数（小数点后第 3、4 位数值）的总量。

⑤复原：记录读数后，随即关闭天平。将砝码放回砝码盒内，并将指数盘退到“000”位，取出称量物，关闭天平两侧门，切断电源，罩上防尘罩，并登记使用情况。

（2）单盘电光天平

①打开防尘罩，折平放在天平箱上，接通电源。检查天平是否水平、各读数窗口是否都为零、天平称盘是否洁净等。

②调整天平零点：开启天平，当投影屏上标尺停稳后，若标尺“00”线不在投影屏夹线中间，可调节零调手钮，使标尺上的“00”线位于夹线正中，即已调定零点，关闭天平。若使用零调手钮，未能调定零点，则可在调整平衡铊后，再调定零点。零点调定后，在整个称量过程中不能再转动零调手钮。

③称量：推开天平左侧门，将称量物放在秤盘中央，关好侧门。将停动手钮向后转动约30°，此时天平处于半开状态，调整砝码，预称被称物的重量。调整砝码时先转动10～90g减码手轮，当转动至某一数值，屏中标尺刻线向上移动并出现负值时，表示减去砝码数过大，应退回一个数，分别再转动1～9g减码手轮和0.1～0.9g减码手轮，如此操作，待三组砝码调定，慢慢转动停动手钮，将天平由半开状态转至全开，当标尺停稳后，即可准确称量、读数。

④读数：称量物的质量可以从读数窗口、投影屏以及微读数窗口所显示的数字直接读出。

当投影屏上标尺的某一刻线恰好处于投影屏夹线正中时所指示的数字，为投影屏上的读数值。若标尺刻线不在夹线正中，即不足标尺刻线一个分度（图2－12），则可以转动微读手钮，使离夹线中间最近的一条标尺刻线移至夹线正中（图2－13），即可读数。图2－13中的读数应为27.7824g。

图2－12 标尺刻线不在夹线正中　　图2－13 转动微读手钮后的读数

⑤复原：记录称量读数，关闭天平。取出称量物，关好天平侧门，将减码手轮、微读手钮转至零位。将电源开关扳至水平位置，切断电源，盖上防尘罩，并登记使用情况。

称量过程中应正确使用电源开关和停动手钮。电源开关可扳动至上、中（水平）、下3个位置，处于“上”时：用于称量，天平“全开”或“半开”时光源灯亮，关天平时，光源灯灭；处于“中”时：电源不接通；处于“下”时：用于天平维修，光源灯常亮。停动手钮可转动至前、中、后3个位置，处于“前”时，全开天平，进行称量读数；处于“中”时，关闭天平，取放称量物或加、减砝码；处于“下”时：“半开”天平，进行加、减砝码。

2. 电子天平（以BT224S型电子天平为例）

（1）用前准备

①观察水平仪，水泡应位于水平仪中心，否则，需调节水平调节脚。

②接通电源（预热3h以上），按 | /Φ，显示器全亮，约5s后，显示称量模式“0.0000”。

③天平校准：按CAL，机器进行内部校准，显示“CC”时，校准完毕，显示为“0.0000”。如不为“0.0000”，请向老师报告。

（2）使用方法

①固定称量法：a. 在“0.0000”状态下，置容器于称盘上，显示为容器质量

“ + x. xxxx”。b. 按 Tare，去皮（即扣除容器质量），显示为“0.0000”，加入称量物于容器中，显示“ + a. aaaa”，至所需质量为止。

②减重称量法：a. 在“0.0000”状态下，置装有药品的称量瓶于称盘上，显示质量为“ + x. xxxx”，按 Tare，去皮，显示为“0.0000”。b. 敲药品于锥形瓶中，显示质量为“ – a. aaaa”，此值即为敲出药品的质量。继续敲出药品至需要量，为第 1 份药的质量，记录。c. 按 Tare，清零，显示为“0.0000”。重复 b 操作，显示质量为“ – b. bbbb”，此值即为第 2 份敲出药品的质量，记录。同法可称出第 3 份药品的质量。

第四节 基本技术

一、酒精灯与酒精喷灯的使用

1. 酒精灯 酒精灯所用的燃料为酒精（乙醇）。它的组成为灯罩、灯芯、灯壶 3 部分（图 2 – 14）。酒精灯的火焰温度为 400 ~ 500℃。正常的酒精灯火焰分为焰心、内焰和外焰三部分，如图 2 – 15 所示。酒精灯的外焰温度最高，内焰次之，而焰心温度最低。

使用酒精灯时应注意以下几点。

（1）添加乙醇时要借助漏斗，以免乙醇洒出。灯内的乙醇不应超过容积的 2/3，以免装得太满，导致移动灯时乙醇倾出或点燃时乙醇受热膨胀溢出。

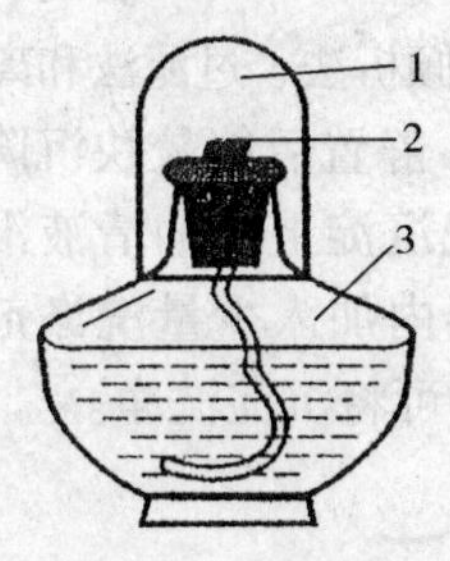

图 2 – 14 酒精灯

1. 灯罩 2. 灯芯 3. 灯壶

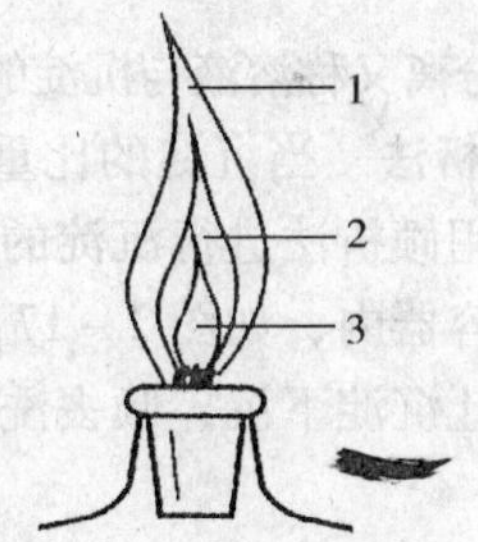

图 2 – 15 酒精灯的灯焰

1. 外焰 2. 内焰 3. 焰心

（2）用火柴点燃酒精灯，不得用燃着的酒精灯引燃。酒精灯熄灭时应用灯罩盖熄灭，不得用嘴吹灭。

（3）酒精灯不得连续长时间使用，以免火焰使酒精灯本身灼热，灯内酒精大量汽化形成爆炸混合物。需长时间加热时，用湿布把灯身包一下，目的是避免灯内酒精受热大量挥发而发生危险。

2. 酒精喷灯 酒精喷灯的燃料亦是乙醇，它是先将乙醇汽化后与空气混合才燃烧的，其火焰温度可达 900℃左右。

挂式酒精喷灯构造如图 2 – 16 所示，用时把乙醇贮罐挂在 1.5 m 高的地方。灯管下部为一预热盆，盆的下方有一支管，通过橡皮管与挂在高处的乙醇贮罐相通。

使用时操作步骤如下。

（1）打开活塞3，使预热盆5中装满乙醇。

（2）点燃预热盆中乙醇，烧热灯管，当盆中乙醇近干时，灯管已被灼热。

（3）点燃火柴移至灯口，打开开关6，从贮罐2流入热灯管9中的乙醇立即汽化并与从气孔7进来的空气混合，即可点燃。

（4）调节开关6可控制火焰的大小。

（5）使用完毕，关闭开关6，火焰熄灭。

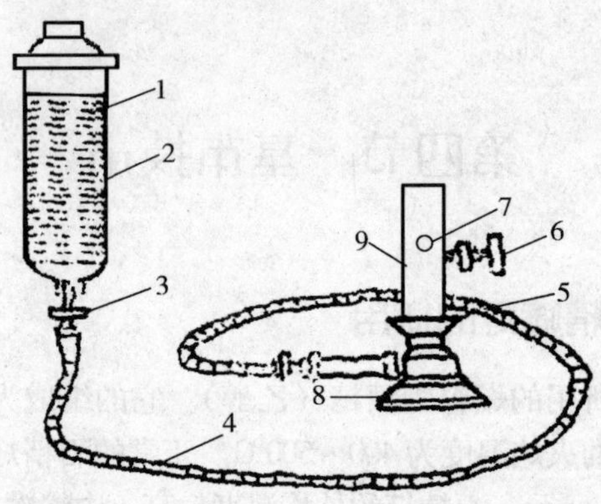

图2－16　酒精喷灯

1. 乙醇　2. 乙醇贮罐　3. 活塞　4. 橡皮管　5. 预热盆　6. 开关　7. 气孔　8. 灯座　9. 灯管。

二、实验室通用固液分离技术

固液分离又称溶液与沉淀的分离，其方法有3种：倾析法、过滤法和离心分离法。

1. 倾析法　当沉淀的比重较大或结晶颗粒较大，静置后能较快沉降至容器底部时，就可用倾析法进行沉淀的分离和洗涤。方法是把沉淀上部的清液沿玻璃棒小心倾入另一容器内，如图2－17，然后往盛沉淀的容器内加入少量洗涤剂，进行充分搅拌后，让沉淀下沉，倾去洗涤剂。重复操作3次即可将沉淀洗净。

图2－17　倾析法分离

2. 过滤法　过滤是最常用的分离方法之一。当沉淀和溶液经过滤器时，沉淀留在滤器上；溶液通过滤器而进入容器中，所得溶液称为滤液。

过滤时，应考虑各种因素的影响而选用不同方法。通常热的溶液黏度小，比冷的溶液容易过滤，一般黏度愈小，过滤愈快。减压过滤比常压过滤快。过滤器的孔隙大小有不同规格，应根据沉淀颗粒的大小和状态选择使用。孔隙太大，小颗粒沉淀易透过，孔隙太小，又易被小颗粒沉淀堵塞，使过滤难以继续进行。如果沉淀是胶状的，可在过滤前用加热的方法使其破坏，以免胶状沉淀透过滤纸。

常用过滤方法有常压过滤（普通过滤）、减压过滤（吸滤）和热过滤3种。

(1) 常压过滤：此法最为简单、常用。选用的漏斗大小应以能容纳沉淀量为宜。滤纸有定性滤纸和定量滤纸2种，按照孔隙大小又分为“快速”、“中速”、“慢速”3种。根据需要加以选择使用。滤纸的大小应略低于漏斗边缘。

先把一圆形滤纸对折两次成扇形（方形滤纸需先剪成扇形），展开后呈圆锥形（如图2-18）恰能与60°角的漏斗相密合。如果漏斗的角度大于或小于60°，应适当改变滤纸折成的角度使之与漏斗内壁相密合，然后在三层滤纸那边将外两层撕去一小角，用示指将滤纸按在漏斗内壁上，用少量蒸馏水润湿滤纸，轻压滤纸四周，赶去滤纸与漏斗壁间的气泡，使滤纸紧贴在漏斗壁上。为加快过滤速度，应使漏斗颈部形成完整的水柱，为此，加蒸馏水至滤纸边缘，让水全部流下，漏斗颈部内应全部被水充满。若未形成完整水柱，可用手指堵住漏斗下口，稍掀起滤纸的一边用洗瓶向滤纸和漏斗空隙处加水，使漏斗和锥体被水充满，轻压滤纸边，放开堵住口的手指，即可形成水柱。

常压过滤操作（如图2-19），还应注意以下几点：①漏斗应放在漏斗架上，调整漏斗架的高度，以使漏斗管末端紧靠接受器内壁；②先倾倒溶液，后转移沉淀，转移时使用玻璃棒引流；③倾倒溶液时，应使玻璃棒放于三层滤纸一方；④滤纸略低于漏斗锥体边缘，漏斗中的液面略低于滤纸边缘（1cm左右）；⑤过滤转移完毕，应用少量溶剂冲洗玻璃棒和盛放待过滤溶液的烧杯，最后一并转移至漏斗中过滤。

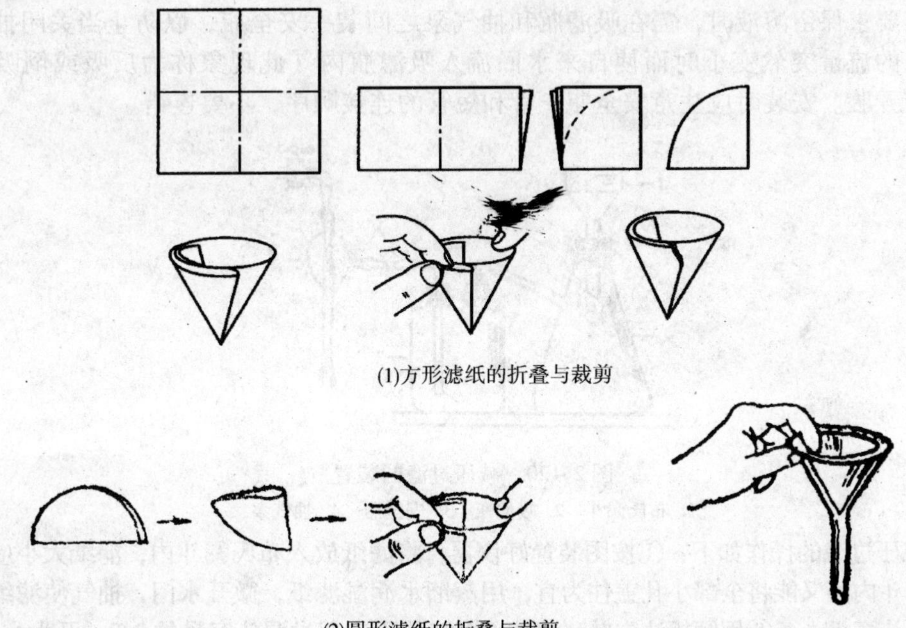

图2-18　滤纸的折叠与裁剪

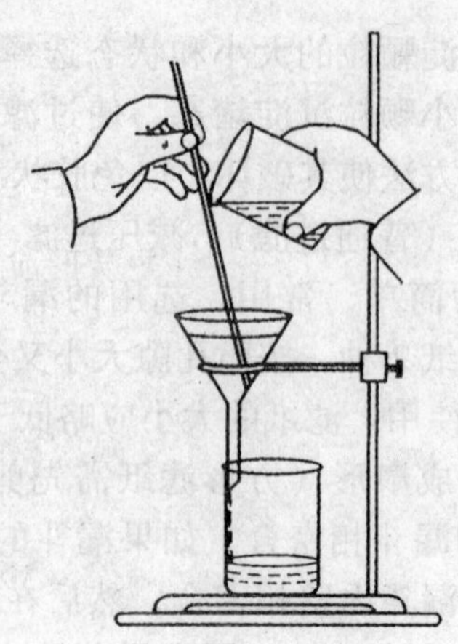

图 2－19　常压过滤操作

如果沉淀需要洗涤，应待溶液转移完毕，用少量洗涤剂倒入沉淀，然后用搅拌棒充分搅动，静止放置一段时间，待沉淀沉降后，将上方清液倒入漏斗过滤，如此重复洗涤两三遍，最后将沉淀转移到滤纸上。

（2）减压过滤：减压过滤时，因抽气泵可把吸滤瓶中的空气带走，使吸滤瓶内压力减小，从而使布氏漏斗的液面和吸滤瓶内形成压力差，加快了过滤速度，并使沉淀抽吸得较干燥，装置如图 2－20。但减压过滤不宜用于过滤胶状沉淀和颗粒太小的沉淀，因为胶状沉淀在快速过滤时易透过滤纸，颗粒太小的沉淀易在滤纸上形成一层密实的沉淀，溶液不易透过。

吸滤瓶用来承接滤液。布氏漏斗上有许多小孔，漏斗管插入单孔橡皮塞，与吸滤瓶相接。应注意橡皮塞插入吸滤瓶内的部分不得超过塞子高度的 2/3。

当要求保留溶液时，需在吸滤瓶和抽气泵之间装一安全瓶，以防止当关闭抽气泵或水的流量突然变小时而使自来水回流入吸滤瓶内（此现象称为反吸或倒吸），把溶液弄脏。安装时应注意安全瓶长管和短管的连接顺序，不要连错。

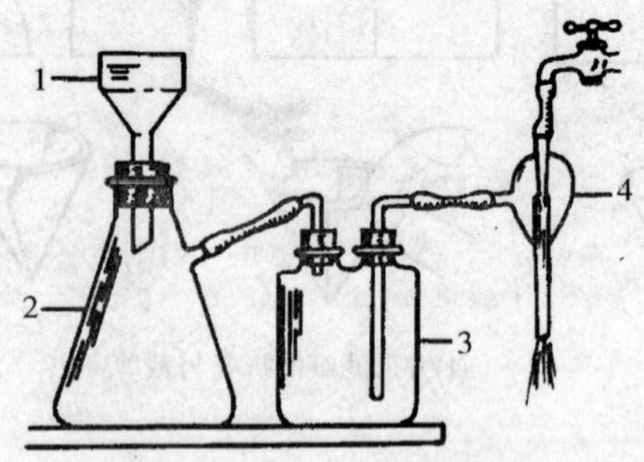

图 2－20　减压过滤的装置

1. 布氏漏斗　2. 吸滤瓶　3. 安全瓶　4. 抽气泵

减压过滤的操作如下：①按图装置好仪器，将滤纸放入布氏漏斗内，滤纸大小应略小于漏斗内径又能将全部小孔盖住为宜，用蒸馏水润湿滤纸，微开水门，抽气使滤纸紧贴在漏斗瓷板上；②用倾析法先转移溶液，溶液量不应超过漏斗容量的 2/3，开大水门，待溶液快流尽时再转移沉淀；③注意观察吸滤瓶内液面高度，当快达到支管口位置时，应拔掉吸滤瓶上的橡皮管，从吸滤瓶上口倒出溶液，不要从支管口倒出，以免弄脏溶液；

④洗涤沉淀时，应放小水门，使洗涤剂缓慢通过沉淀物，这样容易洗净；⑤吸滤完毕或中间需停止吸滤时，应注意需先拆下吸滤瓶的橡皮管，然后关闭水龙头，以防反吸。

如果过滤的溶液具有强酸性、强碱性或是强氧化性，溶液会破坏滤纸，此时可用玻璃纤维或玻璃砂漏斗等代替滤纸。

（3）热过滤：某些溶质在溶液温度降低时，易形成晶体析出，为了滤除这类溶液中所含的其他难溶性杂质，通常使用热滤漏斗进行过滤（图2－21），防止溶质结晶析出。过滤时，把玻璃漏斗放在铜质的热滤漏斗内，热滤漏斗内装有热水（水不要太满，以免水加热至沸后溢出）以维持溶液的温度。也可以事先把玻璃漏斗在水浴上用蒸汽加热，再使用。热过滤选用的玻璃漏斗颈越短越好。

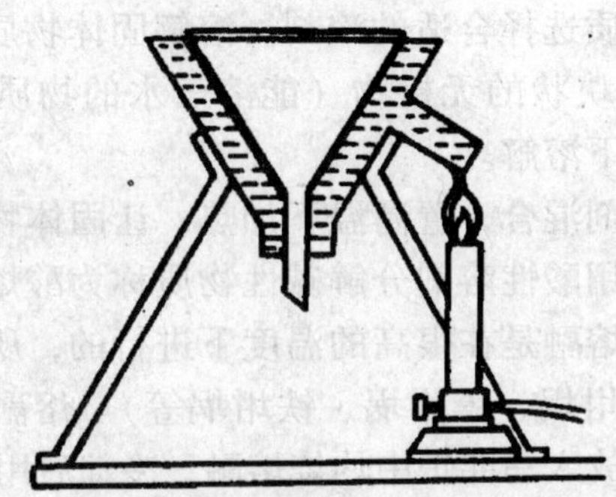

图2－21　热过滤

3. 离心分离法　当被分离的沉淀量很少时，应采用离心分离法，操作简单而迅速。实验室常用的有手摇离心机和电动离心机2种（图2－22、图2－23）。

操作时，把盛有混合物的离心管放入离心机的套管内，在这套管的相对位置上的空套管内放一同样的试管，其中装有与混合物等质量的水，以保持转动平衡。然后缓慢而均匀地摇动离心机，再逐渐加速，达到所需的离心时间后，停止摇动，使离心机自然停下。在任何情况下，手摇离心机都不能用力太猛，也不能用外力强制停止，否则，会使离心机损坏而且易发生危险。如果是电动离心机，接通电源后，用转速选择开关选择适宜的转速，启动离心机即可。有些离心机还有离心时间选择开关，则用时间选择开关定好所需的离心时间，然后用转速选择开关调速，调速应从慢到快，最后固定在适宜的转速下。当离心时间到了，离心机自动停稳后，才可以把离心试管从离心机中取出来。离心结束后，应把转速选择开关调回到零点，便于下次使用。

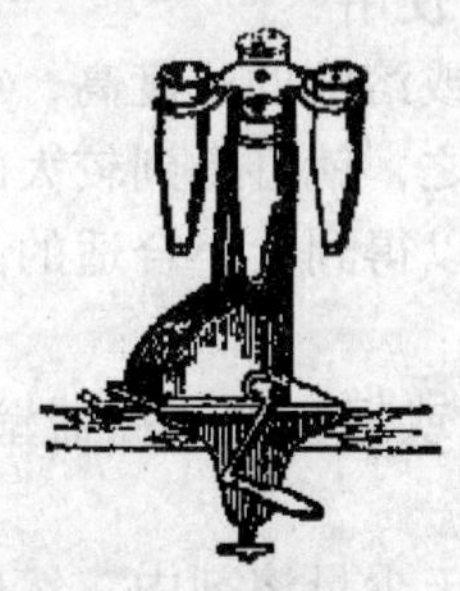

图2－22　手摇离心机

图2－23　电动离心机

图2－24　用滴管吸出上层清液

由于离心作用，沉淀紧密地聚集于离心管的尖端，上方的溶液是澄清的。可用滴管小心地吸出上方清液（图2－24），也可将其转移出。如果沉淀需要洗涤，可以加入少量的洗涤液，用玻璃棒充分搅动（注意不可损坏离心管），再进行离心分离，如此重复操作两三遍即可。

三、溶解、蒸发和结晶

在实验室中，溶解、蒸发、结晶都是常用的基本操作。因此应熟练掌握这些操作。

1. 溶解与熔融 把固体物质溶于水、酸或碱等溶剂中制备成溶液的过程称为溶解。应根据固体物质的性质选择合适的溶剂。溶解固体物质时一般可采用加热、搅拌等方法加速溶解。对于块状的无机物（能溶于水的物质），为使其较快的溶解，可先研碎，在加热和搅拌下溶解。

把固体物质与固体溶剂混合，置高温下加热，让固体物质转化为可溶于水或酸的化合物，称为熔融。利用酸性溶剂分解碱性物质称为酸熔法；利用碱性溶剂分解酸性物质称为碱熔法。因熔融是在很高的温度下进行的，所以必须根据溶剂的性质选用合适的坩埚（如铂金坩埚、镍坩埚、铁坩埚等）。熔融时，先把固体物质与溶剂放入坩埚中混匀，然后放入马弗炉中灼烧熔融，冷却后用去离子水或酸浸取溶液。

2. 蒸发和浓缩 蒸发的目的就是为了浓缩。为了使溶质从溶液中析出晶体，常采用加热的方法使水分不断蒸发，溶液不断浓缩而析出晶体。蒸发通常在蒸发皿中进行，因为它的表面积较大，有利于加速蒸发。注意加入蒸发皿中液体的量不得超过其容量的2/3，以防液体溅出。如果液体量较多，蒸发皿一次盛不下，可随水分的不断蒸发而继续添加液体。注意不要使瓷蒸发皿骤冷，以免炸裂。根据物质对热的稳定性可以选用煤气灯直接加热或用水浴间接加热。若物质的溶解度较大，应加热到溶液表面出现晶膜时，停止加热。若物质的溶解度较小或高温时溶解度虽大但室温时溶解度较小，降温后容易析出晶体，不必蒸至液面出现晶膜便可以冷却。

3. 结晶和重结晶 结晶是提纯固态物质的重要方法之一。通常有2种方法，一种是蒸发法，即通过蒸发或汽化，减少一部分溶剂而使溶液达到过饱和而析出晶体，此法主要用于溶解度随温度改变而变化不大的物质（如氯化钠）。另一种是冷却法，即通过降低温度使溶液冷却达到过饱和而析出晶体，这种方法主要用于溶解度随温度下降而明显减少的物质（如硝酸钾），有时需将两种方法结合使用。

晶体颗粒的大小与结晶条件有关，如果溶质的溶解度小，或溶液的浓度高，或溶剂的蒸发速度快，或溶液冷却得快，析出的晶粒就细小，反之，就可得到较大的晶体颗粒，实际操作中，常根据需要，控制适宜的结晶条件，以得到大小合适的晶体颗粒。

当溶液发生过饱和现象时，可以振荡容器，用玻璃棒搅动或轻轻地摩擦器壁，或投入几小粒晶体（晶种），促使晶体析出。

假如第一次得到的晶体纯度不合乎要求，可将所得晶体溶于少量溶剂中，然后进行蒸发（或冷却）、结晶、分离，如此反复的操作称为重结晶。有些物质的纯化，需经过几次重结晶才能使产品合乎要求，由于每次的母液中都含有一些溶质，所以应收集起来，加以适当处理，以提高产率。

四、加热与冷却方法

1. 加热　实验室中采用各种加热装置加热时，可采用下述各种不同的加热方法。

（1）直接加热法：对于少量液体或固体，可以放在硬质试管中加热。当被加热液体在较高温度下不分解，而且不发生燃烧时，可以用烧杯、烧瓶等容器盛装液体，放在石棉网上直接加热。

①直接加热试管中的液体或固体：直接加热试管中的液体时，要把试管外壁擦干，用试管夹夹住试管中上部，管口向上倾斜（图2－25），管口不得对着他人或自己，防止液体沸腾时溅出烫伤人。液体加入量应低于试管高度的1/3。加热时先加热液体的中上部，再慢慢往下移动，然后不时上下移动，以使受热均匀。

直接加热试管中的固体时，试管口要稍稍向下倾斜，略低于试管底（图2－26），以防冷凝的水滴倒流入试管的灼热部位而导致试管破裂。

②直接加热烧杯、烧瓶等容器中的液体：直接加热烧杯、烧瓶等容器中的液体，加热时要把容器放在石棉网上（图2－27），防止受热不均匀而导致容器破裂，烧杯中的液体不得超过其容量的1/2，烧瓶中的液体不得超过其容量的1/3。加热时应适当搅动溶液，使受热均匀。

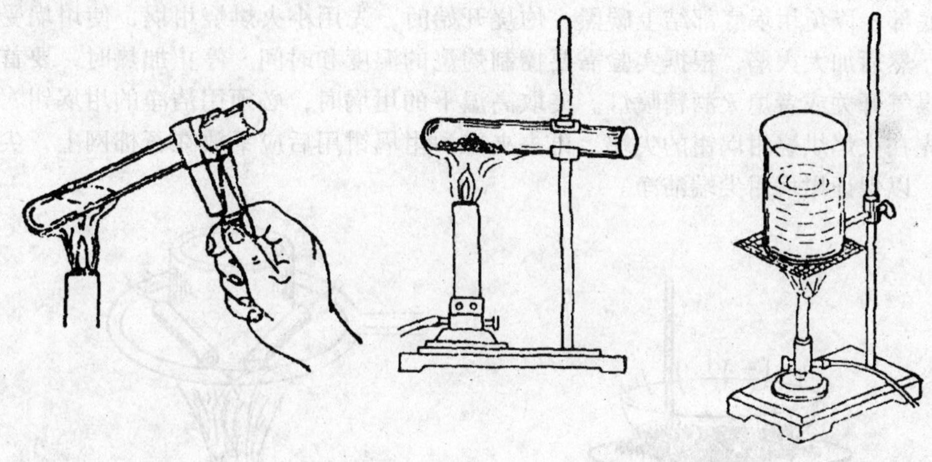

图2－25　加热试管中的液体　图2－26　加热试管中的固体　图2－27　加热烧杯

（2）热浴间接加热法：当加热的物质需要受热均匀，又不能超过一定温度时，可用特定热浴间接加热。

①水浴或蒸汽浴加热：如果被加热的物质要求受热均匀，且温度不能超过100℃，这时可采用水浴［图2－28（1）］或蒸汽浴［图2－28（2）］加热。加热可在水浴锅上进行，也可将大烧杯代替水浴锅使用。水浴锅中的水量不得超过其容量的2/3。把盛有溶液的蒸发皿或试管放在水浴锅上，用加热装置加热锅中的水至所需温度，利用热水或水蒸气加热。

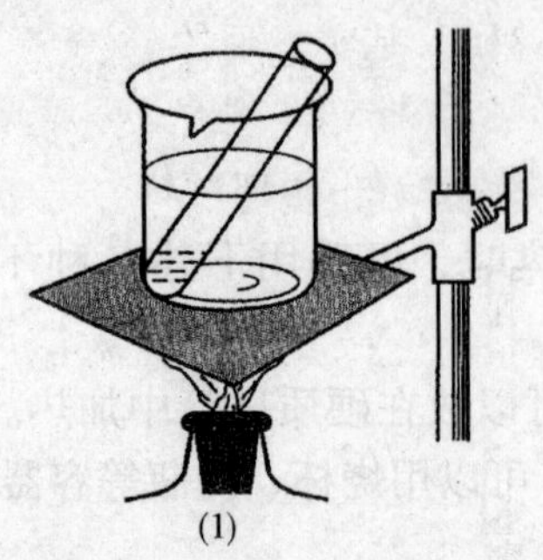

图 2－28　水浴和蒸汽浴加热

②油浴与砂浴加热：如果被加热的物质要求受热均匀，且温度要求高于 100℃时，一般采用油浴或砂浴加热。

油浴是用油代替水浴锅中的水，油浴的最高温度决定于所用油的沸点。甘油浴用于 150℃以下的加热，液体石蜡浴用于 200℃以下的加热。使用油浴应防止着火。

把细砂装在铁盘内即做成砂浴。砂浴用于 400℃以下的加热。被加热的器皿埋在砂子中（图 2－29），用煤气灯加热。测量温度时应把温度计埋入靠近器皿的砂中，不能触及底部。

（3）固体物质的灼烧：当需要在高温下加热固体物质时，可以把固体放在坩埚中，将坩埚置于泥三角上，用氧化焰灼烧（图 2－30）。灼烧时，不要让还原焰接触坩埚底部，以免坩埚底部结上碳黑。灼烧开始时，先用小火烘烧坩埚，使坩埚受热均匀，然后加大火焰，根据实验需要控制灼烧的温度和时间。停止加热时，要首先关闭煤气开关或者熄灭酒精喷灯。夹取高温下的坩埚时，必须用洁净的坩埚钳，用前应先在火焰烘烧坩埚钳的尖端，再去夹取。坩埚钳用后应平放在石棉网上，尖端向上，以保证坩埚钳尖端洁净。

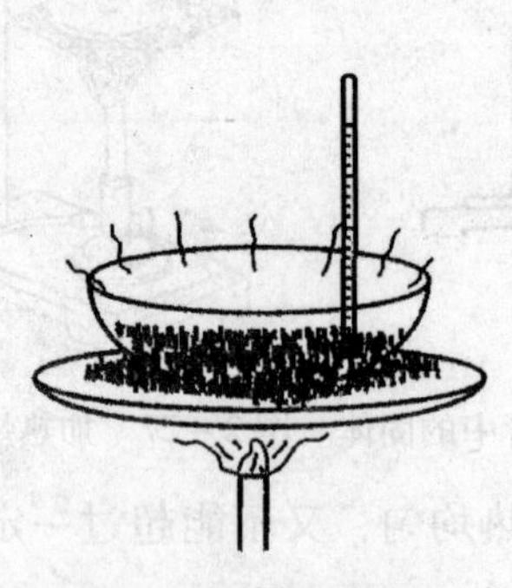

图 2－29　砂浴加热

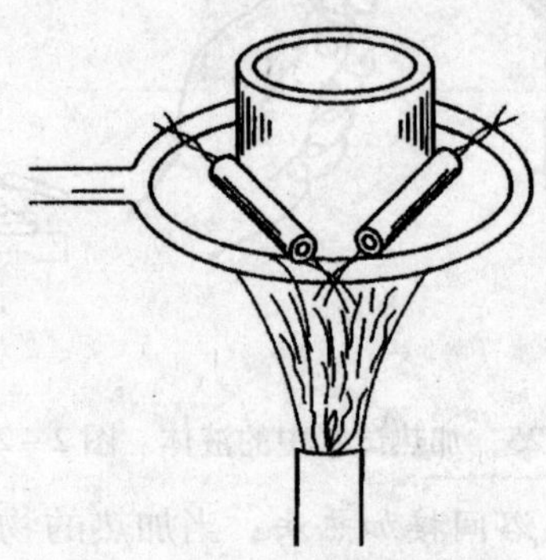

图 2－30　灼烧坩埚

实验室进行高温灼烧时，常使用高温炉装置加热。用电炉丝加热时，最高温度为 950℃；用硅碳棒加热，最高温度可达 1300℃。温度测量常用热电偶和高温计。加热时可以通过调节电量来控制温度。

（4）空气浴加热：空气浴就是热源产生的热量通过空气传导给反应容器。在石棉网上放一个已截去两边底部的圆形罐头筒，取直径略大于罐口的石棉板（也可用石棉网）一块，中间挖一个洞，洞的直径接近于被加热的烧瓶的瓶颈，然后对切为二，合并放在罐头筒上就成了一个简易的空气浴（图2－31）。其实常用的电热套就是一种简单的空气浴加热装置，能从室温加热到200℃左右，在安装仪器时，要将反应容器的外壁与电热套内壁保持2cm左右距离，以便空气传热和防止局部过热。

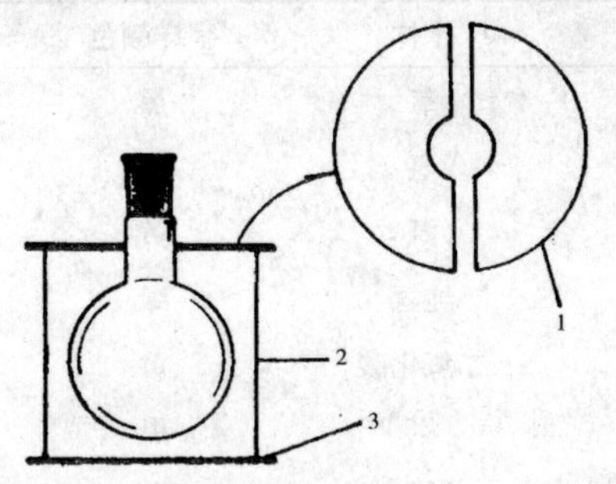

图2－31　空气浴

1. 一切为二的石棉板　2. 截去两个底部的罐头筒　3. 石棉网

2. 冷却　有时因化学反应或实验操作的需要，需要进行冷却将温度控制在一定范围之内。冷却技术往往对实验的成败起到关键作用，所以要根据实验的要求不同，选择合适的冷却方法。

（1）*自然冷却*：将热样品在空气中放置一段时间，自然冷却到室温。例如在重结晶的操作中，要得到结晶较好、纯度较高的产品，一般只需把热溶液静置，自然冷却到室温即可。

（2）*冷水冷却和冷风冷却*：当需要把样品快速冷却时，可将盛有样品的容器用冷水流冲淋或用鼓风机吹冷风冷却。

（3）*制冷剂冷却*：若所需冷却的温度在室温以下，可选用适当的制冷剂冷却，常用的制冷剂及其冷却温度范围见表2－3。

表2－3　常用的制冷剂及其冷却温度范围

制冷剂	冷却温度/℃	制冷剂	冷却温度/℃
冰－水	－5～0	干冰	－60
NH_4Cl＋碎冰（3:10）	－15	干冰＋乙醇	－72
NaCl＋碎冰（1:3）	－20～－5	干冰＋丙酮	－78
$NaNO_3$＋碎冰（3:5）	－20～－13	干冰＋乙醚	100
液　氨	－33	液氨＋乙醚	－116
$CaCl_2 \cdot H_2O$＋碎冰（5:4）	－50～－40	液　氮	－196

五、气体钢瓶与减压阀

1. 气体钢瓶　在使用气体时，为了便于运输、贮藏和使用，通常将气体压缩成为压缩气体或液化气体，灌入耐压钢瓶中。使用气体钢瓶的主要危险是爆炸和漏气，因此在使用时必须注意如下事项。

（1）在使用气体钢瓶前，要按照钢瓶外表油漆颜色、字样正确识别气体种类，切勿误用以免造成事故。我国气体钢瓶的常用标记见表2－4。

（2）钢瓶应存放于阴凉、干燥、远离高温热源处。按规定钢瓶应定期进行压力、气密性测试等安全检查。

（3）严禁油或其他易燃有机物沾染氧气钢瓶。如有油沾染，应当用四氯化碳清洗。

表 2-4 我国气体钢瓶的常用标记

钢瓶名称	外表颜色	字样	字样颜色	横条颜色
氧气瓶	天蓝	氧	黑	
氢气瓶	深绿	氢	红	红
氮气瓶	黑	氮	黄	棕
纯氩气瓶	灰	纯氩	绿	
二氧化碳气瓶	黑	二氧化碳	黄	黄
氨气瓶	黄	氨	黑	
氯气瓶	草绿	氯	白	白
氟氯烷瓶	铝白	氟氯烷	黑	

（4）开启钢瓶阀门，严禁阀门口对准人，以防止高压气体突然冲出伤人。

（5）不要将钢瓶内的气体完全用尽，要留下一些气体，防止外界空气进入钢瓶。

（6）原则上，有毒气体（如氯气等）和易燃气体（如氢气等）钢瓶应单独存放。

（7）不同气体的气压表一般不能混用。如可燃性气体（如 H_2、C_2H_2 等）的钢瓶气门螺纹是反扣的。而不燃性或助燃气体（如 N_2、O_2）的钢瓶是正扣的。气压表的结构如图 2-32 所示。

气压表设有总压力表和分压力表，分别指示瓶内总压和用气压力。使用时将气压表和钢瓶连接好，将调压阀门左旋至最松的位置上（即减压阀关闭），打开钢瓶气体出口总阀门，总压力表即指示出钢瓶内气体的总压力，用肥皂水检查气压表与钢瓶连接处是否漏气，如不漏气，即可将调压阀门向右旋，调压阀即开启往体系送气，其压力由分压力表读出。使用完毕，先关闭钢瓶气体出口阀门，让气体排空，直到总压力表和分压力表指示都下降至零，再把调压阀门旋到最松位置上。应该特别强调一点，如果调压阀门没有左旋到最松位置上（即关闭阀门），就会在打开气体出口阀门时，因高压气流的冲击而使调压阀门失灵，气表失去调节压力的能力而损坏。

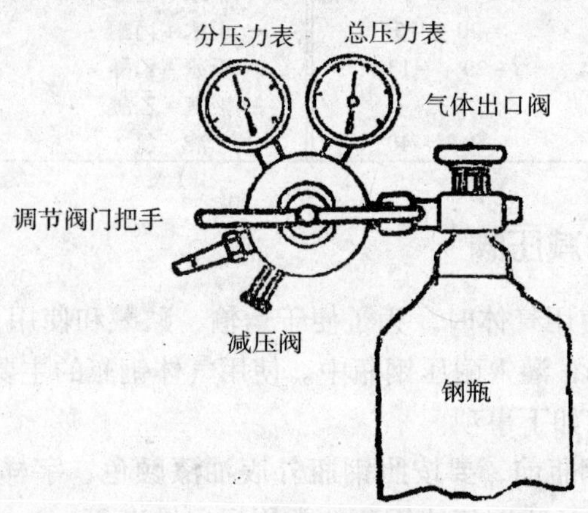

图 2-32 气压表与钢瓶

2. 减压阀　在实验中，经常要用到氧气、氮气、氢气、氩气等气体。这些气体一般都是贮存在专用的高压气体钢瓶中。使用时通过减压阀使气体压力降至实验所需范围，再经过其他控制阀门细调，使气体输入使用系统。最常用的减压阀为氧气减压阀，简称氧表。

（1）氧气减压阀：氧气减压阀的工作原理如下。氧气减压阀的高压腔与钢瓶连接，低压腔为气体出口，并通往使用系统。高压表的示值为钢瓶内贮存气体的压力。低压表的出口压力可由调节螺杆控制。使用时先打开钢瓶总开关，然后顺时针转动低压表压力调节螺杆，使其压缩主弹簧并传动薄膜、弹簧垫块和顶杆而将活门打开。这样进口的高压气体由高压室经节流减压后进入低压室，并经出口通往工作系统。转动调节螺杆，改变活门开启的高度，从而调节高压气体的通过量并达到所需的压力值。减压阀都装有安全阀。它是保护减压阀并使之安全使用的装置，也是减压阀出现故障的信号装置。如果由于活门垫、活门损坏或由于其他原因，导致出口压力自行上升并超过一定许可值时，安全阀会自动打开排气。

氧气减压阀的使用方法如下。

①按使用要求的不同，氧气减压阀有许多规格。一般最低进口压力不小于出口压力的2.5倍。

②安装减压阀时应确定其连接规格是否与钢瓶和使用系统的接头相一致。减压阀与钢瓶采用半球面连接，靠旋紧螺母使二者完全吻合。因此，在使用时应保持两个半球面的光洁，以确保良好的气密效果。安装前可用高压气体吹除灰尘，必要时也可用聚四氟乙烯等材料作垫圈。

③氧气减压阀应严禁接触油脂，以免发生火警事故。

④停止工作时，应将减压阀中余气放净，然后拧松调节螺杆以免弹性元件长久受压变形。

⑤减压阀应避免撞击振动，不可与腐蚀性物质相接触。

（2）其他气体减压阀：有些气体（如氮气、空气、氩气等永久性气体）可以采用氧气减压阀。但还有一些气体（如氨等腐蚀性气体），则需要专用减压阀。市面上常见的有氮气、空气、氢气、氨、乙炔、丙烷、水蒸气等专用减压阀。

这些减压阀的使用方法及注意事项与氧气减压阀基本相同。但是，专用减压阀一般不用于其他气体。为了防止误用，有些专用减压阀与钢瓶之间采用特殊连接口。例如氢气和丙烷均采用左牙螺纹，安装时应特别注意。

六、温度测量技术

热是能量交换的一种形式，是在一定时间内以热流形式进行的能量交换量，热量的测量一般是通过温度的测量来实现的，温度表征了物体的冷热程度，是表述宏观物质系统状态的一个基本物理量，温度的高低反映了物质内部大量分子或原子平均动能的大小。在化学实验中许多热力学参数的测量、实验系统动力学或相变化行为的表征都涉及温度的测量问题。

1. 温标 温度测量值的表示方法叫温标，目前，物理化学中常用的温标有两种：热力学温标和摄氏温标。

热力学温标也称开尔文温标，是一种理想的绝对的温标，单位为K，用热力学温标确定的温度称为热力学温度，用T表示。定义：在610.62Pa时纯水的三相点的热力学温度为273.16K。

摄氏温标使用较早，应用方便，符号为t，单位为℃。定义：100kPa下，水的冰点为0℃。

$$T(\mathrm{K}) = 273.15 + t(℃)$$

2. 水银温度计 水银温度计是常用的测量工具，其优点是结构简单、价格便宜、精确度高、使用方便等，缺点是易损坏且无法修理，其次是其读数易受许多因素的影响而引起误差。一般根据实验的目的不同，选用合适的温度计。

(1) 水银温度计的种类和使用范围

①常用 −5 ~ 150℃、150℃、250℃、360℃等，最小分度为1℃或0.5℃。

②量热用0 ~ 15℃、12 ~ 18℃、15 ~ 21℃、18 ~ 24℃、20 ~ 30℃，最小分度为0.01℃或0.002℃。

③测温差用贝克曼温度计。移液式的内标温度计，温差量程0 ~ 5℃，最小分度值为0.01℃。

④石英温度计。用石英做管壁，其中充以氮气或氢气，最高可测温800℃。

(2) 水银温度计的校正：大部分水银温度计是“全浸式”的，使用时应将其完全置于被测体系中，使两者完全达到热平衡。但实际使用时往往做不到这一点，所以在较精密的测量中需作校正。

①露茎较正：全浸式水银温度计如有部分露在被测体系之外，则读数准确性将受两方面的影响：第一是露出部分的水银和玻璃的温度与浸入部分不同，且受环境温度的影响；第二是露出部分长短不同受到的影响也不同。为了保证示值的准确，必须对露出部分引起的误差进行校正。其方法如图2－33所示，用一支辅助温度计靠近测量温度计，其水银球置于测量温度计露茎高度的中部，校正公式如下：

$$\Delta t_{露茎} = kh(t_{观} - t_{环})$$

式中$k = 0.00016$，h为露茎长度，$t_{观}$为测量温度计读数，$t_{环}$为辅助温度计读数，测量系统的正确温度为：

$$t = t_{观} + \Delta t_{露茎}$$

②零点校正：由于玻璃是一种过冷液体，属热力学不稳定系统，水银温度计下部玻璃受热后再冷却收缩到原来的体积，常常需要几天或更长时间，所以，水银温度计的读数将与真实值不符，必须校正零点，校正方法是把它与标准温度计进行比较，也可用纯物质的相变点标定校正。

$$t = t_{观} + \Delta t_{示}$$

$t_{观}$为温度计读数，$\Delta t_{示}$为示值较正值。

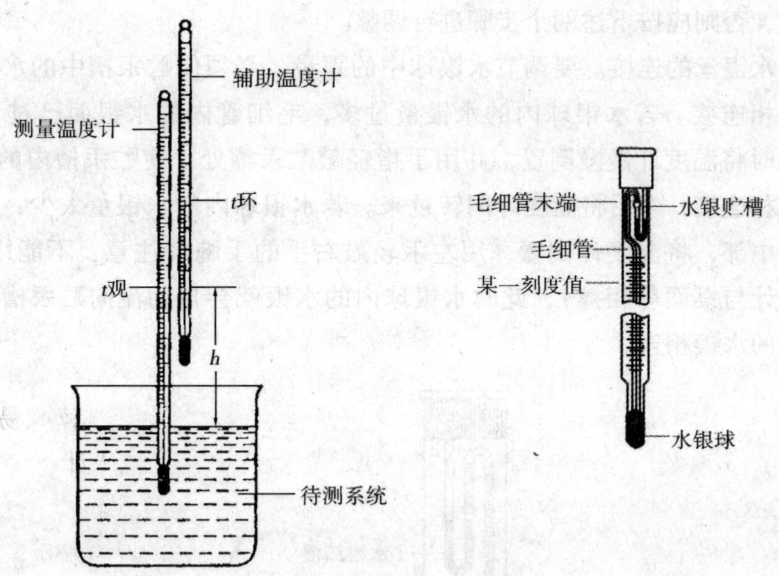

图2-33　温度计露茎校正　　　图2-34　贝克曼（Beckmann）温度计构造

3. 贝克曼温度计

（1）构造原理：贝克曼（Beckmann）温度计是精密测量温度差值的温度计，其构造如图2-34所示。

水银球与贮汞槽由均匀的毛细管连通，其中除水银外是真空。刻度尺上的刻度一般只有5℃或6℃，最小刻度为0.01，可以估计到0.001℃。贮汞槽是用来调节水银球内的水银量的。借助贮汞槽调节，可用于测量介质温度在-20～+155℃范围内变化不超过5℃或6℃的温度差。贮汞槽背后的温度标尺只是粗略地表示温度数值，即贮汞槽中的水银与水银球中的水银相连时，贮汞槽中水银面所在的刻度就表示温度的粗略值。因为水银球中的水银量是可以调节的，因此贝克曼温度计不能用来准确测量温度的绝对值。例如，刻度尺上1°并不一定是1℃，可能代表5℃、74℃等。

贝克曼温度计的刻度有两种标法：一种是最小读数刻在刻度尺的上端，最大读数刻在下端，用来测量温度下降值，称为下降式贝克曼温度计；另一种正好相反，最大读数刻在刻度尺上端，最小读数刻在下端，称为上升式贝克曼温度计。现在还有更灵敏的贝克曼温度计，刻度标尺总共为1℃或2℃，最小的刻度为0.002℃。

（2）使用方法

①根据被测温度高低，调节水银球的汞量：调节汞量的目的是使温度计在测量起始温度时，毛细管中的水银面位于刻度尺的合适位置上。例如用下降式贝克曼温度计测凝固点降低时，起始温度（即纯溶剂的凝固点）的水银面应在刻度尺的1°附近。这样才能保证在加进溶质而使凝固点下降时，毛细管中的水银面仍处在刻度标尺的范围之内。因此在使用贝克曼温度计时，首先应该将它插入一个与所测的起始温度相同的体系内。待平衡后，如果毛细管内的水银面在所要求的合适刻度附近，

就不必调整，否则应按下述两个步骤进行调整。

首先是水银丝的连接。要调节水银球中的汞量，必须使贮汞槽中的水银和毛细管中的水银相连接。若水银球内的水银量过多，毛细管内的水银面已过 b 点（图 2－35），此时将温度计慢慢倒置，并用手指轻敲贮汞槽处，使贮汞槽内的水银与 b 点处的水银相连接，然后将温度计倒转过来。若水银球内的水银量太少，可用右手握住温度计中部，将温度计倒置，用左手轻敲右手的手腕（注意：不能用劲过猛，切勿使温度计与桌面等相撞），此时水银球内的水银就会自动流向贮汞槽，再使之与贮汞槽中的水银相连。

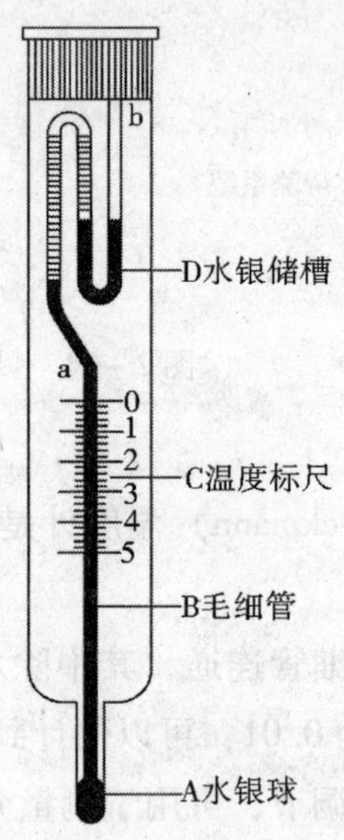

图 2－35　贝克曼温度计的调节

其次是调节水银球中的汞量。调节的方法很多，现以下降式贝克曼温度计为例，介绍一种常用的方法。

设 t_0 为实验欲测的起始摄氏温度（例如纯液体的凝固点），在此温度下欲使贝克曼温度计中毛细管的水银面恰在 1°附近，则需将已经连接好水银丝的贝克曼温度计悬于一个温度为 t 的水浴中，t 值可由下式求得：

$$t = t_0 + 1 + R$$

式中 R 为贝克曼温度计中 a 到 b 一段所相当的温度。一般情况下，R 值约为 2℃，准确的 R 值可由下法测得：将贝克曼温度计和普通温度计同时插入盛水的烧杯中，加热水浴，使贝克曼温度计中的水银丝逐渐上升，通过普通温度计读出 a 到 b 段所相当的温度差，便是 R 值。

待贝克曼温度计在 t℃水浴中达到平衡后，用右手握住温度计中部，由水浴中取出，立即用左手沿温度计的轴向轻敲右手的手腕，使水银丝在 b 点处断开（注意在 b 点处不得留有水银）。这样就使得体系的起始温度（t_0）正好在贝克曼温度计的 1°附近，若不在 1°附近，应重新调整。

例如，测定苯的凝固点降低值。纯苯 $t_0=5.51℃$，$R=2.5℃$。则：

$$t = 5.51 + 2.5 = 9.01(℃)$$

将贝克曼温度计悬于9℃左右的水中，按上述方法进行调整，调节后的温度计悬于5.51℃的苯中时，水银面恰好在1°附近。

若是上升式贝克曼温度计，水银量的调节方法同上，在 T_0 温度时，调整后的温度计水银面应在4°附近。

调好后的贝克曼温度计应注意不要倒置，最好将之插在冰水溶液中，以免毛细管中的水银与贮汞槽中的水银相连。

读数：读数值时，贝克曼温度计必须垂直，而且水银球应全部浸入所测温度的体系中。由于毛细管中的水银面上升或下降时有黏滞现象，所以读数前必须先用手指轻敲水银面处，消除黏滞现象后用放大镜读取数值。读数时应注意眼睛要与水银面水平。

贝克曼温度计较贵重，下端水银球尺寸较大，玻璃壁很薄，极易损坏，使用时不要与任何物体相碰，不能骤冷骤热，避免重击，不要随意放置，用完后，必须立即放回盒内。

4. 其他类型的温度计 由于电子器件的发展，便携式数字温度计（图2－36）已逐渐得到应用。它配有各种样式的热电偶和热电阻探头，使用比较方便灵活。便携式红外辐射温度计的发展也很迅速，装有微处理器的便携式红外辐射温度计具有存贮计算功能，能显示一个被测表面的多处温度，或一个点温度的多次测量的平均温度、最高温度和最低温度等。

此外，现在还研制出多种其他类型的温度测量仪表，如由晶体管测温元件和光导纤维测温元件构成的仪表；采用热像扫描方式的热像仪，可直接显示和拍摄被测物体温度场的热像图，可用于检查大型炉体、发动机等的表面温度分布，对于节能非常有益；另外还有利用激光测量物体温度分布的温度测量仪器等。

图2－36 数字贝克曼温度计

七、压力及真空测量技术

压力是描述系统状态的重要参数，许多物理化学性质（如蒸气压、沸点、熔点等）都与压力有关，因此，正确掌握压力的测量方法和技术是十分必要的。

1. 压力的单位和定义 在国际单位制中，压力单位是“帕”，用“Pa”表示。其定义为1牛顿的力作用于1平方米的面积上所形成的压强（压力）。

2. 压力计

(1) 福廷式气压计：测量大气压强的仪器称为气压计，实验室最常用的气压计是福廷式气压计，其构造见图2－37。福廷式气压计的外部为一黄铜管6，内部是一顶端封闭的装有汞的玻璃管1，玻璃管插在下部汞槽8内，玻璃管上部为真空。在黄铜管的顶端开有长方形窗口，并附有刻度标尺3，在窗口内放一游标尺2，转动螺丝4可使游标上下移动，这样可使读数的精确度达到0.1 mm或0.05 mm。黄铜管的中部附有温度计5，汞槽的底部为一柔性皮袋9，下部由调节螺丝11支持，转动11可调节汞槽内汞液面的高低，汞槽上部有一个倒置固定的象牙针7，其针尖即为主标尺的零点。

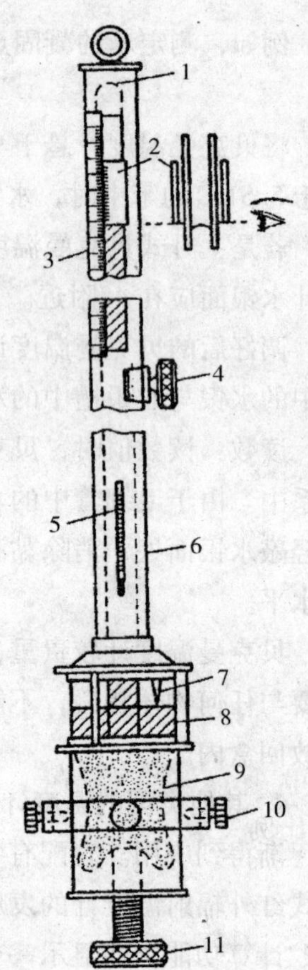

图2－37 福廷式气压计

1. 封闭的玻璃管 2. 游标尺 3. 主标尺 4. 游标尺调节螺丝 5. 温度计 6. 黄铜管 7. 零点象牙针 8. 汞槽 9. 柔性皮袋 10. 铅直调节固定螺丝 11. 汞槽液面调节螺丝

福廷式气压计使用时按下列步骤进行：垂直放置气压计，旋转底部调节螺丝，仔细调节水银槽内汞液面，使之恰好与象牙针尖接触（利用槽后面的白瓷板的反光，仔细观察），然后转动游标尺调节螺丝，调节游标尺，直至游标尺两边的边缘与汞液面的凸面相切，切点两侧露出三角形的小空隙，这时，游标尺的零刻度线对应的标尺上的刻度值即为大气压的整数部分，从游标尺上找出一个恰与标尺上某一刻度线相吻合的刻度，此游标尺上的刻度值即为大气压的小数部分。记下读数后，转动螺丝11，使汞液面与象牙针脱离，同时记录气压计上的温度和气压计本身的仪器误差，以便进行读数校正。

(2) U型压力计：U型压力计是化学实验中用得最多的压力计，其优点是构造简单，使用方便，能测量微小的压力差。缺点是测量范围较小，示值与工作液的密度有关，也就是与工作液的种类、纯度、温度及重力加速度有关，且结构不牢固，耐压程度较差。

U型压力计由两端开口的垂直U型玻璃管及垂直放置的刻度标尺构成，管内盛有适量工作液体作为指示液。构造如图2－38所示。图中U型管的两支管分别连接于两个测压口，因为气体的密度远小于工作液的密度，因此，由液面差Δh及工作液的密度ρ可得下式：

$$p_1 - p_2 = \rho g \Delta h$$

这样，压力差$p_1 - p_2$的大小即可用液面差Δh来度量，若U形管的一端是与大气相通的，则可测得系统压力与大气压力的差值。

(3) 数字压力计：实验室经常用U型管汞压力计测量从真空到外界大气压这一区间的压力。虽然这种方法原理简单、形象直观，但由于汞有毒性以及不便于远距离观察和自动记录，因此这种压力计逐渐被数字式电子压力计所取代。数字式电子压力计具有体积小、精确度高、操作简单、便于远距离观测和能够实现自动记录等优点，目前已得到广泛的应用。用于测量负压（0～100 kPa）的 DP－A 精密数字压力计即属于这种压力计。

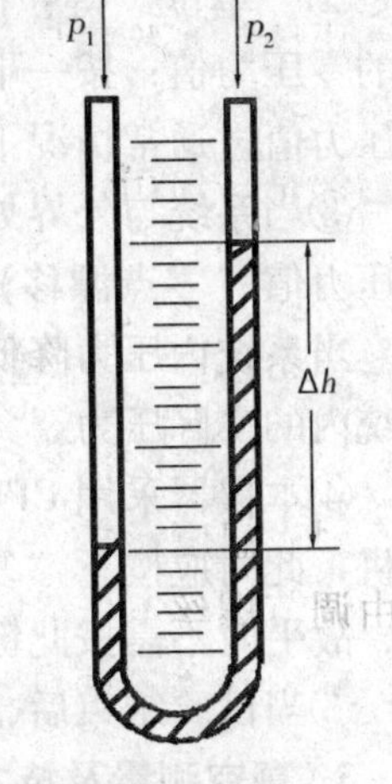

图 2－38　U 型压力计

工作原理：数字式电子压力计由压力传感器、测量电路和电性指示器三部分组成，如图 2－39 所示。

压力传感器主要由波纹管、应变梁和半导体应变片组成。弹性应变梁 2 的一端固定，另一端和连接系统的波纹管 1 相连，称为自由端。当系统压力通过波纹管 1 底部作用在自由端时，应变梁 2 便发生弯曲，使其两侧的上下四块半导体应变片 3 因机械变形而引起电阻值变化。

这四块半导体应变片组成如图 2－40 所示的电桥线路。当压力计接通电源后，在电桥线路 AB 端输入适当电压后，首先调节零点电位器 Rx 使电桥平衡，这时传感器内压力与外压相等，压力差为零。当连通负压系统后，负压经波纹管产生一个应力，使应变梁发生形变，半导体应变片的电阻值发生变化，电桥失去平衡，从 CD 端输出一个与压力差相关的电压信号，可用数字电压表或电位计测得。如果对传感器进行标定，可以得到输出信号与压力差之间的比例关系为 $\Delta p = KV$。此压力差通过电性指示器记录或显示。

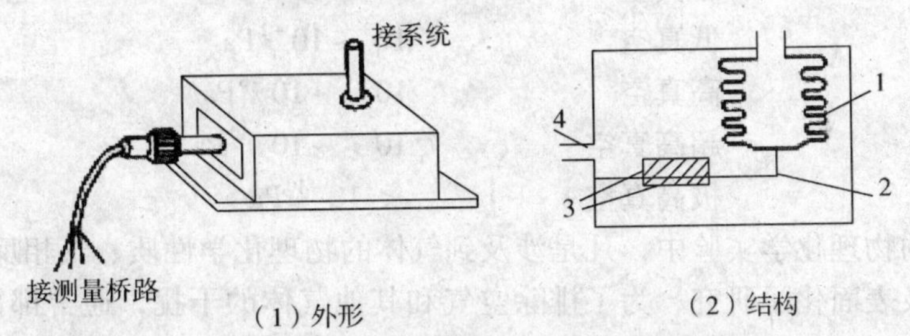

（1）外形　　（2）结构

图 2－39　压力传感器外形与内部结构

1. 波纹管　2. 应变梁　3. 应变片（两侧前后共 4 块）　4. 导线引出

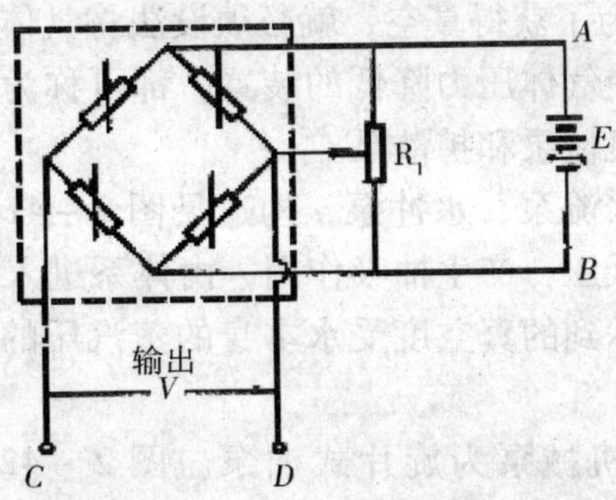

图 2－40　负压传感器电桥线路

使用方法如下。

①接通电源，按下电源开关，预热5min即可正常工作。

②“单位”键：接通电源后，初始状态为kPa指示灯亮，显示以kPa为计量单位的零压力值；按一下“单位”键，mmHg指示灯亮，则显示mmHg为计量单位的零压力值。通常情况下选择kPa为压力单位。

③当系统与外界处于等压状态下，按一下“采零”键，使仪表自动扣除传感器零压力值（零点漂移），显示为“00.00”，此数值表示此时系统和外界的压力差为零。当系统内压力降低时，则显示负压力数值，将外界压力加上该负压力数值即为系统内的实际压力。

④本仪器采用CPU进行非线性补偿，但电网干扰脉冲可能会出现程序错误造成死机，此时应按下“复位”键，程序从头开始。注意：一般情况下，不会出现此错误，故平时不需按此键。

⑤当试验结束后，将被测系统泄压为“00.00”，电源开关置于关闭位置。

3. 真空测量及技术 真空是指低于标准压力的气态空间，真空状态下气体的稀薄程度，常以压强值表示，习惯上称作真空度。现行的国际单位制（SI）中，真空度的单位和压强的单位均统一为帕，符号为Pa。

在化学实验中通常按真空的获得和测量方法的不同，将真空划分为以下几个区域：

粗真空	$10^5 \sim 10^3$Pa
低真空	$10^3 \sim 10^{-1}$Pa
高真空	$10^{-1} \sim 10^{-6}$Pa
超高真空	$10^{-6} \sim 10^{-10}$Pa
极高真空	$< 10^{-10}$Pa

在近代的物理化学实验中，凡是涉及到气体的物理化学性质、气相反应动力学、气固吸附以及表面化学研究，为了排除空气和其他气体的干扰，通常都需要在一个密闭的容器内进行，必须首先将干扰气体抽去，创造一个具有某种真空度的实验环境，然后将被研究的气体通入，才能进行有关研究。因此真空的获得和测量是物理化学实验技术的一个重要方面，学会真空体系的设计、安装和操作是一项重要的基本技能。

（1）*真空的获得*：为了获得真空，就必须设法将气体分子从容器中抽出，凡是能从容器中抽出气体以使气体压力降低的装置，都可称为真空泵。一般实验室用得最多的真空泵是水泵、机械泵和扩散泵。

①水泵：水泵也叫水流泵、水冲泵，构造见图2-41。水经过收缩的喷口以高速喷出，使喷口处形成低压，产生抽吸作用，由体系进入的空气分子不断被高速喷出的水流带走。水泵能达到的真空度受水本身的蒸汽压的限制，20℃时极限真空约为10^3Pa。

②机械泵：常用的机械泵为旋片式油泵。图2-42是这类泵的构造，气体从真空体系吸入泵的入口，随偏心轮旋转的旋片使气体压缩，而从出口排出，转子的不断旋转使这一过程不断重复，因而达到抽气的目的。这种泵的效率主

要取决于旋片与定子之间的严密程度。整个单元都浸在油中，以油作封闭液和润滑剂。实际使用的油泵是上述两个单元串连而成，这样效率更高，使泵能达到较大的真空度（约 10^{-1}Pa）。

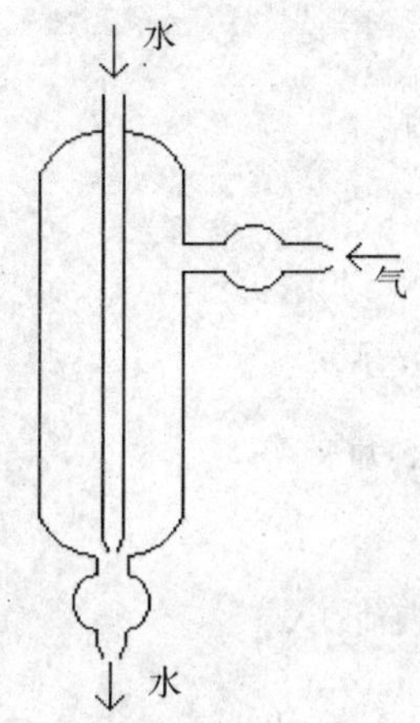

图2－41　水流泵

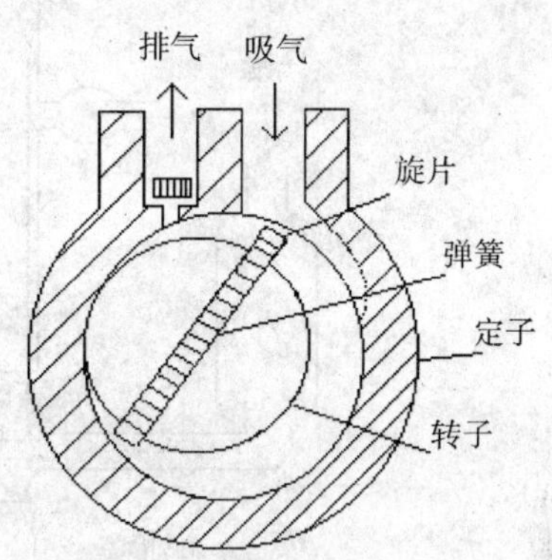

图2－42　旋片式真空泵

使用机械泵必须注意：油泵不能用来直接抽出可凝性的蒸气（如水蒸气、挥发性液体或腐蚀性气体等），应在体系和泵的进气管之间串接吸收塔或冷阱。例如用氯化钙或五氧化二磷吸收水气、用石蜡油或吸收油吸收烃蒸气、用活性炭或硅胶吸收其他蒸气，泵的进气管前要接一个三通活塞，在机械泵停止运行前，应先通过三通活塞使泵的进气口与大气相通，以防止泵油倒吸污染实验体系。

③扩散泵：扩散泵的原理是利用一种工作物质高速从喷口处喷出，在喷口处形成低压，对周围气体产生抽吸作用而将气体带走。这种工作物质在常温时应是液体，并具有极低的蒸气压，用小功率的电炉加热就能使液体沸腾气化，沸点不能过高，通过水冷却便能使气化的蒸气冷凝下来，过去用汞，现在通常采用硅油。扩散泵的工作原理可见图2－43，硅油被电炉加热沸腾气化后，通过中心导管从顶部的二级喷口处喷出，在喷口处形成低压，将周围气体带走，而硅油蒸气随即被冷凝成液体回入底部，循环使用。被夹带在硅油蒸气中的气体在底部聚集，立即被机械泵抽走。在上述过程中，硅油蒸气起着一种抽运作用，其抽运气体的能力决定于以下3个因素：硅油本身的相对分子质量要大、喷射速度要高、喷口级数要多。现在用相对分子质量大于3000以上的硅油作工作物质的四级扩散泵，其极限真空度可达到 10^{-7} Pa，三级扩散泵可达 10^{-4}Pa。

油扩散泵必须用机械泵为前级泵，将其抽出的气体抽走，不能单独使用。扩散泵的硅油易被空气氧化，所以使用时应用机械泵先将整个体系抽至低真空后，才能加热硅油。硅油不能承受高温，否则会裂解。硅油蒸气压虽然极低，但仍然会蒸发一定数量的油分子进入真空体系，沾污被研究对象。因此一般在扩散泵和真空体系连接处安装冷凝阱，以捕捉可能进入体系的油蒸气。

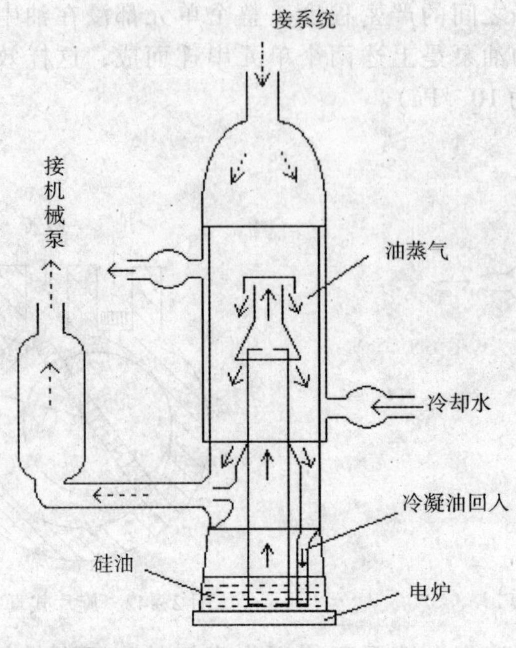

图 2－43 扩散泵工作原理图

（2）真空的测量：真空测量实际上就是测量低压下气体的压力，所以量具通称为真空规。由于真空度的范围宽达十几个数量级，因此总是用若干个不同的真空规来测量不同范围的真空度。常用的真空规有 U 型水银压力计、麦氏真空规、热偶真空规和电离真空规等。

①麦氏真空规：麦氏真空规的构造如图 2－44 所示，它是利用波义耳定律，将被测真空体系中的一部分气体（装在玻璃泡和毛细管中的气体）加以压缩，比较压缩前后体积、压力的变化，算出其真空度。具体测量的操作步骤如下：缓缓启开活塞，使真空规与被测真空体系接通，这时真空规中的气体压力逐渐接近于被测体系的真空度，同时将三通活塞开向辅助真空，对汞槽抽真空，不让汞槽中的汞上升。待玻璃泡和闭口毛细管中的气体压力与被测体系的压力达到稳定平衡后，可开始测量。将三通活塞小心缓慢地开向大气，使汞槽中汞缓慢上升，进入真空规上方。当汞面上升到切口处时，玻璃泡和毛细管即形成一个封闭体系，其体积是事先标定过的。令汞面继续上升，封闭体系中的气体被不断压缩，压力不断增大，最后压缩到闭口毛细管内。毛细管 R 是开口通向被测真空体系的，其压力不随汞面上升而变化。因而，随着汞面上升，R 和闭口毛细管产生压差，其差值可从两个汞面在标尺上的位置直接读出，如果毛细管和玻璃泡的容积为已知，压缩到闭口毛细管中的气体体积也能从标尺上读出，就可算出被测体系的真空度。通常，麦氏真空规已将真空度直接刻在标尺上，不再需要计算。使用时只要闭口毛细管中的汞面刚达零线，立即关闭活塞，停止汞面上升，这时开管 R 中的汞面所在位置的刻度线，即所求真空度。麦氏真空规的量程范围为 $10 \sim 10^{-4}$Pa。

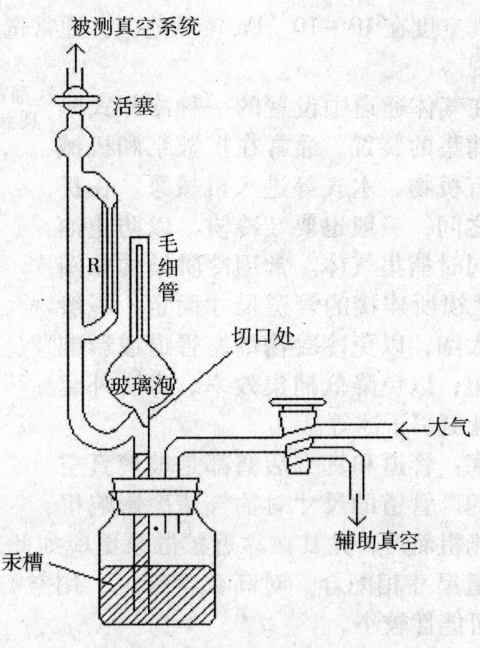

图 2-44　麦氏真空规

②热偶真空规和电离真空规：热偶真空规是利用低压时气体的导热能力与压力成正比的关系制成的真空测量仪，其量程范围为 $10 \sim 10^{-1}$ Pa。电离真空规是一只特殊的三极电离真空管，在特定的条件下根据正离子流与压力的关系，达到测量真空度的目的，其量程范围为 $10^{-1} \sim 10^{-6}$ Pa。通常将这两种真空规复合配套组成复合真空计，现已成为商品仪器。

(3) 真空体系的设计和操作：真空体系通常由真空产生、真空测量和真空使用三部分组成，这三部分之间通过一根或多根导管、活塞等连接起来。根据所需要的真空度和抽气时间来综合考虑选配泵，确定管路和选择真空材料。

1）真空体系各部件的选择

①材料：真空体系的材料，可以用玻璃或金属，玻璃真空体系吹制比较方便，使用时可观察内部情况，便于在低真空条件下用高频火花检漏器检漏，但其真空度较低，一般可达 $10^{-1} \sim 10^{-3}$ Pa。不锈钢材料制成的金属体系的真空体系可达到 10^{-10} Pa 的真空度。

②真空泵：要求极限真空度仅达 10^{-1} Pa 时，可直接使用性能较好的机械泵，不必用扩散泵。要求真空度优于 10^{-1} Pa 时，则用扩散泵和机械泵配套。选用真空泵主要考虑泵的极限真空度的抽气速率。对极限真空度要求高，可选用多级扩散泵，要求抽气速率大，可采用大型扩散泵和多喷口扩散泵。扩散泵应配用机械泵作为它的前级泵，选用机械泵要注意它的真空度和抽气速率应与扩散泵匹配。如用小型玻璃三级油扩散泵，其抽气速率在 10^{-2} Pa 时约为 60 ml/s，配套一台抽气速率为 30 L/min（1Pa 时）的旋片式机械泵就正好合适。真空度要求优于 10^{-6} Pa 时，一般选用钛泵和吸附泵配套。

③真空规：根据所需量程及具体使用要求来选定。如真空度在 $10 \sim 10^{-2}$ Pa 范围，可选用转式麦氏规或热偶真空规；真空度在 $10^{-1} \sim 10^{-4}$ Pa 范围，可选用座式麦

氏规或电离真空规；真空度在 $10\sim10^{-6}$Pa 较宽范围，通常选用热偶真空规和电离真空规配套的复合真空规。

④冷阱：冷阱是在气体通道中设置的一种冷却式陷阱，使气体经过时被捕集的装置。通常在扩散泵和机械泵间要加冷阱，以免有机物、水气等进入机械泵。在扩散泵和待抽真空部分之间，一般也要装冷阱，以防止油蒸气沾污测量对象，同时捕集气体。常用冷阱结构如图 2－45 所示。具体尺寸视所连接的管道尺寸而定，一般要求冷阱的管道不能太细，以免冷凝物堵塞管道或影响抽气速率，也不能太短，以免降低捕集效率。冷阱外套杜瓦瓶，常用冷剂为液氮、干冰等。

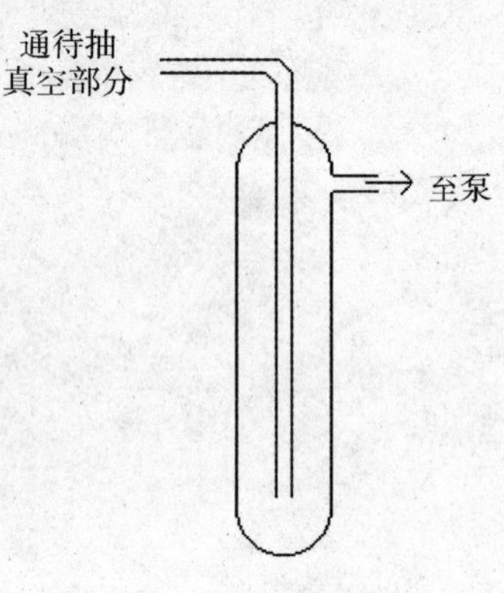

图 2－45　冷阱

⑤管道和真空活塞：管道和真空活塞都是玻璃真空体系上连接各部件用的。管道的尺寸对抽气速率影响很大，所以管道应尽可能粗而短，尤其在靠近扩散泵更应如此。选择真空活塞应注意它的孔芯大小要和管道尺寸相配合。对高真空来说，用空心旋塞较好，它重量轻，温度变化引起漏气的可能性较小。

⑥真空涂敷材料：真空涂敷材料包括真空酯、真空泥和真空蜡等。真空酯用在磨口接头和真空活塞上，国产真空酯按使用温度不同，分为 1 号、2 号、3 号真空酯。真空泥用来修补小沙孔或小缝隙。真空蜡用来胶合难以融合的接头。

2）真空体系的检漏和操作

①真空泵的使用：启动扩散泵前要先用机械泵将体系抽至低真空，然后接通冷却水，接通电炉，使硅油逐步加热，缓缓升温，直至硅油沸腾并正常回流为止。停止扩散泵工作时，先关加热电源至不再回流后关闭冷却水进口，再关扩散泵进出口旋塞。最后停止机械泵工作。油扩散泵中应防止空气进入（特别是在温度较高时），以免油被氧化。

②真空体系的检漏：低真空体系的检漏，最方便的是使用高频火花真空检漏仪。它是利用低压力（$10^3\sim10^{-1}$Pa）下气体在高频电场中，发生感应放电时所产生的不同颜色，来估计气体的真空度的。使用时，按住手揿开关，放电簧端应看到紫色火花，并听到蝉鸣响声。将放电簧移近任何金属物时，应产生不少于 3 条火花线，长度不短于 20 mm，调节仪器外壳上面的旋钮，可改变火花线的条数和长度。火花正常后，可将放电簧对准真空体系的玻璃壁，此时如压力小于 10^{-1}Pa 或大于 10^3 Pa，则紫色火花不能穿越玻璃壁进入真空部分，若压力大于 10^{-1}Pa 而小于 10^3Pa，则紫色火花能穿越玻璃壁进入真空部分内部，并产生辉光。当玻璃真空体系上有微小的沙孔漏洞时，由于大气穿过漏洞处的导电率比玻璃导电率高得多，因此当高频火花真空检漏仪的放电簧移近漏洞时，会产生明亮的光点，这个明亮的光点就是漏洞所在处。

实际的检漏过程如下：启动机械泵后数分钟，可将体系抽至 $10\sim1$Pa，这时用火花检漏器检查可以看到红色辉光放电。然后关闭机械泵与体系连接的旋塞，5min 后再用火花检漏器检查，其放电现象应与前相同，如不同表明体系漏气。为了迅速找出漏气所在处，常采用分段检查的方式进行，即关闭某些旋塞，把体系分成几个部分，分别检查。用高频火花仪对体系逐段仔细检查，如果某处有明亮的光点存在，在该处就有沙孔。检漏器的放电簧不能在某一点停留过久，以免损伤玻璃。玻璃体系的铁夹附近及金属真空体系不能用火花检漏器检漏。查出的个别小沙孔可用真空泥涂封，较大漏洞须重新熔接。

体系能维持初级真空后，便可启动扩散泵，待泵内硅油回流正常后，可用火花检漏器重新检查体系，当看到玻璃管壁呈淡蓝色荧光，而体系没有辉光放电时，表明真空度已优于 10^{-1}Pa。否则，体系还有极微小漏气处，此时同样再利用高频火花检漏仪分段检查漏气，再以真空泥涂封。

若管道段找不到漏孔，则通常为活塞或磨口接头处漏气，需重涂真空酯或换接新的真空活塞或磨口接头。真空酯要涂得薄而均匀，两个磨口接触面上不应留有任何空气泡或“拉丝”。

③真空体系的操作：在启开或关闭活塞时，应双手进行操作，一手握活塞套，一手缓缓旋转内塞，务必使开、关活塞时不产生力矩，以免玻璃体系因受力而扭裂。

对真空体系抽气或充气时，应通过活塞的调节，使抽气或充气缓缓进行，切忌体系压力过于剧烈的变化，因为体系压力突变会导致 U 形水银压力计内的水银冲出或吸入体系。

八、电化学测量技术

电化学测量技术在化学实验中占有重要地位，常用它来测量电导、电动势等参数，更是热化学中精密温度测量和计量的基础。

1. 电导的测量　电导这个物理化学参数不仅反映出电解质溶液中离子状态及其运动的许多信息，而且由于它在稀溶液中与离子浓度之间的简单线性关系，被广泛用于分析化学和化学动力学过程的测试中。

电导的测量除用交流电桥法外，还可用电导仪进行，目前广泛使用的是 DDS 型和 DDS－11A 型电导率仪，下面介绍 DDS－11A 型电导率仪。

（1）测量原理：DDS－11A 型电导率仪原理图见图 2－46。

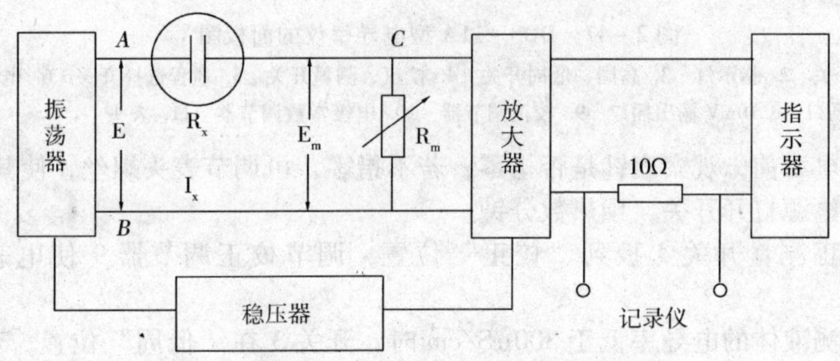

图 2－46　DDS－11A 型电导率仪原理图

稳压电源输出一个稳定的直流电压，供给振荡器和放大器，使它们工作在稳定状态。振荡器由于采用了电感负载式的多谐振荡电路，具有很低的输出阻抗，其输出电压不随电导池电阻 R_x 的变化而变化，从而为电阻分压回路提供一个稳定的标准电动势 E，电阻分压回路由电导池 R_x 和电阻箱 R_m 串联组成，E 加在该回路 AB 两端，产生测量电流 I_x，根据欧姆定律：

$$I_x = \frac{E}{R_x + R_m} = \frac{E_m}{R_m}$$

由于 E 和 R_m 恒定不变，设 $R_m << R_x$，则

$$I_x \propto \frac{1}{R_x}$$

由上式可看出，测量电流 I_x 的大小正比于电导池两极间溶液的电导：

$$E_m = I_x R_m = \frac{ER_m}{R_x + R_m}$$

$$G = \frac{1}{R_x} \qquad \text{所以 } E_m = \frac{ER_m}{\frac{1}{G} + R_m}$$

由于 E 和 R_m 不变，所以电导 G 只是 E_m 的函数，E_m 经放大检波后，在显示仪表上，用换算成的电导值或电导率值显示出来。

(2) 使用方法：DDS－11A 型电导率仪的面板图如图 2－47 所示。

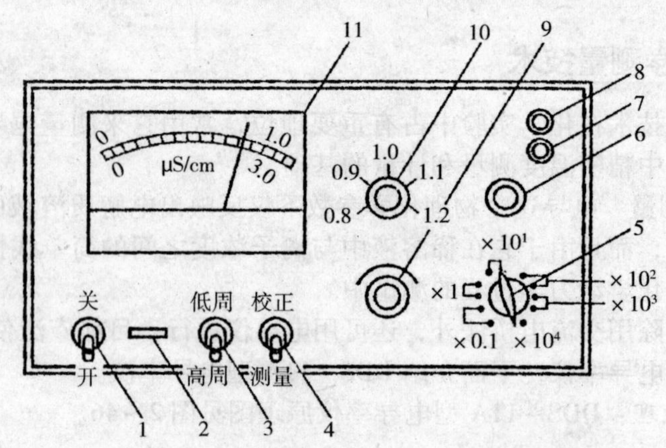

图 2－47　DDS－11A 型电导率仪的面板图

1. 电源开关　2. 指示灯　3. 高周、低周开关　4. 校正、测量开关　5. 量程选择开关　6. 电容补偿开关　7. 电极插口　8. 10mV 输出插口　9. 校正调节器　10. 电极常数调节器　11. 表头

①接通电源前，观察表针是否指零，若不指零，可调节表头螺丝，使其指零。

②接通电源打开开关，预热数分钟。

③将校正测量开关 4 扳到“校正”位置，调节校正调节器 9 使电表满刻度指示。

④若待测液体的电导率低于 300μS/cm 时，开关 3 在“低周”位置；若待测液体的电导率为 300～10^5μS/cm 时，开关在“高周”位置。

⑤将量程选择开关 5 扳到所需要的测量范围，若预先不知被测液体电导率的大小，应先扳在最大电导率档，然后逐档下降。

⑥根据液体电导率的大小选用不同电极。当待测液体的电导率低于 10μS/cm 时，使用 DJS－1 型光亮电极；当待测液体的电导率为 10～10^4μS/cm 时，使用 DJS－1型铂黑电极；当待测液体的电导率大于 10^4μS/cm 时，可选用 DJS－10 型铂黑电极。

⑦电极在使用时，用电极夹夹紧电极的胶木帽，并通过电极夹把电极固定在电极杆

上，将电插头插入电极插口内，旋紧插口上的紧固螺丝，再将电极浸入待测溶液中。

⑧将校正测量开关 4 拨向“测量”，这时指针指示读数乘以量程开关的倍率，即为待测液的实际电导率。

（3）注意事项：①电极应完全浸入电导池溶液中。②保证待测系统的温度恒定。③电导电极插头绝对防止受潮。④电导池常数应定期进行复查和标定。

2. 电池电动势的测量 电池电动势的测量必须在可逆条件下进行。所谓可逆条件，一是要求电池本身的各个电极过程可逆；二是要求测量电池电动势时，电池几乎没有电流通过，即测量回路中 I=0。为此可在测量装置上设计一个与待测电池的电动势数值相等而方向相反的外加电动势，以对消待测电池的电动势，这种测电动势的方法称为对消法。

（1）测量原理：电位差计就是根据对消法原理而设计的，线路如图 2－48 所示。图中整个 AB 线的电势差可等于标准电池的电势差。这可通过“校准”的步骤来实现，标准电池的负端与 A 相连（即与工作电池是对消状态），而正端串联一个检流计，通过并联直达 B 端，调节可调电阻，使检流计指针为零，即无电流通过，这时 AB 线上的电势差就等于标准电池的电势差。

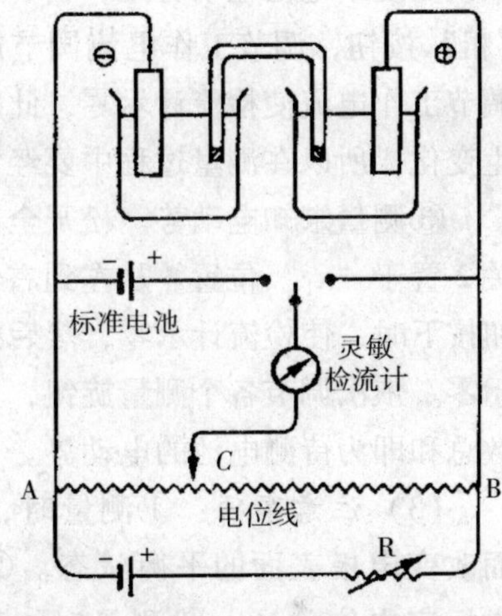

图 2－48 对消法测电动势基本电路

测未知电池时，负极与 A 相连接，而正极通过检流计连接到探针 C 上，将探针 C 在电阻线 AB 上来回滑动，找到使检流计指针为零的位置，此时：

$$E_x = AC/AB$$

（2）UJ－25 型电位差计：直流电位差计是测量电池电动势的仪器，可分为高阻型和低阻型两种，使用时可根据待测系统的不同而加以选择，低阻型用于一般的测量，高阻型用于精确测量。UJ－25 型电位差计是高阻型，与标准电池、检流计等配合使用，可获得较高精确度。图 2－49 是其面板示意图。

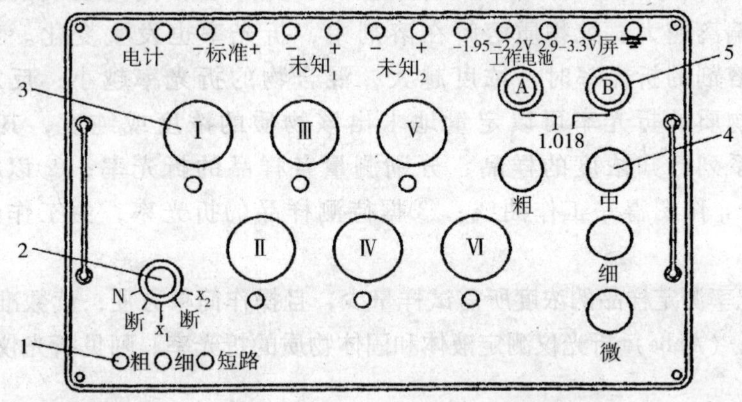

图 2－49 UJ－25 型电位差计面板图

1. 电计按钮（共 3 个） 2. 转换开关 3. 电势测量旋钮（共 6 个）
4. 工作电流调节旋钮（共 4 个） 5. 标准电池温度补偿旋钮

使用步骤如下。

①连接线路。首先将转换开关2扳到“断”的位置，电计按钮1全部松开，然后按图2-48将标准电池、工作电池、待测电池及检流计分别用导线连接在“标准”、“工作”、“未知1”或“未知2”及电计接线柱上，注意正负极不要接反。

②标定电位差计。调节工作电流，先读取标准电池上所附温度计的温度值，并按公式计算标准电池的电动势。$E_{MF}/V = E_{MF}$（20℃）-4.05×10^{-5}（t℃$-$20℃）-9.5×10^{-7}（t℃$-$20℃）$^2-1\times10^{-8}$（t℃$-$20℃）^{3}。将标准电池温度补偿旋钮5调节在该温度下电池电动势处，再将转换开关2置于“N”的位置，按下电计按钮1的“粗”按钮，调节工作电流调节旋钮4，使检流计示零，然后按下“细”按钮，再调节工作电流使检流计示零，此时工作电流调节完毕。由于工作电池的电动势会发生变化，所以在测量过程中要经常标定电位差计。

③测量未知电动势。松开全部按钮，若待测电动势接在“未知1”，则将转换开关2置于“x_1”位置。从左到右依次调节各测量旋钮，先在电计按钮1的“粗”按钮按下时，使检流计示零，然后松开“粗”按钮，随即按下“细”按钮，使检流计示零。依次调节各个测量旋钮，至检流计光点示零。6个测量旋钮下的小窗孔内读数总和即为待测电池的电动势。

（3）注意事项：①测量时，电计按钮按下时间应尽量短，以防止电流通过而改变电极表面的平衡状态。②电池电动势与温度有关，若温度改变，则要经常标定电位差计。③测量时，若发现检流计受到冲击，应迅速按下短路按钮，以保护检流计。

九、光学测量技术

1. 折光率的测量 折光率与浓度的关系：折光率是物质的特性常数，纯物质具有确定的折光率，但如果混有杂质其折光率会偏离纯物质的折光率，杂质越多，偏离越大。纯物质溶解在溶剂中，折光率也发生变化。当溶质的折光率小于溶剂的折光率时，浓度越大，混合物的折光率越小；反之亦然。所以，测定物质的折光率可以定量地求出该物质的浓度或纯度，其方法如下：①制备一系列已知浓度的样品，分别测量各样品的折光率；②以样品浓度C和折光率n_D作图得一工作曲线；③据待测样品的折光率，由工作曲线查得其相应浓度。

用折光率测定样品的浓度所需试样量少，且操作简单方便，读数准确。实验室中常用阿贝（Abbe）折光仪测定液体和固体物质的折光率。阿贝折光仪的外形图见图2-50。

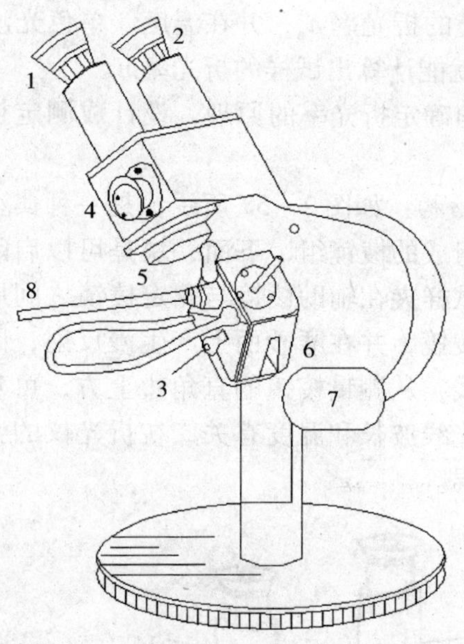

图 2-50 阿贝折光仪

1. 目镜 2. 读数放大镜 3. 恒温水接头 4. 消色补偿器 5、6. 棱镜 7. 反射镜 8. 温度计

2. 阿贝折光仪 折光率是很多液体药物规定的理化常数指标之一，测定折光率可以鉴别药液的纯度或测出其含量。

（1）阿贝折光仪测定液体介质折光率的原理：阿贝折光仪是根据临界折射现象设计的，如图 2-51 所示。试样置于棱镜的界面上，而棱镜的折光率 n_p 大于试样的折光率 n，如果入射线 1 正好沿着棱镜与试样的界面入射，其折射光则为 1′，此时入射角 $i_1=90°$，折射角为 γ_c，此即称为临界折射角。大于临界角的区域为暗区，小于临界角的区域为亮区。已知在温度、压力不变的条件下，入射角 i_m 和折射角 γ_M 与两种介质的折光率 n（介质 M 的）和 N（介质 m 的）的关系为 $\frac{\sin\alpha_m}{\sin\beta_M}=\frac{n}{N}$，由此可知

$$n = n_p \frac{\sin\gamma_c}{\sin 90^\circ} = n_p \sin\gamma_c$$

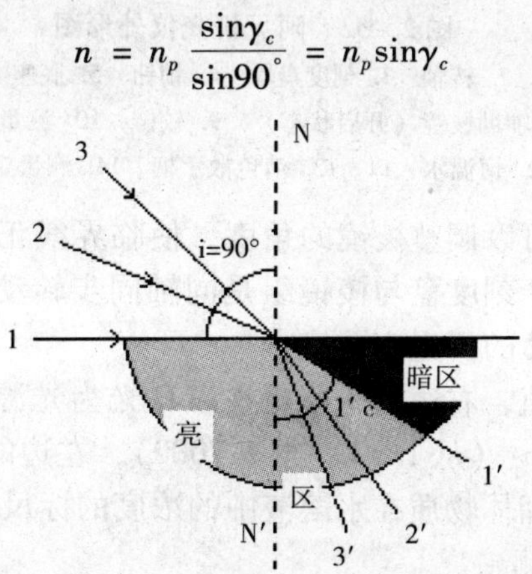

图 2-51 明暗分界线的形成

显然，如果已知棱镜的折光率 n_p，并在温度、单色光波长都保持恒定的实验条件下，测定临界角 γ_c，就能计算出试样的折光率 n。

根据测定临界折射角确定折光率的原理，设计成测定折光率的仪器，最常用的即为阿贝折光仪。

(2) 阿贝折光仪的结构：如图 2-52 所示，是一种典型的阿贝折光仪。其中心部件是由两块直角棱镜组成的棱镜组，下面一块是可以启闭的辅助棱镜，其斜面是磨砂的毛玻璃面，液体试样夹在辅助棱镜与测定棱镜之间展开为一薄层。光线由光源经反射镜反射至辅助棱镜，并在磨砂面上产生漫反射，因此，各个方面都有从试样层进入测量棱镜的光线，从测量棱镜的直角边上方，可观察到临界折射现象。由于液体折光率与所用的光线波长和温度有关，在折光仪的上下棱镜的外面设有恒温水接头，以保持棱镜恒温。

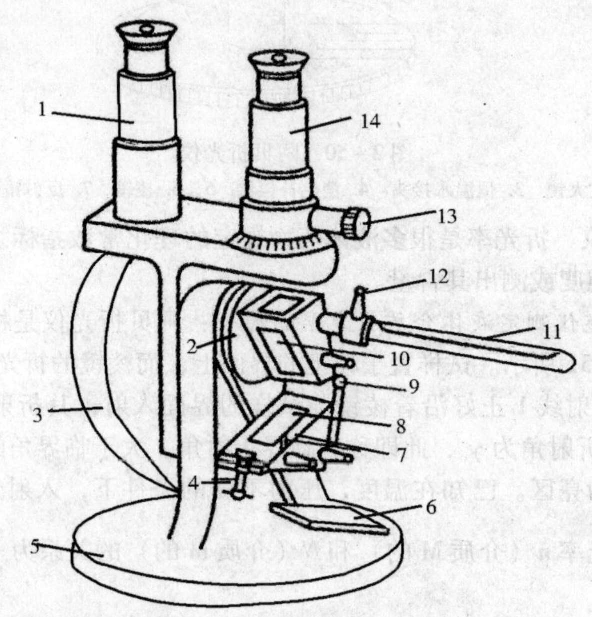

图 2-52 阿贝折光仪外形图

1. 读数望远镜 2. 转轴 3. 刻度盘罩 4. 锁钮 5. 底座 6. 反射镜 7. 加液槽 8. 辅助棱镜（开启状态） 9. 铰链 10. 测量棱镜 11. 温度计 12. 恒温水入口 13. 消色散手柄 14. 测量望远镜

转动棱镜组的转轴可以调整棱镜的角度，使临界线正好落在测量望远镜视野的十字形准线交点上，由于刻度盘与棱镜组是同轴同步转动的，因此，从读数放大镜的标尺中就可读得该液体的折光率数值。

刻度盘上有两行示值，右边的一行是在以日光为光源的条件下，直接换算成相当于钠光 D 线的折光率 n_p（从 1.3000 至 1.7000），左边的一行，示值为0% ~95%，是工业上用折光仪测量固体物质在水溶液中的浓度的标尺。

(3) 液体折光率的测定。

①仪器的安置：将折光仪置于靠窗的桌上或普通白炽灯前，但勿曝于直照的日光中，以免试样迅速挥发，安上专用温度计，用橡皮管将测定棱镜和辅助棱镜上保

温夹套的进、出水口与超级恒温槽的进、出水口串联接通，恒温温度以折光仪的温度计读数为准，一般选控为（20.0±0.1）℃或（25.0±0.1）℃。

②加试样：松开锁钮，开启辅助棱镜，使其磨砂面约处于水平位置，用滴管加少量丙酮清洗镜面，使难挥发的污物逸走（注意：滴管尖勿碰触镜面!），必要时可用拭镜纸轻拭镜面（注意：勿用滤纸擦拭!），待镜面干燥后，加试样1～3滴于辅助棱镜的磨砂面上，迅速闭合辅助棱镜，适当旋紧锁钮（若试样易挥发，可从闭合后两棱镜侧面的加液槽加入）。

③对光：转动测量手柄，使刻度盘标尺的示值为最小（1.3000），调节反射镜使光线进入棱镜组，同时从测量望远镜中观察，使视场最亮为止，调节望远镜上部的目镜焦距，使视场的准线最清晰。

④粗调：转动测量手柄，使刻度盘标尺的示值逐渐增大，直至观察到视场中出现彩色光带或黑色临界线为止。

⑤消色散：转动消色散手柄，使彩色消失而呈现一清晰的黑白临界线。

⑥精调：再转动测量手柄，使临界线移动到十字形准线的交叉点上，如有彩色产生，须再调消色散手柄消色，使临界线黑白清晰。

⑦读数：将刻度盘罩壳侧面上方的镀铬小窗打开至恰当位置，将光线反射入罩内，然后从望远镜中读出相应的示值，为了减少偶然误差，应转动手柄，重复调节测定3次，相互间相差不能大于0.002，取平均值。

⑧仪器的校正：折光仪刻度盘上标尺的零点，有时会产生移动，须加以校正，校正的方法是用一已知折光率的标准液体，一般用纯水按上述方法进行测定，将测定平均值与标准值比较，其差值即为校正值，纯水的 $n_D^{20} = 1.3325$，在15～30℃时的温度系数为 -0.0001/℃。

3. 旋光度的测量

(1) *旋光度与浓度的关系*：许多物质具有旋光性。所谓旋光性就是指某一物质在一束平面偏振光通过时，能使其偏振方向转一个角度的性质。旋光物质的旋光度，除了取决于旋光物质的本性外，还与测定温度、光经过物质的厚度、光源的波长等因素有关，若被测物质是溶液，当光源波长、温度、厚度恒定时，其旋光度与溶液的浓度成正比。

①测定旋光物质的浓度：配制一系列已知浓度的样品，分别测出其旋光度，作浓度-旋光度曲线，然后测出未知样品的旋光度，从曲线上查出该样品的浓度。

②根据物质的比旋光度，测出物质的浓度：旋光度可以因实验条件的不同而有很大的差异，所以又提出了“比旋光度”的概念，规定：以钠光D线作为光源，温度为20℃时，一根10cm长的样品管中，每厘米溶液中含有1g旋光物质时所产生的旋光度，即为该物质的比旋光度，用符号［α］表示。

$$[\alpha] = \frac{10\alpha}{l \cdot c}$$

式中，α 为测量所得的旋光度值，l 为样品的管长（cm），c 为浓度（g/cm^3）。

比旋光度［α］是度量旋光物质旋光能力的一个常数，可由手册查出，这样测出未知浓度的样品的旋光度，代入上式可计算出浓度 c。

(2) 旋光仪的结构原理：测定旋光度的仪器叫旋光仪，化学实验中常用 WXG－4 型旋光仪测定旋光物质的旋光度大小，从而定量测定旋光物质的浓度，其光学系统见图 2－53。

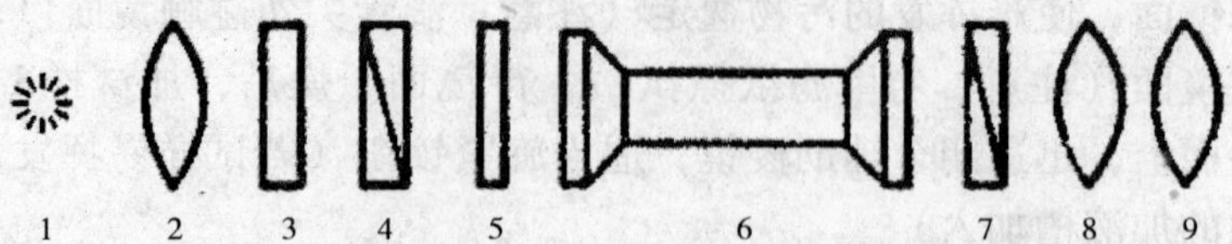

图 2－53 旋光仪的光学系统图

旋光仪主要由起偏器和检偏器两部分构成。起偏器由尼科尔棱镜构成，固定在仪器的前端，用来产生偏振光。检偏器也是由一块尼科尔棱镜组成，由偏振片固定在两保护玻璃之间，并随刻度盘同轴转动，用来测量偏振面的转动角度。

旋光仪就是利用检偏镜来测定旋光度的。如调节检偏镜使其透光的轴向角度与起偏镜的透光轴向角度互相垂直，则在检偏镜前观察到的视场呈黑暗，再在起偏镜与检偏镜之间放入一个盛满旋光物的样品管，则由于物质的旋光作用，使原来由起偏镜出来的偏振光转过了一个角度 α，这样视物不呈黑暗，必须将检偏镜也相应地转过一个 α 角度，视野才能重又恢复黑暗。因此检偏镜由第一次黑暗到第二次黑暗的角度差，即为被测物质的旋光度。

如果没有比较，要判断视场的黑暗程度是困难的，为此设计了三分视野法，以提高测量准确度。即在起偏镜后中部装一狭长的石英片，其宽度约为视野的三分之一，因为石英也具有旋光性，故在目镜中出现三分视野。如图 2－54 所示。当三分视野消失时，即可测得被测物质旋光度。

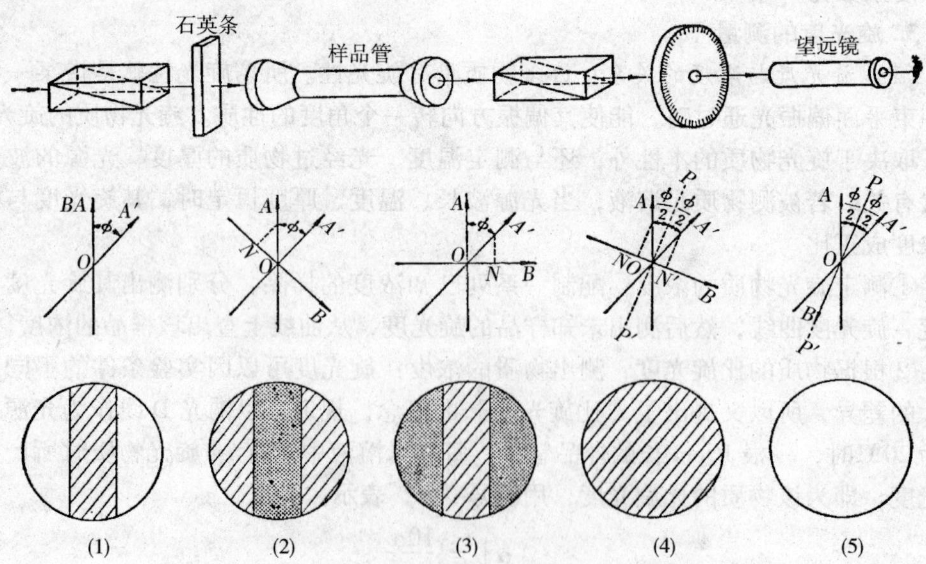

图 2－54 旋光仪三分视野图

(3) WXG-4 型旋光仪的使用方法。

①接通电源，开启钠光灯，约 5min 后，调节目镜焦距，使三分视野清晰。

②仪器零点较正。在样品管中装满蒸馏水（无气泡），调节检偏镜，使三分视野消失，记下角度值，即为仪器零点，用于校正系统误差。

③测定旋光度。在样品管中装入试样，调节检偏镜，使三分视野消失，读取角度值，将其减去（或加上）零点值，即为被测物质的旋光度。

④测量完毕后，关闭电源，将样品管取出洗净擦干放入盒内。

十、有机化合物的分离和提纯

1. 简单蒸馏　蒸馏是提纯物质和分离混合物的一种十分重要的方法，通过蒸馏还可以测出化合物的沸点，对鉴定纯粹的有机化合物也具有一定的意义。

液体的分子由于分子运动会从表面逸出形成蒸气，蒸气中的分子也会返回到液体中。如把液体置于密闭容器中，液体分子不断逸出在上部空间形成蒸气，最后会使分子由液体中逸出和从蒸气中返回液体的速度相等，即达到动态平衡。此时液面上的蒸气达到饱和，称为饱和蒸气压。实验证明，液体的饱和蒸气压只与温度有关，即液体在一定温度具有一定的饱和蒸气压，它与体系中存在的液体和蒸气的绝对量无关。

将液体加热，它的饱和蒸气压随温度升高而增大，当饱和蒸气压和外界压力相等时，液体内大量蒸气形成气泡逸出，即液体沸腾。这时的温度即为该液体在此外界压力下的沸点，因此液体的沸点和外界压力大小有关。外界压力和蒸气压常以汞柱高度（mmHg）或 Pa 表示，它们之间的关系是：

$$1\text{mmHg} = 133.322\text{Pa}$$

液体的沸点不仅与外界压力有关，而且与其纯度有关，不纯物质的沸点取决于所含杂质的性质。假如所含杂质是不挥发的，则溶液的沸点比纯物质的沸点略有提高，若杂质是挥发性的，则蒸馏时液体的沸点常会逐渐上升。有时由于两种（或多种）物质组成了共沸混合物，会具有恒定的沸点。例如 95.6% 乙醇和 4.4% 水组成共沸混合物，沸点是 78.1℃，因此具有恒定沸点的液体不一定都是纯粹的化合物。共沸混合物用一般蒸馏甚至分馏都无法将其各组分分离，必须采用其他手段先将共沸混合物破坏，这将在分馏一节中介绍。

将液体加热至沸，使液体变为蒸气，然后再使蒸气冷凝到另一容器中成为液体，这两种过程的联合操作称为蒸馏。要使蒸馏很好地进行，首先要使液体在加热沸腾时能较平稳和连续不断地产生蒸气泡。溶解在液体内部的空气和玻璃器壁的粗糙面有助于这种气泡的生成，加热时由于空气溶解度降低和体积膨胀往往会在瓶底生成小的气泡，这种小气泡称为气化中心。在沸腾时，液体变成蒸气的过程常围着气化中心进行。小气泡积累蒸气成为大气泡，待大气泡的总压力增加到超过外界气压，并足够克服液柱的静压力时，蒸气泡就上升到液面。因此，假如在液体中有许多小的空气泡或其他气化中心时，液体就可以平稳地沸腾。如果液体中几乎不存在空气，烧瓶壁又非常洁净光滑时，形成气泡就很困难，加热时液体温度往往超过了沸点还不沸腾，造成“过热”现象。这时，液体的蒸气压已大大超过了大气压与液柱静压力之和，一旦有一个小气泡生成，它附近的液体一下子变成了蒸气，使小气泡迅速变成大气泡冲出甚至将液体冲出瓶外，造成了不正常的沸腾（即：暴沸）。因此，在加热前应加入助沸物以引入气化中心，使沸腾平稳进行。助沸物一般是表面疏松多孔、吸附有空气的素瓷片或沸石等，也可用玻管或玻棒在煤气灯上加热熔化后反复粘拉，制成有许多细孔的玻璃条，或用几根一端封闭的毛细管，毛细管应有足够长度，使其封闭一端可搁在瓶颈，开口一端朝下。在任何情况下，切忌将助沸物加到已受热可能沸腾的液体中。因为若液体已过热，一旦加入助沸物就会造成暴沸。如果加热中途发现未加沸石，补加时应移去热源，待稍冷后方可加入。如果沸腾一度中止，在重新加热前应放入新的沸石，因原来的沸石在加热时已被逐出了大部分空气，在冷却时又吸附了液体，可能已经失效。

此外若用浴液间接加热，保持浴温在超过蒸馏液沸点20℃左右，这样不但可以大大减少瓶内液体各部分的温差，也可使蒸气气泡不断从烧瓶底部上升，大大减少过热、暴沸的可能。

通过蒸馏可以将易挥发的物质和不挥发的物质分开，也可以使沸点相差在40～50℃以上的液体达到较好的分离效果。沸点相差在40℃以下的物质经一次蒸馏往往达不到好的分离效果，进行多次蒸馏虽可分离，但操作繁琐，无实用价值，这时要用分馏来分离。

2. 简单分馏 应用分馏柱来使几种沸点相近的混合物进行分离的方法称为分馏，它在化学工业和实验中被广泛应用，现在最精密的分馏设备已能将沸点相差仅1～2℃的混合物分开。利用蒸馏或分馏来分离混合物的原理是一样的，实际上分馏就是多次的蒸馏。

(1) *基本原理*：如果将几种具有不同沸点而又可以完全互溶的液体混合物加热，当其总蒸气压等于外界压力时就开始沸腾气化，蒸气中易挥发液体的成分较在原混合液中多。这可从下面的分析中看出，为了简化，我们仅讨论混合物是二组分理想溶液的情况。所谓理想溶液即是指各组分在混合时无热效应产生，体积没有改变，遵守拉乌尔定律的溶液。这时，溶液中每一组分的蒸气压等于此纯物质的蒸气压和它在溶液中的摩尔分数的乘积。

$$P_A = P_A^0 N_A \qquad P_B = P_B^0 N_B$$

P_A、P_B 分别为溶液中 A 和 B 的分压，P_A^0、P_B^0 分别为纯 A 和纯 B 的蒸气压，N_A 和 N_B 分别为 A 和 B 在溶液中的摩尔分数。

溶液的总蒸气压：$P = P_A + P_B$

根据道尔顿分压定律，气相中每一组分的蒸气压和它的摩尔分数成正比。因此在气相中各组分蒸气的成分为：

$$N_A^{气} = P_A/(P_A + P_B) \qquad N_B^{气} = P_B/(P_A + P_B)$$

由上式推知，组分 B 在气相和液相中的相对浓度为：

$$N_B^{气}/N_B = P_B/(P_A + P_B) \times P_B^0/P_B$$
$$= 1/(N_B + P_A^0 N_A/P_B^0)$$

因为在溶液中 $N_A + N_B = 1$，所以若 $P_A^0 = P_B^0$，则 $N_B^{气}/N_B = 1$，表明这时液相的成分和气相的成分完全相同，这样的 A 和 B 就不能用蒸馏（或分馏）来分离。如果 $P_B^0 > P_A^0$，则 $N_B^{气}/N_B > 1$，表明沸点较低的 B 在气相中的浓度较在液相中为大（在 $P_B^0 < P_A^0$ 时，也可作类似的讨论）。在将此蒸气冷凝后得到的液体中，B 的组分比在原来的液体中多（这种气体冷凝的过程相当于蒸馏的过程）。如果将所得的液体再行气化，在它的蒸气经冷凝后的液体中，易挥发的组分又将增加。如此多次重复，最终就能将这两个组分分开（凡形成共沸点混合物者不在此例）。分馏就是利用分馏柱来实现这样"多次重复"的蒸馏过程。分馏柱主要是一根长而垂直、柱身有一定形状的空管，或者在管中填以特制的填料。总的目的是要增大液相气相接触的面积，提高分离效率。当沸腾着的混合物进入分馏柱（工业上称为精馏塔）时，因为沸点较高的组分易被冷凝，所以冷凝液中就含有较多较高沸点物质，而蒸气中低沸点的成分就相对地增多。冷凝液向下流动时又与上升的蒸气接触，两者之间进行热量交换。亦即使上升的蒸气中高沸点的物质被冷凝下来，低沸点的物质仍呈蒸气上升；而在冷凝液中低沸点的物质则受热气化，高沸点的仍呈液态。如此经多次的液相与气相的热交换，使得低沸点的物质不断上升最后被蒸馏出来，高沸点的物质不断流回加热的容器中，从而将沸点不同的物质分离。所以在分馏时，柱内不同高度的各段其组分是不同的，相距越远，组分的差别就越大，也就是说在柱的动态平衡情况下，沿着分馏柱存在着组分梯度。

了解分馏原理最好是应用恒压下的沸点－组成曲线图（称为相图，表示这两组分体系中相的变化情况）。通常它是用实验测定在各温度时气液平衡状况下的气相和液相的组成，然后以横坐标表示组成，纵坐标表示温度而作出的（如果是理想溶液，则可直接由计算作出）。图 2－55 即是大气压下的苯－甲苯溶液的沸点－组成图。从图中可以看出，由苯 20% 和甲苯 80%（L_1）组成的液体在 102℃时沸腾，和此液相平衡的蒸气组成约为苯 40% 和甲苯 60%（V_1）。若将此组成的蒸气冷凝成同组成（L_2）的液体，则与此液体成平衡的蒸气组成约为苯 60% 和甲苯 40%（V_2）。显然如此继续重复，即可获得接近纯苯的气相。

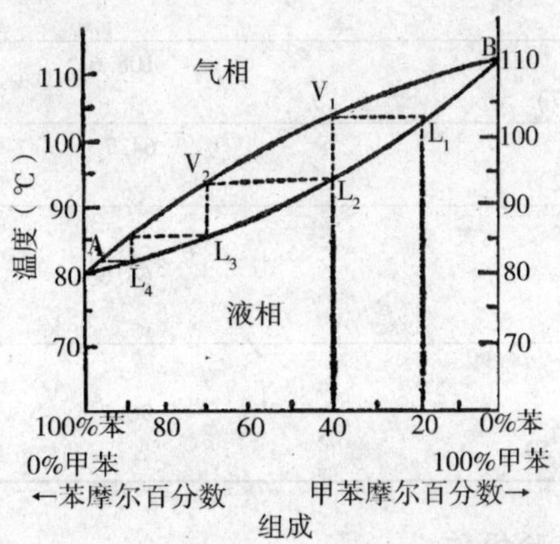

图 2－55　苯－甲苯体系的温度－组成曲线

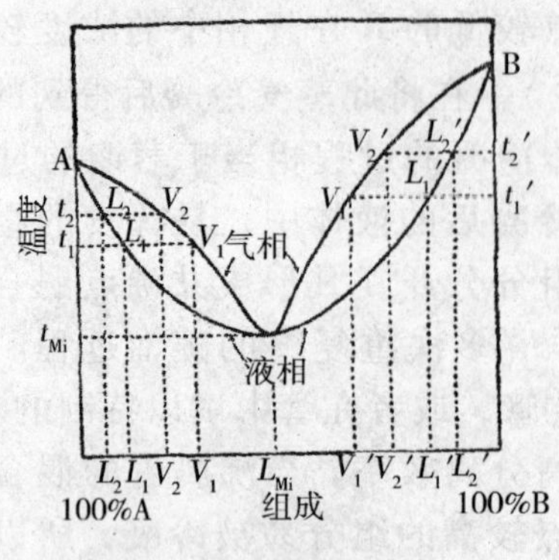

图 2－56 具有最低共沸混合物的沸点－组成曲线图

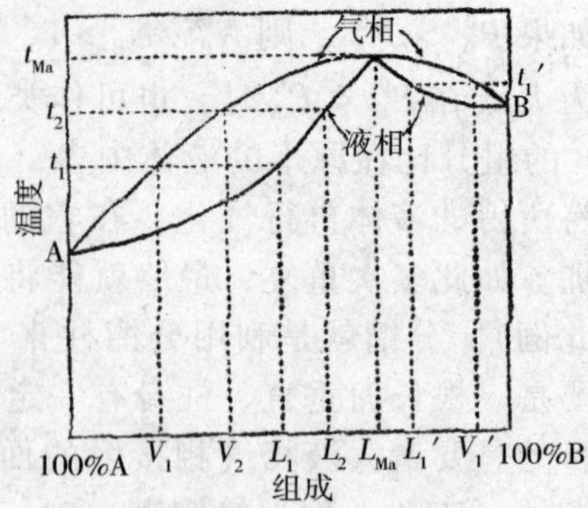

图 2－57 具有最高共沸混合物的沸点－组成曲线图

在分馏过程中，有时可能得到与单纯化合物相似的混合物，它也具有固定的沸点和固定的组成，其气相和液相的组成也完全相同，因此不能用分馏法进一步分离。这种混合物称为共沸混合物（或恒沸混合物），它的沸点（高于或低于其中的每一组分）称为共沸点（或恒沸点）。图 2－56 和图 2－57 分别是具有最低和最高共沸点混合物的沸点－组成曲线图。共沸混合物虽有可能用分馏来进行分离，但它不是化合物，它的组成和沸点要随压力而改变，用其他方法破坏共沸组分后再蒸馏可以得到纯粹的组分。表 2－5 所列为几种常见的共沸混合物。

表 2－5 几种常见的共沸混合物

	组成（沸点℃）	共沸混合物	
		沸点（℃）	各组分含量（%）
二元共沸物	水（100）	78.2	4.4
	乙醇（78.5）		95.6
	水（100）	69.4	8.9
	苯（80.1）		91.1
	乙醇（78.5）	67.8	32.4
	苯（80.1）		67.6
	水（100）	108.6	79.8
	氯化氢（－83.7）		20.2
	丙酮（56.2）	64.7	20.0
	三氯甲烷（61.2）		80.0
三元共沸物	水（100）		7.4
	乙醇（78.5）	64.6	18.5
	苯（80.1）		74.1
	水（100）		29.0
	丁醇（117.7）	90.7	8.0
	乙酸丁酯（126.5）		63.0

（2）简单分馏柱和实验操作

①简单分馏柱的形式：普通有机化学实验中常用刺形分馏柱，如图 2－58（1），又称韦氏（Vigreux）分馏柱。它是一根分馏管，中间一段每隔一定距离向内伸入三根向下倾斜的刺状物，在柱中相交，每堆刺状物间排列成螺旋状。图 2－58（2）是

另一种长为30~40cm，直径为1.5~2.5cm的分馏管，在管的底部放少许玻璃毛，然后装入合适的填料直至距支管约5cm左右。以直径6mm左右的玻管截成长度6mm的短玻管（或较小的规格）作为填料适合一般应用。上述简单分馏柱的分馏效率不高，仅约相当于两次普通的蒸馏。

图2-58（3）中所示的柱为前一种的改良，它由克氏分馏管及附加的一只小型冷凝管（冷凝指）所组成。上下移动冷凝指以及调节进入冷凝指的水流速度可以控制回流液体的量，亦即可控制回流比（指在同一时间内返回分馏柱的液体量和流出液体量之比）。增加回流比可以提高混合物的分离效率。但是一定要小心防止液体在柱中“液泛”。液泛是蒸发速率增至某一程度时，上升的蒸气能将下降的液体顶上去，破坏了气液平衡，降低了分馏效率。若将柱身裹以石棉绳、玻璃布等保温材料和控制加热的速度可以防止液泛，提高分离效率。

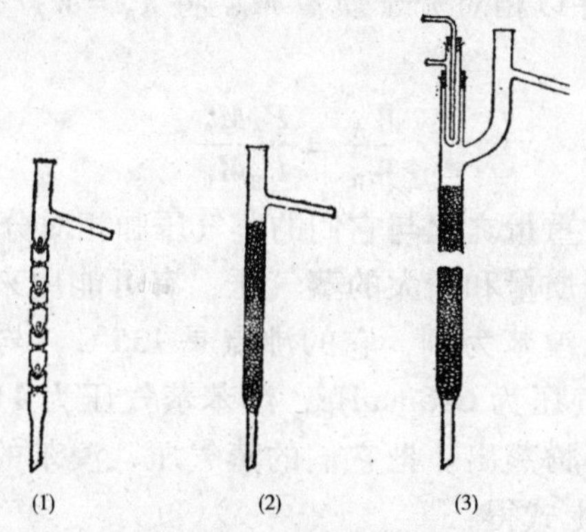

图2-58　简单分馏柱

②简单分馏操作：简单分馏操作和蒸馏大致相同。将待分馏的混合物放入圆底烧瓶中，加入沸石，装上普通分馏柱，插上温度计，分馏柱的支管和冷凝管相连，蒸馏液收集在锥形瓶中。柱的外围用石棉绳包住，这样可减少柱内热量的散发，减少风和室温的影响。选用合适的热浴加热，液体沸腾后要注意调节浴温，使蒸气慢慢升入分馏柱，约10~15min后蒸气到达柱顶。在有馏出液滴出后，调节浴温使得蒸出液体的速率控制在每2~3s 1滴，这样可以得到比较好的分馏效果。待低沸点组分蒸完后，再渐渐升高温度，当第二个组分蒸出时会产生沸点的迅速上升。上述情况是假定分馏体系有可能将混合物的组分进行严格的分馏，如果不是这种情况，一般则有相当大的中间馏分（除非沸点相差很大）。

要很好地进行分馏必须注意下列几点：分馏一定要缓慢进行，要控制好恒定的蒸馏速度；要使有相当量的液体自柱流回烧瓶中，即要选择合适的回流比；必须尽量减少分馏柱的热量散失和波动。

3. 水蒸气蒸馏　水蒸气蒸馏是分离提纯有机化合物的常用方法之一，可用水蒸气蒸馏提纯的有机化合物须具备下列条件：不溶（或几乎不溶）于水；在100℃左右与水长时间共存不会起化学变化；在100℃左右必须具有一定的蒸气压（一般不小于10mmHg）。在反应产物中混有大量树脂状或焦油状物时，其效果较一般蒸馏或重结晶好，有时反应产生两种或几种有机化合物，当其中一种具备上面条件时，用水蒸气蒸馏可获得满意的分离效果。

(1) 基本原理：当与水不相混溶的物质和水一起存在时，根据道尔顿分压定律它们的蒸气压力 P，应为水蒸气压 P_A 和此物质蒸气 P_B 之和，即：

$$P = P_A + P_B$$

P 随温度升高而增大，当温度升高到 P 等于外界大气压时，该体系开始沸腾，这时的温度为该体系的沸点，此沸点必较体系中任一组分的沸点都低。蒸馏时，混合物沸点保持不变，直至该物质全部随水蒸出，温度才会上升至水的沸点。蒸出的是水和与水不混溶的物质，很容易分离，从而达到纯化的目的。

根据气体方程式，蒸出的混合蒸气中气体分压之比 $P_A:P_B$ 等于它们的摩尔数之比（$n_A:n_B$），即：

$$P_A / P_B = n_A / n_B$$

摩尔数 n 为重量 W 除以相对分子质量 M，将 $n_A = W_A/M_A$ 和 $n_B = W_B/M_B$ 代入上式得：

$$\frac{W_A}{W_B} = \frac{P_A M_A}{P_B M_B}$$

即蒸出混合物的相对重量之比与它们的蒸气压和相对分子质量成正比。

水具有低的相对分子质量和较大的蒸气压，有可能用来分离较高相对分子质量和较低蒸气压的物质。以溴苯为例，它的沸点是135℃，与水不相混溶；和水一起加热到95.5℃时，水蒸气压为646mmHg，溴苯蒸气压为114mmHg。两者总压力为1atm，于是混合物开始沸腾蒸出。把它们的蒸气压、溴苯的相对分子质量157和水的相对分子质量18代入上式得：

$$\frac{W_A}{W_B} = \frac{P_A M_A}{P_B M_B} = \frac{646 \times 18}{114 \times 157} \approx \frac{6.5}{10}$$

即蒸出6.5g水可带出10g溴苯。溴苯在蒸出混合物中占的重量百分率为60.6%。由于各种有机化合物或多或少溶于水，导致水的蒸气压降低，故实际蒸出的重量比与理论计算值略有偏差。

从上例可以看出，由于溴苯的相对分子质量是水的9倍左右，虽然它的蒸气压是水的1/6，馏出液中溴苯还是较多。但当某化合物相对分子质量很大，而其蒸气压过低，就不能用水蒸气蒸馏来提纯。一般说来，物质的蒸气压在100℃左右为10mmHg以上才能用水蒸气蒸馏提纯。蒸气压在100℃左右为1~5mmHg的有机化合物可以用过热水蒸气来蒸馏。因为这时温度较100℃高，被提纯物质具有较高的蒸气压，从而提高了馏出液中该物质的重量比例。

(2) 实验操作：常用的水蒸气蒸馏装置如图2-59所示。A是水蒸气发生器。玻管B是液面计，可以看出发生器内水面的高度。通常盛水量以其容积的3/4为宜。如果太满，沸腾时水蒸气会把水冲至烧瓶。安全玻管C应插到接近发生器A的底部，当容器内的水蒸气压大时，水可沿着玻管上升，以调节内压。如果水从玻管上口喷出，此时应检查整个系统是否有阻塞，若有阻塞，应先打开T形管下的弹簧夹或螺旋夹G，再排除系统中的阻塞。

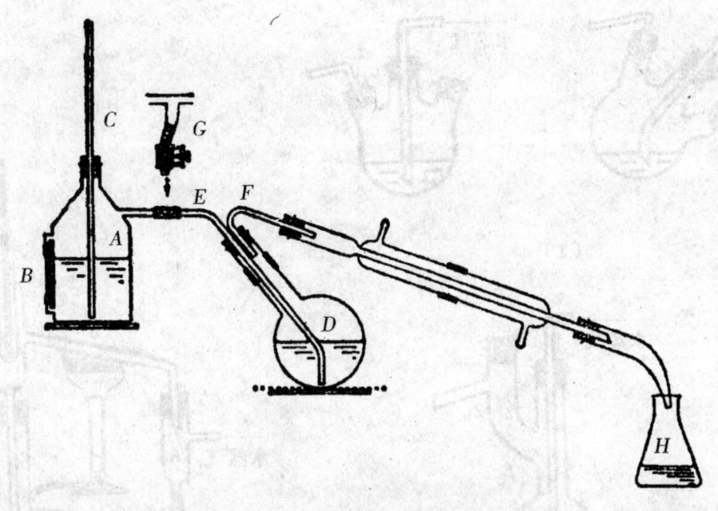

图2-59　水蒸气蒸馏装置

蒸馏部分通常是用500ml长颈圆底烧瓶D。为了防止瓶中液体因跳溅而冲入冷凝管内沾污馏出物，烧瓶应倾斜45°，瓶中液体也不宜超过其容积的1/3。蒸气导入管E的末端应弯曲，使其垂直正对烧瓶中央，并接近瓶底。蒸气导出管下弯角约30°，一端插入双孔木塞，另一端和冷凝管相连，馏液通过接液管进入接受器H。必要时接受器外可用冷水浴冷却。

在进行水蒸气蒸馏时，先将欲分离的混合物置于D中，按图2-59搭好装置。加热水蒸气发生器，至水沸腾才将G夹紧，水蒸气即通入D。为了使水蒸气不致在D中因冷凝而积聚过多，必要时可在D下置一石棉网，用小火加热。注意调节加热水蒸气发生器的煤气灯，使产生水蒸气不致太快，以免把D中混合物冲至冷凝管中，并使蒸气能全部为冷凝管冷凝。如果随水蒸气蒸出的物质在室温时是固体（如蒸出的邻硝基苯酚熔点为45℃），在冷凝后易在冷凝管析出，此时应调节冷凝水的流速，使之冷凝后温度仍在熔点以上，保持液态，甚至有时要完全停止通冷凝水，或将冷凝水放空。若已堵塞可将G打开，用热吹风吹使晶体熔化流下后，关闭G继续水蒸气蒸馏。在重新通入冷凝水时要小心缓慢，以免冷凝管爆裂。

水蒸气蒸馏须中断或停止时，一定要先打开弹簧夹G，使通大气，然后再停止加热水蒸气发生器，否则D中的液体会倒吸入A中。

有时可用三颈瓶代替圆底烧瓶进行水蒸气蒸馏［图2-60（1）］也可用图2-60（2）的装置。在100℃左右蒸气压较低的化合物可以用如图2-61的过热水蒸气蒸馏装置蒸馏。其主要装置由铜制成，水蒸气通过铜管被进一步加热成过热水蒸气。用鱼尾灯头加热可扩大铜管受热面，若铜管制成螺旋状则更加理想，温度计可用来测过热水蒸气的温度。

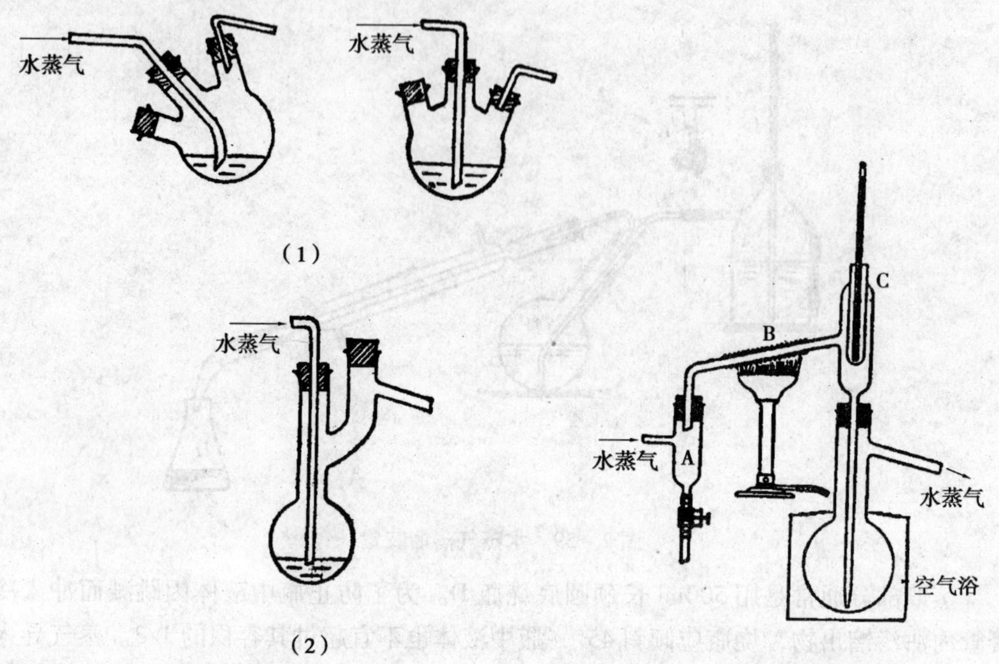

图 2-60 其他的水蒸气蒸馏装置　　图 2-61 过热水蒸气蒸馏装置

4. 减压蒸馏　减压蒸馏是分离、提纯液体（或低熔点固体）的一种重要方法。它特别适用于在常压蒸馏时未达沸点即已受热分解、氧化或聚合的物质。

(1) 基本原理：液体沸腾时的温度与外界压力有关，且随外界压力的降低而降低。若使用真空泵与蒸馏装置相连接，使体系内的压力降低，就可以在较低的温度下进行蒸馏，这就是减压蒸馏。

减压蒸馏时液体的沸点与压力有关，有时在文献中查不到减压蒸馏与所选择的压力相应的沸点，只要知道两组压力与沸点的关系即可近似地通过下式求出在给定压力下的沸点：

$$\log P = A + B/T$$

式中 P 为蒸气压，T 为沸点（以绝对温度表示），A、B 为常数。如以 $\log P$ 为纵坐标，$1/T$ 为横坐标作图，根据已知的两组沸点与压力的关系可求出 A 和 B，再将所选的压力代入上式，即可算出沸点 T。

更为方便的方法是利用图 2-62。如苯甲醛的沸点（1atm）为 179.5℃，欲找出减压至 100mmHg 时的沸点，可以在图 2-62 的中间一条直线上找出它的沸点所在，将此点与右边线中 100mmHg 一点连成直线，并延长到左边的直线相交，交点温度为 112℃，苯甲醛的沸点即为（112 ±2）℃/100mmHg。

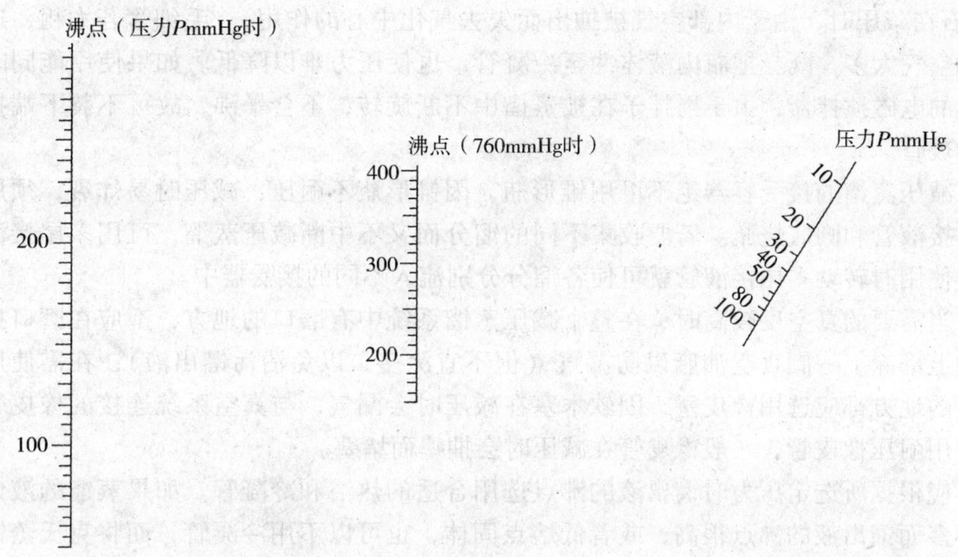

图2－62　液体在常压下的沸点与减压下的沸点的近似关系图

当减压蒸馏在10～25mmHg范围进行时，大体上压力每差1mmHg，沸点相差1℃。预先粗略地估计出与压力相应的沸点对减压蒸馏的具体操作、选择合适的温度计和控制收集馏分等都是有益的。

（2）减压蒸馏的装置：减压蒸馏的装置见图2－63。整个系统可分为蒸馏（包括冷凝、接受部分）、减压以及在它们之间的保护和测压装置三部分。

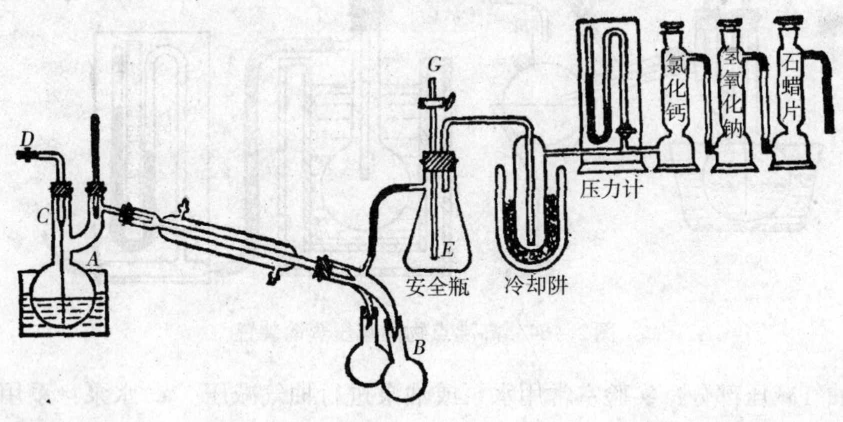

图2－63　减压蒸馏装置

A. 克氏蒸馏瓶　B. 接受烧瓶　C. 下拉成毛细管的玻管　D. 螺旋夹　G. 二通活塞

①蒸馏部分：A是减压蒸馏瓶又称克氏（Claisen）蒸馏瓶，在带支管的一颈中插入温度计，温度计水银球的上端应与支管口下沿在同一水平面上。瓶的另一颈插入一根玻管C（简称毛细管），玻管上端连一段橡皮管，装上螺旋夹D（毛细管拉得极细时可以不装）。玻管下端应拉成很细的毛细管。在减压抽气时，仅有极少量空气进入液体呈微小气泡冒出，作为液体沸腾的气化中心，使减压蒸馏平稳地进行

(沸石在减压时，由于内部空气被抽出而失去气化中心的作用)。毛细管若太粗，进入的空气太多，既会把瓶内液体冲至冷凝管，也使压力难以降低。如果使用能同时加热的电磁搅拌器，由于搅拌子在被蒸馏中不断旋转，不会暴沸，故可不装下端拉细的玻管。

减压蒸馏的接受容器绝不可用锥形瓶，因锥形瓶不耐压，减压时易炸裂，须用真空接液管和圆底烧瓶。若要收集不同的馏分而又不中断减压蒸馏，可用多尾接液管，使用时转动多尾接液管就可使各馏分分别流入不同的接受器中。

当需要的真空度较高时，在整个减压蒸馏系统中有磨口的地方，都应在磨口接头的上部涂上一圈真空油脂以防漏气（但不宜涂多，以免沾污馏出液）；在需使用塞子的地方都应选用橡皮塞，因软木塞在减压时会漏气；与真空系统连接的橡皮管都应用耐压橡皮管，一般橡皮管在减压时会抽瘪而堵塞。

应根据所选定压力时馏出液的沸点选用合适的热浴和冷凝管。如果蒸馏的液体量不多而馏出液的沸点很高，或者低熔点固体，也可以不用冷凝管，而将克氏蒸馏瓶支管直接与一蒸馏瓶相连接，蒸馏瓶外可用水冷却，如图 2 - 64 所示。在蒸馏沸点较高的物质时，为减少热量散发，最好用石棉绳（或石棉布）包裹克氏蒸馏瓶两颈，否则蒸气会为瓶颈冷凝而蒸不出来。减压蒸馏所选用的热浴最好是水浴或油浴，以使加热温度均匀平稳。

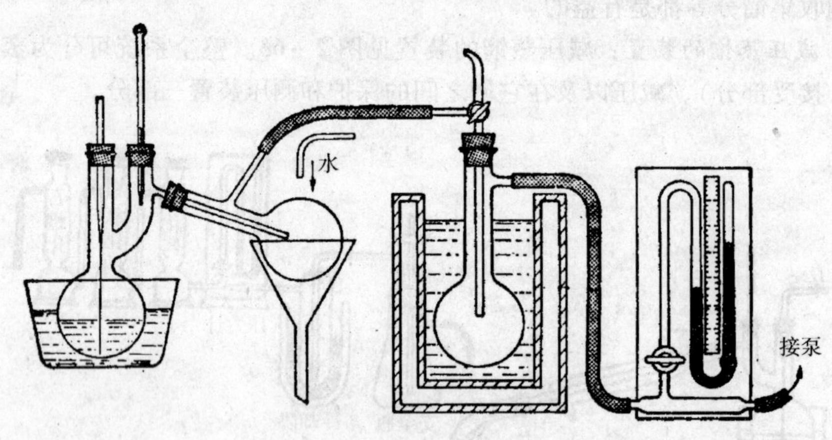

图 2 - 64　高沸点物的减压蒸馏装置

②抽气减压部分：实验室常用水泵或油泵进行抽气减压。a. 水泵：系用玻璃或金属制成，其效能与构造、水压及温度有关。水泵所能达到最低压力为当时水的饱和蒸汽压（见附录五）。因自来水压力常常较低，为克服这一缺点，可采用水循环的真空泵。它是利用马达打水至水泵，因水压高，其真空度可接近当时室温的饱和水蒸气压。b. 油泵：油泵的效能决定于油泵的机械结构以及油的性能。好的真空油在室温时蒸气压很低。好的油泵用了好的真空油可抽至真空度 0. 005mmHg。但一般用油泵减压，系统中的压力常常只能控制在 1 ~ 5mmHg，这是因为在沸腾液体表面要造成 1mmHg 以下气压比较困难，蒸气从克氏蒸馏瓶内蒸发逸出，经过瓶颈和支管等有一定的压力差；同时为了保护油泵所附的吸收装置也会抵消一部分真空度。若

需要在更高的真空度下减压蒸馏，冷却阱可用液氮冷却并拆去3个吸收塔。

油泵的结构较精密，工作条件要求较严。蒸馏时，如果有挥发性的有机溶剂、水或酸性蒸气都会损坏油泵。挥发性的有机溶剂蒸气进入油泵会溶于真空油中，使油泵内蒸气压升高很多，影响减压效能。水蒸气凝结在油泵中，也会使蒸气压升高。酸性蒸气进入油泵更会腐蚀油泵机件。因此在减压蒸馏前，样品必须除去酸并充分干燥，再用水泵抽尽低沸点溶剂。即使如此，还须注意油泵的维护工作，加上保护装置。在使用一段时间，发现真空度有所降低时，应及时换上新油，以免油泵机件被腐蚀。

③保护和测压部分：为了防止残剩的易挥发有机溶剂、酸性物质和水蒸气进入油泵以及更好控制蒸馏，必须在接受器与油泵之间依次装置安全瓶、冷却阱、压力计和分别装有氯化钙、氢氧化钠、石蜡片的3个吸收塔。

冷却阱构造如图2－65。一般都将它置于盛有冷却剂的保温瓶中。冷却剂的选择视需要而定。例如可用冰－水、冰－盐、干冰－丙酮等，以后者效果为佳。有条件的可以用液氮。由于液氮温度极低（液氮沸点为－196℃），冷却效能极好，可免去吸收塔。

吸收塔又称干燥塔，如图2－66。第一个装氯化钙吸收水气；第二个装氢氧化钠吸收酸性气体。有时为了除去烃类蒸气，还加装一个石蜡片塔。

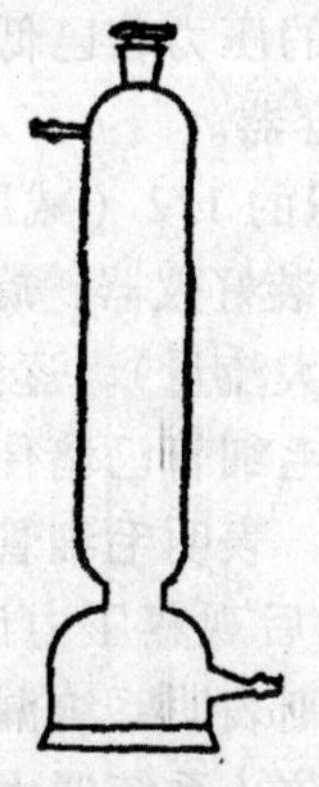
图2－65 冷却阱

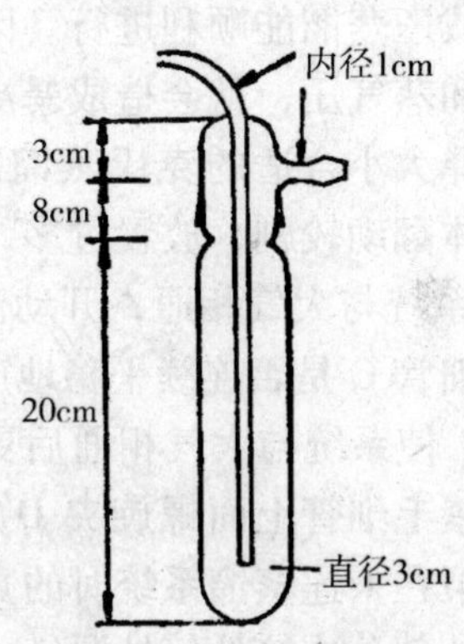

图2－66 干燥塔

实验室常用水银压力计来测量减压系统内的压力。图2－67（1）是开口式水银压力计。两玻管中汞柱高度之差即为大气压与系统内的压力差。因此系统内的实际压力（真空度）应为大气压（mmHg）减去压力计两汞柱的高度之差。因大气压力经常有所变动，故实验时应记下当时气压表的读数。图2－67（2）是封闭式水银压力计，两臂的汞柱液面差即为体系中的真空度。中间为活动标尺，以利于观察读数。开口式压力计较笨重，读数也较麻烦，其优点是准确。封闭式压力计较轻巧，使用、读数方便，但在装水银时，在封闭一端常会残留一些空气，使准确度下降，需用开口式压力计校正。

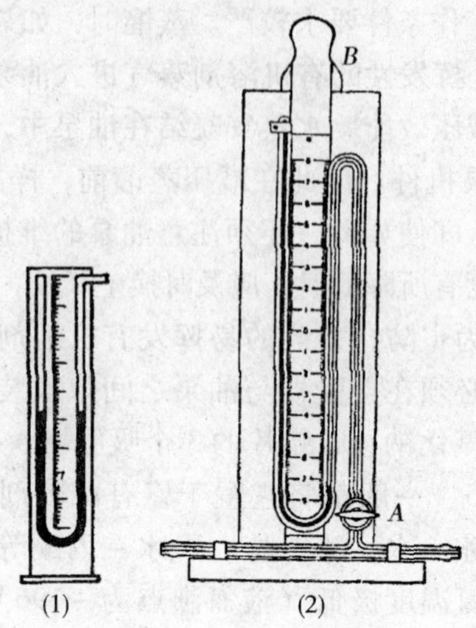

图 2-67　水银压力计

(3) 减压蒸馏操作：当被蒸馏物中含有（或可能含有）低沸点物质时，应先进行普通蒸馏，然后用水泵减压，尽可能除去低沸点物。这样做不仅为了保护油泵，也可使减压蒸馏能顺利进行。因为当用油泵减压时，系统中的压力若已低于低沸点物的饱和蒸气压，就会造成暴沸，使被蒸馏物冲出，而沾污容器。

选择大小合适的克氏蒸馏瓶，使待蒸馏物不超过其容积的 1/2（减压蒸馏时，瓶中液体翻动较剧，放置过多，很易被冲出来）。按图 2-63 装好仪器，旋转二通活塞 G 使系统与大气相通，开动油泵抽气（如用水泵应开至最大流量）。逐渐关闭 G，观察毛细管 C 是否连续平稳地产生小气泡，若无气泡，表示毛细管已堵住，需小心打开 G，使系统与大气相通后更换毛细管。若气泡过多过剧，表明毛细管太粗，需逐渐旋紧毛细管上面螺旋夹 D，使产生的气泡小而平稳。然后观察压力计的读数，并与油泵在未连蒸馏系统时的真空度相比较，若相差较大，则表明系统漏气，须仔细检查各部分连接处何处漏气。稍微旋开毛细管螺旋夹 D（防止系统通大气后，液体倒吸入毛细管中），慢慢旋转 G 使系统与大气相通，检查各部分的连接处是否紧密，如有必要可在接头的端部涂少量真空油脂，非磨口处可用熔融的石蜡密封。然后，再次进行减压，开启冷凝水，选用合适的热浴加热（注意：减压蒸馏一定要先减压后加热，否则会导致暴沸）。加热时，克氏蒸馏瓶的圆球部分至少应有 2/3 浸入热浴中。控制馏出速度为每秒 1～2 滴。

在整个蒸馏过程中都要密切注意温度和压力的读数，并及时记录。纯物质的沸点范围一般不超过 1～2℃，但有时因压力有所变化，沸程稍大一点。

若开始时馏出液的沸点比所要收集物质的沸点低，则在蒸至接近预期温度时，应调换接受器。此时，应先移去热源，取下热浴，待稍冷后，稍稍旋松螺旋夹 D（以气泡逸出不致把液体冲出为限），渐渐打开 G 使系统与大气相通，关闭油泵，拆下接受瓶，换另一洁净的接受瓶。然后重复前一操作，即：开泵抽气，通过 G 调节系统内压力，旋转 D 调节毛细管空气流量，加热收集所需馏分。显然，如用多尾接液管，则只要旋转它的位置即可收集不同馏分，免去繁杂的操作。

蒸馏完毕时和蒸馏中断时一样，先移去热源、热浴，稍冷后缓缓解除真空，待系统与大气相通至压力平衡后方可关闭油泵。若未解除真空即关闭油泵，由于系统中压力较低，油泵中的油会倒吸入干燥塔中。也不能在减压情况下骤然拔下橡皮管，从而导致汞柱猛升，冲破压力计，造成系统破裂。

5. 萃取　萃取是有机化学实验中用来提取或纯化有机化合物的常用的重要操作之一。应用萃取可以从液体或固体混合物中提取出所需的物质，也可以用来洗去混合物中少量杂质。通常称前者为“萃取”，称后者为“洗涤”。

（1）基本原理：物质在各种溶剂中的溶解度不同，液 - 液萃取是利用物质在两种不互溶（或微溶）的溶剂中溶解度的不同而达到分离、纯化目的的一种操作。在一定温度下，有机化合物在两溶剂相 A 和 B（往往是有机相和水相）中的浓度 C_A 和 C_B 之比 K 为一常数，即 $C_A/C_B = K$。此即所谓“分配定律”。K 称为“分配系数”，它可近似地看做是此物质在两溶剂中的溶解度之比。

设在 Vml 水中溶解 W_0 g 物质，用 Sml 与水不相溶的有机溶剂萃取。萃取一次后，有机溶剂中溶有（$W_0 - W_1$）g 物质，水中剩下 W_1 g 物质，则：

$$K = \frac{(W_0 - W_1)/S}{W_1/V} \qquad \text{得：} \quad W_1 = W_0 \frac{V/K}{V/K + S}$$

显然，K 愈大（即此物质在有机溶剂中的溶解度与水中溶解度之比愈大），在水相中剩下的 W_1 愈小。但是，除非分配系数 K 很大，只萃取一次不可能将有机物全部从水相中萃取出来。为了提高萃取效率，可以在水溶液中加入一些与溶剂和有机物都不反应的电解质（如氯化钠），利用“盐析效应”可以降低有机物在水相中的溶解度，从而使分配系数 K 变大，提高萃取效率。

当用一定量有机溶剂从水溶液中萃取有机物时，是一次萃取效果好，还是分几次萃取效果好呢？由 $W_1 = W_0 \frac{V/K}{V/K + S}$ 可以类推出分几次萃取后水中的剩余量为：

$$W_n = W_0\left(\frac{V/K}{V/K + S/n}\right)^n$$

例如，100ml 水中溶有正丁酸 4g，在 15℃时用 100ml 苯来萃取，分配系数为 3，经计算可得：

$W_1 = 1.0$（g）　　即可萃取出 3g（萃取率 75%）

$W_2 = 0.65$（g）　　即可萃取出 3.35g（萃取率 83.75%）

$W_3 = 0.5$（g）　　即可萃取出 3.5g（萃取率 87.5%）

$W_4 = 0.43$（g）　　即可萃取出 3.57g（萃取率 89.25%）

$W_5 = 0.38$（g）　　即可萃取出 3.62g 萃取率 90.5%）

$W_6 = 0.35$（g）　　即可萃取出 3.65g（萃取率 91.25%）

所以用同样体积溶剂萃取，分多次萃取比一次萃取效率高。但随着萃取次数的增加，每次萃取所用的溶剂量 S/n 就减少，当 $n > 5$ 时，n 和 S/n 这两项因素几乎抵消，萃取效率增加甚微，计算也证明了这一点。

选择作为萃取剂的有机溶剂时，既要考虑对被萃取物质溶解度大，又要顾及萃取后易于与该物质分离，因此所选溶剂的沸点最好低一点。一般水溶性较小的物质可用石油醚萃取，水溶性较大的物质（极性较大）可用乙醚萃取，水溶性更大的可用乙酸乙酯萃取。由于有机溶剂或多或少溶于水，所以第一次萃取时溶剂的量要比以后几次多一点。

上述的萃取是根据分配定律，用有机溶剂（萃取溶剂）把有机化合物从水相中萃取出来。另外一类萃取则是利用萃取剂能与被萃取物起化学反应，而达到分离的目的。常用的这类萃取剂有5%氢氧化钠、5%碳酸钠或碳酸氢钠水溶液、稀盐酸、稀硫酸和浓硫酸等等。碱性萃取剂可以从有机相中萃取出有机酸或除去溶于有机相中的酸性杂质；酸性萃取剂则可从有机相中萃取出有机碱或除去碱性杂质。浓硫酸则可从饱和烃、卤代烷中除去不饱和烃、醇和醚等。

（2）简单液－液萃取：实验室中常用的萃取仪器是分液漏斗。萃取时所选择的分液漏斗的容积应较萃取溶剂和被萃取溶液体积之和大一倍左右。在操作前，先要检查它的活塞和顶塞与磨口是否匹配。不匹配，操作时会漏液。取出活塞，擦干活塞与磨口，在活塞孔的两边各涂上薄薄一圈润滑脂（切勿涂得太多或使润滑油脂进入活塞孔中，以免沾污萃取液）。塞好活塞并旋转数圈，使润滑脂均匀分布（看上去已透明），然后放入已固定在铁架上的铁圈中。先检查一下活塞是否关好，再分别将含有机化合物的水溶液和萃取溶剂倒入分液漏斗中。萃取溶剂的体积一般为溶液体积的1/3～1/2。塞好顶塞，再旋转一下，以免以后操作时漏液（图2－68）。

取下分液漏斗以右手手掌紧顶住漏斗顶塞并抓住漏斗，左手握住漏斗活塞部分，大拇指和示指握住活塞柄向内使力，中指垫在塞座旁边，无名指和小指在漏斗塞座另一边与中指一起夹住漏斗，左手掌悬空［图2－69（1）］。左手掌不要去顶住活塞小端，以免把活塞顶出。振摇时，将漏斗倾斜，使活塞部分向上，轻轻振摇一下，用左手拇指和示指旋开活塞［图2－70（2）］，以消除漏斗内的压力，或称“放气”。漏斗内压力升高的原因是：经振摇后，有机溶剂挥发成蒸气，此蒸气压加上原来的空气压和饱和水蒸气压已超过了大气压。如不及时放气，塞子就有可能被顶开而造成漏液。在使用易挥发的低沸点溶剂（如乙醚，18℃时饱和蒸气压已超过400mmHg）时，特别要注意这一点。关闭活塞，再重复一次，然后再剧烈振摇、放气，重复2～3次后，有机化合物在两相中的分配已接近达到平衡（图2－70），可将漏斗放回铁圈中静置。待分层清晰后，打开上面顶塞，在分液漏斗下放置一容量合适的锥形瓶，将活塞缓缓旋开，使下层液体放至锥形瓶中。开始时可稍快一点，当分层液面接近活塞时，应稍慢一点。上层液体必须由上面漏斗口倒出，切不可也从活塞放下，以免被残留在漏斗颈中的下层液体沾污。

通常有机层含有所需的产物，因此当上层是有机层时，下面的水层必须放干净。有时在两相间有一点絮状物也可一起放去。若下层是有机层，则放下有机层时切勿带下水滴，如有絮状物让其留在漏斗中。总之，分出的有机层要不带水滴，也没有絮状物，否则会给以后的干燥纯化处理带来很大困难。

经一次萃取后的水溶液，常要用新的萃取溶剂萃取，萃取次数决定于分配系数。一般约萃取3～5次。萃取完毕后将所有萃取液合并，用干燥剂干燥，然后滤去干燥剂，蒸去溶剂。所得到的有机化合物可根据其性质用蒸馏、重结晶等方法纯化。

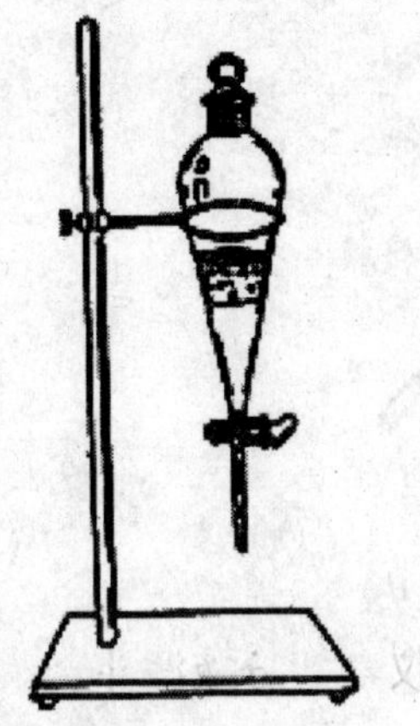

图 2－68　置于铁圈中的分液漏斗

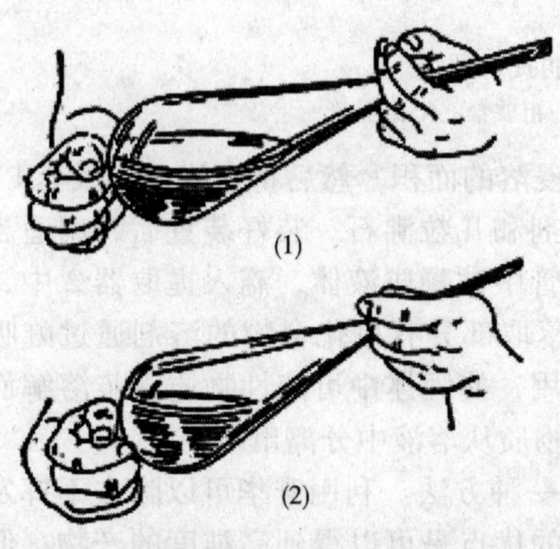

图 2－69　分液漏斗的振摇

图 2－70　萃取逐渐达平衡的示意图

在萃取时，特别当溶液呈碱性时，常常会产生乳化现象；有时由于溶剂互溶或两液相比重相差较小，使两液相很难明显分开；有时还会产生一些絮状的轻质沉淀，夹杂在两液相之间。以上情况都使分离造成困难，用来破坏乳化和去除絮状物的办法有以下几种：①较长时间静置；②加入少量电解质，以增加水的比重，由于盐析效应而使有机化合物在水中溶解度降低，可破坏乳化现象；③若溶液为弱碱性，可加入少量稀酸以破坏乳化现象和絮状物；④有时也可加入少量乙醇或其他第三种溶剂；⑤上述方法无效或效果不好时，也可将两层液相一起过滤。

（3）固体物质的萃取：固体物质的萃取可以用长期浸出法，即将固体物质长期浸泡在某溶剂中，它所含的有机化合物逐渐溶于溶剂而被“浸”出来。这种方法虽然简单，但效率不高，而且耗费的溶剂很多。较好的办法是使用脂肪提取器又称为索氏（Soxhlet）提取器（图 2－71），是利用了溶剂回流和虹吸原理，使固体物质不断为新的纯溶剂所萃取，因而效率较高。

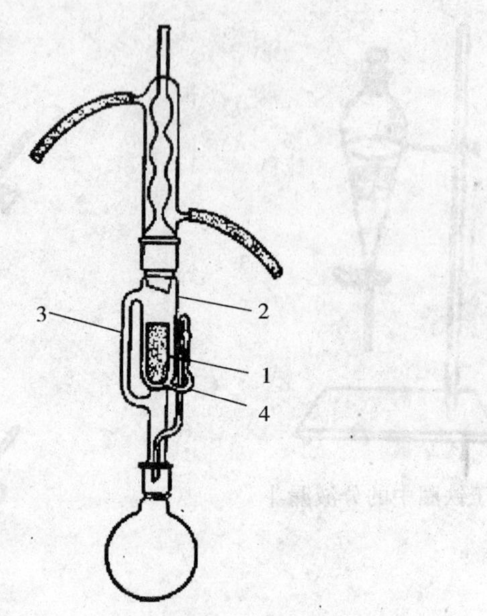

图2－71 脂肪提取器
1. 滤纸套 2. 提取器 3. 粗玻管 4. 虹吸管

萃取前，先将固体物质研细以增加溶剂浸溶的面积，然后将它放在滤纸套1内，置于提取器2中。在圆底烧瓶中放置萃取溶剂和几粒沸石，装好装置后，用适当热浴加热。溶剂蒸气通过玻管3上升，在冷凝管中被凝成液体，滴入提取器2中，当2中液面上升到超过虹吸管4的顶端时，已萃取部分有机化合物的溶剂通过虹吸而流回烧瓶。这样，利用回流、溶解和虹吸作用，使固体中可溶性物质逐步溶解而富集到烧瓶中。最后再用其他方法将萃取到的物质从溶液中分离出来。

6. 升华 升华是纯化固体有机化合物的一种方法。利用升华可以除去不挥发的杂质或分离挥发度不同的固体物质，其突出的优点是可以得到高纯度的产物。但它的局限性较大，只有在熔点温度以下蒸气压相当高（高于20mmHg）的固体物质才可用升华法来提纯。升华的操作时间较长，损失也较大。通常实验室中仅用升华来提纯少量（1～2g以下）的固态物质。

（1）基本原理：升华是指物质自固态不经过液态而直接转变成蒸气的现象。然而对固体有机化合物的提纯来说，不管物质蒸气是由液态还是由固态产生的，重要的是使物质蒸气不经过液态而直接转变成固态，从而得到高纯度的物质，这种操作都称为升华。一般说来，结构上对称性较高的物质具有较高的熔点，且在熔点温度时具有较高的蒸气压，易于用升华来提纯。

图2－72是物质三相平衡图，从此图可看出应当怎样来控制升华的条件。图中曲线ST表示固相与气相平衡时固体的蒸气压曲线。TW是液相与气相平衡时液体的蒸气压曲线。T、V是固液两相平衡时的温度和压力。三曲线相交于T。T为三相点，在此点，固、液、气三相同时并存。三相点与物质的熔点（在大气压下固液两相平衡时的温度）相差很小，常只有几分之一度。

在三相点温度以下，物质只有固、气两相。升高温度，固态直接转变成蒸气；降低温度，气相直接转变成固相，这就是升华。因此，凡是在三相点以下具有较高蒸气压的固态物质都可以在三相点温度以下进行升华提纯。例如樟脑的三相点温度是179℃，蒸气压为370mmHg，只要缓缓加热，使温度维持在179℃以下，它可不经熔化而直接蒸发，蒸气遇到冷的表面即凝成固体，达到纯化的目的。

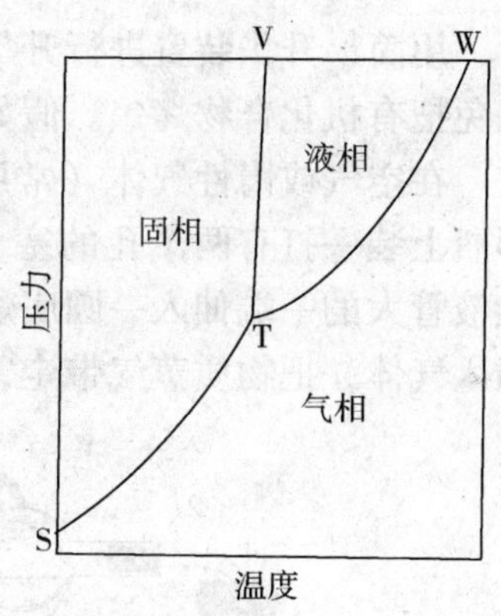

图2－72　物质三相平衡图

有些物质在三相点时的平衡蒸气压较低，例如萘在熔点80℃时的蒸气压为7mmHg，使用一般升华方法不能得到满意的结果。这时可将萘加热至熔点以上，使其具有较高蒸气压，同时通入空气或惰性气体，促使蒸发速度加快，并可降低萘的分压，使蒸气不经过液态而直接凝成固态。此外，亦可采取减压升华的办法来纯化。

（2）实验操作

①常压升华：最简单的升华装置如图2－73所示，其中（1）是将样品置于烧杯中，上面放一蒸馏瓶，里面通冷水冷却。烧杯下用热源加热，样品升华后即凝结在烧瓶底部。图2－73（2）是将待升华的物质置于蒸发皿上，上面覆盖一张滤纸，用针在滤纸上穿许多小孔。滤纸上倒置一大小合适的玻璃漏斗，漏斗颈部松松地塞一些玻璃毛或棉花，以减少蒸气外逸。为使加热均匀，蒸发皿宜放在铁圈上，下面用石棉网小火加热（蒸发皿与石棉网之间宜隔开几毫米）。样品开始升华，上升蒸气凝结在滤纸背面，或穿过滤纸孔，凝结在滤纸上面。必要时，漏斗壁上可以用湿布冷却，但切勿弄湿滤纸。升华结束时，先移去热源，稍冷后，小心拿下漏斗，轻轻揭开滤纸，将凝结在滤纸正反两面的晶体刮到干净表面皿上。

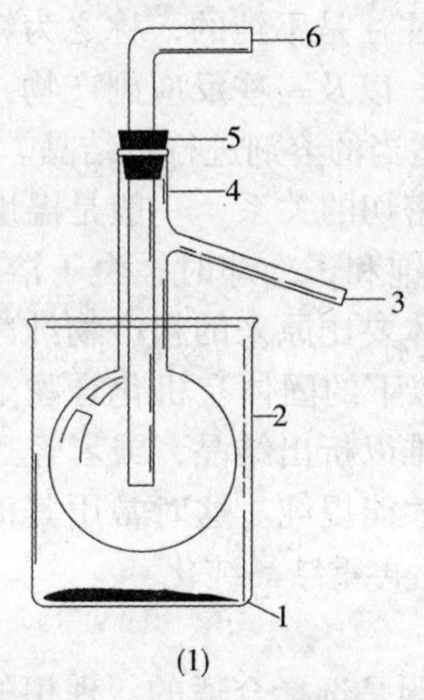

(1)

1. 样品　2. 烧杯　3. 通下水道
4. 蒸馏瓶　5. 橡皮塞　6. 冷凝水入口

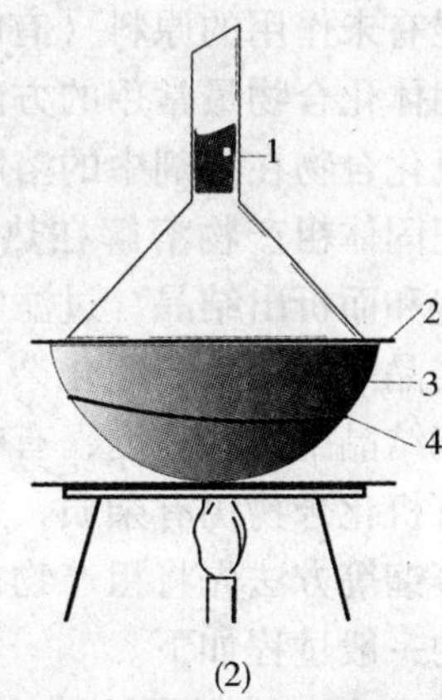

(2)

1. 棉花或玻璃毛　2. 多孔滤纸
3. 蒸发皿　4. 铁圈

图2－73　简易升华装置

用简易升华装置进行升华，操作的关键是控制加热。用煤气灯加热时，火要小，以免把有机化合物烤焦。假如采用空气浴、砂浴或油浴为热源，则效果较好。

在空气或惰性气体（常用氮气）流中进行升华最简单的装置见图2-74。在锥形瓶上装一打有两个孔的塞子，一孔插入玻管，以导入气体，另一孔装一接液管。接液管大的一端伸入一圆底烧瓶颈中，烧瓶口塞一点玻璃毛或棉花。开始升华时即通入气体，把物质蒸气带走，凝结在用冷水冷却的烧瓶内壁上。

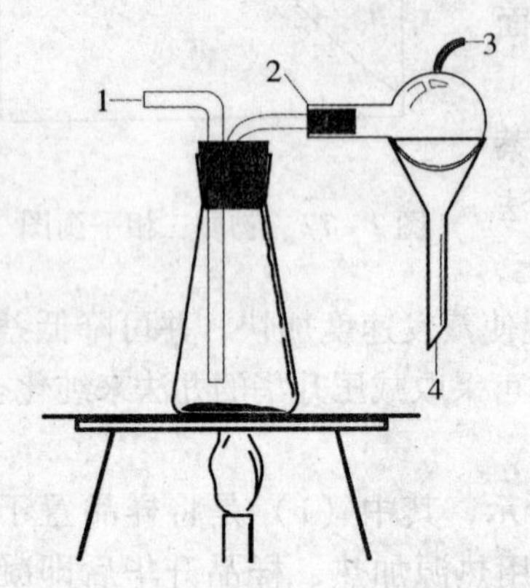

图2-74　通气流下升华的装置

1. 通入空气　2. 玻璃毛
3. 通入冷水　4. 引入下水道

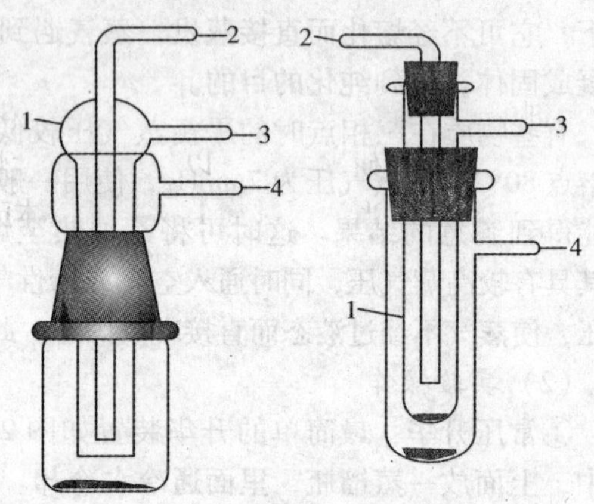

图2-75　减压升华装置

1. 冷凝指　2. 进冷水
3. 引入下水道　4. 接减压泵

(3) 减压升华：图2-75是常用的减压升华装置，可用水泵或油泵减压。在减压下，被升华的物质经加热升华后凝结在冷凝指外壁上。升华结束后应慢慢使体系接通大气，以免空气突然冲入而把冷凝指上的晶体吹落，在取出冷凝指时也要小心轻拿。

7. 重结晶　从化学反应中分离出来的化合物往往是不纯的，称之为粗产物。粗产物中常常混有未作用的原料（有时还有催化剂）以及一些反应副产物，必须加以纯化。提纯固体化合物最常用的方法之一就是用适当的溶剂进行重结晶。

固体有机化合物在溶剂中的溶解度和温度有密切的关系，一般是温度升高溶解度增大。若把固体粗产物溶解在热的溶剂中使之饱和，冷却时，由于溶解度降低，溶液变成过饱和而析出结晶。过滤收集得到的晶体要比原来的粗产物纯净，这就是重结晶。重结晶一般适用于纯化杂质含量在5%以下的固体有机化合物。杂质含量多，常会影响结晶生成的速度，有时变成油状物难以析出结晶，或者经过重结晶后得到的固体有机化合物仍有杂质，须经多步结晶才能提纯。这时常用其他方法如萃取、水蒸气蒸馏等方法先将粗产物初步提纯，然后再重结晶纯化。

重结晶的一般过程如下。

(1) 选择溶剂：进行重结晶的第一个关键问题是选择合适的、理想的溶剂。理想的溶剂应具备下述条件：不与被提纯的物质起化学反应；在较高温度时能溶解较多的被提纯的物质，在室温或更低温度下只能溶解少量（愈少愈好）被提纯物质；对杂质的溶解度很大（使杂质留在母液中不随提纯的晶体一起析出）或很小（在制成热的饱和溶液后，趁热过滤把杂质滤掉）；较易挥发，易与结晶分离除去；能得到较好的结晶。

在几种溶剂同样都合适时，则应根据重结晶的回收率、操作的难易、溶剂的毒性、易燃性、用量和价格等来选择。

常见化合物在溶剂中的溶解度可从手册或辞典的溶解度一栏中查到。若根据手册或辞典仍难确定，或查不到，这时可根据“相似相溶”的规律，把需提纯的化合物的结构与各种溶剂的结构进行比较。例如，含羟基的化合物，若相对分子质量大，一般或多或少溶于水。随碳原子数增加，它虽有羟基，但与水的相似性减少，在水中溶解度降低。由于极性减小，它在非极性溶剂中的溶解度渐渐增大等。

溶剂的最后具体选择，应由实验确定。其方法是：取0.1g待重结晶的固体样品粉末（若成块状应研成粉末，以使溶解速度快些）于一试管中，用滴管逐渐加入溶剂，并不断振荡。当加入溶剂1ml后，固体已全部溶解，或大部分溶解，则此溶剂的溶解度太大，不适用。若基本不溶或大部分未溶，可小心加热混合物直至沸腾（严防溶剂着火！溶剂沸点在100℃以下的，应在热水浴中加热）。若此物质不溶于1ml沸腾溶剂中，可在加热下，再分批加入溶剂，每次加0.5ml，加热至沸。当加入溶剂已达4~5ml（必须确保已达4~5ml，因加热时，溶剂挥发，留下可能少于4ml。这可以事先在试管中加入4~5ml溶剂，在试管外作一记号，以便与以后加入的溶剂数量作比较），此固体仍不溶解，则此溶剂溶解度太小，也不适用。如该物质能溶于1~5ml沸腾的溶剂中，可让试管冷却，使结晶析出，如果结晶不能自行析出，可用玻棒摩擦溶液层中的试管壁，或以冰水冷却使之析出。若结晶仍不能析出，则此溶剂也不适用。如果能析出结晶，还要注意析出的量，并将几个溶剂试验的结果比较，选用结晶和收率较好的溶剂。

当某种物质在一些溶剂中的溶解度太大，而在另一些溶剂中的溶解度太小，不能选择到一种合适的溶剂时，常可使用混合溶剂。

（2）溶解：将待重结晶的物质置于锥形瓶中，加入较需要量（根据查得的溶解度数据，或溶解度试验所得的结果而估计的量）稍少的适当溶剂，加热到沸腾。若未完全溶解，应沸腾一会再观察，因为有的化合物溶解速度较慢。若沸腾一会，瓶中仍有固体，或有油状物存在（不少有机化合物在溶剂中凝固点会下降，变成油状物，别粗心地以为已经全部溶解了），可分批加入溶剂，并加热至沸，直至该物质全部溶解。这时要注意判断是否有不溶性杂质存在，以免误加过多溶剂。也要防止因溶剂挥发过多，而把待重结晶物质视作不溶性杂质。

在进行以上操作时，若使用易燃溶剂，为防止燃烧和有机蒸气的逸出，应在锥形烧瓶上装置回流冷凝管。添加溶剂可从冷凝管上端加入，并根据溶剂的沸点，选择适当的加热方法。

要使重结晶能得到较高的回收率和较好的产品质量，溶剂的用量是一个关键。从减少溶解损失来讲，溶剂应尽可能用得少些，避免过量。从操作容易来讲，溶剂又必须过量。因为当溶液中含有有色杂质时须用活性炭脱色，它会吸去一些溶剂；热过滤时，溶剂也会挥发一部分，而且溶剂的温度略有降低，因溶解度减少而使结晶析出，给操作带来很大麻烦，因此要根据这两方面的得失权衡溶剂用量。一般常量操作（用几十毫升溶剂）时溶剂过量10%~20%。

（3）活性炭脱色：由于化学反应比较复杂，常常会产生一些相对分子质量较大的有色杂质。粗制的固体化合物若含有有色杂质，在重结晶时，杂质虽可以溶解于沸腾的溶剂中，但当冷却晶体析出时，部分杂质还会被结晶吸附，使产物颜色较深。有时在溶液中会存在某些树脂状物质或其他不溶的杂质微粒呈均匀悬浮体，使溶液浑浊，过滤困难，或用一般过滤方法难以除去。在有以上情况发生时，就要用活性炭处理。

使用活性炭时，须先将要脱色处理的化合物溶液稍冷却，（若将活性炭加到沸腾的溶液中，会造成暴沸使溶液冲出容器，千万小心！）然后加入活性炭。活性炭的用量视杂质多少、溶液颜色深浅而定，一般为干燥粗产品重量的1%～5%。活性炭也会吸附一部分产品，故用量不宜太多。若发现经脱色后的溶液颜色仍较深，可再用活性炭处理一次。为了使活性炭充分吸附有色物质，加入活性炭后应煮沸5～10min，然后趁热过滤。

当然，若粗产物溶于溶剂后成为透明、颜色较浅的溶液，则可不必用活性炭处理。

（4）趁热过滤：固体粗产物溶于热的溶剂中，经活性炭脱色后，要进行过滤以除去吸附了有色杂质等的活性炭和不溶解的固体杂质。为了避免在过滤时溶液冷却，结晶析出，造成操作困难和损失，必须使过滤操作尽可能快地完成，同时也要设法保持被滤液体的温度，使它尽可能冷得慢点。

热过滤时，折叠滤纸应妥帖地放置在玻璃漏斗中，滤纸向外凸出的棱边紧贴漏斗壁。过滤即将开始前，先用少量热溶剂湿润滤纸，以免干滤纸吸附溶剂中的溶剂而使晶体析出堵住滤纸孔。漏斗下用锥形瓶接受（仅在用水作溶剂时才能用烧杯接受），并使漏斗颈贴住瓶颈壁，这样漏斗脚中不易因晶体析出而堵住。将待过滤的溶液沿玻棒小心倒入漏斗中的折叠滤纸内，用少量热溶剂洗一下滤纸，把在滤纸上析出的少量结晶溶洗下去，若滤纸上结晶较多，须用刮刀将结晶刮回原来瓶中，再用适量溶剂溶解过滤。滤毕后，把盛溶液的锥形瓶用洁净的软木塞塞住，放置冷却待结晶析出。

（5）结晶：将盛有滤液的锥形瓶置于冷水浴中迅速冷却并剧烈搅动时，可以得到颗粒很小的晶体。小晶体包含杂质少，但表面积大，吸附在其表面的杂质较多，过滤时用少量洁净溶剂洗涤损失也较多。在化学实验中常希望得到较大而均匀的晶体，为此可将滤液（如在滤液中已析出晶体，可加热使之溶解）在室温或保温下静置，使其缓缓冷却。

若溶解已冷却而过饱和，仍未析出晶体，可用玻棒摩擦器壁，以形成粗糙面，溶质分子呈定向排列形成晶体在粗糙面上较光滑面容易。最好是投入一粒同一物质的晶体作为晶种，以供给晶核，使晶体迅速生成。如果没有该物质的晶体，可用玻棒蘸一些溶液，稍干后就会析出晶体。

在重结晶过程中可能出现难解决的问题是被纯化物质呈油状物析出。杂质（特别是有色杂质）的结构比较复杂，在油状物中的溶解度比在结构相应简单得多的溶剂中溶解度大得多，富集在油状物中，油状物中还包含一部分母液。因此当油状物长期静置或足够冷却后，虽也可以固化，但这样生成的固体含有较多杂质，颜色较深，纯度不高，甚至有时根本未起到纯化的作用。

生成油状物的原因之一是制成热的饱和溶液的温度比被提纯物质的熔点高。有时即使其温度与被提纯物质熔点相仿，由于杂质、溶剂的影响使被提纯物质的凝固点降低，所以制成饱和溶液的温度必须控制在其熔点之下。如邻硝基苯酚熔点为45℃，制成它的饱和溶液的温度宜在40℃左右，以避免油状物出现。

出现了油状物后用大量溶剂稀释，虽可防止油状物生成，但将使产物损失很多。较好的办法是：将析出油状物的溶液加热重新溶解，然后快速冷却，同时剧烈搅拌，使溶质在均匀分散的情况下迅速固化。这样包含的母液大为减少，一旦溶质固化，杂质来不及溶于其中并一起固化，大部分留在母液中，这样可以得到较纯的物质。另一个办法是当油状物生成以后，用滴管吸出。这时由于大部分杂质溶于油状物中，溶液中杂质相应减少很多，再加入晶种常可得到较好的结晶。若吸出的油状物很少可丢弃，若较多，可溶于过滤了样品的母液中再处理。以上所介绍的都是“应急”的办法，最好是选择适宜的溶剂以避免出现油状物。

若被提纯物质于选定的溶剂中在室温时溶解度较大，这时可将锥形瓶置于冰水浴中冷却，以使结晶完全，减少损失。

(6) 抽气过滤：在常量操作时（一般在几克以上），把结晶从母液中分离出来的常用办法是用布氏漏斗抽气过滤。

抽滤后所得母液若有较大量有机溶剂，一般应蒸馏回收，或合并后蒸馏回收，既节约又免得倒入水槽污染环境。如母液中溶解物质较多，不容忽视，可将母液适当浓缩，回收得到一部分晶体。但其纯度往往较低，须测熔点后再作决定是否可直接使用，或需进一步提纯。

(7) 结晶的干燥：重结晶后的产物须干燥后才可供测熔点。在进行定性、定量分析以及波谱分析之前也必须将其干燥，以免影响鉴定。计算产率也必须用干燥样品的重量，固体样品干燥的方法通常有以下几种。

①空气晾干：将抽干的晶体转移到表面皿上，均匀地铺开，上盖一张滤纸以免灰尘沾染，然后在室温下放置。若溶剂易挥发，一两天即可干燥，若用水重结晶，常需几天后才能干燥。

②置于干燥器中干燥。

③烘干：一些对热稳定的化合物可以在低于其熔点的温度下用红外线灯、蒸气浴或烘箱等烘干。因存在一些溶剂，晶体可能在较其熔点低的温度下熔融，所以必须十分注意控制温度，并经常翻动晶体。

8. 干燥和干燥剂的使用　化合物在进行波谱分析或定性、定量化学分析之前以及固体化合物在测定熔点前，都必须使它完全干燥，否则将会影响结果的准确性。液体有机化合物在蒸馏前也常常要先行干燥以除去水分，这样可以使液体沸点以前的馏分大大减少；有时也是为了破坏某些液体有机化合物与水生成的共沸混合物。另外很多有机化学反应需要在“绝对”无水条件下进行，不但所有的原料及溶剂要干燥，而且尚要防止空气潮气侵入反应器。因此在有机化学实验中，试剂和产品的干燥具有十分重要的意义。

(1) 基本原理：干燥方法大致可分为物理法和化学法两种。物理法有吸附、分馏、利用共沸蒸馏将水分带走等方法。近年来还常用离子交换树脂和分子筛等进行脱水干燥。离子交换树脂是一种不溶于水、酸、碱和有机物的高分子聚合物。如苯磺酸钾型阳离子交换树脂是由苯乙烯和二乙烯基苯共聚合后经磺化、中和等处理的细圆珠状粒子，内有很多空隙，可以吸附水分子。如果将其加热至150℃以上，被吸附的水分子又将释出。分子筛是多水硅铝酸盐的晶体，晶体内部有许多孔径大小均一的孔道和占本身体积一半左右的许多孔穴，它允许小分子"躲"进去，从而达到将不同大小的分子"筛分"的目的。例如，4A型分子筛是一种硅铝酸钠，微孔的表观直径约为4.2埃，能吸附直径4埃的分子；5A型的是硅铝酸钙钠，微孔表观直径为5埃，能吸附5埃的分子（水分子的直径约为3埃，最小的有机分子CH_4的直径为4.9埃）。吸附水分子后的分子筛可经加热至350℃以上进行解吸后重新使用。化学法是以干燥剂来进行去水，其去水作用又可分为两类：①能与水可逆地结合生成水合物，如氯化钙、硫酸镁等；②与水发生不可逆的化学反应而生成一个新的化合物，如金属钠、五氧化二磷。目前实验室中应用最广泛的是第一类干燥剂，下面以无水硫酸镁为例讨论这类干燥剂的作用。

若在装有压力计的真空容器中，放置一定量的无水硫酸镁，保持室温25℃，缓缓加入水分，结果得到不同的水蒸气压力。这些结果可以用蒸气压－摩尔组成图来表示（图2－76）。A点为起始状态，当加入水后，水蒸气压力沿AB直线上升至B点，此时开始有硫酸镁－水合物（$MgSO_4 \cdot H_2O$）生成。在此体系中如再加入水，压力沿BC可保持不变。一直到无水硫酸镁全部转变为硫酸镁－水合物为止。这种转变在C点开始形成硫酸镁二水合物（$MgSO_4 \cdot 2H_2O$）。此时存在着两种固相（$MgSO_4 \cdot H_2O$和$MgSO_4 \cdot 2H_2O$）间的平衡，压力保持恒定，直至硫酸镁－水合物全部转变为二水合物（E点）为止。依此类推，压力上升至F，开始形成四水合物（$MgSO_4 \cdot 4H_2O$），最后至M点全部形成了七水合物（$MgSO_4 \cdot 7H_2O$）。如用七水合物在恒温（25℃）下抽真空渐渐移去水分，也可获得相同的曲线。

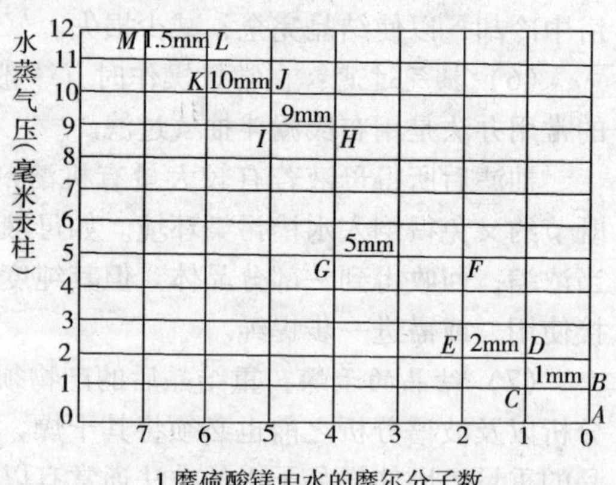

图2－76 含有不同结晶水的硫酸镁的蒸气压图

这些结果可用下面的平衡式来表示：

$$MgSO_4 + H_2O \longleftrightarrow MgSO_4 \cdot H_2O \qquad 1mmHg$$

$$MgSO_4 \cdot H_2O + H_2O \longleftrightarrow MgSO_4 \cdot 2H_2O \qquad 2mmHg$$

$$MgSO_4 \cdot 2H_2O + 2H_2O \longleftrightarrow MgSO_4 \cdot 4H_2O \qquad 5mmHg$$

$$MgSO_4 \cdot 4H_2O + H_2O \longleftrightarrow MgSO_4 \cdot 5H_2O \qquad 9mmHg$$

$$MgSO_4 \cdot 5H_2O + H_2O \longleftrightarrow MgSO_4 \cdot 6H_2O \qquad 10mmHg$$

$$MgSO_4 \cdot 6H_2O + H_2O \longleftrightarrow MgSO_4 \cdot 7H_2O \qquad 11.5mmHg$$

由上式可知，所谓1mmHg的压力是指在25℃时硫酸镁－水合物和无水硫酸镁存在平衡时的压力，它与两者的相对量没有关系。当温度在50℃时，上述体系的平衡水蒸气压力就要上升。

从上面所述可以看出应用这类干燥剂的一些特点。例如，用无水硫酸镁来干燥含水的有机液体时，无论加入多少量的无水硫酸镁，在25℃时所能达到的最低水蒸气压力为1mmHg，也就是说全部除去水分是不可能的。如加入的量过多，将会使有机液体的吸附损失增多；如加入的量不足，不能达到一水合物，则其蒸气压力就要比1mmHg高。这说明了在萃取时为什么一定要将水层尽可能分离除净，在蒸馏时为什么会有沸点前的馏分。通常这类干燥剂成为水合物需要一定的平衡时间，这就是液体有机物进行干燥时为什么要放置较久的道理。因为它吸收水分是可逆的，温度升高时蒸气压亦升高，因此液体有机物在进行蒸馏以前，必须将这类干燥剂滤除。

(2) 液体有机化合物的干燥

①干燥剂的选择：液体有机化合物的干燥，通常是将干燥剂直接与之接触，因而所用的干燥剂必须不与该物质发生化学反应或催化作用，不溶解于该液体中。例如，酸性物质不能用碱性干燥剂，而碱性物质不能用酸性干燥剂，有的干燥剂能与某些被干燥的物质生成络合物。如氯化钙易与醇类、胺类形成络合物，因而不能用来干燥这些液体。强碱性干燥剂如氧化钙、氢氧化钠能催化某些醛类或酮类发生缩合、自动氧化等反应，也能使酯类或酰胺类发生水解反应，氢氧化钾（钠）还能显著地溶解于低级醇中。

在使用干燥剂时，还要考虑干燥剂的吸水容量的干燥效能。吸水容量是指单位重量干燥剂所吸的水量；干燥效能是指达到平衡时液体干燥的程度，对于形成水合物的无机盐干燥剂，常用吸水后结晶水的蒸气压来表示。例如，硫酸钠形成10个结晶水的水合物，其吸水容量达1.25。氯化钙最多能形成6个结晶水的水合物，其吸水容量为0.97。两者在25℃时水蒸气压分别为1.92及0.30mmHg。因此，硫酸钠的吸水量较大，但干燥效能弱；而氯化钙的吸水量较小，但干燥效能强。所以在干燥含水量较多而又不易干燥的（含有亲水性基团）化合物时，常先用吸水量较大的干燥剂除去大部分水分，然后再用干燥效能强的干燥剂干燥。

此外选择干燥剂还要考虑干燥速度和价格。

②干燥剂的用量：以最常用的乙醚和苯两种溶液作为例子。水在乙醚中的溶解度在室温时约为1%～1.5%，如用无水氯化钙来干燥100ml含水的乙醚，假定无水氯化钙全部转变为六水合物，这时的吸水容量是0.97，即1g无水氯化钙大约可吸去0.97g水，因此无水氯化钙的理论用量至少要1g，但实际上远较1g多。这是因为萃取时，在乙醚层中的水分不可能完全分净，其中还有悬浮的微细水滴。另外达到高水合物需要的时间很长，往往不能达到它应有的吸水量，因而干燥剂的实际用量是大大过量的。例如，100ml含水乙醚常需用7～10g无水氯化钙。水在苯中的溶解度极小约（0.05%），理论上讲只要很少量的干燥剂。由于上面的一些原因，实际用量还是比较多的，但可少于干燥乙醚时的用量。干燥其他的液体有机物时，可从溶解度手册查出水在其中的溶解度（若不能查到水的溶解度，则可从它在水中的溶解度来推测，难溶于水者，水在它里面的溶解度亦不会大），或根据它的结构（在极性有机物中水的溶解度较大）来估计干燥剂的用量。一般对于含亲水性基团的

(如醇、醚、胺等)化合物，所用的干燥剂过量要多些；不含亲水性基团的化合物(如烃和卤代烃等)可过量少些。由于干燥剂也能吸附一部分液体，所以干燥剂的用量要控制得严些。必要时，宁可先加入一些干燥剂静置一段时间，过滤后再加入新的干燥剂；或先用吸水量大的干燥剂干燥，过滤后再用干燥效能强的干燥剂。一般干燥剂的用量为每10ml液体约需0.5～1g。但由于液体中的水分含量不等，干燥剂的质量不同，干燥剂的颗粒大小和干燥时的温度不同以及干燥剂也可能吸收一些副产物(如氯化钙吸收醇)等等，因此很难规定具体的数量，上述数字仅供参考，操作者应细心地积累这方面的经验。

③实验操作：在干燥前应将被干燥液体中的水分尽可能分离干净，不应有任何可见的水层。将该液体置于锥形瓶中，用药匙取适量的干燥剂直接放入液体中(干燥剂的颗粒大小要适宜，太大时吸水很慢，且干燥剂内部不起作用；太小时表面积太大，吸附有机物较多)，用木塞塞紧，振摇片刻。如果发现干燥剂附着瓶壁互相粘结，通常是表示干燥剂不够，应继续添加；如果在有机液体中存在较多的水分，这时常有可能出现少量的水层(如在用氯化钙干燥时)，必须将此水层分去或用吸管将水层吸去，再加入一些新的干燥剂。放置一段时间(至少半小时，最好放置过夜)，并时时加以振摇。有时在干燥前液体呈浑浊，经干燥后变为澄清，这可以简单地作为水分已基本除去的标志。但是液体的澄清并不一定说明已不含水分，澄清与否和水在该化合物中的溶解度有关。然后将已干燥的液体通过置有折叠滤纸的漏斗直接滤入蒸馏瓶进行蒸馏。对于某些干燥剂如金属钠、石灰、五氧化二磷等，由于它们和水反应后生成比较稳定的产物，有时可不必过滤而直接进行蒸馏。

利用分馏或利用二元或三元共沸混合物来除去水分属于物理方法。对于不与水生成共沸混合物的液体有机物，例如甲醇和水的混合物，由于沸点相差较大，用精密分馏柱就可完全分开。有时利用某些有机物可与水形成共沸混合物的特性，向待干燥的有机物中加入另一有机物，利用此有机物与水形成最低共沸点的性质，在蒸馏时逐渐将水带出，从而达到干燥的目的。例如，工业上制备无水乙醇的方法之一就是将苯加入95%乙醇溶液中进行共沸蒸馏。近年来在工业生产中多应用离子交换树脂脱水以制备无水乙醇。

(3) 固体有机化合物的干燥：在重结晶一节中已谈到了一些关于结晶的干燥方法，此处再介绍一下干燥器及干燥时应注意的事项。

①普通干燥器(图2－77)：盖与缸身之间的平面经过磨砂，在磨砂处涂以润滑脂，使之密闭。缸中有多孔瓷板，瓷板下面放置干燥剂，上面放置盛有待干燥样品的表面皿等。

②真空干燥器(图2－78)：它的干燥效率较普通干燥器好。真空干燥器上有玻璃活塞，用以抽真空，活塞下端呈弯钩状，口向上，防止在通向大气时，因空气流入太快将固体冲散。最好另用一表面皿覆盖盛有样品的表面皿。在水泵抽气过程中，干燥器外围最好能以金属丝(或用布)围住，以保安全。

使用的干燥剂应按样品所含的溶剂来选择。例如，五氧化二磷可吸水；生石灰可吸水或酸；无水氯化钙吸收水和醇；氢氧化钠吸收水和酸；石蜡片可吸收乙醚、三氯甲烷、四氯化碳、苯等。有时在干燥器中同时放置两种干燥剂，如在底部放浓硫酸，另用浅的器皿盛氢氧化钠放在瓷板上，这样来吸收水和酸，效率更高。

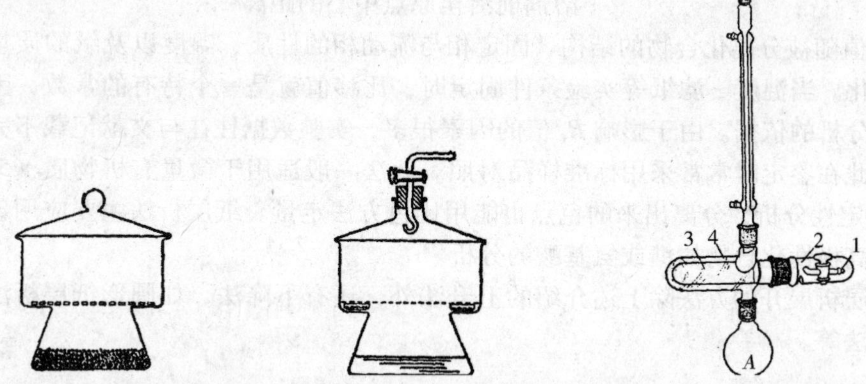

图2-77 普通干燥器　　图2-78 真空干燥器　　图2-79 真空恒温干燥器

③真空恒温干燥器（图2-79）：此设备适用于少量物质的干燥（若所需干燥物质，数量较大时可用真空恒温干燥箱），在2中放置五氧化二磷。将待干燥的样品置于3中，烧瓶A中放置有机液体，其沸点须与欲干燥温度接近，通过活塞1将仪器抽真空，加热回流烧瓶A中的液体，利用蒸气加热外套4，从而使样品在恒定温度下得到干燥。

9. 层析法 纯化有机反应粗产物的经典方法有重结晶、蒸馏、萃取和升华等，这在前面已进行了详细讨论。在实验操作中应用这些经典的纯化法常常会遇到两个问题：首先要求待分离的混合物具有一定的数量；其次当混合物中含有溶解度和沸点非常相似的两个或两个以上组分时，很难达到预期的分离纯化目的。本节将要介绍的层析法（色谱法）就可避免上述操作的不足之处。目前层析法在有机化学实验中已不仅用于混合物的分离和纯化，而且广泛用来鉴定产物的纯度、跟踪反应以及对产物进行定性和定量分析，因而层析法已成为近代实验中极为重要的操作技术。

层析法分离的基本原理，是利用混合物各组分在固定相和流动相中分配平衡常数的差异。简单地说，当流动相流经固定相时，由于固定相对各组分的吸附或溶解性能的不同，使吸附力较弱或溶解度较小的组分在固定相中移动速度较快，在多次反复平衡过程中导致各组分在固定相中形成了分离的“色带”，从而得到了分离。

根据分离过程的原理，层析法可分为吸附层析、分配层析、离子交换层析和凝胶渗透层析。按照操作方式的不同，层析法还可分为柱层析、薄层层析、纸层析、气相色谱和高压液相色谱等，在此将讨论纸层析。

纸层析（纸色谱）属于分配色谱的一种，通常用特制的滤纸作为固定相水的支持剂，流动相则是含有一定比例水的有机溶剂，通常称为展开剂。

纸层析的一般操作如图2-80，先将层析滤纸在展开剂蒸气中放置过夜，在滤纸一端2~3cm处用铅笔划好起点线，然后将要分离的样品溶液用毛细管点在起点线上，待样品溶剂挥发后，将滤纸的另一端悬挂在展开槽的玻璃勾上，使滤纸下端与展开剂接触，展开剂由于毛细管作用沿纸条上升，当展开剂前沿接近滤纸上端时，将滤纸取出，记下溶剂前沿位置，晾干。若被分离物中各组分是有色的，滤纸条上就有各种颜色的斑点显出，如图2－81。按下式计算化合物的比移值 R_f。

$$R_f = \frac{\text{溶质最高浓度中心至原点中心的距离}}{\text{溶剂前沿至原点中心的距离}}$$

R_f 值随被分离化合物的结构、固定相与流动相的性质、温度以及纸的质量等因素而变化。当温度、滤纸等实验条件固定时，比移值就是一个特有的常数，因而可作定性分析的依据。由于影响 R_f 值的因素很多，实验数据往往与文献记载不完全相同，因此在鉴定时常常采用标准样品对照。此法一般适用于微量有机物质（5～500 μg）的定性分析，分离出来的色点也能用比色方法定量。纸层析法主要应用于多官能团或高极性化合物如糖或氨基酸的分析。

纸层析展开的方法除上述介绍的上升法外，还有下降法，如圆形纸层析法和双向层析法等。

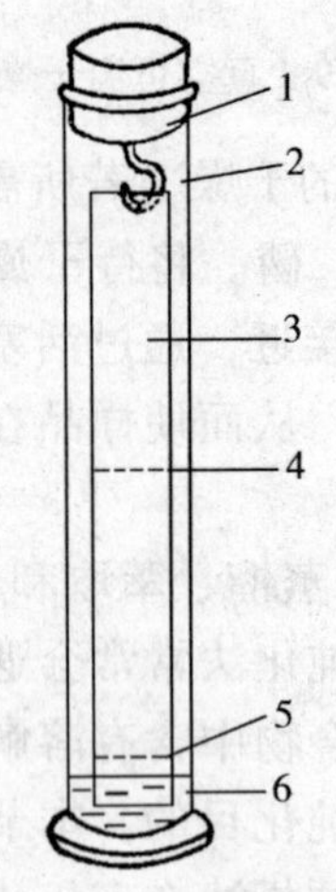

图2－80 纸色谱装置

1. 橡皮塞 2. 玻璃勾 3. 纸条
4. 溶剂前沿 5. 起点线 6. 溶剂

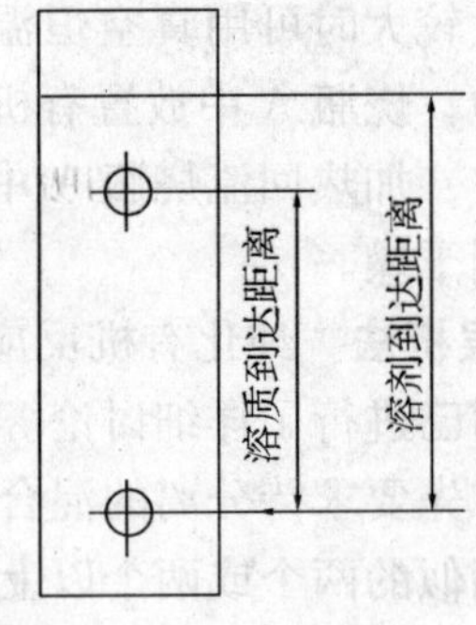

图2－81 纸色谱展开图

分离无色的混合物时，通常将展开后的滤纸风干后，置于紫外灯下观察是否有荧光，或者根据化合物的性质，喷上显色剂，观察斑点位置。

十一、酸度计的使用

酸度计的类型很多，下面以 pHS－3C pH 计为例介绍酸度计的使用。

1. 准备工作

（1）插上电源，按下电源开关，仪器预热约30min。

（2）将电极在去离子水或蒸馏水中搅动洗净，用滤纸吸干。旋下插座护罩，将 pH 电极插入插座，将已配制的标准缓冲液分别倒入烧杯。

2. 仪器标定

（1）调节温度补偿旋钮，使旋钮白线与待测溶液温度值相符。

（2）插上电极，按下 pH 键，调节斜率旋钮至100%位置。

（3）将 pH 复合电极浸入标准缓冲溶液（pH≈6.86）中，轻轻摇动溶液，使溶液均匀，调节定位旋钮，使仪器稳定显示该缓冲溶液在此温度下的 pH。

3. pH 测量

（1）用蒸馏水清洗电极，并用滤纸吸干电极上的水。

（2）将电极浸入被测溶液，轻轻摇动溶液，使溶液均匀，待显示值稳定后，显示值即为该被测溶液的 pH。

4. 实验结束　断开电源，清洗并用蒸馏水浸泡电极，供下次使用。

十二、紫外－可见分光光度计的使用

紫外－可见分光光度计的类型很多，下面以 721 型可见分光光度计为例作介绍。

（1）开仪器的电源开关，打开吸收池暗盒盖，调“0”透光率调节钮使表头指针指透光率 0 处，预热 20min。

（2）调波长调节钮至所需波长处。

（3）调灵敏度调节钮至适当的灵敏度档。

（4）将盛有空白溶液的吸收池置于光路中，打开吸收池暗合盖，调“0”透光率调节钮使指针指透光率 0 处；然后，盖上吸收池暗合盖，调“100%”透光率调节钮使指针指透光率 100 处。重复以上操作，直至重现性较好为止。

（5）将盛有待测液的吸收池放于吸收池座，盖上吸收池暗合盖，推动吸收池座拉杆，依次将待测液推入光路，此时表头示值即为所测溶液的吸光度（或透光率）。

（6）测量完毕，关闭电源开关，取出吸收池，洗净后放回原处，将干燥包置于吸收池暗盒。

第三章　化学基础实验

实验一　化学实验基本操作训练

一、化学实验基本操作训练

【实验目的】

训练下列基本操作：托盘天平的使用；仪器洗涤；在试管中加热液体；量筒的使用；试剂的取用；沉淀的过滤和洗涤；洗液的配制；酒精灯的使用。

【实验原理】

预习托盘天平的使用；仪器洗涤；常用的加热操作；沉淀的过滤和洗涤；酒精灯和酒精喷灯的使用等内容。

【仪器和试剂】

1. 仪器　托盘天平、试管、试管夹、量筒、烧杯、玻璃漏斗、酒精灯。

2. 试剂　重铬酸钾（固）、硫酸（浓，1mol/L）；醋酸铅（0.1mol/L）$CuSO_4 \cdot 5H_2O$（固体）。

3. 其他　滤纸、玻棒、火柴。

【实验步骤】

1. 仪器洗涤　将领到的一部分仪器洗涤干净。

2. 加热　在试管中分别加热液体和固体（参见常用的加热操作中的"直接加热试管中的液体"）。

（1）在试管中盛约占其高度的三分之一的蒸馏水，使用试管夹，在酒精灯上加热至沸腾。

（2）正确取少量 $CuSO_4 \cdot 5H_2O$ 于干燥试管中，加热观察颜色变化，冷却后，往试管中滴加几滴蒸馏水，观察颜色变化，并用手摸摸试管，感觉如何？

3. 量筒的使用　用量筒量 2ml 水，倒入 1 支试管中，注意液体的高度约占试管的几分之几（以后的实验中不用量筒或量杯时，便可根据此经验估计所取的液体试剂的体积）。用同法量取 3ml 和 5ml 水各 1 次。

4. 洗液的配制　称取 5g 重铬酸钾（使用干燥的表面皿，置于 250ml 的烧杯中，加 5ml 水使其溶解，然后缓慢加入 100ml 浓硫酸，溶液温度将达约 80℃，待其冷却后，贮存在磨口玻璃塞的细口瓶内。

5. 沉淀的过滤和洗涤　取0.1 mol/L $Pb(Ac)_2$ 20ml，倒入小烧杯中，逐滴滴入1mol/LH_2SO_4 2ml，同时不断用玻璃棒搅拌，观察白色沉淀的析出。待沉淀分层后，用倾泻法（又称倾析法）过滤沉淀，用倾泻法洗涤沉淀两次（每次用蒸馏水10ml），然后进行常压过滤（注意：过滤时，应先将上层清液移至漏斗中过滤，然后将$PbSO_4$固体沉淀转移到滤纸上，再由洗瓶吹出少量水洗涤沉淀，观察滤液是否澄清）。

6. 使用酒精灯的规则

（1）只能用火柴或燃着的木条点燃酒精灯，切勿用燃着的酒精灯去点燃另一盏灯，以防酒精倾出起火。

（2）熄灭酒精灯时，要用灯帽来盖灭，切勿用嘴吹。

（3）酒精灯不用时应随即熄灭，以节省酒精，盖上灯帽，以防灯芯吸水，否则再使用时不易点燃。

（4）长时间使用及在石棉网下加热时，灯壶口端发热。因此灯熄灭后可暂将灯帽拿开，待冷却后再盖上，以防冷灯帽使酒精蒸气冷凝而导致灯壶口炸裂。

（5）当酒精溢出而着火时，由于酒精是水溶性的，可用水扑灭。

【思考题】

1. 为什么要洗涤实验用的仪器？如何洗涤？
2. 在试管中加热液体时，应注意哪几点？
3. 怎样从试剂瓶中取用液体试剂？
4. 倾泻法和常压过滤操作怎样进行？应注意哪些事项？
5. 什么叫做倾（析）过滤和倾泻（析）洗涤？它们各有什么优点？
6. 使用酒精灯时，应注意哪些事项？

二、结晶与重结晶

【实验目的】

1. 掌握重结晶及选择溶剂的原理和方法。
2. 熟悉减压过滤的基本操作。

【实验原理】

有机化学反应得到的粗产品往往含有为反应的原料、副产物及杂质，要得到较纯的产品，必须将粗产品加以分离纯化。提纯固体化合物最常用的方法之一就是重结晶。

固体有机化合物在溶剂中的溶解度和温度有密切的关系，一般是温度升高溶解度增大。若把固体粗产物溶解在热的溶剂中，使之饱和，冷却时，由于溶解度降低，溶液变成过饱和而析出结晶。过滤收集得到的晶体要比原来的粗产物纯净，这就是重结晶。利用溶剂对被提纯化合物及杂质的溶解度不同，使溶解度很小的杂质在热过滤时除去或冷却后溶解度很大的杂质被留在母液中，从而达到分离提纯固体有机化合物的目的。重结晶用的溶剂可以是单一溶剂，也可以是混合溶剂。

重结晶的一般过程如下。

1. 选择溶剂 进行重结晶的第一个关键问题是选择合适的、理想的溶剂。理想的溶剂应具备下述条件：

（1）不与被提纯的物质起化学反应。

（2）在较高温度时能溶解较多的被提纯的物质，在室温或更低温度下只能溶解少量被提纯物质。

（3）对杂质的溶解度很大（使杂质留在母液中不随提纯的晶体一起析出）或很小（在制成热的饱和溶液后，趁热过滤把杂质滤掉）。

（4）较易挥发，易与结晶分离除去。

（5）能得到较好的结晶。

在几种溶剂同样都合适时，则应根据重结晶的回收率、操作的难易、溶剂的毒性、易燃性、用量和价格等来选择。

常见有机化合物在溶剂中的溶解度可从手册或辞典的溶解度一栏中查到。若根据手册或辞典仍难确定，或查不到，这时可根据“相似相溶”的规律，把需提纯的化合物的结构与各种溶剂的结构进行比较。例如，含羟基的化合物，若相对分子质量大，一般或多或少溶于水。随碳原子数增加，它虽有羟基，但与水相似性减少，在水中溶解度降低。由于极性减小，它在非极性溶剂中的溶解度渐渐增大等等。

溶剂的最后具体选择，应由实验确定。其方法是：取0.1g待重结晶的固体样品粉末（若成块状应研成粉末，以使溶解速度快些）于一试管中，用滴管逐渐加入溶剂，并不断振荡。当加入溶剂1ml后，固体已全部溶解，或大部分溶解，则此溶剂的溶解度太大，不适用。若基本不溶或大部分未溶，水浴加热混合物直至沸腾。若此物质不溶于1ml沸腾溶剂中，可在加热下，再分批加入溶剂，每次加0.5ml，加热至沸。当加入溶剂已达4~5ml（必须确保已达4~5ml，因加热时，溶剂挥发，留下可能少于4ml。这可以事先在试管中加入4~5ml溶剂，在试管外作一记号，以便与以后加入的溶剂数量作比较），此固体仍不溶解，则此溶剂溶解度太小，也不适用。如该物质能溶于1~5ml沸腾的溶剂中，可让试管冷却，使结晶析出，如果结晶不能自行析出，可用玻棒摩擦溶液层中的试管壁，或以冰水冷却使之析出。若结晶仍不能析出，则此溶剂也不适用。如果能析出结晶，还要注意析出的量，并将几个溶剂试验的结果比较，选用结晶和收率较好的溶剂。

当某种物质在一些溶剂中的溶解度太大，而在另一些溶剂中的溶解度太小，不能选择到一种合适的溶剂时，常可使用混合溶剂。

2. 溶解固体样品 将待重结晶的物质置于锥形瓶中，加入较需要量（根据查得的溶解度数据，或溶解度试验所得的结果而估计的量）稍少的适当溶剂，加热到沸腾。若未完全溶解，应沸腾一会再观察，因有的化合物溶解速度较慢。若沸腾一会，瓶中仍有固体，或有油状物存在（不少有机化合物在溶剂中凝固点会下降，变成油状物，别粗心地以为已经全部溶解了），可分批加入溶剂，并加热至沸腾，直至该物质全部溶解。这时要注意判断是否有不溶性杂质存在，以免误加过多溶剂。也要防止因溶剂挥发过多，而把待重结晶物质视作不溶性杂质。

在进行以上操作时，若使用易燃溶剂，为防止燃烧和有机蒸气的逸出，应在锥形烧瓶上装置回流冷凝管。添加溶剂可从冷凝管上端加入，并根据溶剂的沸点，选择适当的加热方法。

要使重结晶能得到较高的回收率和较好的产品质量，溶剂的用量是一个关键。从减少溶解损失来讲，溶剂应尽可能用得少些，避免过量。从操作容易来讲，溶剂又必须过量。因为当溶液中含有有色杂质时须用活性炭脱色，它会吸去一些溶剂；热过滤时，溶剂也会挥发一部分，而且溶剂的温度略有降低，因溶解度减少而使结晶析出，给操作带来很大麻烦，因此要根据这两方面的得失权衡溶剂用量。一般常量操作（用几十毫升溶剂）时溶剂过量10% ~20%。

3. 活性炭脱色　由于化学反应比较复杂，常常会产生一些相对分子质量较大的有色杂质。粗制的固体化合物若含有有色杂质，在重结晶时，杂质虽可以溶解于沸腾的溶剂中，但当冷却晶体析出时，部分杂质还会被结晶吸附，使产物颜色较深。有时在溶液中会存在某些树脂状物质或其他不溶的杂质微粒成均匀悬浮体，使溶液混浊，过滤困难，或用一般过滤方法难以除去。有以上情况发生时，就要用活性炭处理。

使用活性炭时，须先将要脱色处理的化合物溶液稍为冷却，然后加入活性炭。活性炭的用量视杂质多少、溶液颜色深浅而定，一般为干燥粗产品重量的1% ~5%。活性炭也会吸附一部分产品，故用量不宜太多。若发现经脱色后的溶液颜色仍较深，可再用活性炭处理 1 次。为了使活性炭充分吸附有色物质，加入活性炭后应煮沸 5 ~10min，然后趁热过滤。如果粗产物溶于溶剂后成为透明、颜色很浅的溶液，则可不必用活性炭处理。

4. 趁热过滤　固体粗产物溶于热的溶剂中，经活性炭脱色后，要进行过滤以除去吸附了有色杂质等的活性炭和不溶解的固体杂质。为了避免在过滤时溶液冷却，结晶析出，造成操作困难和损失，必须使过滤操作尽可能快地完成，同时也要设法保持被滤液体的温度，使它尽可能冷得慢点。见图 3 –1。

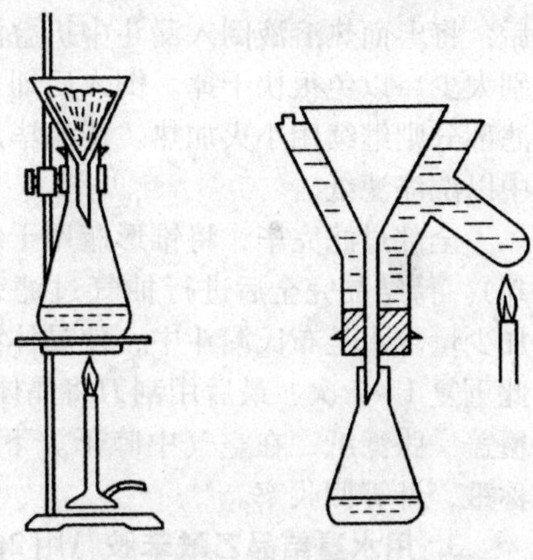

图 3 –1　热过滤装置

热过滤时，折叠滤纸应妥帖地放置在玻璃漏斗中，滤纸向外凸出的棱边紧贴漏斗壁。过滤即将开始前，先用少量热溶剂湿润滤纸，以免干滤纸吸附溶剂中的溶剂而使晶体析出堵住滤纸孔。漏斗下用锥形瓶接受（仅在用水作溶剂时才能用烧杯接受），并使漏斗颈贴住瓶颈壁，这样漏斗脚中不易因晶体析出而堵住。将待过滤的溶液沿玻棒小心倒入漏斗中的折叠滤纸内，用少量热溶剂洗一下滤纸，把在滤纸上析出的少量结晶溶洗下去，若滤纸上结晶较多，须用刮刀将结晶刮回原来瓶中，再用适量溶剂溶解过滤。滤毕后，把盛溶液的锥形瓶用洁净的软木塞塞住，放置冷却待结晶析出。

5. 结晶　将盛有滤液的锥形瓶置于冷水浴中迅速冷却并剧烈搅动时，可以得到颗粒很小的晶体。小晶体包含杂质少，但表面积大，吸附在其表面的杂质较多，过滤时用少量洁净溶剂洗涤损失也较多。在化学实验中常希望得到较大而均匀的晶体，为此可将滤液（如在滤液中已析出晶体，可加热使之溶解）在室温或保温下静置，使其缓缓冷却。

若溶解已冷却而过饱和，仍未析出晶体，可用玻棒摩擦器壁，以形成粗糙面，溶质分子呈定向排列形成晶体在粗糙面上要较光滑面上容易。最好是投入一粒同一物质的晶体作为晶种，以供给晶核，使晶体迅速生成。如果没有该物质的晶体，可用玻棒蘸一些溶液，稍干后就会析出晶体。

【仪器和试剂】

1. 仪器 布氏漏斗、吸滤瓶、水泵或油泵、电炉、烧杯、试管等。

2. 试剂 苯甲酸、萘、乙酰苯胺、邻硝基酚、乙醇、苯、三氯甲烷、活性炭。

【实验步骤】

1. 选择溶剂试验 分别称取 0.1g 苯甲酸、萘、邻硝基酚和乙酰苯胺，按照选择溶剂方法，从水、乙醇、苯、三氯甲烷 4 种溶剂中选择最合适的溶剂。

2. 用水重结晶苯甲酸 称取 0.3g 粗苯甲酸于 150ml 烧杯中，加入 60ml 水和几粒沸石。在石棉网上加热至沸腾，并用玻棒不断搅动，使固体溶解。若发现有未溶解的固体（有时是油状物），可继续分批加入热水，每次 5ml 左右，并煮沸，直至全溶。若加入热水，未使不溶物减少，可能为不溶性杂质，不必再加水。在此过程中，烧杯上都应盖表面皿，防止水气挥发过多，记下至全溶时所加水的总体积。移去热源，再加总体积 10% 左右冷水，加入少许活性炭，稍加搅拌后，继续加热维持微沸 5min 左右。

取出事先已在烘箱中烘热的短颈漏斗（或用热水漏斗），用少量热水润湿滤纸后，将上面热溶液倒入漏斗中折叠滤纸内。每次倒入的溶液不要太多以防溢出，也别太少，以免很快干掉。倒入后即盖上表面皿，未等全部滤完即要再加溶液。未过滤部分则继续用小火加热。待滤毕后，用少量热水摇洗原盛溶液烧杯，并倒入漏斗中以洗涤滤纸。

全部过滤完毕，将锥形瓶用干净软木塞塞好，放置一旁（必要时可用冰水浴冷却）。待结晶完全后进行抽气过滤，并用玻塞或粗玻钉挤压晶体，尽量抽干母液。加少量冷水至布氏漏斗中，使晶体润湿（可用刮刀使结晶松动）然后重新抽干，如此重复 1~2 次，最后用刮刀将晶体转移至表面皿上，摊成薄层，置干燥器中或上面覆盖一张滤纸，在空气中晾干。下次实验时，测定熔点，并与粗苯甲酸熔点比较。称重，计算回收率。

3. 用水重结晶乙酰苯胺 用 2g 乙酰苯胺，先加 30ml 水，其余操作同上述苯甲酸的重结晶。

三、常压蒸馏

【实验目的】

1. 掌握常压蒸馏的基本操作。
2. 熟悉常压蒸馏的基本原理。
3. 了解常压蒸馏的意义及应用。

【实验原理】

蒸馏是提纯物质和分离混合物的一种十分重要的方法，通过蒸馏还可以测出化合物的沸点，对鉴定纯粹的有机化合物也具有一定的意义。

蒸馏是将液体加热沸腾，使之气化，然后使蒸气冷凝液化为液体转移到另一个容器中的操作过程。通常用于液体化合物的纯化、分离及溶剂的回收，也可以用于液体有机化合物沸点的测定。

对于液体混合物，在同一温度下，不同物质具有不同的蒸气压，沸点低的物质易挥发蒸气压较大，沸点高的物质蒸气压较小。当两种物质混合在一起加热至沸腾时，蒸气中低沸点物质比高沸点物质含量高。随着沸点低的组分蒸出，混合液中高沸点组分的比例增高，致使混合液的沸点也随着升高，当温度升至相对稳定时，再收集馏出液，则主要是高沸点组分。因此蒸馏法可用于液体有机化合物的纯化、分离及溶剂的回收。但用蒸馏法分离液体有机化合物时，各组分的沸点一般相差30℃以上且不能形成共沸物。当混合物中各组分形成共沸物时，它们的液相组成和气相组成相同，到达共沸点时共同沸腾，无法将它们分开。

【仪器与试剂】

1. 仪器　圆底烧瓶、蒸馏头、温度计、电炉、水浴锅、直形冷凝管、接受管、锥形瓶、铁架台、铁夹。

2. 试剂　工业乙醇。

【实验步骤】

1. 安装装置　蒸馏装置主要由圆底烧瓶、温度计、直形冷凝管、接液管和接受瓶组成，如图3－2所示。安装之前，首先根据蒸馏物的量，选择大小合适的圆底烧瓶，蒸馏物液体的体积一般不能超过圆底烧瓶容积的2/3，也不能少于1/3。安装的顺序一般是由下往上，从左到右，先从热源开始，先在架设仪器的铁架台上放好电炉，装上水浴锅，然后安装圆底烧瓶，注意瓶底应距过1～2cm。圆底烧瓶用铁夹垂直夹好，安上蒸馏头。安装冷凝管时，应先调整它的高度使与蒸馏头的侧管同轴，然后使冷凝管沿此轴移动与蒸馏头连接。铁夹不应夹得太紧或太松，铁夹上应套上橡皮管等软性物质，以免夹破玻璃仪器。在冷凝管尾部通过接液管连接锥形瓶。

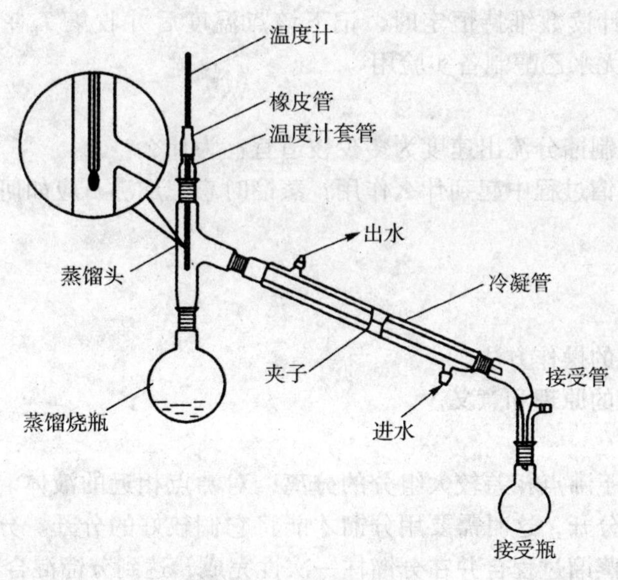

图3－2　常压蒸馏装置

2. 蒸馏操作　利用漏斗将80ml工业乙醇小心倒入圆底烧瓶中，注意勿使液体从支管流出。加入2～3粒沸石，塞好带温度计的塞子，温度计水银球的上限应和蒸馏头侧管的下限在同一水平线上，通入冷凝水，冷凝水应从冷凝管下口流入，上口流出，以保证冷凝管的套管中始终充满水，然后用水浴加热。注意观察蒸馏瓶中的现象和温度计读数的变化，当瓶内液体开始沸腾时，蒸气前沿逐渐上升，待到达温度计时，温度计读数急剧上升，这时应适当控制加热速度，控制流出的液滴，以每秒钟 1 ~2 滴为宜。当温度计读数上升到 77℃时，换一个干燥的锥形瓶作接受器，收集 77 ~79℃的馏分，当温度计读数突然下降时，即可停止蒸馏。测量所收集馏分的体积，计算回收率。

四、乙醇 - 水混合物蒸馏

【实验目的】

1. 通过乙醇 - 水混合物的蒸馏了解常压蒸馏的原理和意义。
2. 掌握水浴加热和常压蒸馏装置的安装与使用。

【基本原理】

(见第二章第四节内容：简单蒸馏)。

仪器与试剂

1. 仪器 圆底烧瓶（250ml）、温度计、直形冷凝管、电炉、水浴锅、锥形瓶。

2. 试剂 废乙醇。

【实验步骤】

用 200ml 蒸馏烧瓶，按图 2 -59 装置仪器（用水浴加热）。将 120ml 废乙醇通过长颈漏斗加入蒸馏瓶中，投入几粒沸石后，装上温度计（注意温度计水银球位置），接通冷凝水，然后加热。注意观察蒸馏瓶中的现象和温度计读数的变化。当瓶内液体开始沸腾后，可见蒸气前沿沿瓶壁上升，待达到温度计水银球时，温度计读数急速上升。当温度计读数维持恒定时，记下该点温度后并收集 T_b+2℃温度的馏分。收集的乙醇可供无水乙醇制备实验用。

【思考题】

1. 蒸馏时控制馏分流出速度为多少较适宜？为什么？
2. 沸石在蒸馏过程中起到什么作用？蒸馏时忘记加沸石应如何补加？

五、分馏

【实验目的】

1. 掌握分馏的操作方法。
2. 了解分馏的原理和意义。

【实验原理】

蒸馏只适用于沸点相差较大组分的分离，对沸点相近的液体混合物，仅用一次蒸馏难以将它们分开，这时需要用分馏才能将它们较好的分开。分馏就是借助分馏柱，将多次简单蒸馏过程合并在分馏柱一次性完成，达到分馏混合物的目的。

分馏柱主要是一根长而垂直、柱身有一定形状的空管，或者在管中填以特制的填料，其目的是要增大液相气相接触的面积，提高分离效率。当沸腾着的混合物进入分馏柱（工业上称为精馏塔）时，沸点较高的组分易被冷凝成液体，冷凝液沿分馏柱流下，故上升的蒸气中低沸点的组分相对增多，冷凝液向下流动时又与上升的蒸气接触，两者进行热量交换。一方面，使上升的蒸气中高沸点的组分被冷凝下来，低沸点的组分仍呈蒸气上升。

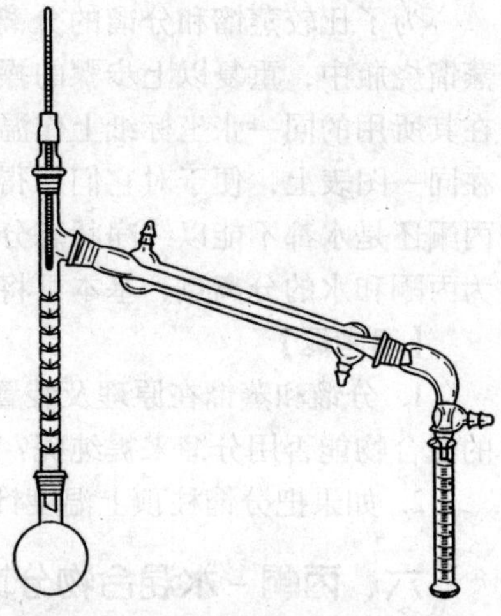

图3-3 简单分馏装置

另一方面，冷凝液中低沸点的组分则受热气化，高沸点的仍呈液态。如此经过反复的液相与气相的热交换，使得低沸点的组分不断上升最后从分馏柱顶端蒸馏出来，高沸点的组分不断流回加热的容器中，从而将沸点不同的组分分离。

分馏的装置和简单蒸馏的类似，如图3-3所示，不同之处就是分馏在圆底烧瓶与蒸馏头之间加了一根分馏柱。分馏柱是分馏装置是核心组成部分，反复的气化-冷凝过程就是在此完成的。机化学实验中常用刺形分馏柱又称韦氏（Vigreux）分馏柱，柱的中间每隔一定距离向内伸进三根向下倾斜的刺状物，在柱中相交并排列成螺旋状，刺状物的层数越多，分馏柱内简单蒸馏重复的次数越多，分馏的效果就越好。

有些组分以一定的比例混合后形成共沸物，此混合物沸腾时其气相组成和液相组成一样，故不能用分馏法将其分离开来。

【仪器与试剂】

1. 仪器 圆底烧瓶、刺形分馏柱、直形冷凝管、接液管、温度计、量筒、电炉、石棉网。

2. 试剂 丙酮、蒸馏水。

【实验步骤】

简单分馏操作和蒸馏大致相同，将15ml丙酮和15ml水放入圆底烧瓶中，加入2~3粒沸石，装上普通分馏柱，插上温度计，分馏柱的支管和冷凝管相连，通过接液管将馏分收集在锥形瓶中。开始缓慢加热，并尽可能精确地控制加热（可通过调压变压器来实现），控制馏出液以每1~2s 1滴的速度蒸出，液体沸腾后要注意调节浴温，使蒸气慢慢升入分馏柱，约10~15min后蒸气到达柱顶。在有馏出液滴出后，调节浴温使得蒸出液体的速率控制在每2~3s 1滴，这样可以得到比较好的分馏效果。将初馏出液收集于量筒A，注意并记录柱顶温度及接受器A的馏出液总体积，继续蒸馏记录每增加1ml馏出液时的温度及总体积。温度达62℃换量筒B接受，98℃用量筒C接受，直至蒸馏瓶中残液为1~2ml，停止加热（A 56~62℃，B 62~98℃，C 98~100℃）。记录3个馏分的体积，待分馏柱内液体流到烧瓶时测量并记录残馏液体积，以柱顶温度为纵坐标，馏出液体积（ml）为横坐标，将实验结果绘成沸腾曲线，讨论分离效率。

为了比较蒸馏和分馏的分离效果，可将丙酮和水各 15ml 的混合液放置于 60ml 蒸馏烧瓶中，重复以上步骤的操作，按其中规定的温度范围收集 A′、B′、C′馏分。在其所用的同一张坐标纸上作温度 - 体积曲线。这样蒸馏和分馏所得到的曲线显示在同一图表上，便于对它们所得结果进行比较。a 为普通蒸馏曲线，可看出无论是丙酮还是水都不能以纯净状态分离，从曲线 b 可以看出分馏柱的作用，曲线转折点为丙酮和水的分离点，基本可将丙酮分离出来。

【思考题】

1. 分馏和蒸馏在原理及装置上有哪些异同？如果是两种沸点很接近的液体组成的混合物能否用分馏来提纯呢？

2. 如果把分馏柱顶上温度计的水银柱的位置插下些行吗？为什么？

六、丙酮 - 水混合物分馏

【实验目的】

1. 通过丙酮 - 水混合物的分馏了解分馏的原理和方法。

2. 掌握简单分馏装置的安装与使用。

【基本原理】

（见第二章第四节内容：简单分馏）。

【仪器与试剂】

1. 仪器 圆底烧瓶（150ml）、刺形分馏柱、直形冷凝管、蒸馏烧瓶、量筒（15ml）、温度计、电炉、水浴锅。

2. 试剂 丙酮。

【实验步骤】

1. 丙酮 - 水混合物分馏 按简单分馏装置图装置仪器，并准备 3 只 15ml 的量筒作为接受器，分别注明 A、B、C。在 50ml 圆底烧瓶内放置 15ml 丙酮，15ml 水及 1 ~2 粒沸石。开始缓慢加热，并尽可能精确地控制加热（可通过调压变压器来实现），使馏出液以每 1 ~2s 1 滴的速度蒸出。

将初馏出液收集于量筒 A，注意并记录柱顶温度及接受器 A 的馏出液总体积。继续蒸馏记录每增加 1ml 馏出液时的温度及总体积。温度达 62℃换量筒 B 接受，98℃用量筒 C 接受，直至蒸馏瓶中残液为 1 ~ 2ml，停止加热（A 56 ~62℃，B 62 ~98℃，C 98 ~100℃）。记录 3 个馏分的体积，待分馏柱内液体流到烧瓶时测量并记录残馏液体积，以柱顶温度为纵坐标，馏出液体积（ml）为横坐标，将实验结果绘成蒸馏曲线，讨论分离效率。

2. 丙酮 - 水混合物的蒸馏 为了比较蒸馏和分馏的分离效果，可将丙酮和水各 15ml 的混合液放置于 60ml 蒸馏烧瓶中，重复步骤 1 的操作，按 1 中规定的温度范围收集 A′、B′、C′各馏分。

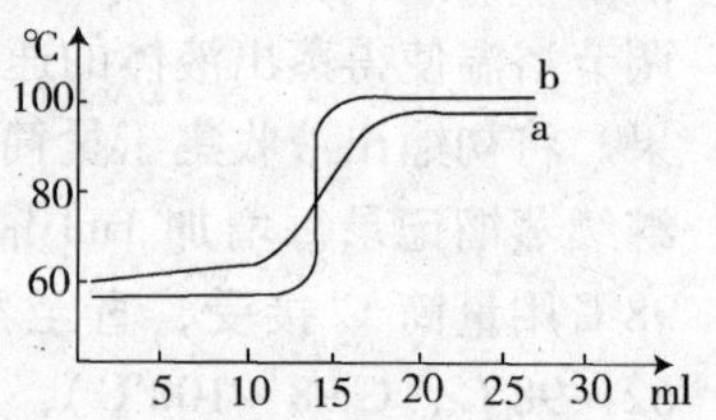

图 3 - 4 蒸馏曲线坐标图

在 1 所用的同一张坐标纸上作温度 - 体积曲线。这样蒸馏和分馏所得到的曲线显示在同一图表上（图 3 - 4），便于对它们所得结果进行比较。

a 为普通蒸馏曲线，可看出无论是丙酮还是水都不能以纯净状态分离，从曲线 b 可以看出分馏柱的作用，曲线转折点为丙酮和水的分离点，基本可将丙酮分离出来。

【思考题】

1. 分馏和蒸馏在原理及装置上有哪些异同？如果是两种沸点很接近的液体组成的混合物能否用分馏来提纯呢？

2. 如果把分馏柱顶上温度计的水银柱的位置插下些行吗？为什么？

七、液 - 液萃取

【实验目的】

1. 了解液 - 液萃取的原理和方法。
2. 掌握分液漏斗的使用。

【基本原理】

（见第二章第四节内容：萃取）。

【仪器与试剂】

1. 仪器　分液漏斗、碱式滴定管、移液管（10ml）、量筒（50ml）、锥形瓶。

2. 试剂　冰醋酸、乙醚、0.2mol/L 氢氧化钠、酚酞。

【实验步骤】

本实验以乙醚从醋酸水溶液中萃取醋酸作为例子来说明实验步骤。

1. 一次萃取法　用移液管准确量取 10ml 冰醋酸与水的混合液（冰醋酸与水以 1∶19 的体积比相混合），放入分液漏斗中[1]。用 30ml 乙醚萃取，注意近旁不能有火，否则引起火灾。加入乙醚后，先用右手示指的末节将漏斗上端玻璃塞顶住，再用大拇指及示指和中指握住漏斗。这样漏斗转动时可用左手的示指和中指卷握在活塞的柄上，使振摇过程中玻璃塞和活塞均夹紧，上下轻轻振摇分液漏斗，每隔几秒钟将漏斗倒置（活塞朝上），小心打开活塞，以解除分液漏斗内的压力，这是因为乙醚的沸点低易挥发的缘故。所以，要及时释放乙醚气体，平衡内外压力，重复操作2～3次，然后才用力振摇相当时间，使乙醚与醋酸水溶液两不相溶的液体充分接触，提高萃取率，振摇时间太短则影响萃取率[2]。

将分液漏斗置于铁圈上，当溶液分成两层后，小心旋开活塞，放出下层水溶液于 50ml 三角烧瓶内[3]，加入 3～4 滴酚酞作指示剂，用 0.2mol/L 标准氢氧化钠溶液滴定，记录用去氢氧化钠的毫升数。计算：①留在水中的醋酸量及百分率；②留在乙醚中的醋酸量及百分率。

2. 多次萃取法　准确量取 10ml 冰醋酸与水的混合液于分液漏斗中，用 10ml 乙醚如上法萃取，分去乙醚溶液。水溶液再用 10ml 乙醚萃取，再分出乙醚溶液后，水溶液仍用 10ml 乙醚萃取，如此前后共计 3 次。最后将用乙醚第 3 次萃取后的水溶液放入 50ml 的三角烧瓶内，用 0.2mol/L 氢氧化钠溶液滴定，计算：①留在水中的醋酸量及百分率；②留在乙醚中的醋酸量及百分率。

根据上述两种不同步骤所得数据，比较萃取醋酸的效率。

【附注】

[1] 常用的分液漏斗有球形、锥形和梨形3种，在化学实验中，分液漏斗主要应用于：①分离两种分层而不起作用的液体；②从溶液中萃取某种成分；③用水或碱或酸洗涤某种产品；④用来滴加某种试剂（即代替滴液漏斗）。

在使用分液漏斗前必须检查：①分液漏斗的玻塞和活塞有没有用塑料线绑住；②玻塞和活塞紧密否。如有漏水现象，应及时按下述方法处理：脱下活塞，用纸或干布擦净活塞及活塞孔道的内壁。然后，用玻璃棒沾取少量凡士林，先在活塞近把手的一端抹上一层凡士林，注意不要抹在活塞的孔中，再在活塞两边也抹上一圈凡士林，然后插上活塞，反时针旋转至透明时，即可使用。

分液漏斗用后，应用水冲洗干净，玻塞用薄纸包裹后塞回去，使用分液漏斗时应注意：①不能把活塞上附有凡士林的分液漏斗放在烘箱内烘干；②不能用手拿住分液漏斗的下端；③不能用手拿住分液漏斗进行分离液体；④玻塞打开后才能开启活塞；⑤上层的液体不要由分液漏斗下口放出。

[2] 使用分液漏斗来萃取或洗涤液体，一般可按此操作进行，效率较高。但如果由于大力振摇以至乳化，静置又难分层时，则应改变操作方法，可用右手按住漏斗口端玻塞，左手挡住下端活塞平放漏斗，作前后振摇数次，然后斜置漏斗使下端朝上，旋开活塞放出气体。

[3] 不能将醚层放入三角烧瓶内，亦不能将水层留于分液漏斗内。在水层放出后，须等待片刻，观察是否还有水层出现，如有，应将此水层再放入三角烧瓶内。总之，放出下层液体时，注意不要使它流得太快，待下层液体流出后，关上活塞，等待片刻，观察再有无水层分出，若尚有，应将水层放出，而上层液体，则应从分液漏斗口倾入另一容器中。

对于在两液相中分配系数 K 较大的物质，一般使用分液漏斗萃取3～4次便足够了，而对于 K 值接近1的物质，必须经多次的萃取，最好是使用连续萃取的方法。液体连续萃取所用的仪器随所使用溶剂的密度不同而异。

八、恒温槽的装配和性能测试

【实验目的】

1. 了解恒温槽的构造及恒温原理，初步掌握其装配和调试的基本技术。
2. 绘制恒温槽灵敏度曲线。
3. 掌握水银接点温度计，继电器的基本测量原理和使用方法。

【实验原理】

物质的物理化学性质，如黏度、密度、蒸气压、表面张力、折光率等都随温度而改变，要测定这些性质必须在恒温条件下进行。一些物理化学常数如平衡常数、化学反应速率常数等也与温度有关，这些常数的测定也需恒温，因此，掌握恒温技术非常必要。

恒温控制可分为两类，一类是利用物质的相变点温度来获得恒温，但温度的选择受到很大限制；另外一类是利用电子调节系统进行温度控制，此方法控温范围宽、可以任意调节设定温度。

恒温槽是实验工作中常用的一种以液体为介质的恒温装置，根据温度控制范围，可用以下液体介质：-60～30℃用乙醇或乙醇水溶液；0～90℃用水；80～160℃用甘油或甘油水溶液；70～300℃用液体石蜡、汽缸润滑油、硅油。

1. 恒温槽通常由下列构件组成 具体装置示意图见图3-5，电路示意图见图3-6。

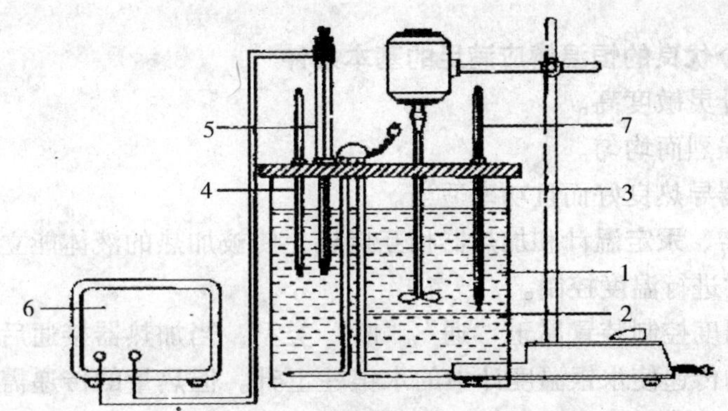

图3-5 恒温槽的装置示意图

1. 浴槽 2. 加热器 3. 搅拌器 4. 温度 5. 电接点温度计 6. 继电器 7. 贝克曼温度计

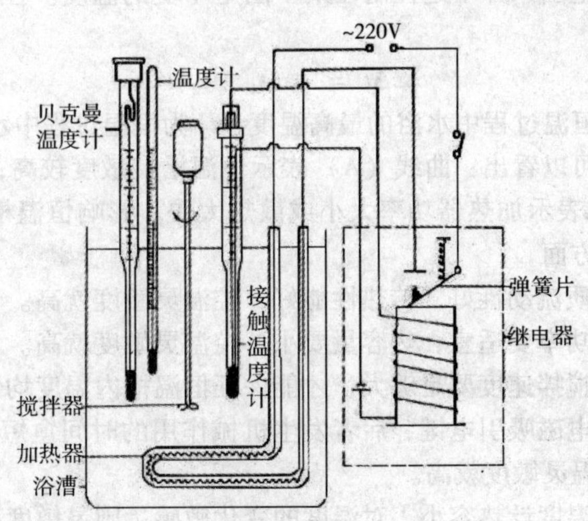

图3-6 恒温槽装置电路示意图

(1) 槽体：如果控制的温度同室温相差不是太大，用敞口大玻璃缸作为槽体是比较满意的。对于较高和较低温度，则应考虑保温问题。具有循环泵的超级恒温槽，有时仅作供给恒温液体之用，而实验则在另一工作槽中进行。

(2) 加热器及冷却器：如果要求恒温的温度高于室温，则须不断向槽中供给热量以补偿其向四周散失的热量；如恒温的温度低于室温，则须不断从恒温槽取走热量，以抵偿环境向槽中的传热。在前一种情况下，通常采用电加热器间歇加热来实现恒温控制。对电加热器的要求是热容量小、导热性好，功率适当。选择加热器的功率最好能使加热和停止的时间约各占一半。

(3) 温度调节器：温度调节器的作用是当恒温槽的温度被加热或冷却到指定值时发出信号，命令执行机构停止加热或冷却；离开指定温度时则发出信号，命令执行机构继续工作。

(4) 温度控制器：温度控制器常由继电器和控制电路组成，故又称电子继电器。从汞定温计传来的信号，经控制电路放大后，推动继电器去开关电热器。

(5) 搅拌器：加强液体介质的搅拌，对保证恒温槽温度均匀起着非常重要的作用。

2. 设计一个优良的恒温槽应满足的基本条件

(1) 定温计灵敏度高。

(2) 搅拌强烈而均匀。

(3) 加热器导热良好而且功率适当。

(4) 搅拌器、汞定温计和加热器相互接近，使被加热的液体能立即搅拌均匀并流经定温计及时进行温度控制。

恒温槽的温度控制装置属于“通”“断”类型，当加热器接通后，恒温介质温度上升，热量的传递使水银温度计中的水银柱上升。但热量的传递需要时间，因此常出现温度传递的滞后，往往是加热器附近介质的温度超过设定温度，所以恒温槽的温度超过设定温度。同理，降温时也会出现滞后现象。由此可知，恒温槽控制的温度有一个波动范围，并不是控制在某一固定不变的温度。控温效果可以用灵敏度 Δt 表示：

$$\Delta t = \pm (t_1 - t_2)/2$$

式中，t_1 为恒温过程中水浴的最高温度，t_2 为恒温过程中水浴的最低温度。

由图 1－22 可以看出：曲线（A）表示恒温槽灵敏度较高；（B）表示恒温槽灵敏度较差；（C）表示加热器功率太小或散热太快。影响恒温槽灵敏度的因素很多，大体有以下几个方面。

(1) 恒温介质流动性好，传热性能好，控温灵敏度就高。

(2) 加热器功率要适宜，热容量要小，控温灵敏度就高。

(3) 搅拌器搅拌速度要足够大，才能保证恒温槽内温度均匀。

(4) 继电器电磁吸引电键，后者发生机械作用的时间愈短，断电时线圈中的铁芯剩磁愈小，控温灵敏度就高。

(5) 电接点温度计热容小，对温度的变化敏感，则灵敏度高。

(6) 环境温度与设定温度的差值越小，控温效果越好。

【仪器与试剂】

仪器：玻璃缸、温控仪、搅拌器、接点温度计、温差仪、调压变压器、温度计（0～50℃）、秒表。

【实验步骤】

(1) 根据所给元件和仪器，按照上述恒温槽的装置图安装恒温槽，并接好线路。经教师检查完毕，方可接通电源。

(2) 槽体中放入约 4/5 容积的蒸馏水。

(3) 调节恒温水浴至设定温度。假定室温为 20℃，欲设定实验温度为 25℃，其调节方法如下：先旋开水银接触温度计上端螺旋调节帽的锁定螺丝，再旋动磁性螺旋调节帽，使温度指示螺母位于大约低于欲设定实验温度 2～3℃处（如 23℃），开启加热器开关加热，如水温与设定温度相差较大，可先用大功率加热（加热电压为160~220V），当水温接近设定温度时，改用小功率加热（加热电压为20~50V）。注视温度计的读数，当达到23℃左右时，再次旋动磁性螺旋调节帽，使触点与水银柱处于刚刚接通与断开状态（恒温指示灯时明时灭）。此时要缓慢加热，直到温度达25℃为止，然后旋紧锁定螺丝。

（4）恒温槽灵敏度的测定。本实验用温差测量仪代替贝克曼温度计来测量温度的变化情况。注意调节加热电压，使每次的加热时间与停止加热的时间近乎相等。待恒温槽在设定的温度下恒温15 min后，每隔0.5 min（秒表计时），从温差测量仪上读数并记录，时间为30 min。

（6）实验结束，先关掉温控仪、搅拌器的电源开关，再拔下电源插头，拆下各部件之间的接线。

【注意事项】

1. 为使恒温槽温度恒定，接触温度计调至某一位置时，应将调节帽上的固定螺钉拧紧，以免使之因振动而发生偏移。

2. 电加热功率大小的选择是本实验的关键之一。当恒温槽的温度和所要求的温度相差较大时，可以适当加大加热功率，但当温度接近指定温度时，应将加热功率降到合适的功率。最佳状态是每次加热时间和停止加热时间近乎相等。

【数据记录与处理】

1. 列表记录实验数据　见表3－1。

表3－1　记录表

室温____________　大气压____________

恒温槽25℃时的灵敏度		恒温槽35℃时的灵敏度	
$t_{始}$	$t_{停}$	$t_{始}$	$t_{停}$

2. 以时间t为横坐标，温度（温差测量仪读数）为纵坐标，绘出25℃时恒温槽的灵敏度曲线。

3. 从灵敏度曲线上，找出最高温度$t_{高}$、最低温度$t_{低}$，用公式$\frac{1}{2}(t_{高}-t_{低})$求出恒温槽在25℃时的灵敏度，并根据灵敏度曲线对该恒温槽的恒温效果作出评价。

【思考题】

1. 恒温槽的恒温原理是什么？

2. 为什么在开动恒温装置前，要将接触温度计的标铁上端面所指的温度调节到低于所需温度处？如果高了会产生什么后果？

3. 对于提高恒温装置的灵敏度，可从哪些方面进行改进？

4. 如果所需要恒温低于室温，如何装置恒温装置？

实验二 分析天平的称量练习与溶液配制

一、分析天平的称量练习

【实验目的】

1. 学会正确使用分析天平。

2. 掌握直接称量、减重称量和固定质量称量的方法。

【实验原理】

使用双盘半机械加码电光天平，1g 以上的砝码从砝码盒中取加；10 ~ 990 mg 通过旋转指数盘增减圈码；0.1 ~ 10mg 则由投影屏标尺读取。

使用单盘电光天平，100mg 以上的砝码，可旋动减码手轮进行减码；1 ~ 100mg 可由投影屏标尺读取；不足 1mg 则由微读数字窗口读取。

【仪器与试剂】

1. 仪器 双盘电光天平或单盘电光天平、托盘天平、称量瓶、锥形瓶、小烧杯（或表面皿）、药匙。

2. 试剂 NaCl 或 Na_2CO_3。

【实验步骤】

1. 用软毛刷轻扫秤盘及天平箱内的灰尘。

2. 检查分析天平各部件是否正常、砝码是否齐全。

3. 调整天平零点。

4. 称量练习

（1）*直接称量*：取一洁净的称量瓶（图 3 – 7），先用托盘天平粗称其重量，然后在分析天平上准确称其重量。记录称量值。

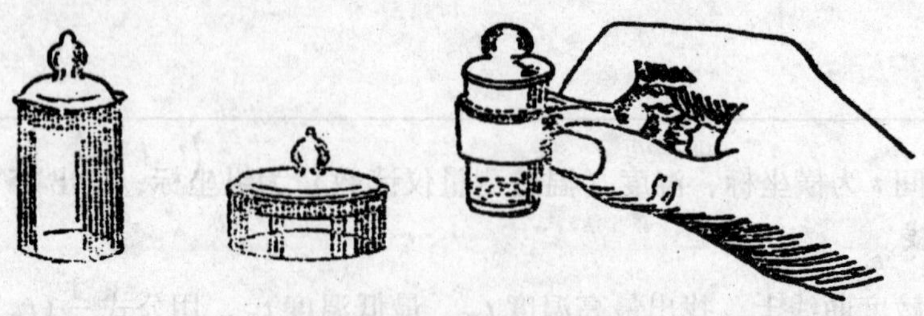

图 3 – 7 称量瓶及其拿法

（2）*减重法称量*：用减重法称取 3 份 NaCl，每份约 0.2g。①取一洁净且干燥至恒重的空称量瓶，装入适量 NaCl，准确称量其重量，记录称量值 W_1。②将称量瓶中的 NaCl 小心地敲出约 0.2g 于已编好号的第一只锥形瓶中，再准确称量此称量瓶的重量，记录称量值 W_2。③按上述操作“②”，分别称取第二、第三份 NaCl，并分

别记录称量值 W_3、W_4。

(3) 固定质量称量法称量：将洁净且干燥至恒重的小烧杯置于分析天平的秤盘中央，准确称其重量，并记录称量值，然后关上天平，在此基础上增加所需称取试样量的砝码，用药匙取试样加到秤盘上的小烧杯内，打开天平开关，观察天平的平衡情况。反复取放试样，直至天平平衡为止，此时小烧杯内的试样量即为所需称取的试样量。

【数据记录和处理】

1. 直接称量法

称量瓶的重量：________________g

2. 减重称量法 见表3－2。

表3－2 减重称量法称量的样品重量

样品编号	1	2	3
称量瓶＋样品（g）	W_1 =	W_2 =	W_3 =
倒出样品后的称量瓶＋样品（g）	W_2 =	W_3 =	W_4 =
样品重（g）			

3. 固定质量称量法

小烧杯重（g）

样品重（g）

小烧杯＋样品重（g）

【思考题】

1. 天平处于开启状态时，能否往秤盘上取放称量物或加减砝码，为什么？
2. 减重称量时，两次称量的差值是否一定等于受器中的样品重，为什么？
3. 直接称量法、减重称量法、固定质量称量法3种称量方法中，称量前哪些必须严格调零点，哪些不用，为什么？

【注意事项】

1. 实验前，必须认真预习，严格遵守分析天平的操作规程。
2. 若分析天平出现故障或调不到零点时，应及时报告教师，不得擅自处理。
3. 减重称量法的称量范围应为所需称样量的 ±10%。

二、溶液的配制

【实验目的】

1. 了解和学习实验室常用溶液的配制方法。
2. 学习容量瓶和移液管的使用方法。
3. 掌握托盘天平、量筒的使用方法。

【实验原理】

1. 一般溶液的配制　一般溶液也称辅助试剂溶液，这一类试剂溶液用于控制化学反应条件，在样品处理、分离、掩蔽、调节溶液的酸碱性等操作中使用。在配制时试剂的质量由托盘天平称量，体积用量筒或量杯量取。配制这类溶液的关键是正确地计算应该称量溶质的质量以及应该量取液体溶剂的体积。

一般溶液配制常用以下三种方法。

（1）直接水溶法：对易溶于水而不发生水解的固体试剂，例如 NaOH，$H_2C_2O_4$，KNO_3、NaCl、Na_2SO_4 等，配制其溶液时，用托盘天平称取一定量的固体于烧杯中，加入少量去离子水，搅拌溶解后，稀释至所需要的体积，再转移到试剂瓶中。

（2）介质水溶法：对易水解的固体物质如 $FeCl_3$、$SbCl_3$、$BiCl_3$ 等，在配制其溶液时，先称取一定量的固体，再加入适量一定浓度的酸（或碱）使之溶解，再以去离子水稀释至所需的体积，摇匀后转入试剂瓶。

在水中溶解度较小的固体试剂，在选用合适的溶剂溶解后，稀释，摇匀转入试剂瓶。例如固体 I_2，在 KI 溶液中由于发生反应 $I_2 + I^- \rightleftharpoons I_3^-$，使其溶解度增大，所以在配制其水溶液时，可先用 KI 水溶液溶解。

（3）稀释法：对于液态试剂，如盐酸、H_2SO_4、HNO_3、HAc 等，在配制其稀溶液时，先用量筒量取所需要的浓溶液，然后用适量的蒸馏水稀释。在配制 H_2SO_4 溶液时，需要特别注意，应该在不断搅拌下将浓 H_2SO_4 缓慢地倒入盛水的容器中，切不可将顺序倒过来。

一些容易见光分解或易发生氧化还原反应的溶液，要注意防止其在保存期间失效。如配制好的 Sn^{2+} 及 Fe^{2+} 溶液应分别放入一些纯净的 Sn 粒和 Fe 屑。$AgNO_3$、$KMnO_4$、KI 等溶液应贮存于干净的棕色瓶中。容易发生化学腐蚀的溶液应贮于合适的容器中。

2. 标准溶液的配制 已知准确浓度的溶液称为标准溶液。标准溶液常用于滴定分析法测定化学试剂、化工产品纯度及杂质含量。实验室中最常用的是物质的量浓度的标准溶液。

标准溶液的配制方法有直接法和标定法两种，但在国标中只规定了标定法。

（1）直接法：准确称取一定量的基准试剂于烧杯中，加入适量的去离子水溶解后，转移至容量瓶中，再用去离子水稀释至刻度，摇匀即可。其准确浓度可由试剂质量及体积计算出来。

基准试剂是指能用于直接配制标准溶液或标定溶液浓度的物质，也叫基准物质。它应具备以下 4 个条件：①纯度足够高，要求杂质含量在万分之一以下；②组成与化学式完全相符，若含有结晶水，其含量也应与化学式相符。如 $Na_2B_4O_7 \cdot 10H_2O$，结晶水应恒定为 10 个；③贮存稳定，干燥时不分解，称量时不吸潮，不吸收 CO_2，不被空气氧化，放置时不变质。参与化学反应时应按反应式定量进行；④容易溶解，最好具有较大的相对分子质量。

如果基准试剂由于在贮存过程中吸潮、吸 CO_2，在使用前必须经过烘干或灼烧处理。

（2）标定法：不符合基准试剂条件的物质，不能用直接法配制标准溶液，可采用标定法。标定法是首先配制成接近于所需浓度的溶液，然后再用基准物质标定其准确浓度，或用另一种标准溶液对所配制的溶液进行滴定，并计算出其准确浓度，称为比较法。用基准物质标定的准确度高于比较法。

当需要通过稀释法配制标准溶液的稀溶液时，可用移液管或吸量管吸取其浓溶液至适当的容量瓶中，稀释至刻度，摇匀即可。

【仪器与试剂】

1. 仪器　托盘天平、分析天平、容量瓶（200 ml、100 ml）、滴瓶、吸量管（10 ml）。

2. 试剂　NaOH、邻苯二甲酸氢钾、NaCl、$FeSO_4 \cdot 7H_2O$、Bi（NO_3）$_3$、纯净的铁屑、浓 H_2SO_4、浓盐酸、浓 HNO_3、NaCl（1.00 mol/L）。

【实验步骤】

1. 一般溶液的配置　酸、碱溶液的配制：①配制 50 ml 氢氧化钠溶液（2mol/L），贮存于滴瓶中。②用市售浓硫酸、浓盐酸、浓硝酸分别配制硫酸（3mol/L）、盐酸（6 mol/L）、硝酸（6mol/L）溶液各 100 ml，分别贮存于滴瓶中。

2. 盐溶液的配制

（1）配制生理盐水（9g/L）100ml。

（2）配制 $FeSO_4$、Bi（NO_3）$_3$ 溶液（0.1mol/L）各 100 ml。

3. 标准溶液的配制

（1）邻苯二甲酸氢钾溶液的配制：用分析天平准确称取 4.0840 ~ 4.0850 g 邻苯二甲酸氢钾（$KHC_8H_4O_4$）晶体于烧杯中，加入少量去离子水使其完全溶解后，转移至 200 ml 容量瓶中，再用少量去离子水淋洗烧杯及玻棒数次，并将每次洗液完全转入容量瓶，最后以去离子水稀释至刻度，摇匀。计算其准确浓度。

（2）NaCl 标准溶液的稀释：用已知浓度为 1.00 mol/L 的 NaCl 溶液配置 0.100 mol/L 的 NaCl 溶液 100ml。

【思考题】

1. 配制有明显热效应的溶液时，应注意哪些问题？
2. 配制 0.1 mol/LNa_2CO_3 溶液 50 ml 时，需称取 $Na_2CO_3 \cdot 10H_2O$ 多少克？
3. 用浓硫酸溶液配制稀硫酸溶液时，应注意什么？
4. 用容量瓶配制标准溶液时，是否可用托盘天平称取基准试剂？

三、缓冲溶液的配制

【实验目的】

1. 学会配制缓冲溶液。
2. 加深对缓冲溶液的性质的理解。
3. 了解决定缓冲溶液缓冲能力的两个主要因素。
4. 掌握吸量管及精密 pH 试纸的使用方法。

【实验原理】

缓冲溶液（buffer solution）是一类能抵御外加少量酸、碱或水的影响而维持 pH 基本不变的溶液。缓冲溶液所具有的抵抗外加少量酸或碱的作用称为缓冲作用。缓冲溶液通常由一定浓度的弱的共轭酸碱对（弱酸及其共轭碱或弱碱及其共轭酸）组成。习惯上把组成缓冲溶液的共轭酸碱对称为缓冲对。

缓冲溶液的 pH 可由下式求得：

$$pH = pK_a + \lg \frac{c_b}{c_a}$$

式中 K_a 为缓冲对中共轭酸的解离平衡常数，c_a、c_b 分别为共轭酸、共轭碱在缓冲溶液中的平衡浓度。显然，缓冲溶液的 pH 除主要决定于 K_a 外，还随缓冲比 c_b/c_a 的变化而变化。

配制某一 pH 的缓冲溶液时，首先要选择一缓冲对，使其中弱酸的 pK_a 尽可能接近所需配制的溶液 pH，然后适当调节缓冲比 c_b/c_a，使溶液 pH 达到所需的 pH。若配制缓冲溶液所用的弱酸溶液和其共轭碱溶液的原始浓度相同，则配制时所取弱酸和共轭碱的体积比就等于它们平衡浓度的比，即：

$$pH = pK_a + \lg \frac{V_b}{V_a}$$

此时，可通过 V_b/V_a 的调节而得到不同 pH 的缓冲溶液。

缓冲溶液的缓冲能力与缓冲对的总浓度（$c_a + c_b$）及缓冲比 c_b/c_a 有关。当缓冲溶液的缓冲比相同时，总浓度（$c_a + c_b$）越大，缓冲能力越大，但缓冲组分的总浓度不能太大，否则不能忽视离子间的相互作用。当缓冲溶液的总浓度（$c_a + c_b$）相同时，缓冲比 $c_b/c_a = 1$ 时，$pH = pK_a$，此时缓冲能力最大；c_b/c_a 离 1∶1 越远，缓冲能力越小，甚至不能起缓冲作用。因此，对于缓冲体系，存在着有效缓冲范围，这个范围是 $pH = pK_a \pm 1$。

【仪器与试剂】

1. 仪器 烧杯（100ml）、试管、量筒（10ml）、吸量管（5 ml、20 ml）。

2. 试剂 HCl（0.1 mol/L）、NaOH（0.1 mol/L，2 mol/L）、NaAc（0.1 mol/L，1 mol/L）、HAc（0.1 mol/L，1 mol/L）、$NH_3 \cdot H_2O$（0.1 mol/L）、NH_4Cl（0.1 mol/L）、Na_2HPO_4（0.1 mol/L）、NaH_2PO_4（0.1 mol/L）、甲基红溶液、精密 pH 试纸。

【实验步骤】

1. 缓冲溶液的配制 配制总体积为 20ml 的缓冲溶液。通过计算，把配制下列 3 种缓冲溶液所需各组分的体积填入表 3－2 中。

按照表 3－3 用量，用量筒配制甲、乙、丙 3 种缓冲溶液于已标号的 3 只小烧杯中，然后用精密 pH 试纸测量其 pH，填入表 3－3 中。试比较实验值与理论值是否相符，解释原因。（溶液不要弃去，留下面实验用。）

表 3－3 缓冲溶液的配制

缓冲溶液	pH（理论值）	所需各组分的体积（ml）	pH（实验值）
甲	4	0.1 mol/L HAc	
		0.1 mol/L NaAc	
乙	7	0.1 mol/L NaH_2PO_4	
		0.1 mol/L Na_2HPO_4	
丙	10	0.1 mol/L NH_4Cl	
		0.1 mol/L $NH_3 \cdot H_2O$	

2. 缓冲溶液的性质

（1）取两支试管，一支试管中加入5.0ml 甲缓冲溶液，另一支试管中加入5.0 ml pH≈4 的 HCl 溶液（自己配制），然后往两支试管中各加10滴0.1 mol/L HCl 溶液，摇匀，用精密 pH 试纸测量各试管中溶液的 pH。

用相同的实验方法，试验10滴0.1 mol/L NaOH 溶液对上两种溶液 pH 的影响。按表3-4记录实验结果。

表3-4　缓冲溶液与非缓冲溶液性质比较

试管号	溶液	加入酸或碱的量	原溶液实测 pH	加酸或碱后实测 pH	ΔpH
1	5.0ml 甲缓冲溶液	10滴 HCl			
2	5.0mlpH≈4 的 HCl 溶液	10滴 HCl			
3	5.0ml 甲缓冲溶液	10滴 NaOH			
4	5.0ml pH≈4 的 HCl 溶液	10滴 NaOH			

以上实验说明缓冲溶液具有什么性质？

（2）用丙缓冲溶液和 pH≈10 的 NaOH 溶液（自己配制）代替上述甲缓冲溶液和 pH≈4 的 HCl 溶液，重做以上实验。按表3-5记录实验结果。

表3-5　缓冲溶液与非缓冲溶液性质比较

试管号	溶液	加入酸或碱的量	原溶液实测 pH	加酸或碱后实测 pH	ΔpH
1	5.0ml 丙缓冲溶液	10滴 HCl			
2	5.0mlpH≈10 NaOH 溶液	10滴 HCl			
3	5.0ml 丙缓冲溶液	10滴 NaOH			
4	5.0mlpH≈10 NaOH 溶液	10滴 NaOH			

以上实验说明缓冲溶液具有什么性质？

（3）在四支试管中，依次加入甲缓冲溶液、pH≈4 的 HCl 溶液、丙缓冲溶液、pH≈10 的 NaOH 溶液各1.0ml，然后向其中分别加入10.0ml 蒸馏水，摇匀，用精密 pH 试纸测量其 pH。按表3-6记录实验结果。

表3-6　缓冲溶液与非缓冲溶液性质比较

试管号	溶液	加水量	稀释前的 pH	稀释后的 pH	ΔpH
1	1.0ml 甲缓冲溶液	10.0ml			
2	1.0mlpH≈4HCl 溶液	10.0ml			
3	1.0ml 丙缓冲溶液	10.0ml			
4	1.0ml pH≈10NaOH 溶液	10.0ml			

通过实验说明缓冲溶液还具有什么性质？

3. 缓冲溶液的缓冲能力

（1）缓冲能力与缓冲对总浓度的关系：取两支试管，在一支试管中加入

0.1mol/LHAc 和0.1mol/LNaAc 各5.0ml，在另一支试管中加入1mol/LHAc 和1mol/L NaAc 各5.0ml，用精密 pH 试纸测量其 pH。两管内溶液的 pH 是否相同？

向两试管内分别滴入2滴甲基红指示剂，观察溶液的颜色（甲基红指示剂在 pH < 4.2 时呈红色，pH > 6.3 时呈黄色），然后边摇边向两试管中滴加 2mol/LNaOH 溶液，直至溶液的颜色变成黄色。记录各试管所加的 NaOH 溶液滴数，解释所得结果。

通过实验说明缓冲溶液缓冲能力与缓冲对总浓度有何关系？

（2）缓冲溶液与缓冲比的关系：取两支试管，用吸量管在一管中加入0.1mol/L NaH_2PO_4 和 0.1mol/LNa_2HPO_4 各10.00ml，即$\frac{[HPO_4^{2-}]}{[H_2PO_4^-]}=1$，另一管中加入18.00ml 0.1mol/L$Na_2HPO_4$ 和2.00 ml 0.1mol/L NaH_2PO_4，即$\frac{[HPO_4^{2-}]}{[H_2PO_4^-]}=9$，用精密 pH 试纸测量两种溶液 pH，然后在各管中加入 1.8mlNaOH 溶液（0.1mol/L），摇匀，再用精密 pH 试纸测量其 pH。按表3-7记录实验结果。

通过实验说明缓冲溶液缓冲能力与缓冲比有何关系？

表3-7　实验结果

试管号	溶液	$\frac{[共轭碱]}{[酸]}$	pH	加 NaOH 后 pH	ΔpH
1	10.00mlNa_2HPO_4 + 10.00ml NaH_2PO_4	1:1			
2	18.00mlNa_2HPO_4 + 2.00mlNaH_2PO_4	9:1			

【思考题】

1. 为什么缓冲溶液具有缓冲能力？试举例说明之？
2. 缓冲溶液的 pH 由哪些因素决定？
3. $NaHCO_3$ 溶液是否具有缓冲能力，为什么？
4. 欲配制 pH = 2、pH = 10、pH = 12 的缓冲溶液，问各选用下列哪种缓冲剂 H_3PO_4、HAc、$H_2C_2O_4$、H_2CO_3、HF 较好？写出缓冲对。

实验三　滴定分析操作练习

【实验目的】

1. 学会洗涤常用玻璃仪器。
2. 掌握滴定管、移液管、容量瓶的操作技术。
3. 练习观察与判断滴定终点。

【实验原理】

滴定分析是将一种准确浓度的标准溶液滴加到被测物质的溶液中，直到反应完全为止，然后据标准溶液的浓度和所消耗的体积计算被测物含量的一种分析方法。准确测量溶液的体积是获得良好分析结果的前提之一，为此必须学会正确使用滴定分析仪器，掌握滴定管、移液管、容量瓶的操作技术。

滴定终点的判断正确与否直接影响到滴定分析的准确度，必须学会正确判断滴定终点。

【仪器与试剂】

1. 仪器　酸式滴定管（25ml）、碱式滴定管（25ml）、锥形瓶（250ml）、胖肚移液管（20ml）、量筒（25ml）、烧杯（50ml）、容量瓶（100ml）、洗耳球。

2. 试剂　NaOH 溶液（0.1mol/L）、HCl 溶液（0.1mol/L）、酚酞指示剂（0.1%）、甲基橙指示剂（0.1%）、重铬酸钾（C.P）、铬酸洗液。

【实验步骤】

1. 常用滴定分析仪器的洗涤

（1）检查滴定管是否漏水，并练习给酸式滴定管及碱式滴定管补漏的操作。

（2）按滴定分析的要求洗涤滴定管、移液管、容量瓶、锥形瓶。

2. 容量瓶的使用　取 $K_2Cr_2O_7$ 固体少许置于小烧杯中，加蒸馏水约 20 ml，搅拌、溶解后，定量转移至 100 ml 容量瓶，用蒸馏水稀释至刻度，摇匀。

3. 移液管的使用　用移液管移取实验步骤 2 中配制的 K_2Cr_2O 溶液 20ml 于锥形瓶中，共取 3 份。

4. 滴定操作练习

（1）将洗净的滴定管用少量待装溶液润洗 3 次。

（2）将 HCl 溶液（0.1mol/L）、NaOH 溶液（0.1mol/L）分别装入润洗好的滴定管，排除气泡，调整液面至“0.00”刻度，待用。

（3）用 NaOH 溶液滴定 HCl 溶液：用少量待吸 HCl 溶液润洗胖肚移液管 3 次，精密移取 20ml HCl 溶液（0.1mol/L）于 250ml 锥形瓶中，加蒸馏水 20ml、酚酞指示剂 2 滴，用 NaOH 溶液（0.1mol/L）滴定至溶液显微红色且半分钟内不褪色即达滴定终点。记下所耗 NaOH 溶液的体积。平行滴定 3 份，每次消耗 NaOH 溶液的体积差不得超过 0.04ml。

（4）用 HCl 溶液滴定 NaOH 溶液：用少量待吸 NaOH 溶液润洗胖肚移液管 3 次，精密移取 20ml NaOH 溶液（0.1mol/L）于 250ml 锥形瓶中，加蒸馏水 20ml、甲基橙指示剂 1 滴，用 HCl 溶液（0.1mol/L）滴定至溶液由黄色变为橙色，即达滴定终点。记下所耗 HCl 溶液的体积。平行滴定 3 份，每次消耗 HCl 溶液的体积差不得超过 0.04ml。

【数据记录和处理】

1. 用 NaOH 溶液滴定 HCl 溶液　记录于表 3-8。

表 3-8　滴定消耗的 NaOH 溶液体积

编　号	1	2	3
NaOH 终读数（ml）			
NaOH 初读数（ml）			
V_{NaOH}　（ml）			

2. 用 HCl 溶液滴定 NaOH 溶液　记录于表 3-9。

表 3-9 滴定消耗的 HCl 溶液体积

编　号	1	2	3
HCl 终读数（ml）			
HCl 初读数（ml）			
V_{HCl}（ml）			

【思考题】

1. 玻璃仪器洗涤干净的标志是什么？
2. 滴定管及移液管使用前为何要用待装液润洗 3 次？锥形瓶是否也要作同样的处理，为什么？
3. 滴定管内的气泡对滴定有何影响，应如何排除？
4. 每次滴定前为什么滴定管的液面都要调至同一起点？
5. 用移液管取溶液时，遗留在管尖的少量溶液应如何处理，为什么？
6. 滴定近终点时，为什么要用蒸馏水冲洗锥形瓶内壁？

实验四　简单玻璃工操作及塞子的配置和钻孔

在化学实验中，滴管、玻璃钉、搅拌棒以及测熔点和沸点的毛细管、水蒸气蒸馏和气体吸收装置中所用的玻璃弯管等都需要简单玻璃加工来完成，只有学会简单玻璃工操作，才能为顺利地进行有机化学实验打下良好的基础。

【实验目的】

1. 学习酒精喷灯的使用方法。
2. 掌握玻璃管（棒）的切割与弯管、熔（沸）点管、滴管等的拉制。

【实验原理】

1. 玻璃管（棒）的洁净、切割和平光　在进行玻工操作前，应将所加工的玻璃管或玻璃棒用抹布拭干净。制备熔点管和沸点管的玻管则要先用洗涤剂洗涤，然后依次用自来水、蒸馏水清洗，经干燥后方可进行加工。

玻璃管（棒）的切割是左手在需要割断的地方按住玻管（棒），右手握住锉刀并将其锋棱垂直压在左手拇指固定好玻管上，用力往回拉，锉出一稍深细痕，切不可来回乱锉，否则会锉出的多条痕，导致折断时截面不平整。然后两手握住玻管，锉痕向外，两手的大拇指顶住锉痕背面两侧轻轻向前推，同时稍微用力向两边拉，玻管即会平整地断开（图 3-8）。为了安全，操作时应尽可能离眼睛远些，同时要注意玻管末端别碰到两侧的同学。折断玻璃管的另一办法是将一根玻棒拉细，将细的一端（直径 1～2mm）在煤气灯或酒精喷灯上加强热，待烧至白炽即取出紧紧按在锉痕上，玻管会沿锉痕方向裂开。若裂痕未扩展成一整圈，可以逐次用灼热玻棒压触裂缝前端，直至玻管完全断开。此法特别适用于接近玻管末端处的截断，或割断固定在某些装置上的玻管。

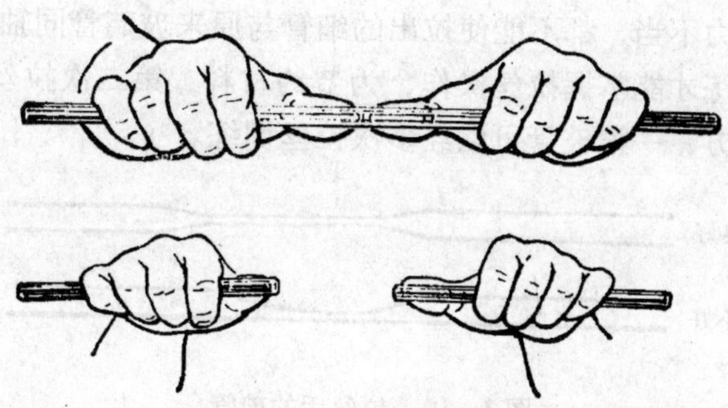

图 3－8　折断玻管

切割开的玻管（棒）截面很锋利，须在火中烧熔使之光滑，这称为平光。平光应将玻管倾斜成45°角左右略伸入煤气灯氧化焰边沿，边加热边转动，至玻管边沿发黄即可取出，此时玻管截面已经光滑。平光时不宜在火中加热太久，以免管口缩小。

2. 拉玻璃管　拉玻璃管又称拉丝，是玻工技术中最基本的操作之一。用左手握住玻璃管，右手托住玻璃管另一处，为使玻璃管在受热变软后仍能把握稳定，两手握玻璃管的位置应在欲加热之处至玻璃管两端的中心。然后将玻璃管平置于煤气灯或酒精喷灯上，先用小火预热，然后再加大火焰（这样可避免发生爆裂）加热。玻璃管加热的位置通常在煤气灯或酒精喷灯焰的氧化焰中，因此处温度最高（图3－9）。边加热左手边向同一方向不断旋转，转动时玻管应保持平稳，使加热之处受热均匀，受热均匀与否直接影响拉丝的质量。待玻璃管略微变软，托玻璃管的右手也要以尽可能相同的速度将玻管作同方向转动，并保持玻璃管平直，以免玻璃管绞曲。当玻璃管已发黄变软，即可从火焰中取出，右手稍高，两手一边向同一方向转动，一边向两边拉伸，直至拉成所需细度。拉伸可使玻管维持平直，转动可使拉细的细管与玻璃管在同一轴上。拉好后两手不能马上松开，仍要不断转动，并向两边微微使力，直至玻璃管完全硬化。然后一手将玻管垂直提置，另一手在拉细的适当地方折断。粗端仍很热，防止烫手与烫坏实验台面，应置于托盘上。拉出的细管应与原来的玻管在同一轴上，不能歪斜。

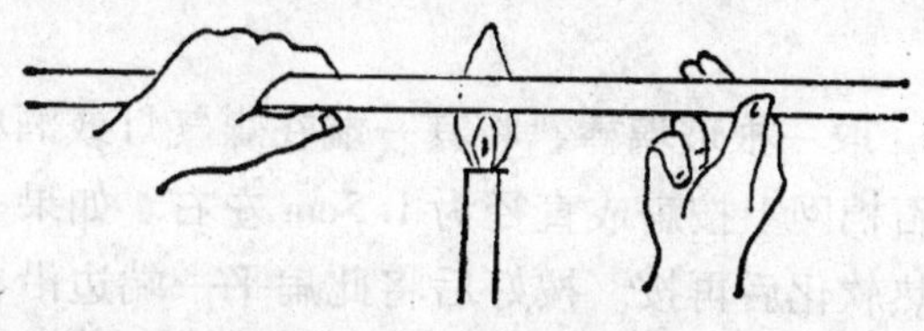

图 3－9　拉玻璃管

通过拉丝能熟悉熔融的玻管的转动操作和掌握玻管熔融的“火候”，这两点是玻工操作的关键，应用这一操作能顺利地将玻璃管拉成滴管，这也是其他玻璃工操作的基础。如果玻璃管在转动加热时，前后左右或上下晃动使之受热不均，或在拉伸时不作转动，用力不当，都不能使拉出的细管与原来玻璃管同轴（图3－10）。同学们必须经多次训练才能掌握拉丝操作，为节约材料，第二次拉丝应加热在粗玻管接近拉成细管的地方，一根玻管可以经多次拉丝训练。

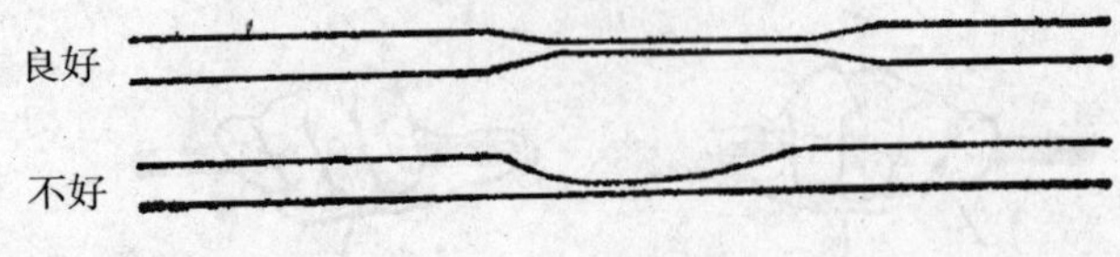

图3－10　拉丝后的玻管

3. 制备熔点管、沸点管和玻璃沸石　取一清洁干燥的玻璃管（直径为1cm，壁厚1mm以内），两手握住玻管，放在灯焰上加热，火焰由小到大，边烧边转动。当烧至变黄变软即从火焰中取出，两手一边旋转，一边水平地向两边拉开（图3－11）。开始拉时要慢些，然后再使力较快地拉长，使之成为内径为2mm左右的毛细管。然后将此毛细管截成长约15cm的小段，两端都用小火封闭。封闭时，将毛细管倾斜45°角在小火的边沿一边转动一边加热，至顶端熔化并拢呈一点黄色即已封住。在封另一端时要注意，加热过长，管内空气膨胀会使已熔化的封闭处胀破。制好的毛细管待冷却后集中放在试管内以备测熔点使用，使用时只要将毛细管从中央割断，即得两根熔点管。

图3－11　拉测熔点或沸点用的毛细管

测定微量液体的沸点管见图3－12，它由内外两根毛细管组成。外管内径3～4mm，长7～8cm，下端封闭，将内径1mm、长约5cm的毛细管上端小火熔化封闭作为内管，将内管放入外管即成沸点管。

图3－12　沸点管

将玻璃管或玻璃棒在火焰中熔化拉长后再对叠在一起，造成空隙，保留空气，这样反复对叠和熔拉几十次后，自火焰中取出，拉成1～2mm粗细（长度不限）银色的细条，待冷却后自两端截断，装在试管中。以后蒸馏、回流时只要截取约5mm长即可作沸石用。

4. 玻璃钉的制作　取一根玻璃棒，将其一端在煤气灯或酒精喷灯氧化焰边缘加热软化变黄后，再在石棉网上按扁成直径为1.5cm左右。如果一次不能按成所需大小，可将此端重新加热软化后再按。按好后将此扁平一端边沿在煤气灯或酒精喷灯上先用较大火焰，再逐渐减弱火焰不断旋转加热，进行退火。若不经退火处理任其冷却，因有内应力常会冷爆。然后截成长6cm左右，截断处须在火上烧黄平光（以防割手），就成了一根粗玻璃钉［图3－13（1）］，可供抽滤时挤压或研磨样品时用。

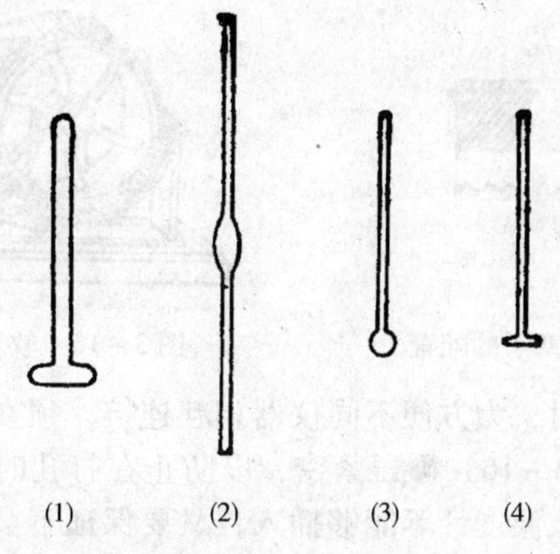

图 3 - 13　玻璃钉

5. 弯玻璃管　将一根玻璃管放在煤油灯或酒精喷灯上加热（玻管受热长度可达 5 ~ 8cm），两手左右摆动，以使受热面较长，同时缓慢转动使其受热均匀，当玻管软化后将其从火焰中取出，两手平托住玻管两端。玻管中间部位因已软化，故在重力作用下向下弯曲，同时两手再轻轻地向中心施力，直至弯曲成所需角度。

图 3 - 14　弯管操作及弯成的玻璃管

还有一种弯管的办法是将玻管一端用橡皮滴头封住（或拉丝后封住），将玻管斜置于火焰上加热（使受热面略大），同时不断转动，至弯软后自火中取出，边弯边从玻管开口一端向里吹气，使玻管弯曲部分保持原来粗细。这样的弯管较为美观，但技术上较难掌握。

加工后的玻管也应经退火处理，否则会冷爆。

6. 塞子的配置和钻孔　有机化学实验中，在玻璃仪器上配置的塞子主要有软木塞和橡皮塞，软木塞不易被有机溶剂溶胀，而橡皮塞则易受有机物质侵蚀而溶胀，且价格也稍贵。但是，在要求密封的实验中（如减压蒸馏）则必须使用橡皮塞，以防漏气。

塞子的大小应与所塞仪器颈口大小相适应，塞子进入颈口部分应是塞子本身的 1/3 ~ 2/3，一般以 1/2 为宜（图 3 - 15）。如选用软木塞应先检查是否有裂缝。

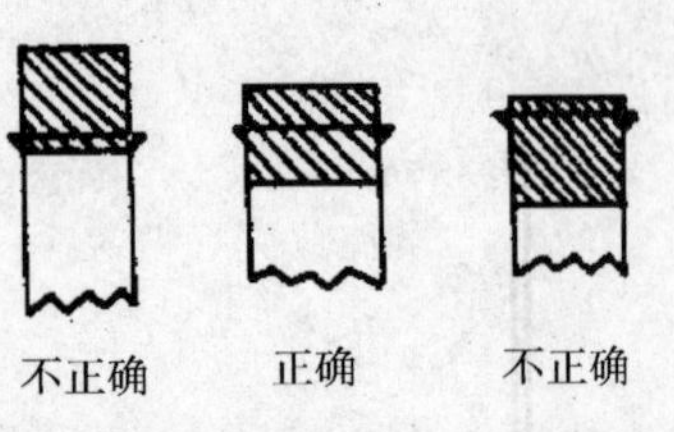

图3－15　塞子的配置

图3－16　软木塞压塞器

在不使用磨口仪器时，为方便不同仪器相互连接，须在塞子上钻孔。软木塞在钻孔前应用压塞器（图3－16）碾压紧密，以防止在打孔时软木塞裂开。所钻的孔径的大小既要使玻璃管或温度计等能够插入，又要保证不会漏气，因此所选打孔器的口径应略小于所插入物件的口径。钻孔时，将软木塞小端朝上放在木板上（不要直接放在实验台上，以免损坏台桌面），在打孔器的下面涂些甘油或水润滑，然后一手握紧塞子，一手持打孔器，从塞子小端的中央垂直均匀钻入，一边顺时针旋转，一边向下施加压力，不要倾斜，也不要晃动，时刻注意打孔器是否保持垂直。当钻至塞子的1/2左右时，将打孔器一边逆时针转动，一边向上拨出。用金属棒捅掉打孔器内的软木屑，然后将塞子大的一端翻朝上，再从对准原来的钻孔位置垂直把孔钻通即可，必要时可用圆锉刀把孔细心修理光滑或略锉大一些。

在橡皮塞上钻孔时，所选用的打孔器的口径应与要插入其内的管子的口径略大。钻孔时更应缓慢均匀，多转几圈，不要用力顶入，否则钻出的孔很细小，不适用（图3－17）。

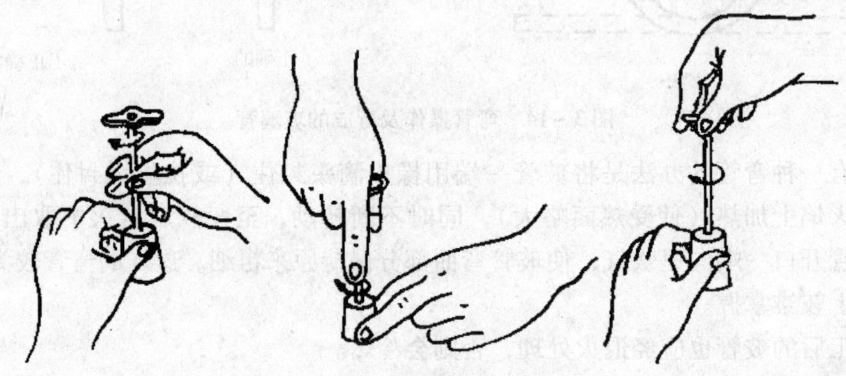

图3－17　在橡皮塞子上钻孔

当把温度计或玻璃管插入塞子的孔中时，应先涂一些甘油或水（温度计时为水银球端）加以润滑，并将手握住温度计或玻璃管靠近塞子的地方，均匀用力慢慢旋入塞子孔内，不要握得离塞子太远，否则易折断温度计（或玻璃管），甚至造成割伤事故。必要时，可用布包住温度计慢慢旋入。

每次实验后，应将使用过的塞子洗净、干燥，保存备用。

【仪器与材料】

1. 玻管　直径5～6mm、长1.2～1.4m和直径10mm、长40～50cm。

2. 玻棒　直径7mm、长1.2～1.4m。

【实验步骤】

1. 制作滴管　用玻璃管制成粗端直径5～6mm，总长度12cm，细端内径为1.5～2mm，长4～5cm的滴管三根。细端在用小火熔光，粗端烧软后在石棉网上按一下，使其外缘突出，冷却后装上橡皮乳头即成。

2. 拉制熔点管　用直径10mm的薄壁玻管拉制成长15cm，内径1mm左右，两端封口的毛细管10根，装入大试管备用。使用时只要用小砂轮在毛细管中间截断，即成两根熔点管。

3. 制玻璃沸石若干　取一璃段玻管，在反复熔拉（拉长后对叠在一起）几十次，拉成直径约1mm银色玻璃棒若干，装入试管备用。使用时截取约5mm长即可作沸石用。

4. 制玻璃搅拌棒与玻璃钉　截取17～18cm长玻棒两根，12cm长玻棒1根，两端皆在火中烧圆，得三根搅棒。

用玻棒制取长6cm，细端直径2～3mm的小玻璃钉2只以及直径5mm，长6cm的大玻璃钉1只。

5. 弯玻璃管　制作120°、90°和60°角的玻璃弯管各1根。

第四章 制备实验

实验五 盐类的制备

一、甲酸铜的制备

【实验目的】

1. 了解碱式碳酸铜的一种制备方法，进而制得甲酸铜。
2. 进一步熟悉固液分离的方法。
3. 进一步学习无机制备中一些基本操作。

【实验原理】

某些金属的有机酸盐，例如甲酸镁、甲酸铜、醋酸钴、醋酸锌等，可用相应的碳酸盐或碱式碳酸盐或氧化物与甲酸或醋酸作用来制备。这些低碳的金属有机酸盐分解温度低，而且容易得到很纯的金属氧化物。制备具有超导性能的钇钡铜（$YBa_2Cu_3O_x$）化合物的其中一种方法，是由甲酸与一定配比的 $BaCO_3$、Y_2O_3 和 $Cu(OH)_2 \cdot CuCO_3$ 混合物作用，生成甲酸盐共晶体，经热分解得到混合的氧化物微粉，再压成片在氧气氛下高温烧结，冷却吸氧和相变氧迁移有序化后制得。

本实验用硫酸铜和碳酸氢钠作用制备碱式碳酸铜：

$$2CuSO_4 + 4NaHCO_3 = Cu(OH)_2 \cdot CuCO_3\downarrow + 3CO_2\uparrow + 2Na_2SO_4 + H_2O$$

碱式碳酸铜为天然孔雀石或铜绿的主要成分，俗称孔雀绿。

碱式碳酸铜再与甲酸反应制得蓝色的四水甲酸铜：

$$Cu(OH)_2 \cdot CuCO_3 + 4HCOOH + 5H_2O = 2Cu(HCOO)_2 \cdot 4H_2O + CO_2\uparrow$$

无水的甲酸铜为白色。

【仪器与试剂】

1. 仪器 托盘天平、研钵、温度计。

2. 试剂 $CuSO_4 \cdot 5H_2O$、$NaHCO_3$（s）、HCOOH。

【实验步骤】

1. 碱式碳酸铜的制备 称取 12.5g$CuSO_4 \cdot 5H_2O$ 和 9.5g$NaHCO_3$ 于研钵中，磨细后混合均匀。在快速搅拌下将混合物分多次小量缓慢加入到 100ml 近沸的蒸馏水中（为防止爆沸，此时停止加热）。混合物加完后，再加热近沸数分钟。静置澄清后，用倾析法洗涤沉淀至溶液无 SO_4^{2-}（用 $BaCl_2$ 检查）。抽滤至干，称重。

2. 甲酸铜的制备 将制得的碱式碳酸铜产品放入烧杯中，加入约20ml蒸馏水，加热搅拌至50℃左右，逐滴加入适量甲酸至沉淀完全溶解（所需甲酸量自行计算），趁热过滤。滤液在通风橱下蒸发至原体积的1/3左右，冷至室温，抽滤，用少量乙醇洗涤晶体2次，抽滤至干，得 $Cu(HCOO)_2 \cdot 4H_2O$ 产品，称重，计算产率。

【思考题】

1. 制备甲酸铜时，为什么不以CuO为原料而用碱式碳酸铜 $Cu(OH)_2 \cdot CuCO_3$ 为原料？

2. 在制备碱式碳酸铜过程中，如果温度太高对产物有何影响？

二、硝酸钾的制备

【实验目的】

1. 学习利用各种易溶盐在不同温度时溶解度的差异来制备易溶盐的原理和方法。

2. 学习重结晶的原理和方法。

3. 学习掌握热过滤的操作。

4. 进一步巩固蒸发、结晶、过滤等基本操作。

【实验原理】

硝酸钾为无色透明斜方晶体或粉末、颗粒，相对密度2.1109，熔点333℃，热至400℃分解放出氧，转变成亚硝酸钾，继续加热分解生成氧化钾和氧化氮。溶于水，不溶于乙醇。能溶于液氨和甘油。硝酸钾是制造黑色火药、引火线、烟花等的原料；机械热处理作淬火的盐浴；陶瓷工业用于制造彩釉；用作玻璃澄清剂，制造汽车灯玻璃、光学玻璃和显像管玻壳等。生产青霉素钾盐、利福平等医药。还用作选矿药剂。食用硝酸钾用作肉制品的发色剂、防腐剂。

工业上常采用转化法制备硝酸钾晶体，其反应如下：

$$NaNO_3 + KCl \rightleftharpoons NaCl + KNO_3$$

反应是可逆的，根据氯化钠的溶解度随温度变化不大，而氯化钾、硝酸钾和硝酸钠在高温时具有较大或很大的溶解度而温度降低时溶解度明显减小（如氯化钾、硝酸钠）或急剧下降（如硝酸钾）的这种差别，将一定浓度的硝酸钠和氯化钾混合液加热浓缩，当温度达118～120℃时，由于硝酸钾溶解度增加很多，它达不到饱和，不析出，而氯化钠的溶解度增加甚少，随浓缩、溶剂水的减少，氯化钠析出。通过热过滤除去氯化钠，将此溶液冷却至室温，即有大量硝酸钾析出，氯化钠仅有少量析出，从而得到硝酸钾粗产品。再经过重结晶提纯，得到纯品。如表4－1。

表4－1 四种盐的溶解度（g/100g水）

温度/℃	0	10	20	30	40	60	80	100
KNO_3	13.3	20.9	31.6	45.8	63.9	110.0	169	246
KCl	27.6	31.0	34.0	37.0	40.0	45.5	51.1	56.7
$NaNO_3$	73	80	88	96	104	124	148	180
NaCl	35.7	35.8	36.0	36.3	36.6	37.3	38.4	39.8

【仪器与试剂】

1. 仪器 量筒、烧杯、台称、石棉网、三脚架、铁架台、热滤漏斗、布式漏斗、吸滤瓶、抽气泵、瓷坩埚、温度计（200℃）、比色管（25ml）。

2. 试剂 固体药品：硝酸钠（工业级）、氯化钾（工业级）。

液体药品：$AgNO_3$。

【实验步骤】

1. 硝酸钾的制备 在台秤上称取20g 硝酸钾和17g 氯化钾（取药量依据反应式给出的计量比，可根据工业品的实际纯度自行折算），放入100ml 小烧杯中，加30ml 蒸馏水，加热至沸，使固体溶解（记下小烧杯中液面的位置）。

继续加热并不断搅动溶液，氯化钠逐渐析出，当体积减少到约为原来的1/2时（或热至118℃）时，趁热进行热过滤（漏斗颈应尽可能短，为什么），动作要快。承接滤液的烧杯预先加入2ml 蒸馏水，以防降温时硝酸钾达过饱和而析出。待滤液冷却到室温，用减压过滤法把硝酸钾晶体尽量抽干。得到的晶体为粗产品、称重。

2. 粗产品的重结晶 除保留少量（0.1～0.2g）粗产品提供纯度检验外，按粗产品∶水＝2∶1（质量比），将粗产品溶于蒸馏水中。加热、搅拌、待晶体全部溶解后停止加热。若溶液沸腾时，晶体还未完全溶解，可再加极少量蒸馏水使其溶解。待溶液冷却至室温后抽滤，得到纯度较高的硝酸钾晶体，称量。

3. 纯度检验

（1）定性检验：分别取0.1g 粗产品和一次重结晶得到的产品放入两支小试管中，各加入2ml 蒸馏水配成溶液。在溶液中分别滴入1滴5 mol/L 硝酸酸化，再各滴入0.1 mol/L 硝酸银溶液2滴，观察现象，进行对比，重结晶后的产品溶液应为澄清。

（2）根据试剂级的标准检验样品中总氯量，于700℃灼烧15min，冷却，溶于蒸馏水中（必要时过滤），稀释至25ml，加2ml 5mol/L 硝酸和0.1 mol/L 硝酸银溶液，摇匀，放置10min。所呈浊度不得大于标准。

标准时取下列数量的 Cl^-：优级纯～0.015mg；分析纯～0.030mg；化学纯～0.070mg。稀释至25ml，与同体积样品溶液同时同样处理（氯化钠标准溶液依据 GB602－77 配制，见备注）。

本实验要求重结晶后的硝酸钾晶体含氯量达化学纯为合格，否则应再次重结晶，直至合格。最后称量，计算产率，并与前几次的结果相比较。

【思考题】

1. 何谓重结晶？本实验都涉及哪些基本操作，应注意什么？
2. 制备硝酸钾晶体时，为什么要把溶液进行加热和过滤？
3. 溶液沸腾后为什么温度高达100℃以上？
4. 能否将除去氯化钠后的滤液直接冷却制取硝酸钾？

【备注】

（1）根据中华人民共和国国家标准（GB647－77）化学试剂硝酸钾的杂质最高含量（指标以%计）见表4－2。

表 4-2 硝酸钾的杂质最高含量

名称	优级纯	分析纯	化学纯
澄清度试验	合格	合格	合格
水不溶物	0.002	0.004	0.006
干燥失重	0.2	0.2	0.5
总氯量（以 Cl 计）	0.0015	0.003	0.007
硫酸盐（SO_4^{2-}）	0.002	0.005	0.01
亚硝酸盐及碘酸盐（以 NO_3^- 计）	0.0005	0.001	0.002
磷酸盐（PO_4^{3-}）	0.0005	0.001	0.001
钠（Na）	0.02	0.02	0.05
镁（Mg）	0.001	0.002	0.004
钙（Ca）	0.002	0.004	0.006
铁（Fe）	0.0001	0.0002	0.0005
重金属（以 Pb 计）	0.0003	0.0005	0.001

（2）氯化物标准溶液的配制（1ml 含 0.1mg Cl^-）称取 0.165g 于500～600℃灼烧至恒重之氯化钠溶于水，移入 1000ml 容量瓶中，稀释至刻度。

（3）检查产品含氯总量时，要求在 700℃灼烧。这步操作需在马福炉中进行。需要注意的是，当灼烧物质达到灼烧要求时，先关掉电源，待温度降至 200℃以下时，可打开马福炉，用长柄坩埚钳取出装样品的坩埚，放在石棉网上，切忌用手拿。

实验六 无水乙醇的制备

【实验目的】

1. 学习用氧化钙制备无水乙醇的原理和方法。
2. 学习进行无水操作的方法。
3. 掌握回流、蒸馏等基本操作。

【实验原理】

在有机合成中，溶剂纯度对反应速度及产率有很大影响。有些反应，必须在绝对干燥条件下进行；在反应产物的最后纯化过程中，为避免某些产物与水生成水合物，也需要较纯的无水有机溶剂。

乙醇是常用的有机溶剂。在实验室中，通常用氧化钙法制备无水乙醇，也可以用分子筛法或阳离子交换树脂脱水法。本实验用氧化钙法来制备无水乙醇，就是利用氧化钙的吸水性，通过加热回流、蒸馏等操作，从而得到无水乙醇。

【仪器与试剂】

1. 仪器 圆底烧瓶、冷凝管（球形和直形）、干燥管、锥形瓶、电炉、蒸馏装置、铁架台等。

2. 试剂 氧化钙、氢氧化钠、95%乙醇溶液、无水氯化钙。

【实验步骤】

1. 回流除水 在250ml短颈圆底烧瓶[1]中，放入100ml95%乙醇溶液；40g小块的生石灰[2]；0.5g氢氧化钠，振荡均匀。装上回流冷凝管，其上端接一氯化钙干燥管（管内先用少许棉花垫着再填充无水氯化钙），如图4－1所示。在水浴加热回流40min。

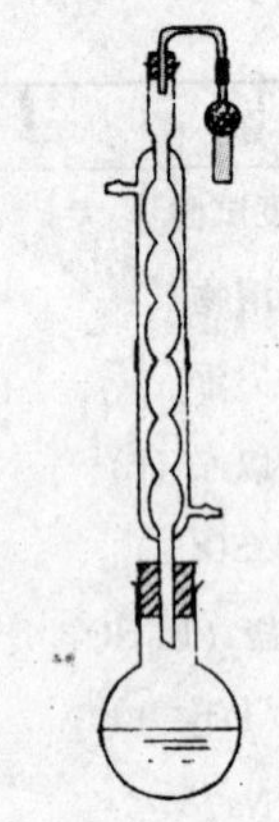

图4－1 无水乙醇的制备装置图

2. 蒸馏 回流完毕，稍冷后取下冷凝管，改为常压蒸馏装置，在水浴上加热，蒸去前馏分6ml[3]后，用干燥称过重量的干净吸滤瓶或蒸馏瓶作接受器，其支管接一氯化钙干燥管，使与大气相通。用水浴加热，蒸馏至几乎无液滴流出为止。称量无水乙醇的重量（前后重量之差再加6ml乙醇的重量），即为乙醇的产量，也可量其体积，计算回收率。

纯粹乙醇的沸点为78.5℃，折光率 $n_D^{20}=1.3611$。

【思考题】

1. 制备无水乙醇时应注意什么事项？为什么加热回流和蒸馏时，冷凝管的顶端和接受器支管上需装置氯化钙干燥管？

2. 回流除水过程中，加入氢氧化钠有何作用？

3. 如何检验实验所得产物为无水乙醇？

【附注】

［1］本实验中所用仪器均需彻底干燥。由于乙醇具有很强的吸水性，故操作过程中和存放时必须防止水分的侵入。

［2］一般用干燥剂干燥有机溶剂时，在蒸馏前应先过滤除去。但氧化钙与乙醇中的水反应生成的氢氧化钙，因在加热时不分解，故可留在瓶中一起蒸馏。

［3］最初蒸出的乙醇可能由于仪器中所附的少量水分而使乙醇含有少量的水分，故待蒸出6ml乙醇时暂停加热，拆下三角烧瓶，迅速把瓶中的乙醇倒入另一干燥的容器中，再装上三角烧瓶，继续加热蒸馏。

实验七 1－溴丁烷的制备

【实验目的】

1. 学习以正丁醇、溴化钠、浓硫酸制备1－溴丁烷的原理与方法。

2. 练习有害气体吸收装置的加热回流操作和液体干燥操作。

3. 学习使用分液漏斗洗涤液体的方法。

【实验原理】

卤代烷可由结构相应的醇与氢卤酸发生亲核取代反应来制备。1－溴丁烷就是通过正丁醇与氢溴酸在浓硫酸的存在下共热反应而制得的：

主反应：

$$NaBr + H_2SO_4 \longrightarrow HBr + NaHSO_4$$

$$n-C_4H_9OH + HBr \longrightarrow n-C_4H_9Br + H_2O$$

副反应：

$$CH_3CH_2CH_2CH_2OH \xrightarrow[\Delta]{浓H_2SO_4} CH_3CH_2CH=CH_2 + H_2O$$

$$2CH_3CH_2CH_2CH_2OH \xrightarrow[\Delta]{浓H_2SO_4} (CH_3CH_2CH_2CH_2)_2O + H_2O$$

$$2HBr + H_2SO_4 \xrightarrow[\Delta]{} Br_2 + SO_2 + 2H_2$$

【仪器与试剂】

1. 仪器　圆底烧瓶、蒸馏烧瓶、蒸馏头、直形冷凝管、回流冷凝管、接引管、三角漏斗、分液漏斗、锥形瓶、电炉等。

2. 试剂　正丁醇、浓硫酸、无水溴化钠、无水氯化钙、饱和碳酸氢钠溶液。

【实验步骤】

将10ml水加入100ml圆底烧瓶中，并慢慢地加入14ml浓硫酸，混合均匀并冷却至室温。再加入正丁醇7.4g（9.2ml，0.10mol）和13g（0.13mol）研细的溴化钠依次加入圆底烧瓶中，充分振摇后[1]，加入几粒沸石。烧瓶上装一回流冷凝管，在冷凝管的上口连接气体吸收装置以吸收逸出的溴化氢气体，如图4-2所示。将烧瓶放在棉网上用小火加热至沸腾，保持平稳回流0.5h并间歇摇动反应装置，以使反应物充分接触。

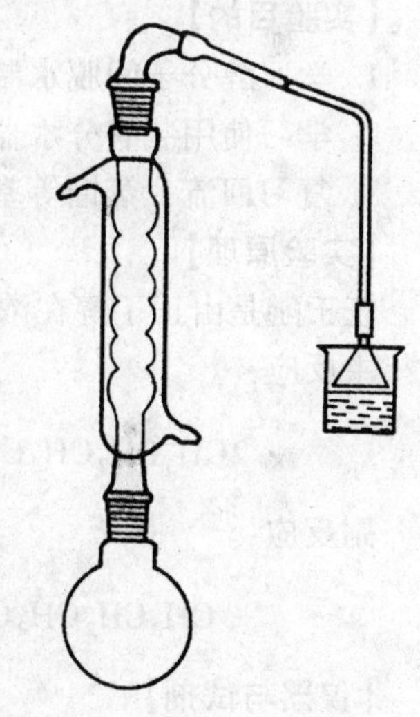

图4-2　溴丁烷的制备装置

反应完成后，将反应物冷却，改为蒸馏装置，在石棉网上加热，蒸出所有溴丁烷[2]。将馏出液转入分液漏斗，加入等体积（约10ml）水洗涤[3]（判断产物在上层还是下层），将粗产物分至另一干燥的分液漏斗中，用等体积（约5ml）浓硫酸洗涤[4]，尽量分去硫酸层（哪一层）。有机层依次用水、饱和碳酸氢钠溶液和水各10ml洗涤后，产物移入干燥的小三角烧瓶中，加入无水氯化钙干燥，间歇摇动三角烧瓶，直至液体澄清为止。

干燥后的产物通过置有折叠滤纸的小漏斗滤入100ml蒸馏烧瓶中，加入沸石后，在石棉网上加热蒸馏，收集99～103℃的馏分，产量约6～7g。

纯1-溴丁烷为无色透明液体，b.p为101.6℃，折光率$n_D^{20}=1.4401$。

【思考题】

1. 在本实验中，可能产生哪些副反应，在实验操作中，如何减少副产物的生成？

2. 回流加热后反应瓶中的内容物呈红棕色这是什么缘故？蒸馏1-溴丁烷后，残余物应趁热清除，为什么？

3. 反应后的粗产品有哪些杂质？各步的洗涤的目的何在？

【附注】

[1] 如在加料过程中和反应回流时不摇动，将影响产量。

[2] 溴丁烷是否蒸完，可从下列三方面来判断：①馏出液是否由浑浊变为澄清；②反应瓶上层油层是否消失；③取一支试管收集几滴馏液，加入少许水摇动，如无油珠出现，则表示有机物已被蒸完。

[3] 如用水洗涤后产物尚呈红色，是因为含有溴的缘故，可加入 10～15ml 饱和亚硫酸氢钠溶液洗涤除去：

$$Br_2 + 3NaHSO_3 \longrightarrow 2NaBr + NaHSO_4 + 2SO_2 + H_2O$$

[4] 浓硫酸能溶解存在于粗品中少量未反应的正丁醇和副产物丁醚等杂质。因为以后的蒸馏中，由于正丁醇与正溴丁烷可形成共沸物（b. p 为 98.6℃，含正丁醇 13%）而难以除去。

实验八　正丁醚的制备

【实验目的】

1. 学习醇分子间脱水制备醚的反应原理和实验方法。
2. 学习使用装有分水器的实验操作。
3. 复习回流、蒸馏等基本操作和技能，进一步熟悉分液漏斗的使用方法。

【实验原理】

正丁醚是由正丁醇在浓硫酸催化作用下，通过分子间脱水而制得。

主反应：

$$2CH_3CH_2CH_2CH_2OH \underset{\Delta}{\overset{浓\ H_2SO_4}{\rightleftharpoons}} (CH_3CH_2CH_2CH_2)_2O + H_2O$$

副反应：

$$CH_3CH_2CH_2CH_2OH \xrightarrow[>135℃]{浓\ H_2SO_4} CH_3CH_2CH = CH_2 + H_2O$$

【仪器与试剂】

1. 仪器　三口烧瓶、圆底烧瓶、水分离器、冷凝管（球形和直形）、温度计、分液漏斗、电炉、锥形瓶等。

2. 试剂　正丁醇、浓硫酸、50%硫酸溶液、无水氯化钙。

【实验步骤】

在 100ml 三口烧瓶中，加入 31ml 正丁醇（约 25g，0.33 mol），一边振荡一边分几次加入 5ml 浓硫酸，再加入几粒沸石，在烧瓶口上装上水分离器[1] 和温度计[2]，分水器上端连一回流冷管。全部安装如图 4－3 所示。

开始加热前，先在水分离器中加入一定量的小（约 4ml），把水的位置做好记号。然后将烧瓶在石棉网上用小火加热，使瓶内液体在微沸状态下回流（约 60min）。随着反应的进行，水分离器中的水层不断增加，反应液的温度也不断上升。当水分离器中的水层超过了支管而要流回三口烧瓶时，可以打开水分离器的旋塞放掉一部分的水于量筒中。当三口烧瓶中的溶液温度达到 138～140℃时，立即停止加热[3]。

待反应物冷却后，把混合物连同分水器里的水一起倒入内盛 50ml 水的分液漏斗中，充分振摇，静置分层后，放出水层。将上层粗产物用50%硫酸溶液（由15ml浓硫酸与26ml水配制而成）洗涤2次，每次用量15ml[4]。再用水洗涤两次，每次用量15ml[5]。然后将粗产物倒入干燥的三角烧瓶中，加入2~3g无水氯化钙干燥。将干燥后的产物移入蒸馏烧瓶中（注意不要将氯化钙倒入瓶中！），加入沸石，装好温度计，加热蒸馏，收集139~142℃馏分，产量7~8g。

纯正丁醚为无色液体，b.p为142℃，折光率 $n_D^{20}=1.3992$。

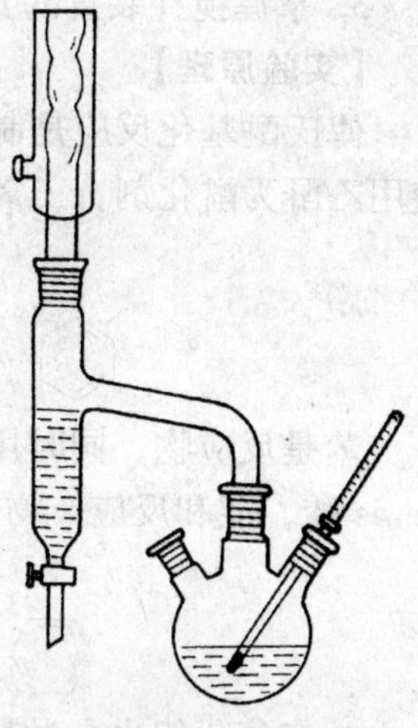

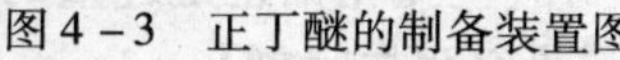

图4-3 正丁醚的制备装置图

【思考题】

1. 在有水生成的制备实验中都可使用分水器吗？为什么？

2. 如何判断反应已经进行得比较完全了？

3. 试分析正丁醚产率低的原因。

4. 反应物冷却后，为什么要倒入50ml水？各步洗涤的目的是什么？

【附注】

［1］水分离器可以将反应生成的水不断地除去，使反应向右进行，提高反应产率。因为水和正丁醇、正丁醚可以形成以下几种恒沸混合物：

水：正丁醇=44.5：55.5的恒沸物	沸点为93℃
水：正丁醚=33.4：66.6的恒沸物	沸点为94.1℃
正丁醚：正丁醇=17.5：82.5的恒沸物	沸点为117.6℃
正丁醇：正丁醚：水=34.6：35.5：29.9的三元恒沸物	沸点为90.6℃

含水混合物冷凝后分层，上层主要是正丁醇和正丁醚，下层主要是水。在反应过程中利用分水器使上层液体不断送回反应瓶中继续反应。

［2］温度计一定要插入溶液液面之下，并且水银球距三口瓶底要留有1~2mm的距离，这样所测温度才是反应液的温度。

［3］反应终点以反应物温度达到140℃为标准。当反应温度超过150℃时继续加热，则溶液变黑，并伴有大量副产物丁烯生产。

［4］50%硫酸溶液可溶解正丁醇，但对于正丁醚则溶解度却极小，所以可洗去粗产品中未反应的正丁醇。

［5］用水洗的目的，是洗除残存在产物中的硫酸。洗两次后，可使水溶液达到中性。稀碱洗涤乳化严重，较难分层。

实验九 苯乙酮的制备

【实验目的】

1. 学习Friedel-Crafts酰基化反应制备芳酮的基本原理和实验方法。

2. 学习反应中放出气体的吸收方法。

3. 掌握搅拌装置的安装和使用方法。

【实验原理】

傅氏酰基化反应是制备芳酮的重要方法。常用的酰化剂有酰氯和酸酐。本实验使用乙酐为酰化剂，三氯化铝为催化剂。反应式如下：

$$C_6H_6 + (CH_3CH)_2O \xrightarrow[\Delta]{AlCl_3} C_6H_5COCH_3 + CH_3COOH$$

苯是反应物，同时用作溶剂，故其用量是过量的。三氯化铝是催化剂，因它是 Lewis 酸，能和反应产物生成稳定络合物：

$$C_6H_5-\overset{CH_3}{\overset{|}{C}}=\ddot{O}: + AlCl_3 \longrightarrow C_6H_5-\overset{CH_3}{\overset{|}{C}}=\ddot{O}:AlCl_3$$

故三氯化铝也是过量的。

【仪器与试剂】

1. 仪器 蒸馏烧瓶、三颈烧瓶、电动搅拌机、恒压漏斗、冷凝管、干燥管、三角漏斗、分液漏斗、锥形瓶、电炉等。

2. 试剂 苯、乙酐、三氯化铝、氯化钙、浓盐酸、乙醚、3mol/L NaOH、无水硫酸镁。

【实验步骤】

在干燥的100ml 三颈圆底烧瓶上，分别装上电动搅拌器、恒压漏斗和回流冷凝管[1]，并在冷凝管上端通过一氯化钙干燥管以橡皮管和一气体吸收装置相连，使反应过程逸出的氯化氢被水吸收。如图4-4所示。

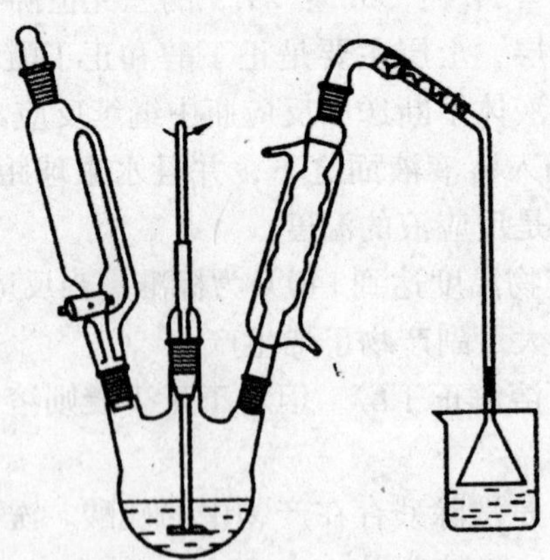

图4-4 苯乙酮的制备装置图

检查整个装置不漏气后，迅速加入无水三氯化铝 10g（0.07mol）[2]和无水纯苯 16ml（约 14g，0.18mol）[3]，尽快塞好恒压漏斗。将乙酐 4ml（4.3g，0.042mol）[4]加入恒压漏斗中。开动搅拌器，在搅拌下，将乙酐逐滴加入三颈圆底烧瓶中，反应很快开始，放出氯化氢气体，烧瓶内反应物温度升高，苯缓慢回流。注意控制滴入速度或用水冷却反应瓶，勿使反应物剧烈沸腾！（约需 10min。）待加料完毕，反应剧烈程度稍减后，在搅拌下水浴加热回流，直至无氯化氢气体逸出为止（约30～40min）。

待反应物冷却至室温后，在搅拌时将反应产物慢慢倒入盛有30～40g碎冰中和18ml浓盐酸[5]的烧杯中进行分解（在通风橱中进行），使析出的氢氧化铝沉淀溶解。若还有不溶物再加适量浓盐酸使之溶解。然后转移到分液漏斗中，静置分层。分离出苯层（上层），水层（下层）用溶剂乙醚萃取两次，每次用量8～9ml。萃取液与上层液合并后，依次用3MNaOH8～9ml、水9ml洗涤，再用2.5g无水硫酸镁干燥。

将干燥后的粗产物先在水浴上加热蒸馏回收苯和乙醚，然后在石棉网上加热，蒸馏收集198～202℃的馏分，称重，计算产率。

苯乙酮为无色油状液体，b.p为202℃。折光率 n_D^{20} 1.5372。产量2.5～3g。

【思考题】

1. 为什么本实验要求所用仪器和试剂均应无水？

2. 在氯化氢吸收装置中，氯化氢的出口处是否应该远离水面还是深入水中？为什么？

3. 在Friedel－Crafts酰基化反应中，三氯化铝的用量和所得产物的纯度方面有何差别？为什么？

4. 为什么使用含盐酸的冰水来分解反应生成物？

【附注】

［1］本实验所用仪器都要充分干燥。凡实验装置中与空气相通的地方，均应连接干燥管（氯化氢吸收装置除外）。

［2］无水三氯化铝在空气中极易吸潮，所以研细、称量、投料都要快。为防止吸潮，研磨、称量等操作可在红外灯照射下进行。取用三氯化铝后，应立即将原试剂瓶塞好。

［3］化学纯苯经无水氯化钙干燥过夜后才能使用。

［4］所用乙酐必须在临用前重新蒸馏，取137～140℃馏分使用。

［5］加酸使苯乙酮析出，其反应式为：

$$C_6H_5-C(CH_3)=\ddot{O}:AlCl_3 \xrightarrow{H_3O^+} C_6H_5-C(CH_3)=O + AlCl_3$$

实验十　乙酰苯胺的制备

【实验目的】

1. 学习用冰醋酸酰化苯胺制乙酰苯胺的原理和方法。

2. 掌握简单分馏、重结晶、脱色、热过滤、抽滤等基本操作技能。

【实验原理】

乙酰苯胺在医药上曾用作退热剂，是合成许多苯系取代物的中间体。它可通过苯胺与冰醋酸、醋酸酐或乙酰氯等试剂作用制得。其中苯胺与乙酰氯反应最激烈，醋酸酐次之，冰醋酸最慢，但用冰醋酸作乙酰化试剂价格便宜，操作方便，但需要较长的时间反应。本实验是用冰醋酸作乙酰化试剂，反应式如下：

$$C_6H_5\text{—}NH_2 + CH_3COOH \xrightleftharpoons{105℃} C_6H_5\text{—}NHCOCH_3 + H_2O$$

反应为可逆反应，故把生成的水蒸出和加入过量的冰醋酸，使反应向右进行。

【仪器与试剂】

1. 仪器 刺形分馏柱、圆底烧瓶、锥形瓶、温度计、烧杯、空气冷凝管、量筒、抽滤瓶、布氏漏斗、蒸发皿、短颈漏斗、电炉等。

2. 试剂 苯胺、冰醋酸、锌粉、活性炭。

【实验步骤】

在干燥的100ml圆底烧瓶中，放置10ml新蒸馏过的苯胺[1]（10.23g，0.11mol）、15ml冰醋酸（15.6g，0.26mol）及少许锌粉（约0.1g）[2]，圆底烧瓶上装上一支短的刺形分馏柱，其上端插一支温度计，支管与空气冷凝管相连，接受管下端接一圆底烧瓶，收集蒸出的水和乙酸。装置如图4-5所示。用小火慢慢加热烧瓶至微沸，控制火焰，使柱顶温度保持在105℃左右，反应约1h。当柱顶温度计下降或烧瓶内出现白色雾状时，则表示反应已经完成，停止加热。在搅拌下趁热将反应物倒入盛有200ml冰水的烧杯中[3]，乙酰苯胺析出结晶。冷却后将产物用布氏漏斗抽滤，抽干后用5~10ml冷蒸馏水洗涤粗产品3次，以除去残留的酸液，抽滤得粗产品。

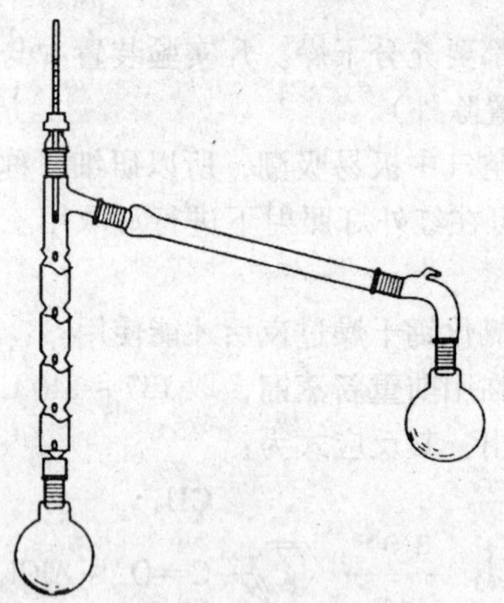

图4-5 乙酰苯胺的制备装置图

将粗产品移至250ml锥形瓶中，加入150ml蒸馏水，置锥形瓶于石棉网上加热使粗产品溶解[4]（如果乙酰苯胺不完全溶解，可再加25ml蒸馏水）。稍放冷，加入0.5 g活性炭脱色[5]，在搅拌下加热煮沸1~2 min，趁热过滤，过滤用的漏斗应预热。将滤液冷却，乙酰苯胺结晶析出，用布氏漏斗抽滤，得结晶，用少许冷水洗涤2次，压紧抽干。结晶放在蒸发皿上，用水浴干燥，称重，产量约10g。测定其熔点，纯乙酰苯胺m.p为114℃。

【思考题】

1. 为什么在合成乙酰苯胺的步骤中，反应温度控制在105℃？

2. 为什么采用过量的乙酸进行反应?

3. 什么叫酰化反应? 哪些物质可作为酰化剂?

4. 为什么在合成步骤中，生成的产物要在趁热和不断搅拌的情况下倒入冰水中，意义何在?

【附注】

[1] 苯胺在空气中放置颜色会变深，影响酰化产品的质量和产率，故要用新蒸的苯胺。

[2] 加锌的目的是防止苯胺在反应中被氧化。

[3] 若让反应混合物冷却，则固体析出沾在瓶壁上不易处理。

[4] 100℃时 100ml 水溶解乙酰苯胺 5.55g；80℃时溶解 3.45g；50℃时溶解 0.84g；20℃时溶解 0.46g。

[5] 活性炭是一种具有多孔蜂窝状结构，有很强吸附力的物质。它能吸附有机物质，故常用来脱去有色物质，该操作称为“脱色”。

实验十一 乙酸乙酯的制备

【实验目的】

1. 学习从有机酸制备酯的原理及方法。

2. 掌握蒸馏、回流、分液、干燥等有机单元操作。

【实验原理】

羧酸和醇在酸的催化下加热生成酯的反应，称为酯化反应。本实验是用乙醇与乙酸在浓硫酸的存在下，在 110～120℃ 的温度下反应，生成乙酸乙酯。反应式如下：

$$CH_3COOH + CH_3CH_2OH \xrightleftharpoons[110 \sim 120℃]{浓 H_2SO_4} CH_3COOC_2H_5 + H_2O$$

反应可逆，常采用加入过量价廉的酸或醇来提高产率。

【仪器与试剂】

1. 仪器 圆底烧瓶、球形冷凝管、直形温度计、烧杯、分液漏斗、锥形瓶、量筒、接液管、电炉等。

2. 试剂 无水乙醇、冰醋酸、浓硫酸、饱和碳酸钠溶液、饱和食盐水、饱和氯化钙溶液、无水硫酸镁。

【实验步骤】

1. 酯化 在 100ml 圆底烧瓶中加入 19ml 无水乙醇（约 16.5g，0.4mol）和 12ml 冰醋酸（12.6g，0.21mol），再缓慢地加入 5ml 浓硫酸，混匀后，投入 2～3 粒沸石，然后装上球形冷凝管。将反应瓶用水浴或油浴加热，保持缓缓回流 30min，稍冷却后，改为蒸馏装置，在水浴上加热蒸馏。接受瓶用冷水冷却。直至在沸水浴上不再有馏出物为止，得粗乙酸乙酯（约为反应物总体积的 0.5 倍）。

2. 提纯 摇动时慢慢向粗产物中加入饱和碳酸钠溶液[1]，直至不再有二氧化碳气体逸出，然后将混合液转入分液漏斗中，振摇后静置，分去水相（下层）。有机相（酯层）用10ml饱和食盐水洗涤后[2]，再用10ml饱和氯化钙溶液洗涤，最后用10ml蒸馏水洗涤，弃去水层（下层液体），酯层（上层）自漏斗上口倒入一干燥的锥形瓶中，用无水硫酸镁干燥[3]。

将干燥后的粗乙酸乙酯滤入50ml蒸馏烧瓶中，在水浴上进行蒸馏，收集73～78℃的馏分，产量约10～12g，计算产率（约55%～57%）。

纯乙酸乙酯为无色而有水果香味的液体，b. p为77.06℃，折光率n_D^{20}=1.3723。

【思考题】

1. 酯化反应有什么特点，在本实验中如何创造条件促使酯化反应尽量向生成物方向进行?

2. 本实验中为什么要用过量的乙醇？若用过量的醋酸是否合适？为什么？

3. 酯化反应后，馏出液组成如何？为何要依次用饱和碳酸钠溶液、饱和氯化钠溶液和饱和氯化钙溶液洗涤？可否不用饱和氯化钠溶液或用水替代饱和氯化钠溶液?

【附注】

[1] 在馏出液中除了酯和水外，还含有未反应的少量乙醇和乙酸，也有副产物乙醚。故必须用碱来除去其中的酸，并用饱和氯化钙溶液来除去未反应的醇，否则将会影响到酯的得率。

[2] 碳酸钠必须除去，否则下一步用饱和氯化钙溶液洗去醇时，有可能产生絮状的碳酸钙沉淀，使进一步分离变得困难，故在这两步操作之间必须水洗一下。由于乙酸乙酯在水中有一定的溶解度，为了尽可能减少由此而造成的损失，所以实际上用饱和食盐水来进行洗涤。

[3] 由于水、乙醇、乙酸乙酯形成二元或三元恒沸物，故在未干燥前已是清亮透明溶液，因此，不能以产品是否透明作为是否干燥好的标准，应以干燥剂加入后吸水情况而定，并放置30min，其间要不时振摇。若洗涤不净或干燥不够时，会使沸点降低，影响产率。乙酸乙酯与水或醇形成二元和三元共沸混合物的组成及沸点如表4－3。

表4－3 乙酸乙酯与水或醇形成二元和三元共沸混合物的组成及沸点

共沸混合物沸点（℃）	组成%		
	乙酸乙酯	乙醇	水
70.2	82.6	8.4	9.0
70.4	91.9		8.1
71.8	69.0	31.0	

实验十二 乙酰水杨酸的制备

【实验目的】

1. 了解水杨酸乙酰化的原理和方法。

2. 掌握电动搅拌、重结晶等操作方法。

【实验原理】

水杨酸乙酰化可得到乙酰水杨酸（阿司匹林），乙酰化试剂常见的有乙酸、乙酐和乙酰氯等。乙酸对酚羟基很难酰化，产率低；乙酰氯最活泼，产率较高，但价格较贵。本实验采用活性中等的乙酐作为乙酰化试剂来制备：

$$\text{(2-HO-}C_6H_4\text{-COOH)} + (CH_3CO)_2O \xrightarrow[70\sim80℃]{\text{浓 } H_2SO_4} \text{(2-}CH_3COO\text{-}C_6H_4\text{-COOH)} + CH_3COOH$$

产品可用 $FeCl_3$ 溶液检验纯度。此外，也可通过测熔点、红外光谱等办法来判断其纯度。

【仪器与试剂】

1. 仪器　三颈烧瓶、冷凝管、温度计、电动搅拌器、水浴锅、布氏漏斗、吸滤瓶、抽气泵、锥形瓶等。

2. 试剂　水杨酸、乙酸酐、浓硫酸、（95%、50%）乙醇溶液、1% $FeCl_3$ 溶液、活性炭。

【实验步骤】

1. 酰化　在干燥的 100ml 三颈烧瓶中，加入水杨酸 8g、醋酸酐 16ml、浓硫酸 8 滴，振荡均匀，装上电动搅拌装置和球形冷凝管。开动搅拌，在 70 ~ 80℃水浴[1]中搅拌反应半小时，停止搅拌，稍冷，将反应液于搅拌下倾入盛有 150ml 冷水的烧杯中，用冰水浴冷却烧杯，缓慢搅拌至乙酰水杨酸结晶完全，抽滤，用少量水洗涤，压干，即得粗品。取少量乙酰水杨酸粗品按步骤 3 用 1% $FeCl_3$ 溶液进行纯度检验。

2. 精制　将粗品置于 150ml 烧杯中，加入 25ml 95% 乙醇溶液，在水浴上微热溶解[2]，搅拌下倾入盛有 70ml 热水的烧杯中，加少量活性炭脱色[3]，趁热抽滤，滤液转入 150ml 烧杯中，放冷，冰水浴冷却至结晶完全。抽滤，用少量 50% 乙醇溶液洗涤，压干，置红外灯下干燥（干燥温度不宜超过 60℃），称重并计算产率。

3. 纯度检验

（1）取少量乙酰水杨酸样品溶于 10 滴 95% 乙醇溶液中，加 1 ~ 2 滴 1% $FeCl_3$ 溶液，观察颜色变化。若溶液颜色变为紫红色，则样品不纯；若无颜色变化，则样品较纯。

（2）测熔点：乙酰水杨酸文献熔点为 135 ~ 136℃。

【思考题】

1. 酰化反应容器是否需要干燥？为什么？

2. 水杨酸乙酰化的副产物有哪些？如何控制？

3. 反应中加入少量浓硫酸的目的何在？不加是否可以？

【附注】

[1] 反应温度不宜过高，否则将生成水杨酰水杨酸等副产物，降低产率。

[2] 若加热至沸腾仍有不溶物，则要趁热过滤去除不溶物。趁热过滤时，先用热的 95% 乙醇溶液湿润滤纸。

[3] 必要时可加热煮沸 1 ~ 2min，使脱色完全。

实验十三　有机物的提取与纯化

一、松节油的提纯及柠檬烯的提取

【实验目的】

1. 了解水蒸气蒸馏的原理和方法。

2. 掌握水蒸气蒸馏装置的安装与使用。

【实验原理】

（见第二章第四节：水蒸气蒸馏。）

【仪器与试剂】

1. 仪器　圆底烧瓶（500ml、250ml）、直形冷凝管、分液漏斗、蒸馏烧瓶、温度计、锥形瓶、电炉等。

2. 试剂　粗松节油、橙皮、无水氯化钙、无水硫酸钠、二氯甲烷。

【实验步骤】

1. 松节油的提纯

（1）仪器安装：水蒸气蒸馏装置如图2－59所示。

（2）水蒸气蒸馏：在水蒸气发生器A中加入约占容器2/3的热水，在蒸馏烧瓶D中加入30ml粗松节油和50ml水，打开螺旋夹G，加热水蒸气发生器至水沸腾，同时通入冷凝水。当有水蒸气从T形管冲出时，旋紧螺旋夹G，使水蒸气进入蒸馏烧瓶，开始蒸馏。为了避免使水蒸气在蒸馏烧瓶中冷凝而积聚液体过多，可在蒸馏烧瓶下置一石棉网，用小火加热。控制蒸馏速度为每秒2~3滴，使蒸气能全部在冷凝管中冷凝下来。蒸馏过程中应随时注意安全管水位是否正常，如发现水位迅速升高，则表示系统内发生了堵塞，应立即打开螺旋夹，停止加热，找出原因排除故障后再继续蒸馏。

一旦馏出液变清，蒸馏即已接近完成，再继续蒸出约10ml馏出液，便可停止蒸馏。欲停止蒸馏时，应先打开螺旋夹，与大气相通，然后移去热源，否则D中的液体会倒吸入A中。

（3）分离及检验：将馏出液倒入分液漏斗中，静置待分层。收集上层松节油于回收瓶中，并放入1~2g烘干的块状无水氯化钙将少量水分吸去，即可得精制的松节油。测定其折光率。

（4）实验完毕：折下蒸馏装置，将仪器洗净放好。

2. 柠檬烯的提取　精油是植物组织经水蒸气蒸馏得到的挥发性成分的总称。大部分具有令人愉快的香味，主要组成为单萜及倍半萜化合物，在工业上经常用水蒸气蒸馏的方法来收集精油。柠檬、橙子和柚子等水果果皮通过水蒸气蒸馏得到一种精油其主要成分（90%以上）是柠檬烯。

柠檬烯属于萜烯类化合物。萜类化合物是指基本骨架可看作由两个或更多的异戊二烯以头尾相连而构成的一类化合物。根据分子中的碳原子数目可以分为单萜、倍半萜、二萜和多萜等。柠檬烯是一环状萜类化合物，它的结构式中有一手性碳原子，故存在光学异构体。存在于水果果皮中的天然柠檬烯是以（+）或d-的形式出现，通常称为d-柠檬烯，它的绝对构型是R型。

本实验中，我们将从橙皮中提取柠檬烯。将橙皮进行水蒸气蒸馏，用二氯甲烷萃取馏出液，然后蒸去二氯甲烷，留下的残液为橙油。主要成分是柠檬烯，分离得到的产品可以通过测定折光率、旋光度、红外、核磁共振谱进行鉴定，同时用气相色谱分析估测分离产品的纯度。

【实验步骤】

将2~3个橙子皮[1]剪成极小碎片后，放入500ml圆底烧瓶中，加入250ml水，直接进行水蒸气蒸馏。待馏出液达50~60ml时即可停止。这时可观察到馏出液水面上浮着一层薄薄的油层。将馏出液倒入125ml分液漏斗中，每次用10ml二氯甲烷萃取三次。将萃取液合并，放在50ml锥形瓶中，用无水硫酸钠干燥。将干燥液滤入50ml梨形瓶中，配上蒸馏头，用普通蒸馏方法水浴蒸去二氯甲烷，待二氯甲烷基本蒸完后，再用水泵减压抽去残余的二氯甲烷，瓶中留下少量橙黄色液体即为橙油。通过气相色谱分析[2]（图4-6）可知橙油中柠檬烯的含量在95%左右。同时测定折光率和旋光度[3]。

纯柠檬烯的沸点为176℃，折光率n_D^{20}1.4727，$[\alpha]_D^{20}$ +125.6°。

【附注】

［1］橙皮最好是新鲜的，如果没有新鲜的，干的也可以，但效果较差。

［2］气相色谱条件。色谱仪：上海分析仪器厂102G型。检测器：热导池。色谱柱：φ3mm×3m。固定液：SE-30 5%。柱温：101℃。气化温度：185℃。载气：氢气。进气量：0.5~1μl。

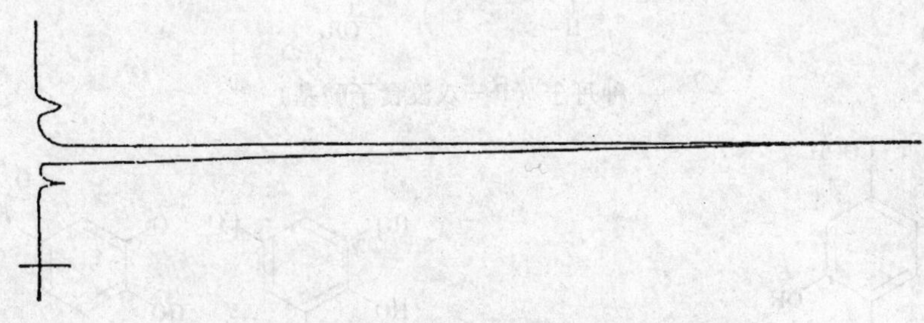

图4-6　橙皮中提取产物的气相色谱图

［3］旋光度的测定是用乙醇溶液进行的。需要将几个学生所收集的橙油合并起来，以得到足够数量，用95%乙醇溶液配成5%溶液进行测定。为了便于比较，同时用纯的d-柠檬烯配成5%的乙醇溶液进行旋光度的测定。

二、从茶叶中提取咖啡因

【实验目的】

1. 了解固-液萃取与升华的原理和方法。

2. 掌握索氏提取装置的安装与使用及升华的基本操作方法。

【实验原理】

（见第二章第四节内容：萃取和升华）

茶叶和咖啡都是常用的饮料，两者都含有咖啡因。茶叶中主要成分是纤维素，咖啡因的含量为2%～4%，此外，还含有丹宁（11%～12%）、类黄酮色素、叶绿素和蛋白质等。

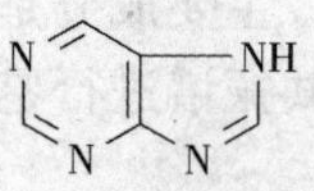

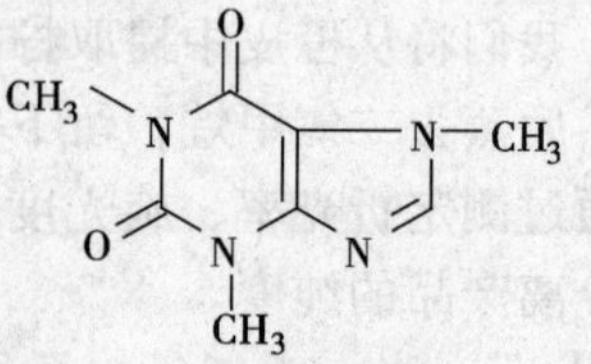

咖啡因（1，3，7－三甲基－2，6－二氧嘌呤）

咖啡因是杂环化合物嘌呤的衍生物，它的化学名称是1，3，7－三甲基－2，6－二氧嘌呤。

咖啡因系无色柱状晶体，熔点为283℃，味苦，能溶于水、乙醇、二氯甲烷等。含结晶水的咖啡因加热到100℃时即失去结晶水，并开始升华，120℃时升华显著，178℃时很快升华。

咖啡因在医学上用作心脏、呼吸器官和神经系统的兴奋剂，也是治感冒药APC（阿司匹林－非那西丁－咖啡因）组成成分之一。过度使用咖啡因会增加抗药性和产生轻度上瘾。

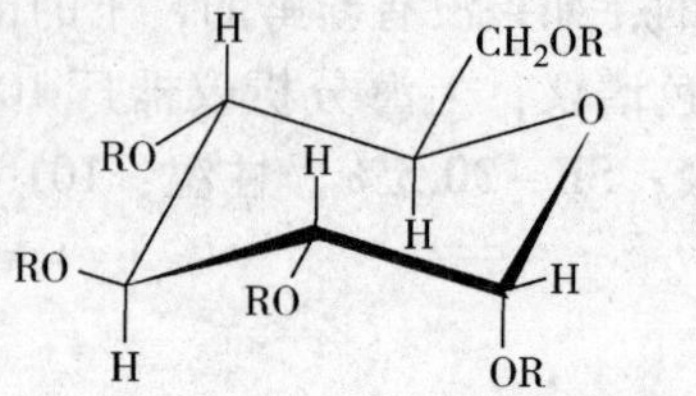

种丹宁（R＝双没食子酸基）

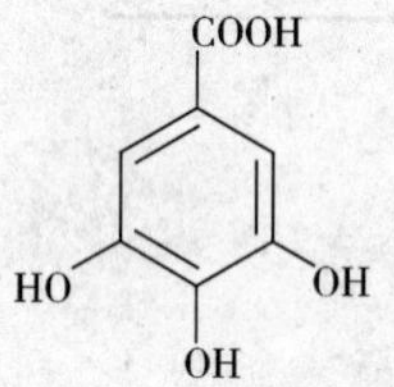

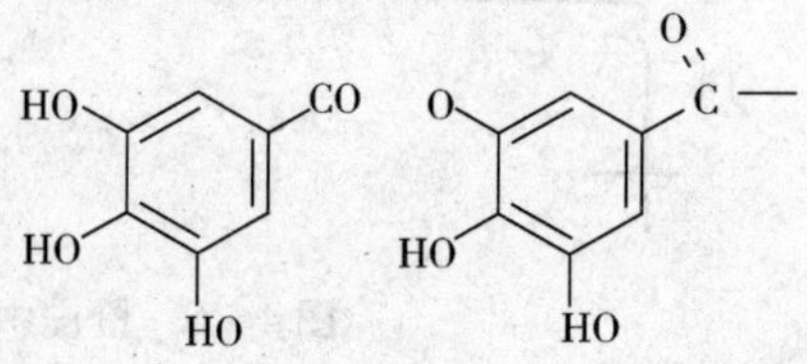

双没食子酸基

没食子酸

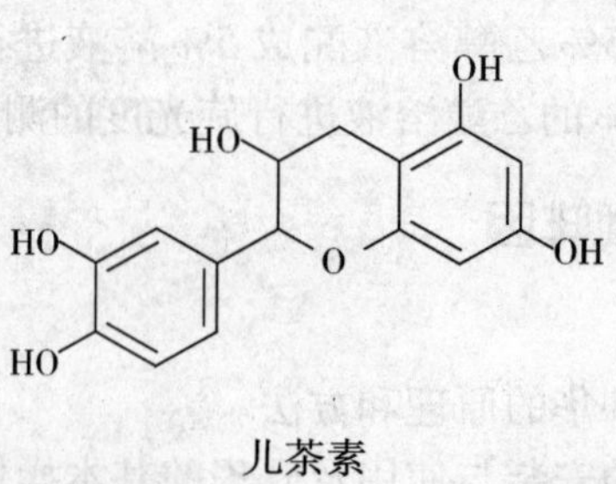

儿茶素

丹宁不是单一的化合物，是相对分子质量为500到3000之间的一种酚类化合物。丹宁通常分为两类，一类能水解，另一类不能水解。能水解的丹宁是由双没食子酸基与葡萄糖中某一位中的羟基连接而成，是一种酯的混合物，这类丹宁在热水中水解生成没食子酸和葡萄糖。另一类是儿茶素的缩聚物。

在本实验中用95%乙醇溶液在脂肪萃取器中提取茶叶中的咖啡因，将不溶于乙醇中纤维素和蛋白质等分离。使用脂肪萃取器的特点是萃取效率高，只需用少量溶剂就能将化合物从固体物质中萃取出来。所得萃取液中除了咖啡因外，还含有叶绿素、丹宁及其水解物等。蒸去溶剂，在粗咖啡因中拌入石灰，与丹宁等酸性物质反应生成钙盐，游离的咖啡因就可通过升华纯化。

通过测定熔点以及红外、核磁共振谱图可以容易地鉴定咖啡因。此外，还可以通过制备咖啡因的水杨酸衍生物进一步得到确证。由于咖啡因是生物碱，它能与水杨酸反应生成咖啡因的水杨酸盐，此盐的熔点为138℃。

(Caffeine: O, CH_3, N, CH_3, N, O, N, N, CH_3) + (COOH, OH) ⟶ [(O, CH_3, N, CH_3, N, O, N, $N^{\oplus}$, CH_3, H) (COO$^{\ominus}$, OH)]

【实验步骤】

1. 从茶叶中提取咖啡因 按图2－71搭好提取装置[1]。称取10g茶叶末，放入折叠好的滤纸套筒[2]中，再将滤纸套筒放入脂肪提取器里。在烧瓶内加入100ml 95%乙醇溶液，用水浴加热。连续提取到提取液颜色很浅为止，约需1～2h。待冷凝液刚刚虹吸下去时，即可停止加热。稍冷后，改成蒸馏装置，把提取液中的大部分乙醇蒸出[3]，趁热把瓶中残液倒入蒸发皿中。加入4g研细的生石灰粉末，和残液混均匀。将蒸发皿放在一大小合适的烧杯上，用蒸气浴蒸干。最后将蒸发皿放在石棉网上用小火焙炒片刻[4]，务必使水分全部除去。将一张刺有许多小孔的滤纸盖在蒸发皿上，上面再倒覆一个大小合适的漏斗，用简易空气浴加热升华[5]（图2－73）。当滤纸上出现许多白色毛状结晶时，暂停加热，让其自然冷却到100℃左右。取下漏斗，轻轻揭开滤纸，用刮刀仔细地把附在滤纸上下两面的咖啡因刮下。残渣经拌和后用较大的火再加热片刻，使升华完全，合并两次收集到的咖啡因，测熔点，称重，计算咖啡因在茶叶中的含量。

2. 咖啡因水杨酸盐衍生物的制备 在试管中放入40mg咖啡因，30mg水杨酸和2.5ml甲苯，水浴加热使固体溶解。然后加入1.5ml石油醚（60～90℃），在水浴中冷却，使晶体从溶液中析出。如无晶体析出，可用刮刀磨擦管壁，诱导结晶析出。用玻璃钉漏斗抽气过滤收集产物。干燥后测定熔点为139～140℃。

【思考题】

1. 在此实验中，加入生石灰的作用是什么？

2. 在咖啡因结构中，哪个氮的碱性最强？试解释其原因。

3. 用纯咖啡因计算它在茶叶中含量，与咖啡因在茶叶中的实际含量有何差别？为什么？

4. 在制备咖啡因衍生物时，为什么在甲苯溶液中要加入石油醚？

【附注】

［1］搭装置时必须小心，以免将脂肪提取器的虹吸管折断。

［2］滤纸套筒大小要适中，既要紧贴器壁，又能方便取放。滤纸套中的茶叶高度不得超过虹吸管。

［3］瓶中乙醇不可蒸得太干，否则残液很黏，不易倒出，且损失较大。

［4］在焙炒时，火不可太大，否则咖啡因将会损失。

［5］升华是本实验成败的关键。在整个升华过程中，都必须用小火间接加热。假如温度太高，会使产品发黄。

第五章　化学平衡实验

实验十四　沉淀溶解平衡

【实验目的】

1. 加深对沉淀溶解平衡及其移动原理的理解。

2. 了解溶度积规则的应用，加深对分步沉淀和沉淀转化等知识的理解。

3. 学习离心分离操作和电动离心机的使用。

【实验原理】

1. 溶度积常数及溶度积规则　在难溶电解质的饱和溶液中，未溶解的固体与溶解而电离出的离子间存在着多相平衡，即沉淀溶解平衡。如：

$$A_mB_n(s) \rightleftharpoons mA^{n+} + nB^{m-}$$

$$K_{sp} = [A^{n+}]^m \cdot [B^{m-}]^n$$

K_{sp}代表沉淀溶解平衡常数，称为溶度积常数K_{sp}，简称溶度积。表示一定温度下，难溶电解质的饱和溶液中，各离子浓度幂的乘积为一常数。

定义离子积Q为在一定温度下，难溶电解质A_mB_n溶液处于任意状态时，各离子浓度幂的乘积，即：

$$Q = (A^{n+})^m \cdot (B^{m-})^n$$

则对于某一给定的溶液，可依据Q与K_{sp}大小关系，判断沉淀的生成与溶解（此为溶度积规则）：

（1）$Q > K_{sp}$，溶液处于过饱和状态，平衡向生成沉淀的方向移动，直到形成该温度下的饱和溶液而达到新的平衡，有沉淀生成；

（2）$Q = K_{sp}$，是饱和溶液，处于沉淀溶解平衡状态；

（3）$Q < K_{sp}$，溶液不饱和，若体系中有固体存在，平衡向沉淀溶解方向移动，直到形成该温度下的饱和溶液而达到新的平衡，沉淀发生溶解。

2. 分步沉淀　加入一种沉淀剂，使溶液中的几种离子先后沉淀出来的方法，称为分步沉淀。离子沉淀的先后顺序决定于所需沉淀剂离子浓度的大小，需要沉淀剂离子浓度较小的先沉淀，需要沉淀剂离子浓度较大的后沉淀。

3. 沉淀的转化　由一种沉淀转化为另一种沉淀的过程称为沉淀的转化。一般来说，难溶电解质可转化为更难溶的电解质。若沉淀类型相同，则沉淀由K_{sp}大的向K_{sp}小的转化。若沉淀类型不同，则沉淀由溶解度S大的向溶解度S小的转化。

【仪器与试剂】

1. 仪器 离心机、试管、离心试管、烧杯。

2. 试剂 HCl（2mol/L、6mol/L）；HNO_3（6mol/L）；$NH_3 \cdot H_2O$（2mol/L、6mol/L）；$Pb(NO_3)_2$（0.1mol/L、0.001mol/L）；$Pb(Ac)_2$（0.01mol/L）；NaCl（1mol/L、0.1mol/L）；$MgCl_2$（0.1mol/L）；KI（0.1mol/L、0.02mol/L、0.001mol/L）；K_2CrO_4（0.5mol/L、0.1mol/L、0.05mol/L）；PbI_2（饱和）；$AgNO_3$（0.1mol/L）；Na_2SO_4（饱和）；Na_2S（1mol/L、0.1mol/L）；NH_4Cl 固体、$NaNO_3$ 固体。

【实验步骤】

1. 沉淀平衡

（1）沉淀溶解平衡：在离心试管中滴入10滴0.1 mol/L $Pb(NO_3)_2$ 溶液，然后滴5滴1 mol/L NaCl溶液，振荡离心试管，待沉淀完全后，离心分离。在分离开的溶液中，加入少许0.5 mol/L K_2CrO_4 溶液，观察现象，并用沉淀溶解平衡知识解释现象，并写出有关反应方程式。

（2）同离子效应与沉淀溶解平衡：在试管中加入1 ml饱和 PbI_2 溶液，然后滴入5滴0.1mol/L KI溶液，振荡试管，观察和解释现象。

（3）盐效应与沉淀溶解平衡：在试管中加入2滴0.01mol/L $Pb(Ac)_2$ 溶液和2滴0.02mol/L的KI溶液，观察现象。再加入0.5ml蒸馏水，并向其中加入少量 $NaNO_3$ 固体，振荡试管，直到沉淀消失。解释沉淀溶解的原因。

2. 溶度积规则的应用

（1）沉淀的生成：取两支试管，在第一支试管中加1ml 0.1mol/L $Pb(NO_3)_2$ 溶液，再逐滴加入1ml 0.1mol/L KI溶液；在第二支试管中加1ml 0.001mol/L $Pb(NO_3)_2$ 溶液，再逐滴加入1ml 0.001mol/L KI溶液，观察现象，并以溶度积规则解释之。

（2）沉淀的溶解：① 在两支试管中加入2ml 0.1mol/L $MgCl_2$ 溶液，并滴入数滴2mol/L $NH_3 \cdot H_2O$，观察沉淀的生成。首先往其中一支试管中加入几滴2mol/L的HCl溶液，观察沉淀是否溶解。然后往另一试管中加入少量 NH_4Cl 固体，振荡试管，观察原有沉淀是否溶解。写出有关反应方程式。说明什么？② 在试管中滴10滴0.1mol/L $AgNO_3$ 溶液，再滴加3~4滴1mol/L NaCl溶液，观察现象。再逐滴滴入6mol/L $NH_3 \cdot H_2O$，观察现象。写出有关反应方程式。说明什么？③ 在离心试管中滴10滴0.1mol/L $AgNO_3$ 溶液，滴入3~4滴1mol/L Na_2S 溶液，观察现象。离心分离，弃去上层清液，往沉淀物中滴加6mol/L HNO_3 溶液少许，水浴加热，观察现象。写出有关反应方程式。说明什么？

3. 分步沉淀

（1）在试管中滴入2滴0.1mol/L Na_2S 溶液和5滴0.05mol/L K_2CrO_4 溶液，用蒸馏水稀释至5ml，然后逐滴加入0.1mol/L $Pb(NO_3)_2$ 溶液，观察首先生成沉淀颜色。放置片刻，待沉淀沉降完全后，继续向清液中滴加 $Pb(NO_3)_2$ 溶液（注意不要振荡试管），将会出现什么颜色的沉淀？根据溶度积数据解释，并写出有关反应方程式。

（2）在试管中加入2滴0.1mol/L $AgNO_3$ 溶液和2滴0.1mol/L $Pb(NO_3)_2$ 溶

液，用蒸馏水稀释至5ml，摇匀。然后边振荡试管边逐滴滴加0.1mol/L K_2CrO_4 溶液，观察先后生成沉淀的颜色，根据溶度积数据解释，写出有关反应式。

4. 沉淀的转化 滴5滴0.1mol/L Pb（NO_3）$_2$ 溶液于离心试管中，再滴3滴1mol/L NaCl溶液，振荡，待沉淀完全后，离心分离，弃去上层清液。用0.5ml蒸馏水洗涤1次。然后在 $PbCl_2$ 沉淀中滴3滴0.1 mol/L KI溶液，观察沉淀的转化和颜色变化。按上述操作依次先后滴入5滴饱和 Na_2SO_4 溶液、0.5mol/L K_2CrO_4 溶液、1mol/L Na_2S 溶液，观察每步沉淀的转化，颜色的变化，并写出相应的反应方程式。

【思考题】

1. 要洗涤AgCl沉淀，用下列哪种溶液最好？并简述理由。① 0.1 mol/L HCl；②0.01 mol/L HCl；③浓盐酸；④蒸馏水；⑤1.0 mol/L 氨水。

2. 利用 K_{sp} 值能否说明 $PbCl_2$、PbI_2、$PbSO_4$、$PbCrO_4$、PbS沉淀转化的原因？

3. 用 $FeCl_3$、$MgCl_2$、NaOH3种溶液，设计一个分步沉淀实验，并预言实验现象？

4. 现有含 $AgNO_3$、Fe（NO_3）$_3$ 和Al（NO_3）$_3$ 的混合液，试设计一个方案，用沉淀法使 Ag^+、Fe^{3+}、Al^{3+} 分离。

实验十五 酸碱平衡

【实验目的】

1. 了解可溶电解质溶液的酸碱性。

2. 加深对电离平衡、同离子效应等理论的理解。

3. 掌握酸碱指示剂及pH试纸测定溶液酸碱度的方法。

【实验原理】

弱电解质（如弱酸、弱碱）在水溶液中发生部分电离，未电离的电解质分子与已电离的离子之间存在着电离平衡。例如：

$$HAc \rightleftharpoons H^+ + Ac^-$$

$$K_a = \frac{[H^+][Ac^-]}{[HAc]}$$

K_a 为电离平衡常数。在此平衡体系，如加入含有相同离子（Ac^-或H^+）的强电解质（如NaAc或HCl)，都可以使平衡向左移动，使弱电解质（HAc）的电离度降低，这种作用称为同离子效应。

离子酸或离子碱与水反应生成弱电解质和 H^+ 或 OH^- 的反应称为离子酸、离子碱的电离平衡（又称盐类水解）。如：

$$Ac^- + H_2O \rightleftharpoons HAc + OH^-$$

$$NH_4^+ + H_2O \rightleftharpoons NH_3 \cdot H_2O + H^+$$

根据同离子效应，向溶液中加入电离的产物 H^+ 或 OH^- 离子就可以抑制它们电离。另外，对离子酸或离子碱的溶液进行稀释或升高溶液温度，均可促进离子酸或离子碱电离。

【仪器与试剂】

1. 仪器 试管。

2. 试剂 精密 pH 试纸、HAc（0.1mol/L）、HCl（6mol/L；0.1mol/L）、HNO_3（6 mol/L）、$NH_3 \cdot H_2O$（2 mol/L；0.1mol/L）、NaOH（0.1mol/L）；$MgCl_2$（0.1mol/L）、NH_4Cl（饱和溶液；0.1mol/L）、NaAc（0.1mol/L；0.5mol/L）、Na_2CO_3（0.1mol/L）、$NaHCO_3$（0.1mol/L）、$Al_2(SO_4)_3$（0.1mol/L）、$ZnCl_2$（1mol/L）、$SbCl_3$（0.1mol/L）；NH_4Ac 固体、$SbCl_3$；Zn 粒；$Fe(NO_3)_3 \cdot 9H_2O$；酚酞指示剂，甲基橙指示剂。

【实验步骤】

1. 强弱电解质溶液的比较

（1）在两支试管中分别加入 10 滴 0.1mol/L HCl 和 0.1mol/L HAc 溶液，然后各加入 1 滴甲基橙指示剂，观察比较溶液的颜色。

（2）在两支试管中分别加入 10 滴 0.1mol/L HCl 和 0.1mol/L HAc 溶液，再分别加入一小颗 Zn 粒，观察比较反应剧烈程度。

根据实验结果，列表比较两者酸性的不同。

2. 电解质溶液 pH 的测定 先计算出 0.1 mol/L 下列溶液的 pH，填入表5-1，再取下列溶液各 1 滴用精密 pH 试纸测定溶液的 pH，记录在表 5-1 中。

表 5-1 不同电解质溶液的 pH 测定

名称	HCl	HAc	$NH_3 \cdot H_2O$	NaOH	NH_4Cl	NaAc	Na_2CO_3	$NaHCO_3$	$Al_2(SO_4)_3$
理论 pH									
测量 pH									
pH 由小到大									
属分子酸的有					属离子酸的有				
属分子碱的有					属离子碱的有				

3. 弱电解质溶液中的离解平衡及其移动

（1）弱分子酸、分子碱的电离平衡及其移动

① 取两支小试管，各加入 1ml 0.1mol/L HAc 溶液及 1 滴甲基橙指示剂，摇匀，观察溶液的颜色。然后在其中一支试管中加入少许 NH_4Ac 固体，摇匀，与另一支试管比较，观察溶液颜色变化，解释上述现象。

② 取两支小试管，各加入 1ml 0.1mol/L $NH_3 \cdot H_2O$ 溶液及 1 滴酚酞指示剂，摇匀，观察溶液的颜色。然后在其中一支试管中加入少许 NH_4Ac 固体，摇匀，与另一支试管比较，观察溶液颜色变化，解释上述现象。

③ 取两支小试管，各加 5 滴 0.1mol/L $MgCl_2$ 溶液，在其中一支试管中再加入 5 滴饱和 NH_4Cl 溶液，然后分别在这两支试管中加入 5 滴 2mol/L $NH_3 \cdot H_2O$ 溶液，观察并解释两试管中发生的现象。

（2）离子酸、离子碱的电离平衡（盐类水解）及其移动

① 在试管中加入 1ml 1 mol/L $ZnCl_2$ 溶液，然后加入一小颗 Zn 粒，加热，有何

现象？解释原因。

② 取绿豆大小的 Fe（NO_3）$_3$·$9H_2O$ 晶体，加水4～5ml，溶解，观察溶液颜色。将溶液分成3份，第1份留作比较，第2份加几滴6 mol/L HNO_3，第3份用小火加热煮沸。溶液发生什么变化？解释所观察到的实验现象。

③ 取0.5 mol/L NaAc 溶液4ml 放入试管中，加2滴酚酞溶液，分成两份，一份留作比较，一份加热到沸腾，观察两试管中溶液颜色的差别，解释原因。

④ 将少量 $SbCl_3$ 固体（火柴头大小即可）放于试管中，加入2～3ml 水，振荡，有何现象？然后往试管中滴加6mol/L HCl 溶液，振荡试管，发生什么变化？最后将所得溶液稀释，又有什么变化，用平衡移动原理解释上述的现象，写出有关反应方程式。

⑤ 取两支试管，分别加入3ml 0.1mol/L Na_2CO_3 及2ml 0.1mol/L Al_2（SO_4）$_3$ 溶液，然后混合，观察有何现象？写出反应的离子方程式。

【思考题】

1. 影响盐类水解的因素有哪些？

2. 配1 mol/L $ZnSO_4$ 水溶液能得到透明溶液，而配0.02 mol/L $ZnSO_4$ 溶液时却发现有混浊现象，为什么？如何使其澄清？

3. 将 $BiCl_3$、$FeCl_3$ 或 $SnCl_2$ 固体溶于水中发现溶液浑浊时，能否用加热的方法使它们溶解？为什么？

4. 实验室要配制 Bi（NO_3）$_3$ 溶液，但固体中混入了少量的硝酸铁，设计除去 Fe^{3+} 的实验方案并配制溶液。

实验十六　氧化还原平衡

【实验目的】

1. 理解氧化还原反应的实质，熟悉一些常用的氧化剂和还原剂。
2. 了解某些金属在电极电势表中的位置，加深对电极电势意义的理解。
3. 学会应用标准电极电势比较氧化剂和还原剂的相对强弱。
4. 加深对浓度、酸度和温度对氧化还原反应的影响的认识。

【实验原理】

在反应物之间发生电子转移或偏移的化学反应称为氧化还原反应，反映在元素的氧化数发生变化。失去电子的物质称作还原剂，反应后氧化数升高，被氧化；获得电子的物质称作氧化剂，反应后氧化数降低，被还原。氧化和还原同时进行，其中得失电子数相等。

电极电势是比较氧化剂和还原剂相对强弱的标准，并可用于确定氧化还原反应进行的方向。温度、压力、浓度和溶液的酸度等对电极电势都有着不同程度的影响。

【仪器与试剂】

1. 仪器　试管、表面皿、烧杯、试管夹、酒精灯。

2. 试剂　$KMnO_4$（0.01mol/L）；H_2SO_4（3mol/L、1mol/L）；H_2O_2（3%）；

$FeSO_4$（0.5mol/L）；Pb（NO_3）$_2$（1 mol/L）；$CuSO_4$（1 mol/L）；$ZnSO_4$（1 mol/L）；锌粒；铅粒；浓硝酸；稀 HNO_3（1∶10）；Na_2SO_3（0.1 mol/L）；NaOH（40%、6 mol/L）；KI（0.1 mol/L）；HAc（6 mol/L）；$H_2C_2O_4$（0.1 mol/L）；$MnSO_4$（0.1mol/L）；$(NH_4)_2S_2O_8$（固体）；$AgNO_3$（0.1mol/L）。

【实验步骤】

1. 氧化剂和还原剂 取两支试管，各加 5 滴 0.01 mol/L $KMnO_4$ 和 3 滴 3 mol/L 硫酸，然后在第一支试管中加入 2 滴 3% 的 H_2O_2 溶液，在第二支使试管中则加入 3 滴 0.5mol/L $FeSO_4$ 溶液，观察现象，指出反应的氧化剂和还原剂。

2. 确定锌、铜、铅在电极电势表中的顺序

（1）取两支试管，分别加入 3ml 1mol/L Pb（NO_3）$_2$ 和 3 ml 1mol/L $CuSO_4$ 溶液，然后分别加入几粒表面擦净的锌粒，观察锌粒表面和溶液颜色的变化。

（2）取两支试管，分别加入 3ml 1mol/L $ZnSO_4$ 和 3 ml 1mol/L $CuSO_4$ 溶液，然后分别加入几粒表面擦净的铅粒，观察现象。

根据实验结果，确定 Zn^{2+}/Zn、Cu^{2+}/Cu、Pb^{2+}/Pb 在标准电极电势表中位置。

3. 温度、浓度和酸度对氧化还原反应的影响

（1）浓度对氧化还原反应的影响：往两支装有少量锌粒的试管中，分别加入 2ml 浓硝酸和稀 HNO_3（1∶10）溶液，观察现象（包括反应速率和反应产物两方面）。

$$Zn + 4HNO_3（浓） = Zn(NO_3)_2 + 2NO_2 + 2H_2O$$

$$4Zn + 10HNO_3（稀） = 4Zn(NO_3)_2 + NH_4NO_3 + 3H_2O$$

（2）酸度对氧化还原反应的影响

① 取三支试管，各加入 10 滴 0.1mol/L Na_2SO_3 溶液后，在第一支试管中加 10 滴 1mol/L H_2SO_4，第二支试管中加 10 滴去离子水，第三支试管中加 10 滴 40% NaOH 溶液，摇匀。三支试管再各加 3 滴 0.01mol/L $KMnO_4$ 溶液，摇匀，观察现象，写出方程式。

② 在两支试管中各加入 5 滴 0.1mol/L KI 溶液，然后在一支试管中加入 10 滴 3mol/L H_2SO_4 溶液，另一支则加入 10 滴 6mol/L HAc 溶液，摇匀。再向两支试管中各加入 1 滴 0.01mol/L $KMnO_4$ 溶液。比较两支试管中溶液颜色褪去的快慢，并解释其原因。

（3）温度对氧化还原反应的影响：在两支试管中分别加入 5 滴0.1mol/L$H_2C_2O_4$ 和 1 滴 0.01mol/L $KMnO_4$ 溶液，摇匀。将其中一支试管在酒精灯上加热数分钟，另一支不加热。观察两支试管中紫色褪去速度的快慢，并解释其原因。

4. 催化剂对氧化还原反应的影响 在两支试管中分别加入 10 滴 3mol/L H_2SO_4 溶液、1 滴 0.1mol/L $MnSO_4$ 溶液和少量的过二硫酸铵固体，振荡使其溶解。然后在一支试管中加入 1～2 滴 0.1mol/L $AgNO_3$ 溶液，另一支不加。水浴加热两支试管片刻，比较两支试管中溶液颜色的变化。

【思考题】

1. 实验室用常用 MnO_2 和盐酸来制备 Cl_2，为什么用浓盐酸而不用稀盐酸？
2. 在标准电极电势表上电极电势差值大的两电对组成的氧化还原反应，反应速率是否一定很快？

3. 哪种情况下用标准电极电势值来判断反应的方向？哪种情况下用 Nernst 方程计算来判断？

4. 分别往 $CuSO_4$ 与 $ZnSO_4$ 溶液中加入氨水，铜离子浓度与锌离子浓度有何变化？对铜锌原电池的电池电动势有何影响？

第六章　物质与性质鉴定实验

实验十七　元素性质实验

一、氮、磷

【实验目的】

1. 掌握硝酸及其盐、亚硝酸及其盐的性质。
2. 掌握磷酸的各种钙盐溶解性。
3. 学习气室法检验 NH_4^+、棕色环法检验 NO_3^- 的方法及操作要点。

【实验原理】

氮和磷是周期系主族元素。HNO_3 的主要特性是它的氧化性，许多非金属易被 HNO_3 氧化成相应的酸，本身被还原为 NO。与金属反应时，被还原的产物决定于 HNO_3 的浓度及金属活泼性。浓 HNO_3 一般被还原成 NO_2，稀 HNO_3 被还原为 NO。若 HNO_3 很稀时，则主要被还原为 NH_3，再与过量酸反应生成铵盐。实际上 HNO_3 的这些反应很复杂，还原产物不可能单一的，一般书写反应方程式时写的是主要产物。硝酸盐热稳定性很差，加热放出的氧气与可燃性物质混合极易燃烧而引起爆炸。亚硝酸可以通过亚硝酸盐与酸作用而制得。亚硝酸不稳定易分解：

$$2HNO_2 = N_2O_3 + H_2O = NO + NO_2 + H_2O$$

N_2O_3 为中间产物，在水溶液中呈蓝色，不稳定，进一步分解为 NO_2 和 NO。

亚硝酸及其盐即具有氧化性又具有还原性，但其盐类的氧化还原性必须在酸性溶液中才能表现出来。

磷酸是一种非挥发性中强酸，它可以形成 3 种不同类型盐，在各种磷酸盐溶液中加入 $AgNO_3$ 溶液都可以生成黄色的磷酸盐沉淀，焦磷酸钠则生成白色沉淀。

磷酸的各种钙盐在水中溶解度不同。$Ca(H_2PO_4)_2$ 易溶于水，$CaHPO_4$ 和 $Ca_3(PO_4)_2$ 难溶于水，但能溶于盐酸，磷酸根能与钼酸铵反应，在强酸性溶液中生成难溶的磷钼酸铵沉淀，故磷酸根可用磷钼酸铵法鉴定之。反应式如下：

$$PO_4^{3-} + 3NH_4^+ + 12MoO_4^{2-} + 24H^+ = (NH_4)_3PO_4 \cdot 12MoO_3 \cdot 6H_2O \downarrow + 6H_2O$$

硝酸根可用棕色环法鉴定，其反应如下：

$$3Fe^{2+} + NO_3^- + 4H^+ \xlongequal{\quad} 3Fe^{3+} + 2H_2O + NO$$

$$[Fe(H_2O)_6]^{2+} + NO \xlongequal{\quad} [FeNO(H_2O)_5]^{2+} + H_2O$$

NO_2^- 也能产生同样的反应，因此当有 NO_2^- 存在时，必须除去之。除去方法是在混合液中加入饱和 NH_4Cl 一起加热，反应如下：

$$NH_4^+ + NO_2^- = N_2\uparrow + 2H_2O$$

NO_2^- 和 $FeSO_4$ 在 HAc 酸性溶液中生成棕色溶液。用这一反应来鉴定 NO_2^- 的存在。（检验 NO_3^- 时用浓 H_2SO_4 酸化，检验 NO_2^- 使用 HAc 酸化。）

$$NO_2^- + Fe^{2+} + 2HAc = NO + Fe^{3+} + 2Ac^- + H_2O$$

$$[Fe(H_2O)_6]^{2+} + NO = [FeNO(H_2O)_5]^{2+} + H_2O$$

NH_4^+ 常用以下 2 种方法鉴定。

（1）用 NaOH 与 NH_4^+ 反应生成 NH_3，使湿润的红色石蕊试纸变蓝。

（2）用奈斯勒试剂（$[HgI_4]^{2-}$）的碱性溶液与 NH_4^+ 反应生成红棕色沉淀，其反应为：

$$NH_4Cl + 2K_2[HgI_4] + 4KOH = [Hg_2ONH_2]I\downarrow + KCl + 7KI + 3H_2O$$

【仪器与试剂】

1. 仪器　表面皿。

2. 试剂　硫磺粉、铜片、锌片、铁屑、铝屑、KNO_3（s）、NH_4NO_3（s）、$Cu(NO_3)_2$（s）、$AgNO_3$（s）、NH_4Cl（s）。

$NaNO_2$（饱和，0.1mol/L）、KI（0.1mol/L）、$KMnO_4$（0.1mol/L）、$FeSO_4$（0.5mol/L）、$NaNO_3$（0.5mol/L）、Na_3PO_4（0.1mol/L）、Na_2HPO_4（0.1mol/L）、NaH_2PO_4（0.1mol/L）、$AgNO_3$（0.1mol/L）、$CaCl_2$（0.1mol/L）、H_3PO_4（0.1mol/L）、$K_4P_2O_7$（0.1mol/L）、$(NH_4)_2MoO_4$（0.1mol/L）、NaOH（6 mol/L，2mol/L）、H_2SO_4（浓，3mol/L，1mol/L）、HAc（6mol/L，2mol/L）、HCl（2mol/L）、HNO_3（浓，6mol/L，2mol/L）、奈斯勒试剂（$K_2[HgI_4]$）、对-氨基苯磺酸、α-萘胺、1%鸡蛋白水溶液、pH 试纸，酚酞溶液、铵镁试剂、浓氨水。

【实验步骤】

1. 铵离子的检验

（1）取几滴铵盐溶液置于一表面皿中心，在另一块表面皿中心黏附一小条湿润的酚酞试纸（或红色石蕊试纸，或 pH 试纸），然后在铵盐溶液中滴加 6mol/L NaOH 溶液至呈碱性，混匀后即将粘有试纸的表面皿盖在盛有试液的表面皿上作成“气室”，将此气室放在水浴上微热，观察酚酞试纸变红。

（2）取几滴铵盐（例如 NH_4Cl）溶液于小试管中，加入 2 滴 2mol/L NaOH 溶液，然后再加 2 滴奈斯勒试剂（$K_2[HgI_4]$），观察红棕色沉淀的生成。反应式为：

$$NH_4^+ + 2[HgI_4]^{2-} + 4OH^- = [Hg_2ONH_2]I\downarrow + 7I^- + 3H_2O$$

2. 亚硝酸的生成和性质

（1）亚硝酸的生成和分解：把盛有约 1ml 饱和 $NaNO_2$ 溶液的试管置于冰水中冷却，然后加入约 1ml 3mol/L H_2SO_4 溶液混合均匀，观察有浅蓝色亚硝酸溶液的生成。将试管自冰水中取出并放置一段时间，观察亚硝酸在室温下的分解。写出反应式。

（2）亚硝酸的氧化性：取 0.5ml 0.1mol/L KI 溶液于小试管中，加入几滴

1mol/L H_2SO_4 使它酸化，然后逐滴加入 0.1mol/L $NaNO_2$ 溶液，观察 I_2 的生成。此时 NO_2^- 还原为 NO。写出反应式。

（3）亚硝酸的还原性：取 0.5ml 0.1mol/L $KMnO_4$ 溶液于小试管中，加入几滴 1mol/L H_2SO_4 使它酸化，然后加入 0.1mol/L $NaNO_2$，观察现象，写出反应式。

（4）亚硝酸根离子的鉴定：取 1～2 滴 0.1mol/L $NaNO_2$ 溶液于试管中，滴入几滴蒸馏水，再加入几滴 6mol/L HAc 酸化后，再加入 1 滴对－氨基苯磺酸和 1 滴 α－萘胺溶液，溶液即显红色，表明溶液中含有 NO_3^-。（注：NO_3^- 的浓度不宜太大，否则红色将很快褪去，生成褐色沉淀和黄色溶液。）（亚硝酸及其盐有毒，注意勿引入口内！）

3. 硝酸和硝酸盐

（1）硝酸的氧化性：试验浓硝酸与非金属作用（如硫粉）、与金属作用（如铜，能同铁、铝作用吗?）；试验金属锌与浓、稀硝酸作用。试总结硝酸氧化还原性一般规律。

（2）硝酸盐的热分解：在干燥的小试管中分别加入少量固体 KNO_3、NH_4NO_3、Cu（NO_3）$_2$ 和 $AgNO_3$，灼热熔化分解。注意分解产物，试总结硝酸盐热分解的规律。

（3）硝酸根离子的鉴定：在小试管中注入 10 滴 0.5mol/L $FeSO_4$ 和 0.5mol/L $NaNO_3$ 溶液，摇匀，然后斜持试管，沿着管壁慢慢滴入 1 滴管浓硫酸，由于浓硫酸的比重较上述液体大，流入试管底部，形成两层，这时两层液体界面上有一棕色环，其反应方程式如下：

$$NO_3^- + 3Fe^{2+} + 4H^+ = NO + 3Fe^{3+} + 2H_2O$$

$$Fe^{2+} + NO = [Fe(NO)]^{2+}$$

亚硝基合铁（Ⅱ）离子（棕色）

4. 正磷酸盐的性质

（1）用 pH 试纸分别试验 0.1mol/L 的 Na_3PO_4、Na_2HPO_4 和 NaH_2PO_4 溶液的酸碱性。然后分别取此 3 种溶液各 10 滴倒入 3 支试管中，各加入 10 滴 0.1mol/L $AgNO_3$ 溶液，观察黄色磷酸银沉淀的生成。再分别用 pH 试纸检查它们的酸碱性，前后对比各有何变化？试加以解释。

（2）分别取 0.1mol/L 的 Na_3PO_4、Na_2HPO_4 和 NaH_2PO_4 溶液于试管中，各加入 0.1mol/L $CaCl_2$ 溶液，观察有无沉淀产生；加入氨水后，各有何变化；再分别加入 2mol/L HCl 后，又有何变化？

比较和 $Ca_3(PO_4)_2$、$CaHPO_4$ 和 $Ca(H_2PO_4)_2$ 的溶解性，说明它们之间互相转化的条件，写出反应方程式。

5. 偏磷酸根、磷酸根、焦磷酸根的区别和鉴定

（1）在 0.1mol/L H_3PO_4 溶液和 0.1mol/L $K_4P_2O_7$ 溶液中各加入 0.1mol/L $AgNO_3$ 溶液，有何现象发生？离心分离，弃去溶液，往沉淀中注入 2mol/L HNO_3，沉淀是否溶解。

（2）在 HPO_3（可自制）、H_3PO_4、$K_4P_2O_7$ 溶液中各注入 2mol/L HAc 和 1% 鸡蛋白水溶液，有何现象发生？

（3）磷酸根离子的鉴定

① 磷酸银沉淀法［见上文4.（1）］。

② 磷酸铵镁沉淀法，在2滴试液中滴入数滴铵镁试剂，则有白色沉淀生成（若试液为酸性，可用浓氨水调至碱性后再试验），其反应方程式如下：

$$PO_4^{3-} + NH_4^+ + Mg^{2+} \xlongequal{} MgNH_4PO_4 \downarrow$$

③ 磷钼酸铵法，在3滴试液中，滴入1滴6mol/L HNO_3 及8～10滴0.1mol/L $(NH_4)_2MoO_4$ 溶液，即有黄色沉淀产生，反应方程式如下：

$$PO_4^{3-} + 12MoO_4^{2-} + 3NH_4^+ + 24H^+ \xlongequal{} (NH_4)_3PO_4 \cdot 12MoO_3 \cdot 6H_2O \downarrow + 6H_2O$$

【思考题】

1. 用奈斯勒试剂检验 NH_4^+ 时，能否将试剂加入到含有 NH_4^+ 的溶液中？

2. 在 $NaNO_2$ 与KI或 $KMnO_4$ 溶液反应时为什么加酸酸化？用什么酸好？

3. Na_3PO_4、Na_2HPO_4 和 NaH_2PO_4 水溶液酸碱性各是什么？为什么？

4. 欲用酸溶解磷酸银沉淀，在盐酸、硫酸和硝酸中，选用哪一种最适宜？为什么？

5. NO_2^- 也能起棕色环反应而干扰 NO_3^- 的检出，应该怎样消除 NO_2^- 对 NO_3^- 的影响？

【注意事项】

1. 除一氧化二氮外，所有氮的氧化物都有毒。其中尤以二氧化氮为甚，其允许含量为每升空气中不得超过0.005mg。二氧化氮中毒尚无特效药物治疗，一般是输入氧气以帮助呼吸和血液循环。由于硝酸的分解产物或还原产物大多为氮的氧化物，因此涉及硝酸的反应均应在通风橱内进行。

2. 白磷是一种有极毒和易燃的物质，与皮肤接触会引起剧痛和难以恢复的灼伤。因此在使用时必须注意安全并切实遵守实验规则。白磷应保存在水中，切割时应在水面下操作），并用镊子夹取。取出后迅速用滤纸轻轻吸干，切勿摩擦，使用过的白磷的残渣，切勿倒入水槽，应集聚一起放在石棉网上烧掉。扑灭引燃的白磷的火焰时，可用沙子或水扑灭。若把皮肤灼伤，一般用5%的 $CuSO_4$ 溶液或10% $AgNO_3$ 溶液或 $KMnO_4$ 溶液清洗，然后进行包扎。

二、卤素的性质

【实验目的】

1. 掌握卤素的氧化性、卤离子的还原性和次卤酸盐及卤酸盐的氧化性。

2. 掌握实验室制备卤素的一般原理和方法。

3. 学习卤素离子的一般分离和鉴别方法。

【实验原理】

卤素是元素周期表第ⅦA族元素。价电子构型是 ns^2np^5，容易得到一个电子形成氧化数为-1的化合物。因此，卤素都是很活泼的非金属，其氧化性强弱顺序为：$F_2 > Cl_2 > Br_2 > I_2$；而卤素离子作为还原剂，其还原性强弱顺序为：$I^- > Br^- > Cl^- > F^-$。卤素分子都是非极性分子，故易溶于非极性溶剂。碘还易溶于碘化钾溶液，是因为：$I_2 + I^- = I_3^-$。

卤素的含氧酸根都具有氧化性，次氯酸的氧化能力是氯含氧酸中最强的，它的盐如次氯酸钠常用作漂白粉和消毒剂。

从卤素化合物制备卤素单质一般是由卤素阴离子的氧化得到：$2X^- - 2e = X_2$。

卤离子均能和 Ag^+ 生成难溶于水的沉淀，但溶解性不同。其中 AgCl 能溶于稀氨水和 $(NH_4)_2CO_3$ 溶液，AgBr 和 AgI 则不溶。利用这个性质可以将 AgCl 与 AgBr、AgI 分离。I^- 和 Br^- 可用 Cl_2 氧化为 Br_2 和 I_2 后，再加鉴定。

卤化银不溶于水和稀硝酸，而 CO_3^{2-}、PO_4^{3-}、CrO_4^{2-} 等阴离子形成的银盐溶于硝酸，所以可在硝酸溶液中使卤素阴离子形成卤化银沉淀来防止其他阴离子的干扰。

【仪器与试剂】

1. 仪器 石棉网、试管、离心试管、电动离心机。

2. 试剂 NaCl（0.1 mol/L）、KBr（0.1 mol/L）、KI（0.1 mol/L）、锌粉（固体）、碘（固体）、CCl_4、氯水、溴水、淀粉溶液、KCl（固体）、KBr（固体）、KI（固体）、浓 H_2SO_4、浓盐酸、$NiSO_4$（0.2 mol/L）、稀硫酸（3 mol/L）、靛蓝溶液、NaClO（0.1 mol/L）、饱和 $KClO_3$ 溶液、MnO_2（固体）、硝酸（6mol/L）、$AgNO_3$（0.1mol/L）、$(NH_4)_2CO_3$（12%）、石蕊试纸、淀粉－碘化钾试纸、醋酸铅试纸。

【实验步骤】

1. 卤素单质的性质

（1）在干燥的石棉网上放一小匙锌粉和半小匙碘混合均匀，在混合物上滴入 1～2 滴水，观察现象并解释原因。

（2）在甲试管中加入 5 滴 0.1 mol/L KBr 溶液和 10 滴 CCl_4，然后逐滴加入氯水，振荡，观察 CCl_4 层中颜色的变化。

在乙试管中加入 5 滴 0.1 mol/L KI 溶液和 10 滴 CCl_4，然后逐滴加入氯水，振荡，观察 CCl_4 层中颜色的变化。

在丙试管中加入 1ml 0.1 mol/L KI 溶液，然后加入数滴溴水，振荡后，加入 1 滴淀粉溶液，观察现象。

综合以上实验结果，列出 Cl_2、Br_2、I_2 氧化性强弱的递变顺序，试用标准电极电势来解释。

2. 卤素离子的还原性

（1）在一干燥试管中加入几小粒 KCl 晶体，再加入 2～3 滴浓硫酸，观察试管中的变化，并用湿润的蓝色石蕊试纸在试管口检查证明逸出的气体是 HCl。

（2）在一干燥试管中加入几小粒 KBr 晶体，再加入 2～3 滴浓硫酸，观察试管中的变化，并用湿润的淀粉－碘化钾试纸在试管口检查证明逸出的气体是 SO_2。

（3）在一干燥试管中加入几小粒 KI 晶体，再加入 2～3 滴浓硫酸，观察试管中的变化，并用湿润的醋酸铅试纸在试管口检查证明逸出的气体是 H_2S。

3. 次氯酸盐和氯酸盐的氧化性

（1）在四支试管中分别加入 5 滴浓盐酸、5 滴 0.2 mol/L $NiSO_4$ 溶液、5 滴 0.1 mol/L KI 溶液（加 2 滴 3 mol/L 硫酸酸化）和 5 滴靛蓝溶液（加 2 滴 3 mol/L 硫酸酸化）。再向每支试管中加入 5 滴 0.1 mol/L NaClO 溶液，观察现象并解释原因。

（2）取两支试管，各加入 2 滴 0.1 mol/L KI 溶液，再向其中一支试管加入 2 滴 3 mol/L 硫酸酸化。然后分别向两支试管中滴入饱和的 $KClO_3$ 溶液，振荡，观察现象，并说明 $KClO_3$ 在中性和酸性介质中氧化性有何不同。

4. 卤素的制备　取三支干燥试管分别加入少许 KCl、KBr、KI 晶体，再向各试管中加入 3mol/L 硫酸 2ml 以及少量的 MnO_2。用淀粉－碘化钾试纸在装有 KCl 的试管口检查证明放出的气体是 Cl_2，在其余两支试管中分别加入 1ml CCl_4，观察 CCl_4 层中颜色，写出相应的化学方程式。

5. Cl^-、Br^-、I^- 混合溶液的分离和检出

（1）在一支离心试管中加入 3 滴 0.1 mol/L NaCl、3 滴 0.1 mol/L KBr 和 3 滴 0.1 mol/L KI，振荡混合均匀后，加入 2 滴 6mol/L 硝酸酸化。滴加 0.1 mol/L $AgNO_3$ 溶液至沉淀完全。离心分离，弃去上层清液。向沉淀上加入 4～6 滴去离子水，搅拌后离心分离，用毛细吸管将洗涤液吸出并弃去。同法再洗涤沉淀1～2次。

（2）向沉淀中加入 2ml 12%$(NH_4)_2CO_3$ 溶液，充分搅拌后，离心分离。将清液转移至另一洁净试管中，用 6mol/L 硝酸酸化，若有白色沉淀出现，表示有 Cl^- 存在。

（3）向第 2 步中加入 $(NH_4)_2CO_3$ 溶液后离心分离出的沉淀上加入 5 滴去离子水和少量锌粉，充分搅拌至沉淀完全变成黑色，离心分离。将上清液转移至一洁净试管中，加入 10 滴 CCl_4。缓慢滴加氯水，并充分振荡，观察 CCl_4 层颜色的变化，如果显紫红色，就表示有 I^- 存在。继续缓慢加入氯水至紫红色褪去（I_2 被氧化成 $NaIO_3$），CCl_4 层呈现橙色或金黄色，表示有 Br^- 存在。

【思考题】

1. 氯能从含碘离子的溶液中取代碘，碘又能从氯酸钾溶液中取代氯，这两个反应有无矛盾，为什么？

2. 如何区别氯化氢、二氧化硫和硫化氢三种酸性气体？

3. 试将 HClO、$HClO_2$、$HClO_3$、$HClO_4$ 按照热稳定性，酸性和氧化性排序。

4. 卤素单质均具有刺激性气味，可刺激黏膜，其蒸气均有毒。如，空气中含有 0.01% 的氯就会引起严重中毒，如不慎吸入氯气，应该怎么处理？

实验十八　过渡金属

一、铬、锰、铁

【实验目的】

1. 了解铬、锰、铁重要化合物的生成、性质及各种氧化态之间的转化条件。

2. 掌握铬、锰化合物的氧化还原性以及介质对氧化还原性能、产物的影响。

3. 了解铁的氢氧化物、铁盐的氧化还原性及配合物的生成。

4. 熟悉铬、锰、铁的鉴定方法。

【实验原理】

铬、锰、铁分别是元素周期表 d 区第ⅥB、ⅦB、Ⅷ族元素，它们都有可变的氧化数，其中铬常见的氧化数有 +2、+3、+6，锰常见的氧化数有 +2、+3、+4、

+6、+7，铁常见的氧化数为 +2 和 +3。

1. 铬

(1) Cr^{2+}具有较强的还原性，不稳定，通常可用还原剂（如 Zn 粉）由 Cr^{3+}和 Cr^{6+}化合物还原而制得。

(2) Cr^{3+}氧化物及其水合物具有明显的两性。在碱性溶液中，Cr^{3+}具有较强的还原性，易被强氧化剂如 H_2O_2、Cl_2 氧化为黄色铬酸盐：

$$2CrO_2^- + 3H_2O_2 + 2OH^- = 2CrO_4^{2-} + 4H_2O$$

(3) Cr^{6+}化合物重要的有三氧化铬、铬酸盐和重铬酸盐，它们都具有一定的颜色。铬酸盐和重铬酸盐在水溶液中存在下列平衡：

$$2CrO_4^{2-}\ (黄色) + 2H^+ \rightleftharpoons Cr_2O_7^{2-}\ (橙红色) + H_2O$$

在酸性溶液中中，$Cr_2O_7^{2-}$ 具有强氧化性，其还原产物为 Cr^{3+}（呈绿色或蓝色）。向铬酸盐或重铬酸盐溶液中加入 Ag^+、Pb^{2+}、Ba^{2+}等离子时，均可生成难溶性的铬酸盐沉淀。

$$CrO_4^{2-} + 2Ag^+ = Ag_2CrO_4 \downarrow\ (砖红色)$$

$$Cr_2O_7^{2-} + 2Pb^{2+} + H_2O = 2PbCrO_4 \downarrow\ (黄色) + 2H^+$$

铬酸盐沉淀易溶于强酸。这些反应常用于鉴定 CrO_4^{2-} 或用于鉴定 Ag^+、Pb^{2+}、Ba^{2+}等金属离子。

在酸性溶液中，$Cr_2O_7^{2-}$ 与 H_2O_2 作用生成过氧基配合物 $CrO(O_2)_2$，在乙醚层中呈蓝色。这是鉴定 $Cr_2O_7^{2-}$ 或 Cr^{3+}（先氧化为 CrO_4^{2-}）和 H_2O_2 的灵敏反应。

$$Cr_2O_7^{2-} + 4H_2O_2 + 2H^+ = 2CrO(O_2)_2 + 5H_2O$$

2. 锰

(1) Mn^{2+}在酸性溶液中十分稳定，只有铋酸钠或过二硫酸铵等少数的强氧化剂才能将 Mn^{2+}氧化为 MnO_4^-，使溶液显紫红色。通常用这个反应来鉴定 Mn^{2+}：

$$5NaBiO_3(s) + 2Mn^{2+} + 14H^+ = 2MnO_4^- + 5Bi^{3+} + 5Na^+ + 7H_2O$$

而在碱性条件下先生成白色的氢氧化物，在空气中易被氧化成棕色的水合二氧化锰 $MnO(OH)_2$。

(2) Mn^{4+}的化合物中，最重要的是 MnO_2，在酸性介质中具有较强氧化性，能与浓 HCl 作用放出 Cl_2，这是实验室制取少量氯气常用方法之一，其反应式为：

$$MnO_2 + 4HCl = MnCl_2 + Cl_2 \uparrow + 2H_2O$$

Mn^{4+}可作为配合物的形成体，与某些无机或有机配体生成较稳定的配合物。

(3) Mn^{6+}的重要化合物是 K_2MnO_4，可由 MnO_2 在强碱性条件下和氧化剂如 $KClO_3$ 的作用下，强热而制得。绿色的锰酸钾溶液在中性或微碱性时，MnO_4^{2-} 即发生歧化反应，生成紫色的高锰酸钾和棕黑色的 MnO_2：

$$3K_2MnO_4 + 2H_2O \rightleftharpoons 2KMnO_4 + MnO_2 \downarrow + 4KOH$$

(4) Mn^{7+}的重要化合物是 $KMnO_4$，是强氧化剂，它的还原产物随介质不同而不同。如 MnO_4^- 在酸性介质中，被还原为 Mn^{2+}，在中性或弱碱性介质中被还原为 MnO_2，在强碱性介质中和少量还原剂作用时，被还原为 MnO_4^{2-}。

3. 铁 铁是中等活泼的金属，当它形成 Fe^{3+}时，其外电子层构型为 $3d^5$ 半充满的稳定结构，故 Fe^{3+} 化合物较 Fe^{2+} 化合物稳定。

（1）氢氧化物：Fe^{2+} 的氢氧化物为白色胶状沉淀，在碱性条件下有较强的还原性，表现为能被空气氧化；Fe^{3+} 的氢氧化物为棕红色难溶物，两性偏碱，与浓 HCl 反应生成盐和水。

（2）铁盐的氧化还原性：Fe^{2+} 盐具有较强的还原性，如：亚铁盐溶液久置时，会有棕色的碱式铁盐沉淀生成。因此，亚铁盐溶液要新鲜配制，且除了要加入适量酸抑制水解外，还应加入少量单质铁或抗氧化剂。Fe^{3+} 盐具有氧化性，但不强，只有遇到较强的还原剂（如 KI）才能被还原为 Fe^{2+}。

（3）配位化学性质：Fe^{2+}、Fe^{3+} 形成配合物的倾向强，大多形成六配位数的配合物如 $[Fe(CN)_6]^{4-}$、$[Fe(CN)_6]^{3-}$ 和 $[Fe(NCS)_6]^{3-}$，利用形成的配合物可鉴定 Fe^{2+} 和 Fe^{3+}。

【仪器与试剂】

1. 仪器 试管、离心试管、离心机、酒精灯。

2. 试剂 Zn 粉（固体）、MnO_2（固体）、$NaBiO_3$（固体）、$FeSO_4 \cdot 7H_2O$（固体）、HCl（浓、6.0 mol/L）、HNO_3（浓、6mol/L）、H_2SO_4（浓、6mol/L、2mol/L、1mol/L）、NaOH（40%、6mol/L、2mol/L）、Na_2SO_3（固体）、Na_2SO_3（0.1mol/L）、KI（0.1mol/L）、$CrCl_3$（0.1mol/L）、$K_2Cr_2O_7$（0.2mol/L）、$MnSO_4$（0.1mol/L）、$KMnO_4$（0.01mol/L）、$FeCl_3$（0.1mol/L）、$K_4[Fe(CN)_6]$（0.1mol/L）、$K_3[Fe(CN)_6]$（0.1mol/L）、H_2O_2（3%）、乙醚、淀粉溶液、淀粉-碘化钾试纸。

【实验步骤】

1. 铬

（1）Cr^{2+} 的生成：在试管中加入 10 滴 0.1mol/L $CrCl_3$，10 滴 6mol/L HCl，再加少量 Zn 粉，微热至有气体逸出，观察溶液颜色变化（Cr^{3+} 的颜色为绿色，Cr^{2+} 的颜色为天蓝色）。吸出上部清液，加数滴浓 HNO_3，观察溶液颜色又有什么变化？

（2）氢氧化铬的生成和性质：在盛有 10 滴 0.1mol/L $CrCl_3$ 的试管中滴加2mol/L NaOH 溶液，直至产生氢氧化铬沉淀为止。观察沉淀的颜色。用实验证明该沉淀具有两性，并写出反应方程式。

（3）Cr^{3+} 的氧化和 Cr^{3+} 的鉴定：在试管中加入 2 滴 0.1mol/L $CrCl_3$，逐滴加入 6mol/L NaOH，至生成的沉淀溶解为止，再加 3 滴 3% H_2O_2 溶液，加热，观察溶液颜色变化，解释现象并写出反应方程式。待试管冷却后，加 10 滴乙醚，然后加入 2 滴 6mol/L HNO_3 酸化，摇动试管，观察乙醚层颜色，解释现象。

（4）铬酸盐和重铬酸盐的相互转变：取 5 滴 0.2mol/L $K_2Cr_2O_7$，先加少许 6mol/L NaOH 溶液，观察溶液颜色；再加 2mol/L H_2SO_4 至酸性，观察溶液颜色的变化，解释现象并写出反应方程式。

（5）Cr^{6+} 的氧化性

① 在一支试管中加入 5 滴 0.2mol/L $K_2Cr_2O_7$ 溶液，15 滴浓盐酸，加热，用润湿的淀粉—碘化钾试纸检验逸出的气体，观察试纸和溶液颜色的变化，解释现象并写出反应方程式。

② 在一支试管中加入5滴0.2mol/L $K_2Cr_2O_7$ 溶液和5滴2mol/L H_2SO_4，然后加入少量 Na_2SO_3 固体，观察溶液颜色变化并写出反应方程式。

2. 锰

(1) Mn^{2+} 的氢氧化物的生成和性质：取5滴0.1mol/L $MnSO_4$ 溶液，加2mol/L NaOH溶液至沉淀完全，用吸管将沉淀连同溶液分成两份，一份迅速试验Mn $(OH)_2$ 是否呈两性，另一份在空气中摇荡，观察沉淀颜色的变化并解释。

(2) Mn^{4+} 化合物的生成和 MnO_2 的氧化性

① 取10滴0.01mol/L $KMnO_4$ 溶液，滴加0.1mol/L $MnSO_4$ 溶液，观察是否有沉淀生成。

$$2MnO_4^- + 3Mn^{2+} + 2H_2O \rightleftharpoons 5MnO_2 \downarrow + 4H^+$$

② 取少量 MnO_2 固体粉末于试管中，加入10滴浓HCl，微热，检验有无 Cl_2 逸出。

(3) Mn^{6+} 化合物的生成：在一支离心试管中加入10滴0.01mol/L $KMnO_4$ 溶液和20滴40% NaOH溶液，然后加少量 MnO_2 固体，加热搅动后静置片刻，离心分离，观察上层清液的颜色。

$$2MnO_4^- + MnO_2 + 4OH^- \rightleftharpoons 3\ MnO_4^{2-} + 2H_2O$$

将上层清液转移至一洁净试管中，加2mol/L H_2SO_4 酸化，观察溶液颜色的变化和沉淀的析出。

通过以上实验，对Mn的各种氧化态的稳定性作出结论。

(4) 介质与高锰酸钾还原产物的关系：在各有5滴0.01mol/L $KMnO_4$ 溶液的3支试管中，分别加2滴2mol/L H_2SO_4、2滴水和2滴6mol/L NaOH溶液，然后各加数滴0.1mol/L Na_2SO_3 溶液。观察各试管中所发生的现象，写出反应方程式，并说明高锰酸钾还原产物和介质的关系。

(5) Mn^{2+} 的鉴定：取5滴0.1mol/L $MnSO_4$ 溶液于一离心试管中，加5滴6mol/L HNO_3，然后加少量 $NaBiO_3$ 固体，摇荡，离心沉降，如上层清液呈紫色，表示有 Mn^{2+} 存在。

3. 铁

(1) Fe $(OH)_2$ 和 Fe $(OH)_3$ 的制备和性质

① 在一试管中加入2ml蒸馏水，2滴2mol/L H_2SO_4 溶液，煮沸片刻（为什么）然后在其中溶解几粒 $FeSO_4 \cdot 7H_2O$ 晶体，将在另一试管中煮沸的1ml 2mol/L NaOH溶液，迅速加进去（不要振荡），静置片刻，观察沉淀颜色及其变化。

② 取5滴0.1mol/L $FeCl_3$ 溶液，滴加2mol/L NaOH溶液，观察沉淀的颜色和形状。

(2) 铁盐的氧化还原性

① 在一支试管中加几粒 $FeSO_4 \cdot 7H_2O$ 晶体，用10滴水使其溶解，再加入2滴2mol/L H_2SO_4，然后滴加2滴0.01mol/L $KMnO_4$ 溶液，观察 $KMnO_4$ 溶液紫色的褪去。

② 取10滴0.1mol/L $FeCl_3$ 溶液，加入15滴0.1mol/L KI溶液，观察实验现象，

然后滴加 1 滴淀粉溶液并观察实验现象。

（3）铁的配合物

① 取 10 滴 0.1mol/L $K_4[Fe(CN)_6]$ 溶液，加入 2 滴 2mol/L NaOH 溶液，观察是否有 $Fe(OH)_2$ 沉淀生成，并解释现象。另取 5 滴 0.1mol/L $FeCl_3$ 溶液，滴入 2 滴 0.1mol/L $K_4[Fe(CN)_6]$ 溶液，观察现象。

② 取 10 滴 0.1mol/L $K_3[Fe(CN)_6]$ 溶液，加入 2 滴 2mol/L NaOH 溶液，是否有 $Fe(OH)_3$ 沉淀生成，试解释现象。另取几粒 $FeSO_4 \cdot 7H_2O$ 晶体于试管中，加 10 滴水使其溶解，继续加入 2 滴 0.1mol/L $K_3[Fe(CN)_6]$ 溶液，观察实验现象。

【思考题】

1. 为什么配制好的 $KMnO_4$ 溶液应保存在深色瓶中？

2. 实验室常用的铬酸是如何配制的，什么时候表明洗液基本失效，又如何使其再生？

3. 在酸性介质中，用足量的 Na_2SO_3 和 $KMnO_4$ 作用时，为什么 MnO_4^- 总是被还原成 Mn^{2+}，而不能得到 MnO_4^{2-}、MnO_2 或 Mn^{3+}？

二、铜、银、锌、镉、汞

【实验目的】

1. 了解铜、银、锌、镉和汞的氢氧化物的性质。

2. 了解铜、银、锌、镉和汞的络合物的形成和性质。

3. 了解铜、银、锌、镉和汞的离子的分离和鉴定。

【实验原理】

在ⅠB 与ⅡB 中，重要的元素是铜、银、锌、镉、汞。因铜的化合物与锌的化合物性质相似，银、镉、汞三元素化合物的性质相近，故以下按性质相近的分类进行讨论。

1. 铜、锌

（1）氧化物和氢氧化物

CuO（黑色）　Cu_2O（红色）　ZnO（白色）

$Cu(OH)_2$ 或 $Zn(OH)_2$ 是两性氢氧化物，尤以 $Zn(OH)_2$ 的两性更突出，溶于强碱生成络合物。

$$Cu(OH)_2 + 2OH^- = [Cu(OH)_4]^{2-} \text{深蓝色}$$

$$Zn(OH)_2 + 2OH^- = [Zn(OH)_4]^{2-}$$

它们都受热而脱水，分别生成 CuO 和 ZnO。

（2）Cu^{2+} 和 Cu^+ 的转化

铜的元素电位图是　$Cu^{2+} \underline{0.157}\ Cu^+ \underline{0.52}\ Cu$

因为 $E^0_{Cu^+/Cu} > E^0_{Cu^{2+}/Cu^+}$，可见 Cu^+ 不稳定，容易按下式发生歧化反应。

$$2Cu^+ = Cu^{2+} + Cu \qquad K = 10^{6.08}$$

因为 Cu^{2+} 为弱氧化剂，当有 Cu 或其他还原剂存在的条件下，在能生成难溶的亚铜盐时而被还原。例如将 $CuCl_2$ 溶液与铜屑（和 NaCl 混合后）加热可生成白色的氯化亚铜 CuCl 沉淀。

又如 Cu^{2+} 溶液中加入 KI 时，Cu^{2+} 被 I^- 还原得白色 CuI 沉淀。

$$2Cu^{2+} + 4I^- = 2CuI\downarrow + I_2$$

（3）络合物：Cu^{2+} 可与 Cl^-，NH_3 形成稳定程度不同的络离子，Cu^{2+} 大都以 dsp^2 杂化轨道成键，形成平面正方形的内轨型络合物。

Zn^{2+} 的络离子几乎是以 sp^3 杂化轨道成键，形成四面体外轨型络合物。

Cu^+ 能与卤离子（除 F^- 外）、CN^-、SCN^- 等离子形成稳定的 $[CuX_2]^-$ 型络离子，但需在过量络合剂存在时，上述络离子才稳定。这些离子用水稀释时，将形成 CuX 沉淀，例如：

$$[CuCl_2]^- \xrightarrow{\text{加水稀释}} CuCl\downarrow + Cl^-$$

2. 银、镉、汞 Ag^+、Cd^{2+}、Hg^{2+} 离子都是无色的，由它们组成的化合物一般也是无色的，但 Ag^+、Cd^{2+}、Hg^{2+} 离子都是具有 18 电子外壳，离子半径大，极化力强，变形性较大，它们能与易变形的负离子发生较强的极化作用，以至它们形成的化合物往往有很深的颜色和较低的溶解度，例如：

Ag_2S 黑色（难溶）	HgS 黑色（难溶）	CdS 黄色（难溶）
AgI 黄色（难溶）	HgI_2 红色（极微溶）	CdI_2 黄绿（可溶）
Ag_2O 棕色（难溶）	HgO 红色或黄色（极难溶）	CdO 棕灰（难溶）

（1）氧化物和氢氧化物：Ag_2O、HgO、Hg_2O（不稳定立即分解为 HgO 和 Hg 故为黑色）和 CdO 都难溶于水和碱，可溶于 HNO_3（HgO、CdO 也可溶于盐酸）。

AgOH、$Hg(OH)_2$、$Hg_2(OH)_2$、$Cd(OH)_2$ 都是碱性占优势的，特别是 AgOH 接近于强碱性。AgOH、$Hg(OH)_2$、$Hg_2(OH)_2$ 很不稳定，从溶液中析出后，立即分解为它们的氧化物。

$$2Ag^+ + 2OH^- \longrightarrow 2AgOH \longrightarrow Ag_2O\downarrow + H_2O$$

$$Hg^{2+} + 2OH^- \longrightarrow Hg(OH)_2 \longrightarrow HgO\downarrow + H_2O$$

$$Hg_2^{2+} + 2OH^- \longrightarrow Hg_2(OH)_2 \longrightarrow Hg_2O\downarrow + H_2O$$

（2）Hg^{2+} 与 Hg_2^{2+} 的转化：Hg_2^{2+} 盐在一定条件下也可发生歧化反应。例如 Hg_2Cl_2 与 NH_3 反应，先生成氨基氯化亚汞 Hg_2NH_2Cl 白色沉淀，Hg_2NH_2Cl 进一步歧化为氨基氯化汞 $HgNH_2Cl$ 白色沉淀和黑色 Hg。

$$Hg_2Cl_2 + 2NH_3 \longrightarrow Cl-Hg-Hg-NH_2\downarrow + NH_4Cl$$

$$Cl-Hg-Hg-NH_2 \longrightarrow Cl-Hg-NH_2\downarrow + Hg\downarrow$$

由于有 Hg 析出，故显黑色，这一反应可以用来鉴定 Hg_2^{2+} 离子。

Hg_2I_2（黄绿色）在过量的 KI 溶液中也会发生歧化反应，生成 $[HgI_4]^{2-}$ 和 Hg。

（3）络合物：Ag^+ 和 Hg^{2+} 都可形成配位数为 2（sp 杂化轨道成键）的直线型和配位数为4（sp^3 杂化轨道成键）的四面体型络合物，Cd^{2+} 主要形成配位数为 4（sp^3 杂化轨道成键）的四面体型络合物。

Ag^+ 能与 Cl^-、Br^-、SCN^-、I^-、CN^- 形成配位数为 2 或 4 的络合物，Hg^{2+} 也能与它们形成 $[HgX_4]^{2-}$ 型的稳定络合物。

难溶于水的 AgCl、AgBr、AgSCN、AgI 和 AgCN 都能溶于具有相同离子或溶于

与 Ag^+ 综合能力更强的盐溶液中，汞盐也有这种相似性质。例如：

$$AgCl + Cl^- \rightleftharpoons [AgCl_2]^-$$

$$AgBr + 2S_2O_3^{2-} \rightleftharpoons [Ag(S_2O_3)_2]^{3-} + Br^-$$

$$HgI_2 + 2I^- \rightleftharpoons [HgI_4]^{2-}$$

Ag^+ 和 Cd^{2+} 可与过量氨水作用，分别生成络离子 $[Ag(NH_3)_2]^+$ 和 $[Cd(NH_3)_4]^{2+}$、但 Hg^{2+} 与过量氨水作用时，在无大量 NH_4^+ 存在的条件下，并不生成络合物而生成 $HgNH_2Cl$ 沉淀。

Ag^+、Cd^{2+}、Hg^{2+} 形成络合物时，随配位体浓度不同，可形成一系列中间型络合物，例如 Hg^{2+} 与 Cl^- 存在下述平衡：

$$[HgCl]^+ \overset{Cl^-}{\rightleftharpoons} [HgCl_2] \overset{Cl^-}{\rightleftharpoons} [HgCl_3]^- \overset{Cl^-}{\rightleftharpoons} [HgCl_4]^{2-}$$

3. 离子的鉴定

（1）Cu^{2+} 离子的鉴定：Cu^{2+} 离子与黄血盐 $K_4[Fe(CN)_6]$ 生成红褐色 $Cu_2[Fe(CN)_6]$ 沉淀。通常用于鉴定 Cu^{2+} 的方法是浓氨水与其作用，得到深蓝色的 $[Cu(NH_3)_4]^{2+}$ 络离子。

（2）Zn^{2+} 离子的鉴定：Zn^{2+} 可与无色二苯硫腙生成粉红色螯合物。

$$Zn^{2+} + 2C_6H_5-NH-NH-CS-N=N-C_6H_5 \rightleftharpoons$$

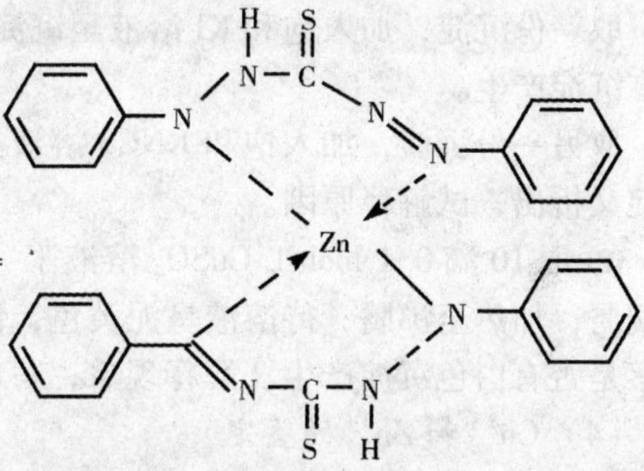

（3）Ag^+ 离子的鉴定：Ag^+ 可被葡萄糖还原。

Ag^+ 与 Cl^- 可生成白色 AgCl 沉淀，此沉淀易溶于氨水生成 $[Ag(NH_3)_2]^+$，利用此反应可与其他阳离子氯化物沉淀分离，得到的溶液再加入 KI 刚生成黄色 AgI 沉淀。

（4）Cd^{2+} 离子的鉴定：Cd^{2+} 离子可生成黄色 CdS 沉淀。

（5）Hg^{2+} 与 Hg_2^{2+} 离子的鉴定：Hg^{2+} 与 Hg_2^{2+} 可被铜置换，使汞析出，在铜的表面上呈现白色光亮的斑点。

【仪器药品】

1. 仪器　离心机。

2. 试剂　Cu 屑、HCl（2mol/L，浓）、NaOH（2mol/L，6mol/L）、$NH_3 \cdot H_2O$（2 mol/L，6 mol/L）、$CuSO_4$（0.1 mol/L）、$ZnSO_4$（0.1mol/L）、KI（0.1 mol/L，饱和）、KCNS（饱和），$K_4[Fe(CN)_6]$ 10%、CuCl（1 mol/L）、$AgNO_3$（0.1 mol/L）、$Cd(NO_3)_2$（0.1 mol/L）、$Hg(NO_3)_2$（0.1 mol/L）、$Hg_2(NO_3)_2$（0.1 mol/L）、HgCl（0.1 mol/L）、KBr（0.1 mol/L）、$Na_2S_2O_3$（0.1 mol/L）、淀粉溶液、二苯硫腙、四氯化碳溶液、葡萄糖溶液（10%）。

【实验步骤】

1. 铜和锌

(1) 铜和锌的氢氧化物

① 在3支试管中，各取6滴0.1mol/L $CuSO_4$ 溶液，并分别加入2mol/L NaOH 溶液，现观察沉淀的生成。其中两只试管分别加入2mol/L 盐酸和过量6mol/L NaOH 溶液，将另一支试管加热，观察各试管中产生的现象。

② 在两试管中各取5滴0.1 mol/L $ZnSO_4$ 溶液，并分别加入6 mol/L NaOH 溶液观察沉淀的生成，然后分别加入2 mol/L 盐酸和过量6 mol/L NaOH 溶液，观察各管中产生的现象。

(2) 铜和锌的络合物：分别于2支试管中加入10滴0.1mol/L $CuSO_4$ 和0.1 mol/L $ZnSO_4$，加入6mol/L $NH_3 \cdot H_2O$ 制取它们的络离子，并分别加入2 mol/L NaOH 溶液，观察有无沉淀重新产生。

(3) +2价铜的氧化性和+1价铜的络合物

① 取2支离心管分别加入5滴1mol/L $CuSO_4$，20滴0.1mol/L KI 溶液，离心沉降，分离，于清液中检验是否有 I_2 存在。把沉淀用蒸馏水洗涤2次，观察沉淀的颜色。

取一份沉淀，加入饱和KI溶液至沉淀刚好溶解。将此溶液加蒸馏水稀释，观察又有沉淀产生。

取另一份沉淀，加入饱和KNCS溶液至沉淀刚好溶解，然后再用水稀释、观察沉淀又析出，试解释原因。

② 取10滴0.1 mol/L $CuSO_4$ 溶液于一小试管中，加入10滴浓HCl，再加入少许铜屑，加热至沸腾，待溶液呈泥黄色，停止加热。取出少量这种溶液并用水稀释，观察是否有白色沉淀产生。解释现象，写出反应方程式。

(4) Cu^{2+} 和 Zn^{2+} 的鉴定

① Cu^{2+} 的鉴定：取2滴0.1 mol/L $CuSO_4$ 溶液，于点滴板上加2滴10% $K_4[Fe(CN)_6]$ 溶液，红褐色 $Cu_2[Fe(CN)_6]$ 沉淀生成，表示 Cu^{2+} 存在。

② Zn^{2+} 的鉴定：取2滴0.1 mol/L $ZnSO_4$ 溶液，加入6 mol/L NaOH 再溶解，再加入10滴二苯硫腙，并在水浴上将溶液加热，水溶液呈粉红色示有 Zn^{2+} 存在。

2. 银、镉、汞

(1) 银、镉、汞的氧化物和氢氧化物的生成和性质：在四支试管中，分别加入5滴0.1mol/L $AgNO_3$、0.1mol/L $Cd(NO_3)_2$、0.1mol/L $Hg(NO_3)_2$，0.1mol/L $Hg_2(NO_3)_2$，再加入数滴2mol/L NaOH，观察沉淀的生成和颜色。说明每支试管中的沉淀是氧化物还是氢氧化物。

(2) 和氨水的反应

① 取5滴0.1mol/L $AgNO_3$ 逐滴加2mol/L 氨水，观察沉淀的生成。继续滴加2mol/L 氨水，观察沉淀的溶解，然后加入2滴2mol/L NaOH 溶液观察有无沉淀产生。解释原因，并写出反应方程式。

② 取5滴0.1mol/L $Cd(NO_3)_2$ 溶液，用6mol/L 氨水按照 (1) 的方法操作，

解释观察到的现象，写出反应方程式。

③ 取5滴0.1mol/L $HgCl_2$ 溶液，滴加2mol/L氨水，观察沉淀的生成，再加入过量2mol/L氨水，沉淀是否溶解，写出反应方程式。

④ 取5滴0.1mol/L $Hg_2(NO_3)_2$ 溶液，加入数滴6mol/L氨水，观察沉淀的生成，再加入过量6mol/L氨水，沉淀是否溶解，写出反应方程式。

根据上面实验比较银、镉、汞的盐类与氨水的反应有什么不同？

（3）银和汞的其他络合物

① 取5滴0.1mol/L $AgNO_3$，加入10滴0.1mol/L KBr溶液，观察沉淀的颜色，离心分离，弃去清液，在沉淀中逐滴加入0.1mol/L $Na_2S_2O_3$，搅拌，观察沉淀是否溶解，解释现象，写出反应方程式。

② 取5滴0.1mol/L $Hg(NO_3)_2$，加入10滴0.1mol/L KI溶液，观察沉淀的颜色，再加入过量KI溶液，观察沉淀是否溶解，解释现象，写出反应式。

③ 取5滴0.1mol/L $Hg_2(NO_3)_2$ 溶液，加入10滴0.1mol/L KI溶液观察沉淀的颜色、再加入过量KI溶液，观察沉淀的变化，解释现象，写出反应方程式。

（4）银镜的制备：在一支洁净的试管中，加入0.1mol/L $AgNO_3$ 溶液2ml，滴加2mol/L氨水至起初生成的沉淀刚好溶解，然后加入10%葡萄糖溶液3滴，将试管于水浴中加热。试管内壁即有一层光亮的金属银生成（如何洗下管壁上的Ag）。

【思考题】

1. $Cu(OH)_2$ 和 $Zn(OH)_2$ 具有什么性质。

2. 将KI加到 $CuSO_4$ 溶液中是否会得到 CuI_2 沉淀？CuI沉淀为什么可溶于浓KI溶液中、也可溶于浓KCNS溶液中？CuI是否溶于浓HCl中？

3. 怎样分离 Fe^{3+}、Cu^{2+}、Zn^{2+} 混合离子？

4. 在银盐、镉盐和汞盐溶液中，加入NaOH溶液，是否都能得到相应的氢氧化物？

5. 在银、镉、汞盐溶液中，加入氨水，能否得到相应的络合物？

6. 将过量KI溶液，分别加入到+2价汞盐和+1价汞盐溶液中，将得到什么物质？

7. 怎样分离和鉴定 Ag^+、Cd^{2+} 和 Hg^{2+}？

三、配合物的性质

【实验目的】

1. 了解配合物的生成及配离子与简单离子的区别。

2. 比较配离子的稳定性，了解配位平衡的移动与溶液酸碱性、沉淀及还原平衡的关系。

3. 了解螯合物的形成与特性。

【实验原理】

由一个简单正离子（中心原子）和一定数目的中性分子或负离子（配体）通过配位键结合并按一定的组成和空间构型形成的复杂离子叫配离子。分为配阳离子和配阴离子，含配离子的化合物叫配合物。

配离子在溶液中存在着配位离解平衡，例如：

$$Cu^{2+} + 4NH_3 \rightleftharpoons [Cu(NH_3)_4]^{2+}$$

$$\frac{[Cu(NH_3)_4]^{2+}}{[Cu^{2+}][NH_3]} = K_{稳}$$

$K_{稳}$值愈大，配离子愈稳定。

配位平衡属化学平衡，服从化学平衡移动原理，若平衡体系的某一条件（如浓度、酸碱性等）发生改变，平衡将发生移动。

若中心原子与多齿配体形成环状结构的配合物时，则称螯合物。很多金属螯合物具有特征颜色，并且难溶于水而易溶于有机溶剂。如丁二肟在碱性条件下与离子生成鲜红色难溶于水的螯合物。

【仪器试剂】

1. 仪器 试管、烧杯（50ml）、漏斗、铁支架、滴管。

2. 试剂 $CuSO_4$（0.1 mol/L）、$HgCl_2$（0.1 mol/L）、KI（0.1 mol/L）、$Al_2(SO_4)_3$（0.1 mol/L）、KF（2 mol/L）、$FeCl_3$（0.1 mol/L）、$BaCl_2$（0.1 mol/L）、KSCN（0.1 mol/L）、$KAl(SO_4)_2$（0.1 mol/L）、Na_2S（0.1 mol/L）、$SnCl_2$（0.1 mol/L）、$NiCl_2$（0.1 mol/L）、$AgNO_3$（0.1 mol/L）、$Na_2S_2O_3$（0.1 mol/L）、H_2SO_4（6 mol/L）、NaOH（0.1 mol/L）、$NH_3 \cdot H_2O$（2 mol/L）、乙醇溶液（95%）、茜素磺酸钠（1%）、丁二肟（1%）、定性滤纸。

【实验步骤】

1. 配合物的制备

（1）$[Cu(NH_3)_4]SO_4$ 的生成：于50ml 烧杯中加入 0.1 mol/L $CuSO_4$ 溶液 2ml，逐滴加入 2 mol/L $NH_3 \cdot H_2O$ 溶液，边滴边摇动烧杯，直至最初生成的沉淀溶解为止。然后加入约 8ml 乙醇，振摇烧杯，观察现象，过滤。所得沉淀（晶体）为何物？将盛有沉淀的漏斗插入另一洁净试管中，直接在滤纸上滴加 2 mol/L $NH_3 \cdot H_2O$ 溶液（约 2ml），使沉淀溶解。写出反应式，保留滤液供下面实验用。

（2）$K_2[HgI_4]$ 的生成：于试管中加入 0.1 mol/L $HgCl_2$ 溶液（有毒）2 ~ 4 滴，逐滴加入 0.1 mol/L KI 溶液，观察红色沉淀的生成，再继续滴加 KI 溶液至沉淀溶解，写出反应式，保留滤液供下面实验用。

（3）$K_3[FeF_6]$ 的生成：于试管中加入 0.1 mol/L $FeCl_3$ 溶液 5 滴，然后逐滴加入 2 mol/L KF 溶液至溶液变为无色，写出反应式，保留溶液供下面实验用。

（4）$K_3[AlF_6]$ 的生成：于试管中加入 0.1 mol/L $Al_2(SO_4)_3$ 溶液 5 滴，然后逐滴加入 2 mol/L KF10 滴，充分摇匀，以使配位反应完全。写出反应式，保留溶液供下面实验用。

2. 配合物的组成一内界和外界 于两支试管中各加入 0.1 mol/L $CuSO_4$ 溶液 5 滴，然后于其中一支试管中加入几滴 0.1 mol/L $BaCl_2$ 溶液，于另一支试管中加几滴 0.1 mol/L NaOH 溶液，观察现象，写出反应式。

另取两支试管，各加入步骤 1（1）中自己制备的 $[Cu(NH_3)_4]^{2+}$ 溶液 5 滴，再于其中一支试管中加几滴 0.1 mol/L $BaCl_2$ 溶液，于另一支试管中加几滴 0.1 mol/L NaOH 溶液，观察现象，根据实验结果，解释配合物内界与外界的组成。

3. 配离子与简单离子的区别

（1）$[HgI_4]^{2-}$配离子与Hg^{2+}离子的区别：取两支试管，于一支试管中加入步骤1（2）中自己配制的$[HgI_4]^{2-}$溶液3滴，于另一支试管中加入0.1 mol/L $HgCl_2$溶液3滴，然后各加入0.1 mol/L KI溶液2滴，观察现象，写出反应式并解释原因。

（2）$[FeF_6]^{3-}$配离子与Fe^{3+}离子的区别：取两支试管，于一支试管中加入步骤1（3）中自己配制的$[FeF_6]^{3-}$溶液3滴，于另一支试管中加入0.1 mol/L $FeCl_3$溶液5滴，然后各加入0.1 mol/L KSCN溶液2滴，观察现象，写出反应式并解释原因。

4. 配离子与复盐的区别　取步骤1（4）中自己制备的$[AlF_6]^{3-}$溶液1滴，置滤纸片一端上，取0.1 mol/L $KAl(SO_4)_2$（明矾）溶液1滴置滤纸片另一端上，然后各加1%茜素磺酸钠1滴和2 mol/L $NH_3 \cdot H_2O$ 1滴，若有红色斑点生成示有Al^{3+}存在。观察结果，解释原因。

5. 配位平衡的移动

（1）配位平衡与沉淀平衡：于两支试管中各加入步骤1（1）中自己制备的$[Cu(NH_3)_4]^{2+}$溶液5滴，然后，于其中一支试管中加0.1 mol/L NaOH溶液3滴，于另一支试管中加0.1 mol/L Na_2S溶液3滴，观察结果，写出反应式并解释原因。

（2）配位平衡与氧化还原平衡：于一支试管中加入步骤1（2）中自己制备的$[HgI_4]^{2-}$溶液5滴，于另一支试管中加入0.1 mol/L $HgCl_2$溶液5滴，然后各逐滴加入0.1 mol/L $SnCl_2$溶液，比较两试管中发生的变化，写出反应式并解释原因。

（3）配位平衡与溶液的酸碱性：取步骤1（3）中自己制备的$[FeF_6]^{3-}$溶液各5滴分置两支试管中，然后于其中一支试管内滴加2 mol/L NaOH溶液，于另一支试管内滴加6 mol/L H_2SO_4溶液，观察现象，写出反应式并解释现象。

6. 配离子稳定性的比较　于两支试管中，各加入0.1 mol/L $AgNO_3$溶液5滴，于其中一支试管内逐滴加入1 mol/L $Na_2S_2O_3$溶液约12滴，观察生成的沉淀又溶解。于另一支试管内逐滴加入2 mol/L $NH_3 \cdot H_2O$ 12滴，观察生成的沉淀又溶解。然后向两支试管中各加入2滴0.1 mol/L KI溶液，观察两管发生的现象，写出反应式，比较两种配离子稳定性的相对大小，并解释原因。

7. 螯合物的生成　于试管中加入0.1 mol/L $NiCl_2$溶液2滴和2 mol/L $NH_3 \cdot H_2O$溶液1滴，然后加入1%丁二肟（多齿配体）溶液2滴，观察现象。

【思考题】

1. 总结本实验中所观察到的现象，说明配离子与简单离子的区别。

2. 归纳影响配位平衡移动的因素，从配离子稳定性的比较了解不稳定常数与稳定常数的意义。

3. 什么叫螯合物，有何特征与特性？

实验十九 烯、炔的鉴定

【实验目的】

1. 掌握烯烃和炔烃的重要化学性质。

2. 掌握烯烃和炔烃的化学鉴定方法。

【实验原理】

烯烃和炔烃分子中分别含有 C=C 和 C≡C 键，是不饱和的碳氢化合物，易于发生加成和氧化反应，可以通过溴和高锰酸钾试验来检测。

1. 溴－四氯化碳试验 烯烃和炔烃均可与红棕色的溴发生加成反应，生成无色的二卤代物和多卤代物，而使溴的颜色褪去。

$$>C=C< + Br_2 \longrightarrow -\overset{Br}{\underset{|}{\overset{|}{C}}}-\underset{Br}{\underset{|}{C}}-$$

$$-C\equiv C- + 2Br_2 \rightarrow -CBr_2-CBr_2-$$

这是检验碳－碳不饱和键的常用方法。有些存在烯醇式的醛或酮和苯环上有强的邻、对位取代基存在的芳香族化合物，亦会使溴褪色。

2. 稀高锰酸钾溶液试验 烯烃和炔烃与稀高锰酸钾溶液反应，生成黑褐色的二氧化锰沉淀，同时，高锰酸钾的紫红色褪去。

$$3>C=C< + 2MnO_4^- + 4H_2O \longrightarrow -\underset{OH}{\underset{|}{\overset{|}{C}}}-\underset{OH}{\underset{|}{\overset{|}{C}}}- + 2MnO_2\downarrow + 2OH^-$$

$$-\underset{OH}{\underset{|}{\overset{|}{C}}}-\underset{OH}{\underset{|}{\overset{|}{C}}}- \xrightarrow{[O]} >C=O + O=C<$$

$$R-C\equiv C-R' + 2MnO_4^- \longrightarrow R-COO^- + R'-COO^- + 2MnO_2\downarrow$$

3. 银氨溶液或亚铜氨溶液试验 三键在分子末端的炔烃 R－C≡CH，因它的氢较活泼，可与银氨溶液或亚铜氨溶液作用，生成沉淀。

$$R-C\equiv C-H + Ag(NH_3)_2OH \rightarrow R-C\equiv CAg\downarrow + 2NH_3 + H_2O$$

（白色）

$$R-C\equiv C-H + Cu(NH_3)_2Cl \rightarrow R-C\equiv CCu\downarrow + NH_3 + NH_4Cl$$

（棕红色）

【仪器与试剂】

精制石油醚、环已烯、乙炔试样、环已烯、乙炔。

【实验步骤】

1. 溴－四氯化碳试验 在试管中加入 2ml 2% 溴的四氯化碳溶液，再加入 4 滴试样（若试样为乙炔[1]，则通入乙炔气体 1～2min。下同），振摇，观察溴的红棕色是否褪去。

2. 稀高锰酸钾溶液试验 在试管中加入2ml 1%高锰酸钾水溶液，然后加入2滴试样，振荡，观察高锰酸钾的紫红色是否褪去，有无黑褐色的二氧化锰沉淀。

3. 银氨溶液和亚铜氨溶液试验

(1) 银氨溶液试验：在试管中加入0.5ml 5%硝酸银溶液，加入1滴10%氢氧化钠溶液，再滴入2%氨水，边滴边摇，至沉淀刚好溶解为止[2]，在此溶液中加入2滴试样或通入乙炔气体1~2min，观察有无沉淀生成。

(2) 亚铜氨溶液试验：取绿豆大小的固体氯化亚铜，溶于1ml水中，然后滴加浓氨水，边滴边摇，至沉淀完全溶解，再加入2滴试样或通入乙炔气体1~2min，观察有无沉淀生成。

4. 未知物鉴定 现有三瓶无标签气体，已知其中有：丙烷、丙烯和丙炔，试分别鉴定出每个瓶子装的是哪一种气体。

【附注】

[1] 乙炔的制取：在带有支管的大试管中加入约5g碳化钙，管口用带有滴液漏斗的软木塞塞住，支管用橡皮管与导气管相接，滴液漏斗中盛10ml饱和食盐水，打开滴液漏斗活塞，使饱和食盐水缓慢滴入试管中，即有乙炔气体产生。

[2] 此时得到的硝酸银氨水澄清溶液，常称为银氨溶液，即Tollens试剂，贮存时间长会析出爆炸性黑色沉淀物Ag_3N，故应当使用时才配制。

实验二十 卤代烃的鉴定

【实验目的】

1. 加深不同烃基结构对卤代烃反应活性影响的认识。
2. 掌握卤代烃的化学鉴定方法。

【实验原理】

卤代烃的结构不同，碳-卤键的活泼性不同，用硝酸银醇溶液试验可测定卤代烃中卤素的活泼性，从而推测其结构。

卤代烃与硝酸银反应产生卤化银沉淀：

$$R-X + AgNO_3 \rightarrow RONO_2 + AgX\downarrow$$

反应按S_N1机制进行，生成卤化银的速率取决于形成的正碳离子的稳定性。苄基卤、烯丙基卤和叔卤代烃在室温下立即与硝酸银反应，伯和仲卤代烃在加热的条件下才与硝酸银反应，乙烯型卤烃和卤代芳烃在加热的条件下也不与硝酸银反应。不同的卤代烃反应速率如下：

苄基卤、烯丙基卤≈叔卤代烃>仲卤代烃>伯卤代烃>卤代甲烷>乙烯型卤烃、卤代芳烃

【仪器与试剂】

正氯丁烷、仲氯丁烷、叔氯丁烷、正溴丁烷、溴苯、氯苄。

【实验步骤】

在试管中加入1ml 5%硝酸银乙醇溶液，再加入2~3滴试样，摇荡，静置

5min，观察有无沉淀析出。若无沉淀析出，水浴加热煮沸后再观察。若有沉淀析出，加入1滴5%硝酸，观察沉淀是否溶解[1]。

【附注】

[1] 卤化银沉淀不溶于稀硝酸，因此，加入稀硝酸后沉淀不溶解才能视为阳性反应。

实验二十一 醇的鉴定

【实验目的】

1. 加深对醇重要化学性质的认识。

2. 掌握醇的化学鉴定方法。

【实验原理】

醇含有活泼的羟基，可发生多种反应，其中有些反应可用于鉴定。例如乙酰氯与醇反应可生成具有水果香味的酯；利用卢卡斯（Lucas）试验可区别伯、仲和叔醇；硝酸铈铵试验可以鉴定10个碳以下的醇等等。

1. 乙酰氯试验 醇和乙酰氯作用可生成酯：

$$ROH + CH_3COCl \longrightarrow CH_3COOR + HCl$$

低级醇的乙酸酯具有水果香味，容易检出；高级醇的乙酸酯因香味很淡或没有香味，此法不适用。

2. Lucas 试验 浓盐酸－氯化锌溶液称为Lucas试剂，它与醇反应生成卤代烷：

$$ROH + HCl \xrightarrow{ZnCl_2} RCl + H_2O$$

苄醇、烯丙基型醇和叔醇与Lucas试剂立即反应，仲醇需要几分钟才能反应，有时需要加热才能进行，伯醇一般不与Lucas试剂反应。由于反应生成的卤代烷不溶于水，反应液呈混浊或分成两层，故可根据反应液出现上述现象的快慢来区别不同类型的醇。Lucas试验只适用于水溶性醇，少于两个碳原子的醇由于生成的氯代物极易挥发故也不适用。

3. 硝酸铈铵试验 10个碳以下的醇能与硝酸铈铵作用，生成红色的络合物：

$$\underset{\text{橘黄色}}{(NH_4)_2Ce(NO_3)_6} + ROH \longrightarrow \underset{\text{红色}}{(NH_4)_2Ce(OR)(NO_3)_5} + HNO_3$$

4. 铬酸试验 铬酸试剂可氧化伯醇和仲醇，生成相同碳数的羧酸和酮，叔醇则不被氧化。

$$\underset{\text{橙色}}{H_2Cr_2O_7 + RCH_2OH} \xrightarrow{H_2SO_4} \underset{\text{蓝绿色}}{Cr_2(SO_4)_3} + RCOOH$$

$$H_2Cr_2O_7 + R_2CHOH \xrightarrow{H_2SO_4} Cr_2(SO_4)_3 + R_2C=O$$

反应过程中，铬酸试剂颜色从橙色变成蓝绿色，故可用于伯醇、仲醇与叔醇的区别。铬酸试剂也可氧化醛类呈阳性反应，但不能氧化酮类，所以常用丙酮作为反应溶剂。

【仪器与试剂】

乙醇、异戊醇、苄醇、正丁醇、仲丁醇、叔丁醇、甘油、环己醇、仲丁醇。

【实验步骤】

1. 乙酰氯试验　在试管中加入0.5ml试样，逐滴加入0.5ml乙酰氯，摇荡，注意有无发热现象。向管口吹气，观察有无氯化氢白雾逸出。静置1~2min后，加入3ml水，并加入少量碳酸氢钠粉末使呈中性，如果有酯的香味，表示阳性反应。

2. Lucas试验　在试管中加入5~6滴试样及2ml Lucas试剂[1]，塞住试管口摇荡后静置，观察现象。静置后立即浑浊或分层的为苄醇、烯丙基型醇和叔醇。若静置后不出现浑浊，则放在水浴中温热2~3min，摇荡，出现浑浊或分层的为仲醇，仍不出现浑浊或分层的为伯醇。

3. 硝酸铈铵试验　在试管中加入2滴试样（或固体试样30~50mg）及2ml水使成溶液（不溶于水的试样，以2ml二氧六环代替），加入0.5ml硝酸铈铵试剂[2]，摇荡后观察颜色变化，并做空白试验对比。

4. 铬酸试验　在试管中加入1~2滴试样（或固体试样数毫克）和1ml丙酮，滴入1滴铬酸试剂[3]，摇荡后观察颜色变化。取1ml丙酮滴入1滴铬酸试剂进行空白试验，验证丙酮是否含有易被氧化的杂质。

5. 未知物鉴定　现有三瓶无标签试剂，已知其中有：乙醇、环己醇和叔丁醇，试分别鉴定出每个瓶子装的是哪一种试剂。

【附注】

[1] Lucas试剂的配制：将无水氯化锌在蒸发皿中加热熔融，稍冷后置于燥器中冷至室温，取出捣碎，称取136g溶于90ml浓盐酸中。溶解时有大量氯化氢气体和热量放出，冷却后储存于玻璃瓶中，密封备用。

[2] 硝酸铈铵试剂的配制：取100g硝酸铈铵加250ml 2mol/L硝酸，加热溶解后放冷。

[3] 铬酸试剂的配制：取25g铬酸酐（CrO_3）加入到盛有25ml浓硫酸的烧杯中，搅拌至均匀的浆状液，搅拌下慢慢加入15ml水，形成橙色的透明溶液即可。

实验二十二　酚的鉴定

【实验目的】

1. 掌握酚类重要的化学性质。
2. 掌握酚类的化学鉴定方法。

【实验原理】

酚羟基直接与芳环连接，形成p-π共轭效应，导致酚羟基酸性增强，芳环上的亲电取代反应活性增加，因此，可发生多种化学反应。

1. 氢氧化钠试验　酚羟基具有弱酸性，与强碱作用生成酚盐而溶于水，用盐酸酸化（或通二氧化碳）酚又游离出来。

2. 三氯化铁试验　大多数酚类与三氯化铁发生显色反应，不同的酚产生不同的颜色，通常呈现红、蓝、紫或绿色，产生颜色的原因主要是生成了电离度较大的酚铁盐络合物[1]。

$$FeCl_3 + 6C_6H_5OH \rightarrow [Fe(OC_6H_5)_6]^{3-} + 6H^+ + 3Cl^-$$

3. 溴水试验 酚羟基是强的邻、对位定位基，使苯环活化，易发生亲电取代反应。例如：苯酚与溴水作用生成2，4，6－三溴苯酚白色沉淀。

$$C_6H_5OH + 3Br_2 \longrightarrow C_6H_2Br_3OH + 3HBr$$

【仪器与试剂】

苯酚、邻硝基苯酚、水杨酸、对羟基苯甲酸、邻硝基苯酚、乙酰乙酸乙酯、间苯二酚[4]、对苯二酚、苯甲酸。

【实验步骤】

1. 氢氧化钠试验 在试管中加入0.1g试样，逐渐加入水使其溶解，用pH试纸检验溶液的弱酸性；若不溶于水则可逐滴加入10% NaOH溶液使呈碱性，观察有何现象发生。再加10% HCl使呈酸性，观察又有何现象发生。

2. 三氯化铁试验 在试管中加入0.5ml1%试样水溶液或稀乙醇溶液[2]，再加1～2滴1% $FeCl_3$水溶液，观察各种酚所表现的颜色。

3. 溴水试验 在试管中加入0.5ml1%试样水溶液，然后逐滴加入溴水溶液[3]，溴的颜色不断褪去并析出白色沉淀为阳性反应。

【附注】

[1] 烯醇类化合物也能与$FeCl_3$起颜色反应，呈现红紫色。但是一些硝基酚类、间和对羟基苯甲酸不与$FeCl_3$发生颜色反应。不溶于水的酚类化合物与$FeCl_3$水溶液的反应不灵敏，几乎不发生颜色反应，若采用乙醇溶液增加其溶解度则发生颜色反应。

[2] 配制1%水杨酸、对羟基苯甲酸和邻硝基苯酚水溶液时需加少量乙醇或直接用其饱和溶液。

[3] 溴水溶液的配制：溶解15g溴化钾于100ml水中，加入10g溴，搅拌。

[4] 间苯二酚的溴代物在水中溶解度较大，需加入较多的溴水溶液才能产生沉淀。

实验二十三 醛和酮的鉴定

【实验目的】

1. 加深对醛、酮化学性质的认识。
2. 掌握醛、酮的化学鉴定方法。

【实验原理】

醛和酮都具有羰基，能与许多化学试剂发生反应，例如：苯肼、2，4－二硝基苯肼、羟胺、氨基脲和亚硫酸氢钠等。但醛基具有还原性，可与土伦（Tollen）试剂、斐林（Fehling）试剂等发生反应，而酮则不能，故可鉴别醛和酮。甲基酮还可发生碘仿反应。

1. 2，4－二硝基苯肼试验　醛和酮在酸性条件下能与2，4－二硝基苯肼作用，生成黄色、橙色或橙红色的2，4－二硝基苯腙沉淀。

$$\underset{(R')H}{\overset{R}{>}}C{=}O + \underset{\text{2，4－二硝基苯肼}}{2,4\text{-}(NO_2)_2C_6H_3NHNH_2} \longrightarrow \underset{\text{2，4－二硝基苯腙}}{2,4\text{-}(NO_2)_2C_6H_3NHN{=}C\underset{H(R')}{\overset{R}{<}}} + H_2O$$

缩醛可水解出游离的醛，也能作用生成2，4－二硝基苯腙。苄基型和烯丙基型醇能被2，4－二硝基苯肼氧化成相应的醛或酮，进一步反应生成2，4－二硝基苯腙沉淀。其他含有羰基的化合物，如羧酸、酯和酰胺等不生成2，4－二硝基苯腙衍生物。

2. 亚硫酸氢钠试验　醛、脂肪族甲基酮和八碳以下的环酮与饱和亚硫酸氢钠溶液反应，生成结晶沉淀。将沉淀物与稀酸或稀碱共热，可分解为原来的醛、酮。因此，可用此反应来鉴定和纯化醛、酮。

$$\underset{(CH_3)H}{\overset{R}{>}}C{=}O + NaHSO_3 \longrightarrow \underset{(CH_3)H}{\overset{R}{>}}C\underset{SO_3Na}{\overset{OH}{<}}\downarrow$$

$$\underset{(CH_3)H}{\overset{R}{>}}C\underset{SO_3Na}{\overset{OH}{<}} \xrightarrow{HCl} R-\overset{O}{\overset{\|}{C}}-H(CH_3) + SO_2 + H_2O$$

$$\underset{(CH_3)H}{\overset{R}{>}}C\underset{SO_3Na}{\overset{OH}{<}} \xrightarrow{Na_2CO_3} R-\overset{O}{\overset{\|}{C}}-H(CH_3) + Na_2SO_3 + NaHCO_3$$

3. Tollens 试验　醛基具有还原性，常用 Tollens 试剂来检验醛的存在，反应时醛被氧化成羧酸，银离子被还原成金属银附着在试管壁上形成银镜，故称为银镜反应。酮不发生反应。

$$RCHO + 2Ag(NH_3)_2OH \longrightarrow 2Ag\downarrow + RCOONH_4 + 3NH_3 + H_2O$$

4. Fehling 试验　脂肪醛能使铜离子还原成砖红色的氧化亚铜沉淀，常用 Fehling 试验检验脂肪醛的存在。芳香醛和酮不发生反应。

$$RCHO + 2Cu(OH)_2 + NaOH \longrightarrow RCOONa + Cu_2O\downarrow + 3H_2O$$

Fehling 试剂是由等体积的硫酸铜溶液和酒石酸钾钠的氢氧化钠溶液混合而成。酒石酸钾钠与氢氧化铜形成深蓝色的酒石酸铜钠络合物，避免了氢氧化铜沉淀析出。

5. 铬酸试验　醛在室温下能被铬酸氧化成羧酸，铬酸溶液由橙色变为蓝绿色，酮在相同条件下不发生反应。

$$3RCHO + \underset{\text{橙色}}{H_2Cr_2O_7} + 3H_2SO_4 \longrightarrow 3RCOOH + \underset{\text{蓝绿色}}{Cr_2(SO_4)_3} + 4H_2O$$

6. 碘仿试验 甲基酮在碱性溶液中与碘反应生成黄色碘仿沉淀，常用于鉴定甲基酮。

$$R-\overset{\overset{\displaystyle O}{\|}}{C}-CH_3 \xrightarrow{I_2/NaOH} R-\overset{\overset{\displaystyle O}{\|}}{C}-CI_3 \xrightarrow{NaOH} R-\overset{\overset{\displaystyle O}{\|}}{C}-ONa + CHI_3\downarrow$$

除甲基酮外，乙醛也发生碘仿反应。

由于次碘酸钠具有氧化性，当化合物分子中存在易氧化成甲基酮的基团时，也可发生碘仿反应。例如乙醇以及在第二个碳上具有羟基的仲醇在碘的碱性溶液中均可生成碘仿沉淀。因此，碘仿反应常用来检验下述两种结构的存在：

$$R-\underset{\underset{\displaystyle OH}{|}}{CH}-CH_3 \quad 或 \quad R-\underset{\underset{\displaystyle O}{\|}}{C}-CH_3$$

【仪器与试剂】

乙醛水溶液、丙酮、苯乙酮、正丁醛、甲醛水溶液、苯甲醛、环已酮、乙醇。

【实验步骤】

1. 2，4－二硝基苯肼试验 在试管中加入 2ml2，4－二硝基苯肼试剂[1] 和3～4滴试样，摇荡，静置片刻，若无沉淀析出，微热 0. 5min，摇荡，冷却，观察现象。

2. 亚硫酸氢钠试验 在试管中加入 2ml 饱和亚硫酸氢钠溶液[2]，加入 1ml 试样，摇荡后置于冰水浴中冷却，观察现象。

3. Tollens 试验[3] 在洁净的试管中加入 1ml5% 硝酸银溶液和 1 滴 10% 氢氧化钠溶液，振荡下逐滴加入浓氨水至沉淀刚好溶解为止。然后加入 2 滴试样（不溶于水的试样先用少量乙醇溶解），静置，观察现象。若无银镜生成，将试管置于 60～70℃水浴中加热 5min，试管壁有银镜形成或生成黑色金属银沉淀表明为醛类化合物。

4. Fehling 试验 在试管中加入 Fehling I 和 Fehling II 溶液[4] 各 0. 5ml，混合均匀后加入 3～4 滴试样，在沸水浴中加热 1～2min，若有红色氧化亚铜沉淀生成，表明是脂肪醛类化合物。

5. 铬酸试验 在试管中加入 1～2 滴试样（或约 10mg）和 1ml 丙酮，滴入1～2 滴铬酸试剂[5]，摇荡后观察颜色变化。取 1ml 丙酮滴入 1 滴铬酸试剂进行空白试验，验证丙酮是否含有易被氧化的杂质。

6. 碘仿试验 在试管中加入 1ml 水和 3～4 滴试样，再加入 0. 5ml10% 氢氧化钠溶液使呈碱性，再逐滴加入碘－碘化钾溶液[6] 至溶液呈浅黄色，摇荡，观察现象。

若无浅黄色沉淀析出，置于 60℃水浴中加热 1～2min，静置观察。

若溶液变成无色，继续加入 2～4 滴碘－碘化钾溶液，再观察。

7. 未知物鉴定 现有 4 瓶无标签试剂，已知其中有：乙醇、乙醛水溶液、丙酮和苯甲醛，试分别鉴定出每个瓶子装的是哪一种试剂。

【附注】

[1] 2，4－二硝基苯肼试剂的配制：取 2，4－二硝基苯肼 1g，加入 7. 5ml 浓硫酸，溶解后将此溶液缓慢地倒入 75ml 95% 乙醇溶液中，用水稀释至 250ml，必要时过滤备用。

［2］饱和亚硫酸氢钠溶液的配制：取碳酸钠（$Na_2CO_3 \cdot 10H_2O$）500g 溶于 790ml 水中，再往溶液中通入二氧化硫气体至饱和为止。试验中，若结晶不易析出，可酌加乙醇。

［3］配制 Tollens 试剂时不能加入过量的氨水，避免生成受热易发生爆炸的雷酸银（$Ag-O-N\equiv C$）。同时，Tollens 试剂久置将生成黑色的氮化银（Ag_3N）沉淀，受到震动会发生爆炸性分解，所以，Tollens 试剂必须现用现配。

实验完毕，在试管中加入少许稀硝酸煮沸，以便洗去生成的银镜。

［4］Fehling 试剂的配制：

Fehling Ⅰ硫酸铜结晶 34.6g 溶于 500ml 水中。

Fehling Ⅱ氢氧化钠 70g 和酒石酸钾钠 173g 共溶于 500ml 水中。

将此两溶液分别密封储存在瓶中，使用前临时混合。因为氢氧化铜与酒石酸钾钠形成的络合物不稳定，不宜久置。

［5］铬酸试剂的配制：取 25g 铬酸酐（CrO_3）加入到盛有 25ml 浓硫酸的烧杯中，搅拌至均匀的浆状液，搅拌下慢慢加入 15ml 水，形成橙色的透明溶液即可。

［6］碘－碘化钾溶液的配制：将 10g 碘和 20g 碘化钾溶解于 100ml 水中，置棕色瓶保存。

实验二十四　胺的鉴定

【实验目的】

1. 加深对胺类化学性质的认识。
2. 掌握胺类的化学鉴定方法。

【实验原理】

胺是一类碱性的有机化合物，分为伯胺、仲胺和叔胺，可应用 Hinsberg 试验或亚硝酸试验进行鉴定。

1. Hinsberg 试验　伯胺和仲胺在氢氧化钠溶液中与苯磺酰氯[1]反应生成相应的磺酰化产物。伯胺的磺酰化产物是水溶性钠盐，用盐酸酸化后析出沉淀。

$$C_6H_5SO_2Cl + R-NH_2 \xrightarrow{NaOH} Na^+[C_6H_5SO_2NR]^- \xrightarrow{HCl} C_6H_5SO_2NHR\downarrow$$

仲胺的磺酰化产物在碱性水溶液中析出沉淀。这是因为所生成苯磺酰仲胺的氮上没有氢，不能与氢氧化钠反应生成水溶性钠盐。

$$C_6H_5SO_2Cl + R_2NH \xrightarrow{NaOH} C_6H_5SO_2NR_2\downarrow$$

叔胺不能与苯磺酰氯反应，呈油状物析出。用盐酸酸化后生成叔胺盐酸盐，溶于水中。

2. 亚硝酸试验　不同类型的胺与亚硝酸反应的现象和产物不同，故可以用来鉴别胺类。

脂肪伯胺与亚硝酸反应的产物不稳定，立即放出氮气；芳香伯胺与亚硝酸作用在低温下生成重氮盐，重氮盐与β－萘酚偶联生成橙红色染料。

$$R-NH_2 \xrightarrow{NaNO_2/HCl} \text{复杂的混合物} + N_2\uparrow$$

$$Ar-NH_2 \xrightarrow[0\sim5℃]{NaNO_2/HCl} Ar-N_2^+Cl^- \xrightarrow[\text{室温}]{H_2O} Ar-OH + N_2\uparrow$$

β-萘酚 → 1-(Ar-N=N-)-2-萘酚

仲胺与亚硝酸作用都生成黄色油状物或固体的 N－亚硝基化合物，N－亚硝基化合物有很强的致癌作用，操作时应避免与皮肤接触。

$$R_2N-H \xrightarrow{HNO_2} R_2N-N=O \xrightarrow[\Delta]{H^+} R_2NH$$

N－亚硝基胺

黄色油状物或固体

脂肪叔胺与亚硝酸作用生成不稳定的盐，稀释或用碱中和又游离出叔胺；芳香叔胺与亚硝酸作用生成亚硝基芳胺，亚硝基芳胺在酸碱溶液中显出不同的颜色。

$$R_3N \xrightarrow{HNO_2} (R_3NH)^+ONO^- \xrightarrow{NaOH} R_3N$$

$$C_6H_5N(CH_3)_2 \xrightarrow{HNO_2} p\text{-}ON-C_6H_4-N(CH_3)_2 \underset{OH^-}{\overset{H^+}{\rightleftharpoons}} HO-N=C_6H_4=N^+(CH_3)_2$$

翠绿色　　　　桔黄色

【仪器与试剂】

三乙胺、苯胺、N－甲基苯胺、N，N－二甲基苯胺。

【实验步骤】

1. 胺的 pH 测定　在试管中放入 3～4 滴试样，加入 1.5ml 水，溶解后用 pH 试纸测定。若样品不完全溶于水，逐渐加入 10% 盐酸使其溶解，再逐渐加入 10% 氢氧化钠溶液，观察现象。

2. Hinsberg 试验　在试管中加入 2～3 滴试样（或约 20mg）、3ml10% 氢氧化钠和 3 滴苯磺酰氯，塞住管口，用力摇荡 3～5min。取下塞子，振荡下在水浴中温热 1min[1]，冷却，用 pH 试纸检验溶液是否呈碱性，若溶液不呈碱性，则逐滴加入 10% 氢氧化钠至碱性。将溶液用冰水浴冷却，观察有无沉淀生成。分别按下述情况鉴定胺类。

（1）若有沉淀生成，则逐滴加入 6mol/L 盐酸使溶液酸化，沉淀不溶解则表示为仲胺。

（2）若无沉淀生成，在溶液中加入 6mol/L 盐酸酸化，有沉淀析出则表示为伯胺。

（3）试验时不起反应，呈油状浮在液面，加盐酸酸化溶解则表示为叔胺。

3. 亚硝酸试验　在试管中加入0.3ml试样、1ml浓盐酸和2ml水，用冰－盐水浴冷却至0～5℃。另取0.3g亚硝酸钠溶于2ml水中，至于冰－盐水浴冷却。将亚硝酸钠溶液慢慢滴入试样溶液中，不时摇荡，直至混合液遇淀粉－碘化钾试纸呈深蓝色为止，观察现象。分别按下述情况鉴定胺类。

（1）若反应液在0～5℃有大量气泡（N_2）生成，表示为脂肪伯胺。

（2）若反应液无沉淀生成，加入β－萘酚溶液[2]数滴，析出橙红色沉淀示为芳香伯胺。

（3）若反应液有黄色固体或油状物析出，加10%氢氧化钠溶液，溶液不变色为仲胺，若变为绿色固体则表示为芳香叔胺。

4. 未知物鉴定　现有4瓶无标签试剂，已知其中有：苯胺、苯甲胺、N－甲基苯胺和三乙胺，试分别鉴定出每个瓶子装的是哪一种试剂。

【附注】

［1］苯磺酰氯易与N，N－二甲基苯胺混溶而沉于底部，用盐酸酸化时N，N－二甲基苯胺成盐溶解，而苯磺酰氯仍以油状物存在，往往会得出错误结论。因此，在加盐酸酸化前，必须使苯磺酰氯水解完全。

［2］β－萘酚溶液的配制：4g β－萘酚溶于40ml 5%氢氧化钠溶液中。

第七章　物质含量测定实验

实验二十五　酸碱滴定实验

一、氢氧化钠标准溶液的配制与标定

【实验目的】

1. 学会配制标准溶液和用基准物来标定标准溶液浓度的方法。
2. 基本掌握滴定操作技能和滴定终点的判断。
3. 掌握用减重法称量固体物质。

【实验原理】

1. NaOH 溶液的配制　NaOH 易吸潮、吸收空气中的 CO_2，因此必须用标定法配制，配制方法通常有两种：

（1）浓碱法：用 NaOH 饱和水溶液（约 20mol/L）配制。Na_2CO_3 难溶于饱和 NaOH 溶液中，待 Na_2CO_3 沉淀后，取一定量上层澄清液，稀释至所需浓度，即可得到不含 Na_2CO_3 的 NaOH 溶液。一般取 NaOH 饱和溶液 5.6 ml 稀释至 1000 ml，摇匀，即配得 0.1 mol/L NaOH 溶液。

（2）用 NaOH 固体直接配制：此法得到的 NaOH 溶液含有微量 Na_2CO_3，经标定后用于测定酸的含量时，若使用与标定时相同的指示剂，则所含 Na_2CO_3 对测定结果并无影响；若标定与测定用的指示剂不同，则将产生一定的误差。因此，应尽量使用不含 Na_2CO_3 的 NaOH 标准溶液。

2. NaOH 溶液的标定　用于标定碱溶液的基准物较多，如：邻苯二甲酸氢钾、草酸、苯甲酸等，最常用的是邻苯二甲酸氢钾，化学计量点时因弱酸盐的水解，溶液呈弱碱性，应选择酚酞作指示剂。标定反应为：

$$C_6H_4(COOH)(COOK) + NaOH \longrightarrow C_6H_4(COONa)(COOK) + H_2O$$

3. 氢氧化钠溶液的浓度计算式：

$$C_{NaOH} = \frac{m_{KHC_8H_4O_4}}{V_{NaOH} \times \frac{M_{KHC_8H_4O_4}}{1000}} \qquad 式中：M_{KHC_8H_4O_4} = 204.2$$

【仪器与试剂】

1. 仪器　碱式滴定管（25ml）、锥形瓶（250ml）、烧杯（100 ml、250 ml）、量筒（250ml、5ml）、托盘天平、分析天平。

2. 试剂　氢氧化钠（AR）、邻苯二甲酸氢钾（基准物）、酚酞指示剂（0.1%乙醇溶液）

【实验步骤】

1. NaOH 溶液（0.1 mol/L）的配制　量取 NaOH 饱和水溶液 1.4 ml，加新煮沸放冷的蒸馏水稀释至 250 ml，摇匀。或直接称取 NaOH 固体约 1.0g，加适量新煮沸放冷的蒸馏水溶解，继续稀释至 250 ml，摇匀。

2. NaOH 溶液（0.1mol/L）的标定　精密称取在 105～110℃干燥至恒重的基准物邻苯二甲酸氢钾 0.4g 于 250 ml 的锥形瓶中，加新煮沸放冷的蒸馏水 50 ml，小心振摇使之完全溶解，加酚酞指示剂 2 滴，用 NaOH 溶液（0.1mol/L）滴定至溶液呈微红色，且 0.5min 不褪色即为终点，记录所消耗的 NaOH 溶液体积。平行测定 3 次。

【数据记录和处理】

1. 列表记录数据。

2. 计算每次测定的 NaOH 浓度及其平均值、相对平均偏差，并填入表中。

【思考题】

1. 配制 NaOH 溶液时，用托盘天平称取 NaOH 固体是否会影响溶液浓度的准确性？能否用称量纸称取 NaOH 固体，为什么？

2. 为什么要用加热煮沸并放冷的蒸馏水来配制 NaOH 溶液？

【备注】

氢氧化钠饱和溶液的配制：称 NaOH 固体约 120g，加蒸馏水 100ml，振摇使溶液成饱和溶液，冷却后置于聚乙烯塑料瓶中，密塞、静置数日，澄清后备用。

二、苯甲酸的含量测定

【实验目的】

1. 熟悉酸性样品的含量测定原理。

2. 会判断酚酞的终点。

【实验原理】

苯甲酸为芳香羧酸类药物，其 $K_a = 6.3 \times 10^{-5}$，可用标准碱溶液直接滴定，滴定反应为：

$$C_6H_5COOH + NaOH \longrightarrow C_6H_5COONa + H_2O$$

化学计量点时因反应产物苯甲酸钠的水解，溶液呈弱碱性，故选择酚酞作指示剂。

苯甲酸的百分含量计算式：

$$C_7H_6O_2\% = \frac{C_{NaOH}V_{NaOH} \times \frac{M_{C_7H_6O_2}}{1000}}{m_{样品}} \times 100\% \quad 式中: M_{C_7H_6O_2} = 122.1$$

【仪器与试剂】

1. 仪器 分析天平、碱式滴定管（25ml）、锥形瓶（250ml）。

2. 试剂 苯甲酸样品、中性稀乙醇、NaOH 标准溶液（0.1mol/L）、酚酞（0.1%乙醇溶液）。

【实验步骤】

精密称取苯甲酸样品 0.25g 置于 250ml 锥形瓶中，加入中性稀乙醇 20 ml，溶解后，加酚酞指示剂 2 滴，用 NaOH 标准溶液（0.1mol/L）滴定至溶液呈微红色，且 0.5min 不褪色即达滴定终点，记录所消耗的 NaOH 溶液体积。平行测定 3 次。

【数据记录和处理】

1. 列表记录数据。

2. 计算每次测定的苯甲酸含量及其平均值、相对平均偏差，并填入表中。

【思考题】

1. 如何确定实验中所需称取的样品重量?

2. 若要配制 50%（V/V）稀乙醇 50 ml，则应取 95%（V/V）乙醇溶液多少毫升?

3. 根据操作步骤，每份苯甲酸样品应称取 0.25g，现有一同学所称量的一份苯甲酸样品为 0.3102 g，问是否需重新称量，为什么?

【注意事项】

1. 苯甲酸微溶于水，易溶于乙醇，故以稀乙醇作溶剂。

2. 中性稀乙醇的配制：取 95% 的乙醇溶液 53 ml，加水至 100 ml，加酚酞指示剂 2 滴，用 NaOH 标准溶液（0.1mol/L）滴定至溶液显微红色，且 0.5min 不褪色。

三、盐酸标准溶液的配制与标定

【实验目的】

1. 掌握以 Na_2CO_3 作基准物标定 HCl 溶液的原理及方法。

2. 正确判断甲基红 - 溴甲酚绿混合指示剂的滴定终点。

【实验原理】

市售浓 HCl 为无色透明的氯化氢水溶液，含量为 36% ~38 %（g/g），比重约为 1.18，采用标定法配制。

标定 HCl 溶液的基准物较多，常采用无水碳酸钠为基准物，以甲基红 - 溴甲酚绿混合指示剂指示滴定终点。滴定反应如下：

$$2HCl + Na_2CO_3 \longrightarrow 2NaCl + H_2CO_3$$

$$\hookrightarrow H_2O + CO_2\uparrow$$

HCl 溶液的浓度计算式为：

$$C_{HCl}=\frac{m_{Na_2CO_3}}{V_{HCl}\times\frac{M_{Na_2CO_3}}{2\times1000}}\qquad 式中：M_{Na_2CO_3}=106.0$$

【仪器与试剂】

1. 仪器　分析天平、量筒（500ml、5ml）、酸式滴定管（25ml）、锥形瓶（250ml）、试剂瓶（500ml）、电炉。

2. 试剂　浓盐酸、无水碳酸钠（基准物）、甲基红－溴甲酚绿混合指示剂。

【实验步骤】

1. HCl 溶液（0.1mol/L）的配制　用小量筒量取盐酸 2.7ml，倒入一洁净具有玻璃塞的试剂瓶中，加蒸馏水稀释至 300 ml，摇匀。

2. HCl 溶液（0.1mol/L）的标定　精密称取在 270～300℃干燥至恒重的基准无水碳酸钠约 0.10g 于 250 ml 锥形瓶中，加 50ml 蒸馏水使之溶解后，加甲基红－溴甲酚绿混合指示剂 10 滴，用 HCl 溶液（0.1mol/L）滴定至溶液由绿色变为紫红色时，煮沸（或振摇）2min，溶液褪回绿色，冷却至室温后继续滴定至溶液由绿色变为暗紫色，即达终点，记录所消耗的 HCl 溶液体积。平行测定 3 次。

【数据记录和处理】

1. 列表记录数据。

2. 计算每次测定的 HCl 浓度及其平均值、相对平均偏差，并填入表中。

【思考题】

1. 实验所用的锥形瓶是否需要烘干？是否需要准确加入蒸馏水？

2. 用无水碳酸钠标定 HCl 溶液，滴定至近终点时，为什么需将溶液煮沸？煮沸后为什么又要冷却到室温再滴至终点？

四、药用硼砂的含量测定

【实验目的】

1. 正确判断甲基红指示剂的滴定终点。

2. 掌握酸碱滴定中强碱弱酸盐的测定原理。

【实验原理】

硼砂（$Na_2B_4O_7\cdot10H_2O$）是强碱弱酸盐，呈弱碱性，其滴定产物 H_3BO_3（$K_{a1}=5.4\times10^{-10}$）是一个很弱的酸，并不干扰硼砂的测定。

在终点前溶液的酸度很弱，到终点后，因盐酸的过量而使溶液 pH 急剧下降，形成突跃，可选择甲基红作指示剂，滴定反应为：

$$Na_2B_4O_7+2HCl+5H_2O=2NaCl+4H_3BO_3$$

硼砂的百分含量计算式：

$$Na_2B_4O_7\cdot10H_2O\%=\frac{(CV)_{HCl}\times\frac{M_{Na_2B_4O_7\cdot10H_2O}}{2\times1000}}{m_{样}}\times100\%$$

式中　$M_{Na_2B_4O_7\cdot10H_2O}=381.4$

【仪器与试剂】

1. 仪器 分析天平、量筒（50ml）、酸式滴定管（25ml）、锥形瓶（250ml）。

2. 试剂 药用硼砂、HCl 标准溶液（0.1mol/L）、甲基红指示剂。

【实验步骤】

精密称取药用硼砂约 0.35g，加蒸馏水 50ml，溶解后，加甲基红指示剂 2 滴，用 HCl 标准溶液（0.1mol/L）滴定至溶液由黄色变为橙色，即达滴定终点，记录所耗 HCl 标准溶液的体积。平行测定 3 次。

【数据记录和处理】

1. 列表记录数据。

2. 计算每次测定的硼砂含量及其平均值、相对平均偏差，并填入表中。

【思考题】

1. 何种盐才能用酸碱滴定法直接滴定？

2. 用 HCl 标准溶液测定 $Na_2B_4O_7 \cdot 10H_2O$ 时，终点的 pH 约为多少？

【注意事项】

硼砂较难溶于水，一定要等溶解完全后，方可进行下一步的实验。

五、高氯酸标准溶液的配制和标定

【实验目的】

1. 掌握非水溶液酸碱滴定的原理及操作。

2. 熟悉微量滴定管的使用。

【实验原理】

非水酸碱滴定中常以高氯酸的冰醋酸标准溶液测定碱。标定高氯酸溶液常用邻苯二甲酸氢钾为基准物质，结晶紫为指示剂，滴定反应如下：

$$C_6H_4(COOH)(COOK) + HClO_4 \longrightarrow C_6H_4(COOH)_2 + KClO_4\downarrow$$

反应产物 $KClO_4$ 难溶于冰醋酸溶液。

$HClO_4$ 溶液的浓度计算式：

$$C_{HClO_4} = \frac{m_{KHC_8H_4O_4}}{(V_{HClO_4} - V_0) \times M_{KHC_8H_4O_4}}$$

式中：$M_{KHC_8H_4O_4} = 204.2$、V_0 为空白体积。

【仪器与试剂】

1. 仪器 酸式滴定管（10ml）、锥形瓶（50ml）、量杯（20ml）、分析天平。

2. 试剂 邻苯二甲酸氢钾（基准物）、高氯酸（AR）、结晶紫指示剂（0.5% 冰醋酸溶液）、醋酸（AR）、醋酐（AR）。

【实验步骤】

1. $HClO_4$ 溶液（0.1mol/L）的配制 取无水冰醋酸 750ml，加入高氯酸（70% ~72%）8.5ml，摇匀，室温下缓慢滴加醋酐 24ml，边加边摇。加完后充分振摇，冷却，加无水冰醋酸稀释至 1000ml，摇匀，放置 24h。

2. $HClO_4$ 溶液（0.1mol/L）的标定　精密称取在 105～110℃ 干燥至恒重的基准邻苯二甲酸氢钾约 0.15g，加无水冰醋酸 20ml，溶解后加结晶紫 1 滴，用 $HClO_4$ 溶液（0.1mol/L）滴定至溶液呈蓝色，记录所耗 $HClO_4$ 溶液的体积，并对滴定结果进行空白校正。平行测定 3 次。

【数据记录和处理】

1. 列表记录数据。
2. 计算每次测定的 $HClO_4$ 溶液浓度及其平均值、相对平均偏差，填入表中。

【思考题】

1. 为什么邻苯二甲酸氢钾既可用于标定 NaOH 水溶液，又可用于标定 $HClO_4$－冰醋酸溶液？
2. 为什么标定 $HClO_4$ 标准溶液时需要做空白校正？
3. 非水滴定中，若容器、试剂含有水分，对测定结果有什么影响？

【注意事项】

1. 配制高氯酸－冰醋酸溶液时，不能将醋酐直接加入高氯酸中，应先用冰醋酸将高氯酸稀释后，在不断搅拌下，缓慢滴加醋酐。
2. 所用的仪器应干净、干燥。
3. 高氯酸－冰醋酸溶液能腐蚀皮肤、刺激黏膜，应注意防护。
4. 高氯酸标准溶液应用棕色瓶密闭保存，以防其吸收空气中的水分。
5. 冰醋酸的体积膨胀系数较大，应注意温度变化对溶液体积的影响，必要时应对标准溶液的浓度进行修正。

六、水杨酸钠的含量测定

【实验目的】

1. 熟悉有机酸碱金属盐的非水滴定原理及操作。
2. 正确判断结晶紫指示剂的终点。

【实验原理】

水杨酸钠在水中碱性较弱，不能直接进行酸碱滴定。若选择适当的酸性溶剂，使其碱性增强，则可用 $HClO_4$ 标准溶液进行滴定。本实验选用醋酐－冰醋酸混合溶剂，以结晶紫作指示剂，滴定反应如下：

$$HClO_4 + C_7H_5O_3Na \longrightarrow C_7H_5O_3H + NaClO_4$$

水杨酸钠的百分含量计算式：

$$C_7H_5O_3Na\% = \frac{C_{HClO_4} \times (V_{样} - V_0)_{HClO_4} \times \frac{M_{C_7H_5O_3Na}}{1000}}{m_{样}} \times 100\%$$

式中：$M_{C_7H_5O_3Na} = 160.1$。

【仪器与试剂】

1. 仪器　酸式滴定管（10ml）、锥形瓶（50ml）、量杯（10 ml）、分析天平。

2. 试剂　$HClO_4$ 标准溶液（0.1mol/L）、结晶紫指示剂（0.5% 冰醋酸溶液）、水杨酸钠、醋酸（AR）、醋酐（AR）。

【实验步骤】

取在105°C干燥至恒重的水杨酸钠约0.12g，精密称定3份，分别置于50ml干燥的锥形瓶中，各加醋酐－冰醋酸（1∶4）10ml使之溶解，加结晶紫指示剂1滴，用$HClO_4$标准溶液（0.1mol/L）滴定至溶液显蓝绿色即达滴定终点，记下滴定消耗的$HClO_4$体积，并对滴定结果进行空白校正。

【数据记录和处理】

1. 列表记录数据。
2. 计算每次测定的水杨酸钠含量及其平均值、相对平均偏差，填入表中。

【思考题】

1. 为什么非水滴定需做空白校正？
2. 若测定与标定时温度不同，标准溶液浓度应如何校正？

【注意事项】

冰醋酸的体积膨胀系数较大，当测定与标定温差超过10℃时，应重新标定$HClO_4$的浓度；若温差$< \pm 2$℃时，可将$HClO_4$的浓度加以校正。

实验二十六　配位滴定实验

一、EDTA标准溶液的配制与标定

【实验目的】

1. 掌握EDTA标准溶液配制与标定的方法。
2. 正确判断铬黑T指示剂的滴定终点。

【实验原理】

EDTA标准溶液常用乙二胺四乙酸二钠盐（$EDTA-2Na \cdot 2H_2O$）配制。乙二胺四乙酸二钠盐为白色结晶粉末，不易得到纯品，需采用标定法配制EDTA标准溶液，以ZnO为基准物标定其浓度。滴定在$pH \approx 10$条件下进行，以铬黑T作指示剂，溶液由紫红色变为纯蓝色即达滴定终点。滴定过程的反应如下：

终点前　$Zn^{2+} + HIn^{2-} \rightleftharpoons ZnIn^{-} + H^{+}$

纯蓝色　　紫红色

$Zn^{2+} + H_2Y^{2-} \rightleftharpoons ZnY^{2-} + 2H^{+}$

终点时　$ZnIn^{-} + H_2Y^{2-} \rightleftharpoons ZnY^{2-} + HIn^{2-} + H^{+}$

紫红色　　　　　　纯蓝色

EDTA溶液的浓度计算式为：

$$C_{EDTA} = \frac{m_{ZnO} \times \frac{20}{100}}{V_{EDTA} \times \frac{M_{ZnO}}{1000}}$$

式中　$M_{ZnO} = 81.38$

【仪器与试剂】

1. 仪器　分析天平、托盘天平、容量瓶（100 ml）、滴定管（25 ml）、锥形瓶

(250ml)、硬质玻璃瓶（500ml）、移液管（20ml）。

2. 试剂　乙二胺四乙酸二钠盐、稀盐酸、甲基红指示剂（0.025%的乙醇液）、氨试液、氨－氯化铵缓冲液（pH＝10）、铬黑T。

【实验步骤】

1. EDTA溶液（0.01mol/L）的配制　取EDTA－2Na·$2H_2O$约1.2g，加蒸馏水300 ml，溶解，摇匀，置于硬质玻璃瓶中贮存。

2. EDTA溶液（0.01 mol／L）的标定　精密称取1份已在800℃灼烧至恒重的基准ZnO，约0.10g，加稀盐酸2ml完全溶解后，定量转移至100 ml容量瓶中，用蒸馏水稀释至刻度，摇匀。

精密量取上述溶液20ml于250ml锥形瓶中，加1滴甲基红指示剂，滴加氨试液至溶液刚好呈微黄色，再加蒸馏水25 ml、氨－氯化铵缓冲液10 ml及铬黑T指示剂适量，用EDTA溶液（0.01 mol/L）滴定至溶液由紫红色变为纯蓝色，即达滴定终点，记录所耗EDTA溶液的体积。平行测定3次。

【数据记录和处理】

1. 列表记录数据。

2. 计算每次标定的EDTA溶液浓度及其平均值、相对平均偏差，填入表中。

【思考题】

1. 为什么在滴定时要加氨－氯化铵缓冲液？

2. 为什么ZnO溶解后要加甲基红指示剂以氨试液调至溶液呈微黄色？

【注意事项】

1. EDTA－2Na·$2H_2O$在水中溶解缓慢，必要时可加热使之溶解或放置过夜。

2. 贮存EDTA溶液应选用硬质玻璃瓶，以免EDTA与玻璃瓶中的金属离子作用；亦可用聚乙烯瓶贮存。

二、葡萄糖酸钙的含量测定

【实验目的】

熟悉配位滴定中加入辅助指示剂指示终点的原理。

【实验原理】

在配位滴定中常以铬黑T为指示剂，但Ca^{2+}与铬黑T形成的$CaIn^-$在pH＝10时不够稳定，使终点过早出现，可利用CaY^{2-}比MgY^{2-}更稳定的性质，加入少量MgY^{2-}作为辅助指示剂，当Ca^{2+}试液中加入铬黑T与MgY^{2-}的混合液后，产生置换反应：

$$MgY^{2-} + Ca^{2+} \rightleftharpoons CaY^{2-} + Mg^{2+}$$

$$Mg^{2+} + \underset{\text{纯蓝色}}{HIn^{2-}} \rightleftharpoons \underset{\text{紫红色}}{MgIn^-} + H^+$$

用EDTA滴定时，EDTA先与游离的Ca^{2+}反应，终点前溶液显$MgIn^-$的紫红色。终点时，EDTA从$MgIn^-$中置换出铬黑T，使溶液由紫红色变为纯蓝色，反应如下：

$$H_2Y^{2-} + \underset{\text{紫红色}}{MgIn^-} \rightleftharpoons MgY^{2-} + \underset{\text{纯蓝色}}{HIn^{2-}} + H^+$$

在整个滴定过程，MgY^{2-} 并未消耗 EDTA，而只是起到辅助铬黑 T 指示终点的作用。

葡萄糖酸钙的百分含量计算式为：

$$\text{葡萄糖酸钙}\% = \frac{(CV)_{\text{EDTA}} \times \dfrac{M_{C_{12}H_{22}O_{14}Ca \cdot H_2O}}{1000}}{m_{\text{样}}} \times 100\%$$

式中 $M_{C_{12}H_{22}O_{14}Ca \cdot H_2O} = 448.4$

【仪器与试剂】

1. 仪器 滴定管（25ml）、锥形瓶（250ml）、量杯（10ml）。

2. 试剂 葡萄糖酸钙试样、EDTA 标准液（0.01mol/L）、铬黑 T 指示剂、稀 $MgSO_4$ 试液、NH_3-NH_4Cl 缓冲液（pH = 10）。

【实验步骤】

精密称取葡萄糖酸钙试样 0.1g 置于 250ml 锥形瓶中，加蒸馏水 10ml，微热溶解，冷却至室温，加入辅助指示剂 20ml，用 EDTA 标准溶液滴定至溶液由紫红色变为纯蓝色即达滴定终点，记录所耗 EDTA 标准溶液的体积。平行测定 3 次。

【数据记录和处理】

1. 列表记录数据。
2. 计算每次测定的葡萄糖酸钙含量及其平均值、相对平均偏差，填入表中。

【思考题】

1. 测定 Ca^{2+}，除铬黑 T 加辅助指示剂外，还可选何种指示剂？
2. 能否以铬黑 T 为指示剂，从 Ca^{2+}、Mg^{2+} 混合液中分别测定 Ca^{2+} 和 Mg^{2+} 的含量？

【备注】

辅助指示剂的配制：取蒸馏水 10ml，加 NH_3-NH_4Cl 缓冲液 10ml、稀 $MgSO_4$ 试液 1 滴、铬黑 T 指示剂 2 滴，用 EDTA 标准溶液滴定至溶液恰好显蓝色。

三、胃舒平药片中铝和镁的测定

【实验目的】

1. 学习药片的预处理方法。
2. 熟悉胃舒平药片中铝和镁的测定方法。

【实验原理】

胃舒平是治疗胃酸过多的一种常用药品，其主要成分为氢氧化铝、三硅酸镁、少量颠茄流浸膏和辅料，药片中铝和镁的含量可以 EDTA 为标准溶液，采用配位滴定法进行测定。其中铝的测定采用返滴定方式，先加入过量的一定体积的 EDTA 标准溶液，在 pH≈4 下加热煮沸，使 EDTA 与 Al^{3+} 完全反应，再以二甲酚橙为指示剂，用 Zn^{+} 标准溶液回滴过量的 EDTA，测定出铝的含量。然后另取一份溶液，将铝沉淀分离后，在 pH≈10 下采用 K－B 指示剂，以 EDTA 标准溶液滴定滤液中的镁，从而求出药片中的镁的含量。

铝的百分含量计算式为：

$$铝\% = \frac{(C_{EDTA}V_{EDTA} - C_{Zn^{2+}}V_{Zn^{2+}}) \times \frac{M_{Al}}{1000}}{m_{样} \times \frac{5}{250}} \times 100\% \quad 式中 \quad M_{Al} = 26.98$$

镁的百分含量计算式为：

$$镁\% = \frac{C_{EDTA}V_{EDTA} \times \frac{M_{Mg}}{1000}}{m_{样} \times \frac{25}{250}} \times 100\% \quad 式中 \quad M_{Mg} = 24.31$$

【仪器与试剂】

1. 仪器　滴定管（25ml）、锥形瓶（250ml）、移液管（5ml、25ml）、量筒（10ml、25ml）。

2. 试剂　胃舒平药片、EDTA 标准溶液（0.02mol/L）、锌标准溶液（0.02mol/L）、20% 六次甲基四胺水溶液、氨水（1:1）、HCl（1:1）、固体 NH_4Cl、三乙醇氨、K－B 指示剂、二甲酚橙指示剂、甲基红指示剂、NH_3-NH_4Cl 缓冲液。

【实验步骤】

1. 样品的预处理　取胃舒平药片 10 片，研细、混匀后，精密称取药粉 2g，加入 HCl（1:1）20ml、蒸馏水 80ml，搅匀、煮沸。冷却后过滤，滤液收集于 250ml 容量瓶中，以蒸馏水洗涤沉淀，洗涤液一并收集于上述容量瓶中，再用蒸馏水稀释至刻度，摇匀，即得供试液。

2. 铝的测定　精密吸取供试液 5ml 于 250ml 锥形瓶中，加 20ml 蒸馏水，滴加氨水（1:1）至刚好出现沉淀，再滴加 HCl（1:1）至沉淀刚好溶解。准确加入 EDTA 标准溶液（0.02mol/L）25ml、20% 六次甲基四胺溶液 10ml，加热煮沸 10min，冷却后加入二甲酚橙指示剂 2～3 滴，用锌标准溶液（0.02mol/L）滴定至溶液由黄色变为红色，即达滴定终点，记录所耗锌标准溶液的体积。平行测定 3 次。

3. 镁的测定　精密吸取供试液 25ml 于 250ml 锥形瓶中，滴加氨水（1:1）至刚好出现沉淀，再滴加 HCl（1:1）至沉淀刚好溶解，加入 NH_4Cl 固体 2g，滴加 20% 六次甲基四胺水溶液至沉淀刚好出现并过量 15ml，加热至 80℃ 并维持 10～15min，冷却后过滤，滤液收集于 250ml 锥形瓶中，用少量蒸馏水洗涤沉淀数次，洗涤液一并收集于上述锥形瓶中，加入三乙醇胺 10ml、NH_3-NH_4Cl 缓冲液 10ml、甲基红指示剂 1 滴、K－B 指示剂少许，用 EDTA 标准溶（0.02mol/L）液滴定至溶液由暗红色变为蓝绿色，即达滴定终点，记录所耗 EDTA 标准溶液的体积。平行测定 3 次。

【数据记录和处理】

1. 列表记录数据。

2. 分别计算每次测定胃舒平中铝、镁的百分含量及其平均值、相对平均偏差，填入表中。

【思考题】

能否只取 1 片胃舒平研细后进行实验，为什么？

【注意事项】

1. 胃舒平药粉应具有代表性，故本实验应取由多片胃舒平经研细、混匀后的药粉。

2. 测定镁时，加入一滴甲基红，可使滴定终点变色更敏锐。

实验二十七 氧化还原滴定实验

一、硫代硫酸钠标准溶液的配制与标定

【实验目的】

1. 掌握 $Na_2S_2O_3$ 标准溶液的配制和标定方法。
2. 学会正确使用碘量瓶。
3. 正确判断淀粉指示剂的终点。
4. 巩固固定称量法的操作。

【实验原理】

$Na_2S_2O_3$ 标准溶液采用标定法配制。$Na_2S_2O_3$ 遇酸会迅速分解产生 S，配制时若水中溶解的 CO_2 较多，则易使配制的 $Na_2S_2O_3$ 溶液变混浊；另外，水中的微生物也能缓慢分解 $Na_2S_2O_3$。因此，配制 $Na_2S_2O_3$ 需用新煮沸放冷的蒸馏水，并且应在水中加入少量的 Na_2CO_3，以保持溶液呈弱碱性，抑制细菌的生长。

$Na_2S_2O_3$ 溶液需放置 7 ~ 10 天后再进行标定，用于标定的基准物有：$KBrO_3$、KIO_3、$K_2Cr_2O_7$、$KMnO_4$ 等，以 $K_2Cr_2O_7$ 用得最多，标定时采用置换滴定法，使 $K_2Cr_2O_7$ 先与过量的 KI 作用，再用待标定的 $Na_2S_2O_3$ 溶液滴定反应生成的 I_2，反应式如下：

$$Cr_2O_7^{2-} + 14H^+ + 6I^- \rightleftharpoons 3I_2 + 2Cr^{3+} + 7H_2O$$

$$I_2 + 2S_2O_3^{2-} \rightleftharpoons 2I^- + S_4O_6^{2-}$$

第一步反应，若酸度过低，反应完成较慢；若酸度过高，I^- 易被空气中的氧气氧化成 I_2，因此，应控制适当的酸度并且避光放置 10min。

第二步反应，以淀粉溶液作指示剂，淀粉溶液在 I^- 存在时能与 I_2 分子形成蓝色可溶性吸附物，使溶液呈蓝色，达终点时，溶液中的 I_2 全部与 $Na_2S_2O_3$ 作用，则蓝色消失。但 I_2 太多时，会被淀粉牢固吸附，不易被 $Na_2S_2O_3$ 夺出，使终点变色不敏锐，因此必须滴定至近终点时方可加入淀粉溶液。

$Na_2S_2O_3$ 与 I_2 的反应只能在中性或弱碱性溶液中进行，因为在碱性溶液中会发生副反应：$S_2O_3^{2-} + 4I_2 + 10OH^- \rightleftharpoons 2SO_4^{2-} + 8I^- + 5H_2O$，而在酸性溶液中 $Na_2S_2O_3$ 又易分解：$S_2O_3^{2-} + 2H^+ \rightleftharpoons S_{\downarrow} + SO_2{\uparrow} + H_2O$，所以在滴定之前应加蒸馏水稀释，既能降低酸度，又可降低终点时 Cr^{3+} 离子浓度，以免溶液颜色太深，影响滴定终点的观察。

KI 浓度不宜过大，否则 I_2 与淀粉所显的颜色偏红紫，不利于观察滴定终点。

$Na_2S_2O_3$ 溶液的浓度计算式为：

$$C_{Na_2S_2O_3}=\frac{6\times M_{K_2Cr_2O_7}\times\frac{V_{Na_2Cr_2O_7}}{100}}{V_{Na_2S_2O_3}\times\frac{M_{K_2Cr_2O_7}}{1000}}\quad 式中\ M_{K_2Cr_2O_7}=294.2$$

本实验采用固定称量法称取 0.4903g $K_2Cr_2O_7$，代入公式换算得：

$$C_{Na_2S_2O_3}=\frac{6\times0.4903\times\frac{20}{100}}{V_{Na_2S_2O_3}\times\frac{294.2}{1000}}=\frac{0.1000\times20}{V_{Na_2S_2O_3}}$$

【仪器与试剂】

1. 仪器　滴定管（25ml）、碘量瓶（250ml）、容量瓶（100ml）、移液管（20ml）。

2. 试剂　$Na_2S_2O_3\cdot5H_2O$（AR）、$K_2Cr_2O_7$（基准物）、KI（AR）、淀粉指示剂、HCl 溶液（4mol/L）。

【实验步骤】·

1. $Na_2S_2O_3$ 溶液（0.1mol/L）的配制　称取 $Na_2S_2O_3\cdot5H_2O$13g，加入 500ml 含有 0.1gNa_2CO_3 的新煮沸放冷的蒸馏水，完全溶解、摇匀，放置 7～10 天后再进行标定。

2. $Na_2S_2O_3$ 溶液（0.1mol/L）的标定

（1）精密称取在 120℃干燥至恒重的基准 $K_2Cr_2O_7$0.4903g 于小烧杯中，加适量蒸馏水溶解，定量转移至 100ml 容量瓶，加蒸馏水稀释至刻度，摇匀，备用。

（2）精密量取上述 $K_2Cr_2O_7$ 溶液 20ml 于 250ml 碘量瓶中，加 KI 2g，蒸馏水 15ml，HCl 溶液（4mol/L）5ml，密塞、摇匀、封水，于暗处放置 10min。

（3）加蒸馏水 50ml，用 $Na_2S_2O_3$ 溶液（0.1mol/L）滴定至近终点，加淀粉指示剂 2ml，继续滴定至溶液的蓝色刚好消失并显亮绿色，即达滴定终点，记录所耗 $Na_2S_2O_3$ 溶液的体积。

（4）平行测定 3 次，相对偏差不能超过 0.2%。

【数据记录和处理】

1. 列表记录数据。

2. 计算每次标定的 $Na_2S_2O_3$ 溶液浓度及其平均值、相对平均偏差，填入表中。

【思考题】

1. 为什么要提前 7～10 天配制 $Na_2S_2O_3$ 溶液？配制时为什么要用新煮沸放冷的蒸馏水、并且要加入适量 Na_2CO_3？

2. 标定 $Na_2S_2O_3$ 溶液时，为什么要加入过量的 KI？为什么加酸后应放置一段时间才加水稀释？

3. 本实验中 3 份 $K_2Cr_2O_7$ 溶液是否可同时加入 KI，然后依次滴定？若加 KI 但未加盐酸，或者加了盐酸和 KI 但未于暗处放置 10min 就加水稀释，对浓度标定有何影响？

4. 为什么要在近终点时才加入淀粉指示剂？

【注意事项】

1. 滴定开始时要快滴慢摇，以减少 I_2 的挥发；近终点时，则应减缓滴定速度并用力振摇，以减少淀粉对 I_2 的吸附。

2. 关于终点的回褪现象：若不是很快变蓝（5min 以上），可认为是由于空气中氧气的氧化作用造成，不影响结果；若很快变蓝，说明 $K_2Cr_2O_7$ 与 KI 反应不完全，应重做实验。

二、铜盐的含量测定

【实验目的】

1. 熟悉碘量法中置换滴定法的原理和方法。
2. 巩固碘量法的操作。

【实验原理】

在醋酸酸性溶液中，利用过量的 KI 将 Cu^{2+} 还原成 CuI 沉淀，定量置换出 I_2：

$$2Cu^{2+} + 5I^- \rightleftharpoons 2CuI\downarrow + I_3^-$$

反应要求在弱酸性介质中进行，在碱性溶液中 I_2 会发生歧化反应，且 Cu^{2+} 的水解作用会降低 Cu^{2+} 与 I^- 的反应速率；而酸度过高，I^- 在空气中会被氧化成 I_2。

然后，以淀粉作指示剂，用 $Na_2S_2O_3$ 标准溶液滴定置换出的 I_2：

$$2S_2O_3^{2-} + I_3^- \rightleftharpoons S_4O_6^{2-} + 3\ I^-$$

由上述反应知，$Na_2S_2O_3$ 与 Cu^{2+} 的摩尔比关系为 1∶1，铜盐的百分含量计算式为：

$$CuSO_4 \cdot 5H_2O\% = \frac{(CV)_{Na_2S_2O_3} \times \frac{M_{CuSO_4 \cdot 5H_2O}}{1000}}{m_{样}} \times 100\% \quad 式中\ M_{CuSO_4 \cdot 5H_2O} = 249.7$$

【仪器与试剂】

1. 仪器 滴定管（25ml）、碘量瓶（250ml）、量杯（5ml、50ml）。

2. 试剂 $CuSO_4 \cdot 5H_2O$ 样品、HAc（6mol/L）、KI（AR）、$Na_2S_2O_3$ 标准液（0.1mol/L）、淀粉指示剂。

【实验步骤】

精密称取 $CuSO_4 \cdot 5H_2O$ 样品约 0.5g，置于 250ml 碘量瓶中，加蒸馏水 50ml，溶解后加 HAc（6mol/L）4ml，KI 2g，用 $Na_2S_2O_3$ 标准溶液（0.1mol/L）滴定至近终点时，加淀粉指示剂 2ml，继续滴定至溶液蓝色刚好消失，即达滴定终点，记录所耗 $Na_2S_2O_3$ 标准溶液的体积。平行测定 3 次。

【数据记录和处理】

1. 列表记录数据。
2. 计算每次测定的铜盐含量及其平均值、相对平均偏差，填入表中。

【思考题】

1. 实验中应如何防止 I_2 挥发所带来的误差？
2. 已知 $\varphi^0_{Cu^{2+}/Cu^+} = 0.159V$，$\varphi^0_{I_3^-/I^-} = 0.545V$，为什么实验中 Cu^{2+} 能将 I^- 氧化为 I_2？

【注意事项】

1. 加入 KI 后，应立即滴定，以防 CuI 沉淀牢固吸附 I_2。

2. 近终点时应充分振摇，使 CuI 沉淀吸附的 I_2 释放出来，终点变色敏锐。

3. 平行测定时，不能同时将 KI 加入 3 份待测液中。

4. 淀粉指示剂应于近终点时加入，以免 I_2 被牢固吸附，影响终点的观察。

三、碘标准溶液的配制与标定

【实验目的】

1. 掌握碘标准溶液的配制方法。

2. 熟悉直接碘量法的操作过程。

【实验原理】

碘在水溶液中的溶解度很小，但加入 KI 后，I_2 与 KI 形成可溶性的 I_3^- 离子，既增大了 I_2 的溶解度，又降低了 I_2 的挥发性。因碘易升华，常采用标定法配制碘标准溶液。

在配制碘溶液时应加入少量盐酸，以中和 $Na_2S_2O_3$ 标准溶液中少量的 Na_2CO_3，也可使碘化钾中可能存在的少量 KIO_3 与 KI 作用生成 I_2，以消除 KIO_3 对测定的影响。

常以基准 As_2O_3 直接标定 I_2 溶液的浓度。As_2O_3 难溶于水，可将它溶于 NaOH，得到 Na_3AsO_3，反应式为：$As_2O_3 + 6\ NaOH \rightleftharpoons 2\ Na_3AsO_3 + 3\ H_2O$，然后再用 H_2SO_4 中和过量的 NaOH。

AsO_3^{3-} 与碘的反应为：

$$AsO_3^{3-} + I_2 + H_2O \rightleftharpoons AsO_4^{3-} + 2I^- + 2H^+$$

在碱性溶液中该反应完全，但溶液的碱性不能过大（pH <9），故此标定反应需在 $NaHCO_3$ 溶液（pH≈8）中进行。

由上述反应可知 As_2O_3 与 I_2 的摩尔比关系为 1∶2，I_2 标准溶液的浓度计算式为：

$$C_{I_2} = \frac{m_{As_2O_3}}{V_{I_2} \times \dfrac{M_{As_2O_3}}{2 \times 1000}} \qquad \text{式中：} M_{As_2O_3} = 197.8$$

因 As_2O_3 是剧毒物，使用时难于管理，通常亦可采用比较法：以 $Na_2S_2O_3$ 标准溶液标定 I_2 溶液的浓度，计算式为：

$$C_{I_2} = \frac{(CV)_{Na_2S_2O_3}}{2V_{I_2}}$$

【仪器与试剂】

1. 仪器　分析天平、移液管（20ml）、碘量瓶（250ml）、棕色滴定管（25ml）、垂熔玻璃漏斗。

2. 试剂　碘（AR）、碘化钾（AR）、浓盐酸（AR）、三氧化二砷（基准物）、碳酸氢钠（AR）、NaOH 溶液（1mol/L）、硫酸（1mol/L）、盐酸（4mol/L）、淀粉指示剂、$Na_2S_2O_3$ 标准溶液（0.1mol/L）

【实验步骤】

1. I_2 溶液（0.05mol/L）的配制　称取碘单质 4.0g，加 KI 水溶液（0.8g/ml）

15ml，搅拌溶解后，加浓盐酸 1 滴，用蒸馏水稀释至 300ml，摇匀，用垂熔玻璃滤器滤过，盛于棕色瓶中，密塞，避光保存。

2. I_2 溶液（0.05mol/L）的标定

（1）用 As_2O_3 标定：精密称取在 105℃ 干燥至恒重的基准物 As_2O_3 0.10 g，加 4ml NaOH 溶液（1mol/L），使之溶解，加蒸馏水 20 ml、酚酞指示剂 1 滴，滴加 H_2SO_4（1mol/L）至红色褪去，然后再加 $NaHCO_3$ 固体 2g、蒸馏水 30 ml、淀粉指示液 2ml，用 I_2 溶液（0.05mol/L）滴定至溶液显淡紫蓝色，即达滴定终点，记录所耗 I_2 溶液的体积。平行测定 3 次。

（2）用 $Na_2S_2O_3$ 标准溶液标定：精密量取碘溶液（0.05mol/L）20 ml，加蒸馏水 100ml 及盐酸溶液（4mol /L）5ml，用 $Na_2S_2O_3$ 标准溶液（0.1mol/L）滴定至近终点，加淀粉指示液 2ml，继续滴定至溶液蓝色刚好消失，即达滴定终点，记录所耗 I_2 标液的体积。平行测定 3 次。

【数据记录和处理】

1. 列表记录数据。

2. 计算每次标定的 I_2 溶液浓度及其平均值、相对平均偏差，填入表中。

【思考题】

1. 配制 I_2 溶液时为什么要加 KI？

2. 用 As_2O_3 标定 I_2 液时，为什么要加 NaOH、H_2SO_4、$NaHCO_3$？

3. 应如何读取滴定管中碘标准溶液的体积？

【注意事项】

1. 碘必须先溶解于浓 KI 溶液中，然后再稀释。

2. 碘具有挥发性和腐蚀性，不宜在分析天平上直接称取，所以一般用标定法配制。

3. 碘对软木塞、橡皮管等有机物具有腐蚀作用，应避免接触，并于棕色瓶内避光保存。

四、维生素 C 的含量测定

【实验目的】

1. 巩固碘量法的操作。

2. 熟悉维生素 C 的含量测定方法。

【实验原理】

维生素 C 具有强还原性，可以用 I_2 标准溶液直接测定。维生素 C 在碱性溶液中极易被空气中的氧所氧化，通常可加稀醋酸来保持维生素 C 溶液的酸性，以减少副反应。

滴定反应中维生素 C 分子的二烯醇基被 I_2 氧化成二酮基，反应式如下：

```
  ┌───O───┐    H                          ┌──O──┐     H
  C─C═C─C─C─CH₂─OH  +  I₂  ──→  C─C─  ─C─C─CH₂─OH  +  2HI
  ‖  |  |  |  |                 ‖  ‖   ‖  |  |
  O OH OH  H OH                 O  O   O  H OH
```

维生素 C 的百分含量计算式为：

$$维生素\ C\% = \frac{C_{I_2} \times V_{I_2} \times \frac{M_{C_6H_8O_6}}{1000}}{m_{样品}} \times 100\% \quad 式中：M_{C_6H_8O_6} = 176.1$$

【仪器与试剂】

1. 仪器　分析天平、碘量瓶（250ml）、棕色滴定管（25ml）、量杯（5ml、10ml）。

2. 试剂　稀醋酸（1∶1）、淀粉指示剂、I_2 标准溶液（0.05mol/L）、维生素 C（原料药）。

【实验步骤】

精密称取维生素 C 0.18 g，加新煮沸放冷的蒸馏水 100ml 及稀醋酸 10ml，溶解后加淀粉指示液 1ml，立即用 I_2 标准溶液（0.05mol/L）滴定至溶液显稳定的淡紫蓝色，即达滴定终点，记录所耗 I_2 标准溶液的体积。平行测定 3 次。

【数据记录和处理】

1. 列表记录数据。
2. 计算每次测定的维生素 C 含量及其平均值、相对平均偏差，填入表中。

【思考题】

1. 溶样时为什么要用新煮沸、放冷的蒸馏水？
2. 为什么测定维生素 C 时要加稀 HAc？

【注意事项】

1. 维生素 C 的滴定反应必须在酸性溶液（醋酸、硫酸等）中进行，因为在酸性介质中，维生素 C 受空气中氧的氧化速率较慢，但样品溶于稀酸后，仍需立即进行滴定。
2. 维生素 C 在有水或潮湿的情况下易分解成糠醛。

五、高锰酸钾标准溶液的配制与标定

【实验目的】

1. 掌握 $KMnO_4$ 标准溶液的配制和保存方法。
2. 掌握以 $Na_2C_2O_4$ 基准物标定 $KMnO_4$ 溶液的原理及滴定条件。
3. 熟悉自身指示剂的终点判断。

【方法原理】

市售的 $KMnO_4$ 含有微量的 MnO_2 及其他杂质，常用标定法配制 $KMnO_4$ 标准溶液。以 $Na_2C_2O_4$ 作基准物质标定 $KMnO_4$ 标准溶液，反应式如下：

$$2MnO_4^- + 5\ C_2O_4^{2-} + 16H^+ \xrightarrow{65 \sim 85^\circ C} 2Mn^{2+} + 10CO_2\uparrow + 8H_2O$$

由于 $KMnO_4$ 与 $Na_2C_2O_4$ 反应速度较慢，开始滴定时加入的 $KMnO_4$ 不能立即反应完全而褪色，当反应生成 Mn^{2+} 后，Mn^{2+} 对反应有催化作用，反应速度加快。滴定中常以加热的方式来提高反应速度。

可利用稍过量的 MnO_4^- 呈现的淡红色来指示终点，在此，$KMnO_4$ 称作自身指示剂。

$KMnO_4$ 溶液的浓度计算式为：

$$C_{KMnO_4} = \frac{2}{5} \times \frac{m_{Na_2C_2O_4}}{V_{KMnO_4} \times \frac{M_{Na_2C_2O_4}}{1000}} \qquad 式中：M_{Na_2C_2O_4} = 134.0$$

【仪器与试剂】

1. 仪器　分析天平、棕色滴定管（25ml）、锥形瓶（250ml）、垂熔玻璃漏斗。

2. 试剂　$KMnO_4$（AR）、$Na_2C_2O_4$（基准物）、H_2SO_4（AR）。

【实验步骤】

1. $KMnO_4$ 溶液（0.02mol/L）的配制　称取 $KMnO_4$ 1.8g，溶于 500ml 新煮沸放冷的蒸馏水中，混匀，置于棕色瓶内放置 7～10 天，用垂熔玻璃漏斗过滤，保存于棕色瓶中。

2. $KMnO_4$ 溶液（0.02mol/L）的标定　精密称取在 105℃ 干燥至恒重的 $Na_2C_2O_4$ 基准物 0.13g，置于 250ml 锥形瓶中，加新煮沸放冷的蒸馏水 50ml 溶解后，加 15ml H_2SO_4（3mol/L），摇匀，水浴加热至约 75°C，自滴定管逐滴加入数滴 $KMnO_4$溶液（0.02mol/L），充分振摇，待褪色后可加快滴定速度，近终点时又减缓滴定速度，滴定至溶液显淡红色且 30s 不褪色时即达滴定终点（此时溶液温度不得低于 60℃），记录所耗 $KMnO_4$ 溶液的体积。平行测定 3 次。

【数据记录和处理】

1. 列表记录数据。

2. 计算每次标定的 $KMnO_4$ 溶液浓度及其平均值、相对平均偏差，填入表中。

【思考题】

1. 用 $Na_2C_2O_4$ 标定 $KMnO_4$ 溶液时，能否用 HCl 或 HNO_3 调节溶液的酸度，为什么？

2. 能否用滤纸过滤 $KMnO_4$ 溶液，为什么？

【注意事项】

1. $KMnO_4$ 易被水中少量还原性物质还原，产生 MnO_2 沉淀，因此必须使用新煮沸放冷的蒸馏水，配制溶液后，应滤去 MnO_2。

2. $KMnO_4$ 见光易分解，应保存于棕色瓶中。

3. 标定 $KMnO_4$ 溶液浓度时溶液温度应控制在 65～85℃，温度过低滴定反应速度慢；过高 $Na_2C_2O_4$ 易分解。

六、药用硫酸亚铁的含量测定

【实验目的】

熟悉 $KMnO_4$ 法测定 $FeSO_4 \cdot 7H_2O$ 含量的原理及方法。

【实验原理】

在硫酸酸性介质中，$KMnO_4$ 能将亚铁盐氧化成高铁盐，利用 $KMnO_4$ 作自身指示剂指示滴定终点。滴定反应如下：

$$MnO_4^- + 5Fe^{2+} + 8H^+ \rightleftharpoons Mn^{2+} + 5Fe^{3+} + 4H_2O$$

药用 $FeSO_4 \cdot 7H_2O$ 的百分含量计算式为：

$$FeSO_4 \cdot 7H_2O\% = \frac{(CV)_{KMnO_4} \times 5 \times \frac{M_{FeSO_4 \cdot 7H_2O}}{1000}}{m_{样}} \times 100\%$$

式中：$M_{FeSO_4 \cdot 7H_2O} = 278.0$

【仪器与试剂】

1. 仪器　分析天平、棕色滴定管（25ml）、锥形瓶（250ml）、量筒（100ml）。

2. 试剂　$KMnO_4$ 标准溶液（0.02mol/L）、药用 $FeSO_4 \cdot 7H_2O$ 样品、H_2SO_4（1mol/L）。

【实验步骤】

精密称取药用硫酸亚铁试样 0.5g，置于 250ml 锥形瓶中，加 H_2SO_4 溶液（1 mol/L）及蒸馏水各 15ml，溶解后立即用 $KMnO_4$ 标准溶液（0.02mol/L）滴定至溶液显稳定的淡红色即达滴定终点，记录所耗 $KMnO_4$ 标准液的体积。平行测定 3 次。

【数据记录和处理】

1. 列表记录数据。

2. 计算每次测定的 $FeSO_4 \cdot 7H_2O$ 百分含量及其平均值、相对平均偏差，并填入表中。

【思考题】

1. 在 H_2SO_4 介质中，$KMnO_4$ 滴定 Fe^{2+} 的反应能否进行完全，为什么？

2. 硫酸亚铁糖浆能否用 $KMnO_4$ 标准溶液测定，为什么？

【注意事项】

本滴定反应速度较慢，滴定速度不宜过快。

实验二十八　沉淀滴定实验

一、银量法标准溶液的配制与标定

【实验目的】

1. 掌握银量法标准溶液的配制与标定方法。

2. 正确判断荧光黄、铁铵矾指示剂的终点。

【实验原理】

1. 硝酸银标准溶液的配制与标定　硝酸银标准溶液可采用 $AgNO_3$（GR）直接配制，亦可采用 $AgNO_3$（AR）间接配制。

一般采用吸附指示剂法，以 NaCl 为基准物，用荧光黄（HFl^-）作指示剂，终点时混浊液由黄绿色变为微红色。滴定反应如下：

$$Ag^+ + Cl^- = AgCl \downarrow$$

终点前，Cl^- 过剩，沉淀表面荷负电而吸附正离子：$(AgCl)\ Cl^- \vdots M^+$

终点时，Ag^+ 过剩，沉淀表面荷正电而吸附 Fl^- 离子：$(AgCl)\ Ag^+ \vdots Fl^-$，从而显微红色，即

$$(AgCl)\cdot Ag^{+} + FI^{-} \xrightarrow{\text{吸附}} (AgCl)\ Ag^{+} \vdots FI^{-}$$

（黄绿）　　　　　　（微红）

为了让 AgCl 沉淀具有较强的吸附能力，可将溶液适当稀释或加入糊精作为胶体保护剂，以使 AgCl 沉淀保持胶体状态，使终点颜色变化更明显。

$AgNO_3$ 溶液的浓度计算式为：

$$C_{AgNO_3} = \frac{m_{NaCl}}{V_{AgNO_3} \times \frac{M_{NaCl}}{1000}} \quad \text{式中：} M_{NaCl} = 58.44$$

2. NH_4SCN 标准溶液的配制与标定　NH_4SCN 标准溶液常采用标定法配制、比较法标定，以铁铵矾为指示剂，为防止 Fe^{3+} 的水解，应在酸（HNO_3）性溶液中滴定，反应式如下：

终点前　$Ag^{+} + SCN^{-} \longrightarrow AgSCN\downarrow$

终点时　$Fe^{3+} + SCN^{-} \longrightarrow Fe(SCN)^{2+}$（淡棕红色）

NH_4SCN 溶液的浓度计算式为：

$$C_{NH_4SCN} = \frac{(CV)_{AgNO_3}}{V_{NH_4SCN}}$$

【仪器与试剂】

1. 仪器　分析天平、棕色滴定管（25 ml）、量杯（10、500 ml）、锥形瓶（250 ml）、烧杯（250 ml）、移液管（20 ml）。

2. 试剂　$AgNO_3$（AR）、NaCl（基准物）、荧光黄指示剂（0.1% 乙醇溶液）、糊精（2%）、铁铵矾指示剂（40% 的 1mol/L HNO_3 溶液）、HNO_3（6mol/L）。

【实验步骤】

1. $AgNO_3$ 溶液（0.1mol/L）的配制与标定

（1）配制：称取 $AgNO_3$ 5.4g，置于 250ml 烧杯中，加蒸馏水 100ml 溶解，移入棕色磨口瓶中，稀释至 300 ml，摇匀，避光保存。

（2）标定：精密称取在 110℃ 干燥至恒重的基准 NaCl 0.12g，置于 250ml 锥形瓶中，加蒸馏水 50ml，溶解后加糊精 5ml、荧光黄指示剂 8 滴，用 $AgNO_3$ 标准溶液 0.1mol/L 滴定至混浊液由黄绿色变为微红色，即达滴定终点，记录所耗 $AgNO_3$ 溶液的体积。平行测定 3 次。

2. NH_4SCN 标准溶液（0.1mol/L）的配制与标定

（1）配制：称取 NH_4SCN 2.4g，置于 250ml 烧杯中，加蒸馏水 100ml 溶解，移入棕色磨口瓶中，稀释至 300 ml，摇匀，密塞。

（2）标定：精密量取 $AgNO_3$ 标准溶液（0.1mol/L）20ml，置于 250ml 锥形瓶中，加蒸馏水 20ml、HNO_3（6mol/L）2ml、铁铵矾指示剂 2ml，用 NH_4SCN 溶液（0.1mol/L）滴定至溶液呈淡棕红色，振摇后，仍不褪色即达滴定终点，记录所耗 NH_4SCN 溶液的体积。平行测定 3 次。

【数据记录和处理】

1. 列表记录数据。

2. 分别计算每次标定的 $AgNO_3$、NH_4SCN 的浓度及其平均值、相对平均偏差，填入表中。

【思考题】

用荧光黄作指示剂标定 $AgNO_3$ 时，为什么要加入糊精？

【注意事项】

1. 应采用不含 Cl^- 的蒸馏水配制 $AgNO_3$ 标准溶液，否则会有 AgCl 沉淀。

2. AgCl、$AgNO_3$ 遇光易分解，$AgNO_3$ 标准溶液应贮存于棕色瓶中，并用棕色滴定管进行滴定。

3. 基准 NaCl 易吸湿，保存及称量过程中应注意防潮。

4. 实验完毕，若锥形瓶内壁附着有 AgCl，则可用少量 $NH_3 \cdot H_2O$ 荡洗后，再洗涤。

二、氯化铵的含量测定

【实验目的】

1. 掌握铬酸钾指示剂法测定氯化铵含量的原理及方法。

2. 正确判断铬酸钾指示剂的滴定终点。

【实验原理】

以 $AgNO_3$ 标准溶液，采用铬酸钾指示剂法测定 NH_4Cl 含量，根据分步沉淀原理，溶解度小的 AgCl 先沉淀出来，溶解度大的 Ag_2CrO_4 后沉淀。适当控制 K_2CrO_4 指示剂的用量，使 AgCl 恰好完全沉淀后，稍过量的 $AgNO_3$ 即与 CrO_4^{2-} 生成砖红色的 Ag_2CrO_4 沉淀，从而指示滴定的终点。滴定反应如下：

终点前　$Ag^+ + Cl^- \longrightarrow AgCl\downarrow$（白色）

终点时　$2Ag^+ + CrO_4^{2-} \longrightarrow Ag_2CrO_4\downarrow$（砖红色）

NH_4Cl 的百分含量计算式为：

$$NH_4Cl\% = \frac{(CV)_{AgNO_3} \times \frac{M_{NH_4Cl}}{1000}}{m_{样} \times \frac{20}{100}} \times 100\% \quad 式中：M_{NH_4Cl} = 53.49$$

【仪器与试剂】

1. 仪器　分析天平、棕色滴定管（25ml）、锥形瓶（250ml）、容量瓶（100ml）、烧杯（50ml）、移液管（20 ml）。

2. 试剂　NH_4Cl 样品、$AgNO_3$ 标准溶液（0.1mol/L）、5% K_2CrO_4 指示剂。

【实验步骤】

精密称取 NH_4Cl 样品 0.5g，置于 50ml 烧杯中，加水溶解后定量转移至 100ml 容量瓶，用蒸馏水稀释至刻度，摇匀。

精密量取上述溶液 20ml 置于 250 ml 锥形瓶中，加 5% K_2CrO_4 指示剂 1ml，用 $AgNO_3$ 标准溶液（0.1mol/L）滴定至混浊液恰好出现砖红色为滴定终点，记录所耗 $AgNO_3$ 标准溶液的体积。平行测定 3 次。

【数据记录和处理】

1. 列表记录数据。

2. 计算每次测定的 NH_4Cl 百分含量及其平均值、相对平均偏差，填入表中。

【思考题】

1. 能否采用吸附指示剂法或铁铵矾指示剂法测定 NH_4Cl 的含量，为什么？
2. 滴定中为什么要不断振摇溶液？

【注意事项】

1. 滴定中应不断振摇，避免终点提前。
2. K_2CrO_4 指示剂的用量要适量，以减少滴定误差。

实验二十九　电位法实验

一、直接电位法测定溶液的 pH

【实验目的】

1. 掌握酸度计测定溶液 pH 的原理和方法。
2. 学会正确使用酸度计。
3. 了解标准缓冲溶液的作用及配制方法。

【实验原理】

溶液 pH 的测定方法有 pH 试纸法、酸碱滴定法和直接电位法，直接电位法因操作简便，测定结果准确而常用。采用直接电位法测定溶液的 pH 时，常以玻璃电极为指示电极，饱和甘汞电极为参比电极，将两电极插入被测溶液中组成原电池：(－) GE ｜被测溶液‖SCE (＋)，该电池的电动势为

$$E = \varphi_{SCE} - \varphi_{GE}$$

$$= \varphi_{SCE} - K'' + \frac{2.303RT}{F}pH$$

式中 K'' 为玻璃电极常数，其值与溶液组成、电极类型及电极使用时间等因素有关，不易准确测定，因此，实际工作中常采用“两次测量法”测定溶液 pH，以消除 K'' 的不确定性带来的误差。即：先用已知准确 pH 的标准缓冲溶液校准酸度计，然后再测定被测溶液的 pH。其原理为：

$$E_S = \varphi_{SCE} - K'' + \frac{2.303RT}{F}pH_S$$

$$E_X = \varphi_{SCE} - K'' + \frac{2.303RT}{F}pH_X$$

则有 $$E_S - E_X = \frac{2.303RT}{F}(pH_S - pH_X)$$

上式说明溶液的 pH 每变化一个单位，电池的电动势变化 $\frac{2.303RT}{F}$ 伏。

酸度计实际上是一个特殊的电位测量装置，为了能直接从仪器上读出溶液的 pH，人为地将仪器相邻两个读数间隔设置为 $\frac{2.303RT}{F}$ 伏的电位，此值与测定时溶液

的温度有关，因此，在酸度计上设置有温度调节旋钮来调节温度，以适合上述要求。

【仪器与试剂】

1. 仪器　酸度计、玻璃电极和饱和甘汞电极（或复合 pH 玻璃电极）、烧杯（50ml）、温度计。

2. 试剂　邻苯二甲酸氢钾标准缓冲液（pH4.0）、磷酸盐标准缓冲液（pH6.8）、磷酸盐标准缓冲液（pH7.4）、硼砂标准缓冲液（pH9.2）、葡萄糖氯化钠注射液（pH3.5～5.5）、碳酸氢钠注射液（pH7.5～8.5）、注射水（pH5.0～7.0）。

【实验步骤】

1. 预热　接通酸度计电源，预热仪器。

2. 安装电极　用蒸馏水洗净电极，滤纸吸去电极上的水。插上玻璃电极和饱和甘汞电极，并将之安装在电极架上。

3. 校正

（1）将电极浸入邻苯二甲酸氢钾标准缓冲溶液中，轻轻摇动溶液，使溶液均匀。

（2）将仪器选择开关置“pH”档，仪器斜率调节器调节在100%位置，调节“温度调节旋钮”与邻苯二甲酸氢钾标准缓冲溶液的温度相同。

（3）待示值稳定后，其值应与该温度下邻苯二甲酸氢钾标准缓冲溶液的 pH 一致；否则，需调节校正（定位）旋钮，使之相同。

（4）用蒸馏水冲洗电极并用滤纸吸干电极上的水。

4. 复核　将电极浸入已知 pH 的磷酸盐标准缓冲溶液中，待示值稳定后，读取 pH，此值与已知的 pH 误差不得超过 ±0.1pH 单位。

5. 样品溶液的 pH 测定

（1）葡萄糖氯化钠注射液的 pH 测定：将电极浸入样品溶液中，轻轻晃动烧杯，使溶液均匀分布，待示值稳定后，读取 pH。测定完毕，移去待测溶液，用蒸馏水冲洗电极并用滤纸吸干电极上的水。

（2）碳酸氢钠注射液的 pH 测定：以磷酸盐标准缓冲溶液为校正液，以硼砂标准缓冲溶液为复核液，按上述操作程序进行测定。

（3）注射水的 pH 测定：用邻苯二甲酸氢钾标准缓冲溶液校正仪器后测定注射水，并重取一些注射水再测，直至 pH 读数在 1 分钟内改变不超过 ±0.05pH 单位为止；然后再用硼砂标准缓冲溶液校正仪器，如上法测定。两次 pH 相差不应超过 0.1pH 单位，取两次读数的平均值为该注射水的 pH。

6. 结束　测定完毕，用蒸馏水冲洗电极，将电极卸下，装好。复原仪器，关上仪器电源开关。

【数据记录和处理】

1. 列表记录数据。
2. 判断各测试样品的酸度是否合格。

【思考题】

1. 酸度计上“温度调节旋钮”的作用是什么？
2. 如何选择校正用的标准缓冲溶液及复核用的标准缓冲溶液？

【注意事项】

1. 校正仪器时，应选择与待测溶液 pH 最接近的标准缓冲溶液；复核时所用标准缓冲溶液的 pH 与校正用标准缓冲溶液 pH 的差值应≤3pH 单位。

2. 玻璃电极膜很薄，安装和操作时应防止碰破。若破裂，电极将完全失效。

3. 酸度计校正后，“校正旋钮”不能再转动，否则应重新校准。

4. 每次更换溶液，应用蒸馏水冲洗电极并用滤纸吸干电极上的水，亦可用所换的标准缓冲溶液或待测液润洗。

二、水样中氟离子的测定

【实验目的】

1. 掌握用氟离子选择电极测定水中微量氟的方法原理。

2. 熟悉总离子强度调节剂（TISAB）的意义和作用。

【实验原理】

氟在自然界中分布较广，动植物组织也含有微量的氟，其主要来源于饮用水和食物。人体摄入适量的氟，有利于牙齿的健康；若摄入过多，轻则造成斑釉牙，重则造成氟骨症，危害人体健康。我国生活饮用水卫生标准规定：生活饮用水适宜的氟化物含量不得超过 1.0mg/L。

用氟离子选择电极（简称氟电极）测定水中微量氟的含量，是以测定电极电位为基础的简便、快速的分析方法。测定时，常以氟电极作指示电极、饱和甘汞电极作参比电极，将它们同时插入待测溶液中，组成电池，其电动势（E）为：

$$E = \varphi_{甘汞} - \varphi_{F^-}$$

$$= \varphi_{甘汞} - \left[K - \frac{2.303RT}{F}\lg a_{F^-}\right]$$

在一定的实验条件下，$\varphi_{甘汞}$为定值，则上式可写为：

$$E = K' + \frac{2.303RT}{F}\lg a_{F^-}$$

当溶液中的总离子强度不变时，离子的活度系数为一定值，可用浓度代替活度，上式可写为：

$$E_{电池} = K'' - \frac{2.303RT}{F}pF$$

当 F^- 浓度在 $10^{-1} \sim 10^{-6}$ mol/L 时，氟电极电位与 pF^- 成直线关系，可用标准曲线法或标准加入法进行测定。

测定时，通常在标准溶液和被测溶液中加入等量的 TISAB，使两种溶液的离子强度及 pH 几乎相同，以消除共存离子的干扰。

【仪器与试剂】

1. 仪器 酸度计、氟离子选择电极、饱和甘汞电极、电磁搅拌器、聚乙烯塑料瓶、容量瓶（100ml、1000ml）等。

2. 试剂 氟化钠（AR）、氯化钠（AR）、柠檬酸钠（AR）、NaOH 溶液（1mol/L）或 HAc（1mol/L）、TISAB 溶液、NaF 标准溶液（1.000mol/L）。

【实验步骤】

1. NaF 标准溶液的配制

（1）NaF 标准溶液（1.00×10^{-2} mol/L）的配制：精密吸取 1mlNaF 标准溶液（1.00mol/L）于 100ml 容量瓶中，加入 10mlTISAB 溶液，用去离子水稀释至刻度，摇匀。

（2）依法分别配制浓度为 1.00×10^{-3} mol/L、1.00×10^{-4} mol/L、1.00×10^{-5} mol/L、1.00×10^{-6} mol/L 的 NaF 标准溶液。

2. 标准曲线的绘制　将上述标准溶液分别倒入 5 只小塑料杯中，由低浓度到高浓度依次测定它们的电动势。以 E 为纵坐标、pF 为横坐标，绘制标准曲线。

3. 水样的测定　准确吸取水样适量，置于 100ml 容量瓶中，加入 10mlTISAB 液，用去离子水稀释至刻度，摇匀，制得供试品溶液。在相同条件下测定其电动势（E_x）。

【数据记录和处理】

1. 列表记录数据。

2. 绘制标准曲线，从标准曲线上查出供试品溶液中氟的浓度，并计算水样中氟的浓度。

【思考题】

1. 为什么试液要按由稀到浓的顺序测定？

2. TISAB 的含义是什么？它由几部分组成，各起什么作用？

【注意事项】

1. 氟电极的活化：使用前应将氟电极放在 F^- 溶液（10^{-4} mol/L）中浸泡约半小时，然后再用去离子水清洗电极至空白电位为 −300mV 左右（即：氟电极在不含 F^- 的去离子水中的电位约为 −300mV），最后浸泡在去离子水中待用。

2. 测定时，将电极插入待测液中，在电磁搅拌 4min 之后停止搅拌（或在测定过程中搅拌溶液的速度应保持恒定），每隔 0.5min 读取 1 次数据，直至读数在 3min 内不变为止，记录下此时的数值。

3. 在测定一系列标准溶液后，应将电极清洗至原空白电位值，然后再测定未知试液的电位值。

【备注】

（1）TISAB 的配制：称取 60g NaCl、59g Na_3Cit（柠檬酸钠）、102gNaAc 放入 1000ml 烧杯中，加入 14mlHAc、600ml 去离子水溶解，用 HAc（1mol/L）或 NaOH（1mol/L）调节溶液的 pH 为 5.0～5.5，用去离子水定容为 1000ml，贮存于塑料瓶中备用。

（2）NaF 标准溶液（1.000mol/L）配制：精密称取于 120℃干燥至恒重的 NaF 4.200g，置于小烧杯中，用去离子水溶解、定容为 100ml，贮存于聚乙烯瓶。

三、电位滴定法测定硫酸亚铁的含量

【实验目的】

1. 掌握电位滴定法的原理及确定滴定终点的方法。

2. 学会绘制 E－V 曲线。

【实验原理】

1. $FeSO_4$ 的电位滴定 电位滴定装置及操作虽然比较繁琐，但是它对某些容量滴定不能进行的滴定及容量分析方法的研究很有意义。在 1mol/L 硫酸介质中 $K_2Cr_2O_7$ 与 $FeSO_4$ 产生如下反应：

$$6Fe^{2+} + Cr_2O_7^{2-} + 14H^+ \rightleftharpoons 6Fe^{3+} + 2Cr^{3+} + 7H_2O$$

以铂电极为指示电极，饱和甘汞电极为参比电极，将它们插入待测液中，组成原电池。随着滴定剂的不断加入，原电池的电动势会不断地发生变化，在化学计量点附近的电动势变化急剧增大，可通过 E－V 曲线法、一阶微商法或二阶微商法来确定滴定终点。

$FeSO_4 \cdot 7H_2O$ 的百分含量计算式：

$$FeSO_4 \cdot 7H_2O\% = \frac{C_{K_2Cr_2O_7} \times V_{滴定终点} \times M_{FeSO_4 \cdot 7H_2O} \times 6}{m_{样} \times 1000} \times 100\%$$

$M_{FeSO_4 \cdot 7H_2O} = 278.0$

【仪器与试剂】

1. 仪器 ZD 型自动电位滴定仪、铂电极、饱和甘汞电极、酸式滴定管、镊子、烧杯（100ml）、移液管（20ml、10ml）、分析天平。

2. 试剂 $K_2Cr_2O_7$ 标准溶液（0.01mol /L）、H_2SO_4 溶液（1mol /L）、$FeSO_4 \cdot 7H_2O$（原料药）、二苯胺磺酸钠指示剂。

【实验步骤】

1. 样品溶液的配制 精密称取硫酸亚铁样品 0.3g，加蒸馏水 20ml，溶解后加 H_2SO_4 溶液（1mol /L）20ml，再加二苯胺磺酸钠指示剂 7～8 滴。

2. 仪器安装及调试

（1）接通电源，电源开关扳向“开”，指示灯亮，预热几分钟。

（2）在玻璃电极插孔内不插电极的情况下（甘汞电极可先行接好），将选择器置于 mV 测量档，按下读数开关，用校正器调节电表指针指向右边“0”处，抬起读数开关。

（3）接好电极，用蒸馏水洗净电极，并用滤纸吸干电极上的水。

3. 电位滴定 以铂电极为指示电极，饱和甘汞电极为参比电极，将电极浸入待测溶液中，在搅拌下，用 $K_2Cr_2O_7$（0.01mol /L）标准溶液进行电位滴定。

开始时可每滴入 5 ml 测量一次电动势（本实验为负值），之后每滴入 2ml 测量一次电动势，当滴定电位达 400 mV 时，每滴入 0.10ml 测定一次电动势，特别是化学计量点前后应多测几个电动势（可借助加入到样品溶液中的指示剂二苯胺磺酸钠的变色来判断）。然后继续滴定至测量的电动势值约为 700mV 后方可停止滴定。

4. 平行测定两次。

【数据记录和处理】

1. 列表记录数据。

2. 选择一份好的数据来绘制 E－V 曲线、确定滴定终点，从而计算样品的百分含量。

【思考题】

用 E－V 曲线、$\Delta E/\Delta V-\bar{V}$ 曲线、$\Delta^2 E/\Delta V^2-\bar{\bar{V}}$ 曲线怎么确定电位滴定的终点？

【注意事项】

1. 铂电极在使用前应进行活化，即：用加有少量三氯化铁的硝酸或铬酸洗液浸泡，然后用蒸馏水洗净。

2. 在滴定过程中，应尽量少用水吹洗烧杯壁，避免溶液酸度降低。

实验三十　永停滴定法实验

一、亚硝酸钠标准溶液的配制与标定

【实验目的】

1. 掌握重氮化滴定的原理。

2. 熟悉永停滴定法的装置和实验条件。

【实验原理】

在酸性溶液中，亚硝酸钠与芳伯氨类药物可定量发生重氮化反应。常用基准物对氨基苯磺酸来标定 $NaNO_2$ 标准溶液，其反应式如下：

$$H_2N-C_6H_4-SO_3H + NaNO_2 + 2HCl \longrightarrow \left[N\equiv N-C_6H_4-SO_3H\right]^+ Cl^- + NaCl + 2H_2O$$

化学计量点稍后，溶液中稍过量的 $NaNO_2$ 在盐酸介质中生成 HNO_2，同时有少量的 HNO_2 分解产生 NO，在两支铂电极上的电极反应为：

阳极　　$NO + H_2O \rightleftharpoons HNO_2 + H^+ + e$

阴极　　$HNO_2\ H^+ + e \rightleftharpoons NO + H_2O$

因此，在滴定终点时，电极间有电流通过，检流计指针偏转不再回复。其滴定曲线如下图：

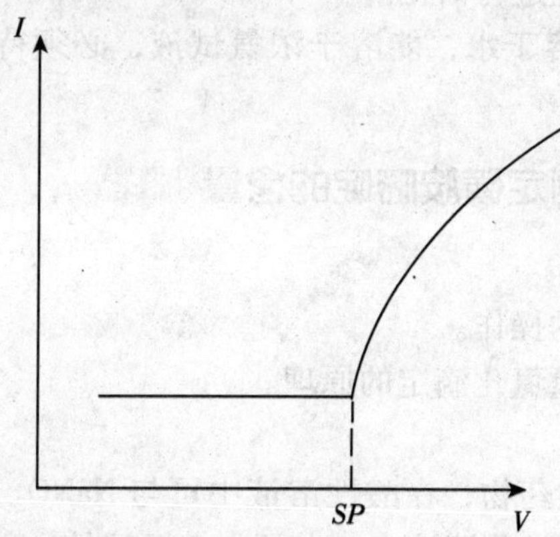

$NaNO_2$ 标准溶液的浓度计算式为：

$$C_{NaNO_2} = \frac{M_{C_6H_7O_3NS}}{V_{NaNO_2} \times \frac{M_{C_2H_7O_3NS}}{1000}}$$ 式中 $M_{C_6H_7O_3NS} = 173.2$

【仪器与试剂】

1. 仪器 永停滴定仪、铂电极（2 支）、酸式滴定管（25ml）、烧杯（100ml）、细玻璃棒、镊子、分析天平。

2. 试剂 对氨基苯磺酸（基准物）、浓氨试液、HCl（1→2）、$NaNO_2$（AR）。

【实验步骤】

1. $NaNO_2$ 标准溶液（0.1mol /L）的配制 称取 $NaNO_2$ 3.6g，加无水 Na_2CO_3 0.05g，加蒸馏水溶解并稀释至500ml，摇匀，贮存于棕色试剂瓶中。

2. $NaNO_2$ 标准溶液（0.1mol /L）的标定

（1）安装电极，调试好仪器，并设置极化电压为 50 mV、灵敏度为 10^{-9}、门限值为 60 格。

（2）标定：精密称取在 120℃ 干燥至恒重的基准对氨基苯磺酸 0.3g，置于 100ml 烧杯中，加蒸馏水 30 ml、浓氨试液 3 ml，溶解后加入 HCl（1→2）20 ml，搅拌。在 30℃以下用 $NaNO_2$ 标准溶液（0.1mol/L）快速滴定至近终点，继续缓慢滴定至检流计指针偏转 60 格，并持续 1min 不回复，即达终点，记录所耗 $NaNO_2$ 标准溶液的体积。平行测定 3 次。

【数据记录和处理】

1. 列表记录数据。

2. 计算每次测定的 $NaNO_2$ 标准溶液浓度及其平均值、相对平均偏差，并填入表中。

【思考题】

1. 实验中用 HCl 酸化的目的是什么？对 HCl 浓度有何要求？

2. 滴定的速度和温度对反应的结果有何影响？

【注意事项】

1. 铂电极在使用前应进行活化。

2. 对氨基苯磺酸难溶于水，能溶于浓氨试液，必须待它完全溶解后方可加入 HCl 酸化。

二、永停滴定法测定磺胺嘧啶的含量

【实验目的】

1. 巩固永停滴定法的操作。

2. 熟悉磺胺类药物重氮化滴定的原理。

【实验原理】

磺胺嘧啶为芳伯胺类药物，在酸性溶液中可与 $NaNO_2$ 定量反应生成重氮化盐，把两支相同的铂电极插入被测溶液中，在两支电极间外加一电压（约 50mV），然后用 $NaNO_2$ 标准溶液滴定，在化学计量点前，两电极上无电极反应，因而无电流产生；化学计量点后，因溶液中有少量 HNO_2 及其分解产物 NO 可发生下列电极反应：

阳极　　$NO + H_2O \rightleftharpoons HNO_2 + H^+ + e$

阴极　　$HNO_2 + H^+ + e \rightleftharpoons NO + H_2O$

因此，滴定终点时，电极间有电流通过，检流计指针偏转不再回复。

磺胺嘧啶的百分含量计算式为：

$$磺胺嘧啶\% = \frac{C_{NaNO_2} V_{NaNO_2} \times M_{C_{10}H_{10}O_2N_4S}}{m \times 1000} \times 100\%$$

式中：$M_{C_{10}H_{10}O_2N_4S} = 250.3$

【仪器与试剂】

1. 仪器　永停滴定仪、铂电极（2支）、酸式滴定管（25ml）、烧杯（100ml）、细玻璃棒、镊子、分析天平。

2. 试剂　磺胺嘧啶（原料药）、HCl（1→2）、$NaNO_2$ 标准溶液（0.1mol/L）、淀粉 - KI 试纸。

【实验步骤】

精密称取磺胺嘧啶 0.5g，置于烧杯中，加 HCl（1→2）10 ml 使之溶解，再加蒸馏水 50ml、KBr 1g，在电磁搅拌下用 $NaNO_2$ 标准溶液（0.1mol /L）快速滴定至近终点，继续缓慢滴定至检流计指针偏转持续 1min 不回复，即达终点。

在近终点时，同时用细玻璃棒蘸取溶液少量，点在淀粉 - KI 试纸上试验，比较两种方法确定终点的情况，记录所耗 $NaNO_2$ 标准溶液的体积。平行测定 3 次。

【数据记录和处理】

1. 列表记录数据。

2. 计算每次测定的磺胺嘧啶百分含量及其平均值、相对平均偏差，并填入表中。

【思考题】

外指示剂法与永停滴定法确定终点各有什么优、缺点？

【注意事项】

铂电极在使用前应进行活化。

实验三十一　紫外 - 可见分光光度法实验

一、维生素 B_{12} 注射液的鉴别及含量测定

【实验目的】

1. 掌握维生素 B_{12} 注射液的鉴别和含量测定的方法原理。

2. 学习紫外 - 可见分光光度计的使用。

【实验原理】

维生素 B_{12} 注射液是含钴的有机药物，用于治疗贫血等疾病。维生素 B_{12} 在 278 ±1nm、361 ±1nm 与 550 ±1nm 波长处均有吸收峰，求出其相应的吸光系数，利用它们的比值来进行鉴别。《中华人民共和国药典》规定：

$$A_{361}/A_{278} = 1.70 \sim 1.88 \qquad A_{361}/A_{550} = 3.15 \sim 3.45$$

三个吸收峰中以 361 ± 1nm 处的吸收峰强、干扰少，《中华人民共和国药典》规定以 361 ± 1nm 处吸收峰的比吸收系数 $E_{1cm}^{1\%}$ 值（207）为测定维生素 B_{12} 注射液含量的依据。根据比吸收系数的定义可知：浓度为 1g/100ml 维生素 B_{12} 溶液在 361 ± 1nm 处的吸光度应为 207，则每一个吸光度单位（A. U.）相当于每 ml 溶液中含维生素 B_{12} 的量为：

$$\frac{0.01\ (\mathrm{g/ml})}{207} = \frac{0.01 \times 10^6\ (\mu\mathrm{g/ml})}{207}$$

$$= 48.31\ [\mu\mathrm{g}/(\mathrm{ml \cdot A.U.})]$$

因此，若维生素 B_{12} 注射液稀释 n 倍后测得吸光度为 A，则其实际含量为：

$$C_{B_{12}} = 48.31 \times A \times n \quad (\mu\mathrm{g/ml})$$

B_{12} 注射液标示量的百分含量为：

$$\frac{C_{B_{12}}}{\text{标示量}} \times 100\%$$

【仪器与试剂】

1. 仪器 紫外 - 可见分光光度计、石英吸收池（1cm）、容量瓶（10ml）、吸量管（1ml）。

2. 试剂 维生素 B_{12} 注射液（0.5mg/ml）。

【实验步骤】

精密量取维生素 B_{12} 注射液 0.5ml 于 10ml 容量瓶中，用蒸馏水稀释至刻度，摇匀。将此溶液置于 1cm 石英池中，以蒸馏水为空白，分别在 278nm、360nm 361nm、362nm 与 550nm 波长处测定吸光度。

【数据记录和处理】

1. 列表记录数据。

2. 计算 A_{361}/A_{278}、A_{361}/A_{550}，并进行鉴别。

3. 以 $A_{361 \pm 1nm, max}$ 代入公式，计算维生素 B_{12} 注射液的含量及其标示量的百分含量。

【思考题】

比较吸光系数法和标准曲线法两种定量方法的优缺点。

【注意事项】

改变测定波长时，必须重新调节仪器的零点。

二、邻二氮菲分光光度法测定水样中铁的含量

【实验目的】

1. 掌握标准曲线法的定量方法。

2. 熟悉邻二氮菲分光光度法测定 Fe（Ⅱ）的原理。

【方法原理】

邻二氮菲是一种有机配位剂，它与 Fe^{2+} 配合生成红色的配离子：

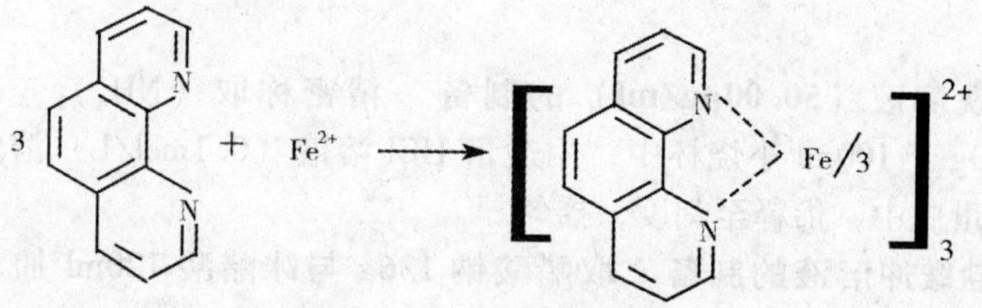

该反应灵敏，在 pH 3 ~ 9 范围内反应能迅速完成，且显色稳定，适用于微量测定。所生成的配离子在 510nm 附近有一吸收峰，其摩尔吸收系数达 1.1×10^4。

在含铁 0.5 ~ 8ppm 范围内，浓度与吸光度符合 Beer 定律，可用标准曲线法进行定量分析。

本实验以 pH4.5 ~ 5 的醋酸盐缓冲溶液保持被测溶液的酸度，并用盐酸羟胺还原溶液中的 Fe^{3+}，同时也可防止 Fe^{2+} 被空气中的氧气所氧化。

【仪器与试剂】

1. 仪器　紫外 – 可见分光光度计、容量瓶（50ml）、移液管（5ml）。

2. 试剂　标准铁溶液（50.0μg/ml）、邻二氮菲溶液（0.15%，新配制）、盐酸羟胺（2%，新配制）、醋酸盐缓冲溶液。

【实验步骤】

1. 系列标准溶液的配制　分别吸取标准铁溶液（50.0μg/ml）0.0、1.0、2.0、3.0、4.0、5.0ml 于 50ml 容量瓶中，依次加入醋酸盐缓冲溶液、盐酸羟胺溶液、邻二氮菲溶液各 5ml，用蒸馏水稀释至刻度，摇匀，放置 10min。

2. 确定最大吸收波长　以中等浓度的标准溶液在 490 ~ 520nm 间测定 5 至 10 个点，选择吸光度最大值对应的波长为检测波长。

3. 标准曲线的绘制　以不加标准溶液的一份作空白，用 1cm 吸收池在紫外 – 可见分光光度计上测定每份溶液的吸光度。以吸光度为纵坐标，浓度（或含铁量）为横坐标，绘制标准曲线；若线性好，亦可用最小二乘法求出回归方程。

4. 水样的测定　以自来水、河水或井水为水样，准确吸取其上清液 5ml（或适量）置于 50ml 容量瓶中，按“实验步骤 1”的方法配制得供试品溶液，测定吸光度。

【数据记录和处理】

1. 列表记录数据。

2. 绘制标准曲线，从标准曲线上查出供试品溶液的含铁量，并计算水样的含铁量。

【思考题】

1. 显色反应操作中各种试剂与样品溶液的酸度不同，对显色有无影响，为什么？

2. 本次实验量取各种试剂时，应采用何种量器，为什么？

【注意事项】

1. 盛装系列标准溶液及水样的容量瓶应编号，以免混淆。

2. 测定溶液吸光度时应由稀至浓测定。

3. 绘制标准曲线时，单位应取整数，间隔要适当。

【备注】

1. 标准铁溶液（50.00μg/ml）的制备 精密称取（NH_4）$_2$·$FeSO_4$·$6H_2O$（AR）0.3510g 于 100ml 小烧杯中，用适量 HCl 溶液（0.1mol/L）溶解后定量转移至 1000ml 容量瓶中，稀释至刻度，摇匀。

2. 醋酸盐缓冲溶液的制备 取醋酸钠 136g 与冰醋酸 120ml 加水溶解，制成 500ml 溶液，摇匀。

实验三十二 荧光分光光度法实验

一、荧光法测定维生素 B_2 的含量

【实验目的】

1. 掌握荧光分光光度法的定量分析方法。
2. 学习使用荧光分光光度计。

【实验原理】

维生素 B_2 的水溶液在蓝光照射下能产生黄绿色荧光，在 pH6～7 的稀溶液（0.1～2.0μg/ml）中其荧光强度与浓度成正比，可采用标准曲线法测定维生素 B_2 的含量。水溶液中维生素 B_2 的激发光谱和发射光谱如图 7－1，由图可知维生素 B_2 的激发波长为 467nm，发射波长为 525nm。

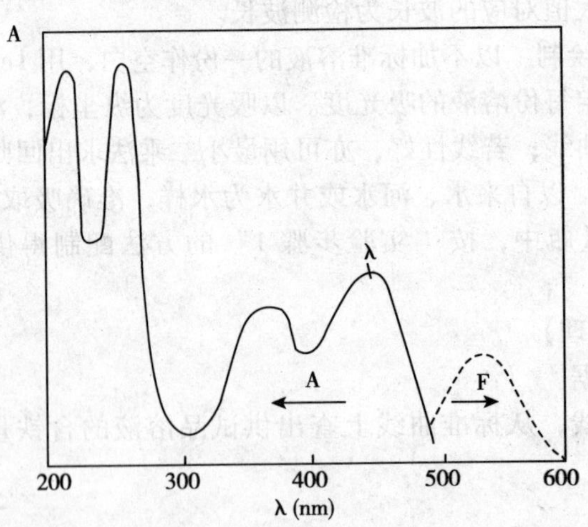

图 7－1 维生素 B_2 水溶液的激发光谱与发射光谱

（实线部分为激发光谱；虚线部分为发射光谱）

【仪器与试剂】

1. 仪器 荧光分光光度计、移液管（5ml）、容量瓶（50ml、1000ml）、量筒（5ml）。

2. 试剂 维生素 B_2 对照品、维生素 B_2 样品、醋酸（6mol/L）。

【实验步骤】

1. 试液配制

（1）维生素 B_2 标准贮备液（10.0μg/ml）的配制：精密称取维生素 $B_2$10.0mg 置于1000ml 容量瓶中，加蒸馏水约 800ml，加醋酸（6mol/L）5ml，充分振摇、完全溶解后再用蒸馏水稀释至刻度，摇匀，密闭、遮光，于冰箱中贮存。

（2）维生素 B_2 标准溶液的配制：精密量取维生素 B_2 标准贮备液（10.0μg/ml）1、2、3、4、5ml 分别置于 5 个 50ml 容量瓶中，用蒸馏水稀释至刻度，摇匀。本标准系列溶液宜当天配制。

（3）维生素 B_2 样品溶液的配制：精密量取维生素 B_2 样品溶液适量，置于 50ml 容量瓶中，用蒸馏水稀释至刻度，摇匀，制得供试品溶液。

2. 溶液荧光强度的测定　以蒸馏水为空白液，分别测定维生素 B_2 标准溶液和供试品溶液的荧光强度。

【数据记录和处理】

1. 列表记录数据。

2. 以荧光强度（F）为纵坐标，浓度（C）为横坐标，绘制标准曲线，从标准曲线上查出供试品溶液的浓度，并计算维生素 B_2 样品溶液的含量。若线性好，亦可用最小二乘法求出回归方程：$F = bC + a$，再由回归方程计算样品的浓度。

【思考题】

影响荧光分光度法定量测定的主要因素有哪些？

【注意事项】

1. 荧光分光光度法的灵敏度高，对溶剂的纯度及玻璃器皿、样品池的洁净程度要求较高；蒸馏水应用重蒸馏水。

2. 测定液不宜长时间受光照射，以免荧光强度降低。实验中应严格遵循平行操作的原则。

二、荧光分光光度法测定硫酸奎宁的含量

【实验目的】

1. 熟悉用荧光分光光度法测定硫酸奎宁含量的方法。

2. 熟悉荧光分光光度计的使用。

【实验原理】

硫酸奎宁为抗疟药，其结构式为：

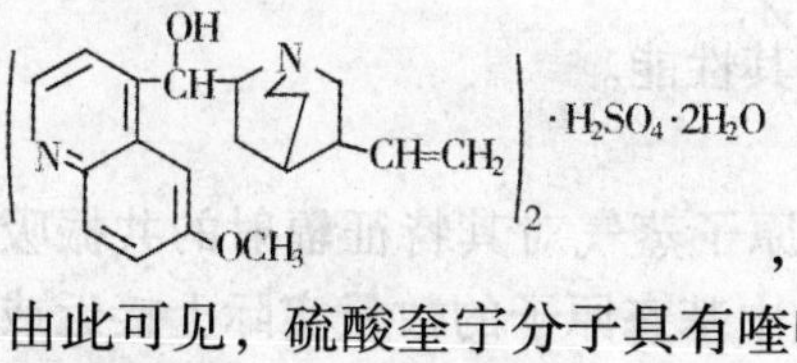

$$\left(\text{quinine}\right)_2 \cdot H_2SO_4 \cdot 2H_2O$$

，M $(C_{20}H_{24}O_2N_2)_2 \cdot H_2SO_4 \cdot 2H_2O = 783.0$

由此可见，硫酸奎宁分子具有喹啉环结构，在紫外光照射下可产生较强的荧光，用荧光分光光度计测定其荧光强度，采用比较法可求出硫酸奎宁的含量。

【仪器与试剂】

1. 仪器　荧光分光光度计、石英吸收池（1cm）、移液管（10ml）、容量瓶

(1000ml、50ml)、分析天平。

2. 试剂 硫酸奎宁贮备液(100μg/ml):精密称取100mg硫酸奎宁溶解于H_2SO_4溶液(0.05mol/L)中,再以H_2SO_4溶液(0.05mol/L)定容成1000ml。

H_2SO_4溶液(0.05mol/L)。

【实验步骤】

1. 对照品溶液的配制 精密吸取硫酸奎宁贮备液(100μg/ml)5.0ml置于50ml容量瓶中,用硫酸溶液(0.05mol /L)稀释至刻度,摇匀。再精密量取此溶液2.0ml置于50ml容量瓶中,用硫酸溶液(0.05mol /L)稀释至刻度,摇匀,制得对照品溶液。

2. 供试品溶液的配制 精密称取硫酸奎宁样品40mg置于1000ml容量瓶中,用硫酸溶液(0.05mol/L)溶解并稀释至刻度,摇匀。精密吸取此溶液1.0ml,置于100ml容量瓶中,用硫酸溶液(0.05mol /L)稀释至刻度,摇匀,制得供试品溶液。

3. 测定

(1)接通仪器电源,调试好仪器。

(2)激发波长为350nm、发射(荧光)波长为450nm,以硫酸溶液(0.05mol/L)为空白液,分别测定对照品溶液和供试品溶液的荧光强度。

【数据记录和处理】

1. 记录数据。
2. 计算供试品溶液浓度及硫酸奎宁样品的百分含量。

【思考题】

是否能用0.05mol/L的HCl代替0.05mol/L的H_2SO_4溶液,为什么?

【注意事项】

硫酸奎宁对照品溶液必须当天配制,应避光保存。

实验三十三 原子吸收分光光度法实验

一、原子吸收分光光度法测定自来水中镁的含量

【实验目的】

1. 掌握火焰原子吸收分光光度法测定水中镁的方法原理。
2. 熟悉原子吸收分光光度计的使用方法。
3. 了解原子吸收分光光度计的主要结构及其性能。

【实验原理】

在使用锐线光源和稀溶液的情况下,基态原子蒸气对其特征辐射的共振吸收符合Beer定律,可认为一定实验条件下原子蒸气中基态原子的数目实际上接近或等于原子总数,而原子总数与试样浓度(C)成正比,因此有:$A=KC$,这就是原子分光光度法定量分析的依据。

本实验采用标准曲线法进行定量。测定的工作条件因仪器型号不同而各异,以

下测定条件仅供参考：

镁空心阴极灯工作电流	4mA
狭缝宽度	0.5nm
波长	285.2nm
燃烧器高度	6mm
乙炔流量	1.6L/min

【仪器与试剂】

1. 仪器　WFX-1C 型（或其他）原子吸收分光光度计，镁元素空心阴极灯，乙炔钢瓶，空气压缩机，容量瓶（50ml、250ml），吸量管（5ml），聚乙烯瓶（100ml、500ml）、分析天平。

2. 试剂

（1）镁标准贮备液（1000μg/ml）：准确称取 800℃ 灼烧至恒重的氧化镁 0.4146g，滴加 HCl（1mol/L）至完全溶解，定量转移至 250ml 的容量瓶中，用去离子水稀释至刻度，摇匀，将此溶液贮存于聚乙烯瓶中。

（2）去离子水。

【实验步骤】

1. 溶液的配制

（1）镁标准溶液（50μg/ml）的配制：精密吸取用 2.5ml 镁标准贮备液（1000μg/ml）于 50ml 容量瓶中，加去离子水稀释至刻度，摇匀。

（2）镁系列标准溶液的配制：精密吸取镁标准溶液（50μg/ml）5ml 置于 50ml 容量瓶，用去离子水稀释至刻度，摇匀。再精密吸取此溶液 1.00、2.00、3.00、4.00、5.00ml 分别置于 6 个 50ml 容量瓶中，用去离子水稀释至刻度，摇匀。

（3）供试液的配制：精密吸取 1.00ml 自来水置于 50ml 容量瓶中，用去离子水稀释至刻度，摇匀。

2. 镁系列标准溶液及供试液的吸光度测定　在设定的工作条件下，以去离子水作空白液，喷雾调零后，由稀到浓依次测定上述镁系列标准溶液的吸光度；再次调零后测定供试液的吸光度。

【数据记录和处理】

1. 列表记录数据。

2. 以吸光度为纵坐标、浓度为横坐标绘制标准曲线，从标准曲线上查出供试液的含镁量，并计算自来水的含镁量。

【思考题】

1. 原子吸收分光光度法为什么要选用锐线光源？

2. 样品原子化的方法有哪些？

3. 原子吸收分光光度法配制和稀释溶液时应选用什么水，为什么？

【注意事项】

1. 实验中所使用的试剂其纯度应符合规定要求，所用玻璃器皿需严格洗涤，保证洁净。

2. 应先开助燃气（空气），调节好流量，再开燃气（乙炔），调节好流量后，方可点燃火焰。熄灭火焰时，应先关燃气（乙炔）总阀，待火焰自行熄灭后，再关闭仪器上的燃气（乙炔）钮，最后才切断助燃气（空气）。并检查此时乙炔钢瓶压力表指针是否回到零，否则表示未关紧。

3. 进行喷雾时，要保证助燃气和燃气压力不变，否则影响测定值的准确性。

4. 测定结束后，用去离子水喷洗5～10min，待火焰自行熄灭后，再将去离子水移开。

二、原子吸收分光光度法测定头发中锌的含量

【实验目的】

1. 掌握原子吸收分光光度计的使用方法。

2. 熟悉原子吸收分光光度法测定头发中锌含量的方法原理。

3. 了解有机样品的消化处理方法。

【实验原理】

锌广泛分布于有机体中，是多种与生命活动密切相关的酶（如：碳酸酐酶）的重要成分，对人体的生长发育、创伤愈合、免疫预防等有重要作用。锌的含量是人体营养诊断的常测项目之一，头发中锌的含量（简称“发 Zn”）可用于判断人体中微量锌含量是否正常，正常人的发 Zn 值为：100～400μg/g。

发样经洗涤、干燥、消化处理后，其微量锌以 Zn^{2+} 的形式转入溶液，在一定的工作条件下，以原子吸收分光光度计测定其吸光度（A），根据 $A=KC$ 的定量关系，采用标准曲线法进行发 Zn 含量测定。

测定的工作条件因仪器型号不同而各异，以下测定条件仅供参考：

锌空心阴极灯工作电流	3mA
狭缝宽度	0.2nm
波长	213.9nm
火焰	乙炔－空气（1:4）

【仪器与试剂】

1. 仪器 WFX－1C 型（或其他）原子吸收分光光度计，锌元素空心阴极灯，乙炔钢瓶，空气压缩机，烧杯（100ml），烘箱，干燥器，表面皿，电热板，容量瓶（50ml），吸量管（1ml），聚乙烯瓶（500ml）、分析天平。

2. 试剂

（1）锌标准贮备液（1000μg/ml）：精密称取800℃灼烧至恒重的氧化锌0.6223g溶于0.5ml浓硫酸，加50ml去离子水，定量转移至500ml容量瓶，用去离子水稀释至刻度，摇匀后贮存于聚乙烯瓶中。

（2）HCl 溶液（1%、10%），洗发精，去离子水。

【实验步骤】

1. 发样的采集 从头枕部贴近头皮处将头发剪下，由发根一端剪下2cm左右，并剪成约1cm的碎发，共取发样1g。将发样置于100ml烧杯中，用洗发精浸泡2min，然后用自来水冲洗至无泡，以洗去发样上的污垢和油脂。再用蒸馏水清洗，最后用去离子水洗涤5遍，晾干，置烘箱中于80℃干燥至恒重，取出，于干燥器中保存备用。

2. 发样的消化处理　精密称取经上述处理的发样 0.1g 于瓷坩埚中，在酒精灯上炭化，再置于高温电炉中，在约 500℃下完全灰化。冷却后加入 5mlHCl（10%）溶液溶解，定量转移至 50ml 的容量瓶中，用 HCl（1%）溶液稀释至刻度，摇匀，待测。

3. 溶液的配制

（1）锌标准溶液（10μg/ml）的配制：精密吸取 0.50ml 锌标准贮备液（1000μg/ml）于 50ml 容量瓶中，加去离子水稀释至刻度，摇匀。

（2）锌系列标准溶液的配制：精密吸取的锌标准溶液（10μg/ml）1.00、2.00、3.00、4.00、5.00ml 分别置于 6 支 50ml 容量瓶，用去离子水稀释至刻度，摇匀。

4. 锌系列标准溶液及样品溶液的吸光度测定　在设定的工作条件下，以去离子水作空白液，喷雾调零后，由稀到浓依次测定上述锌标准溶液系列的吸光度；再次调零后测定样品溶液的吸光度。

【数据记录和处理】

1. 列表记录数据。

2. 以吸光度为纵坐标，浓度为横坐标，绘制标准曲线，从标准曲线上查出样品溶液的含锌量，并计算发 Zn 的含量。

【思考题】

测“发 Zn”具有什么实际意义？

【注意事项】

发样的处理及消化是否完全，对实验的结果影响较大，因此，应做好发样的采集、准备、消化处理等步骤。

实验三十四　红外分光光度法实验

苯甲醛和苯乙酮的红外光谱测定

【实验目的】

1. 比较醛、酮的羰基吸收峰，指出苯甲醛、苯乙酮的主要特征峰。

2. 学习可拆式液体池的制样技术。

【实验原理】

羰基的伸缩振动的特征峰位于 1870～1540/cm，为强峰、极易识别。因羰基伸缩振动的特征峰受样品的状态、相邻取代基团、共轭效应、氢键、环张力等因素的影响而有所不同，醛和酮的羰基伸缩振动峰也不例外，可利用其特征吸收峰来识别。

【仪器与试剂】

1. 仪器　IR－408 型红外分光光度计、可拆式液体池、盐片、红外灯。

2. 试剂　苯甲醛（AR）、苯乙酮（AR）、滑石粉、无水乙醇。

【实验步骤】

1. 可拆式液体池的准备　戴上指套，将可拆式液体样品池的两盐片从干燥器中取出，在红外灯下用少许滑石粉混入几滴无水乙醇磨光其表面，用软纸擦净后，滴加无水乙醇1~2滴，用吸水纸擦洗干净。反复数次，然后将盐片放于红外灯下烘干备用。

2. 样品的测试

（1）在可拆式液体池的金属板上垫上橡胶圈，在孔中央位置放一盐片，然后滴半滴苯甲醛于盐上，将另一盐片平压在上面（注意：不能有气泡），再将另一金属片盖上，对角方向旋紧螺丝，将盐片夹紧在其中，把此液体池置于红外分光光度计的样品池处，扫描光谱。

（2）以苯乙酮替代苯甲醛，重复以上操作。

3. 结束 扫谱结束后，取下样品池，松开螺丝，套上指套，小心取出盐片，用软纸擦净液体，滴上无水乙醇，洗去样品（注意：不能用水洗），在红外灯下用滑石粉及无水乙醇进行抛光处理，最后用无水乙醇将表面洗干净、擦干、烘干，置于干燥器中保存。

【数据记录和处理】

解析苯甲醛、苯乙酮的红外光谱，分别写出它们的主要特征峰，并说明如何利用红外光谱来区别两者。

【思考题】

结合理论课，简述如何利用红外光谱区别醛、酮、酸、酯、酸酐、酰氯。

【注意事项】

可拆式液体池的盐片应保持干燥透明，每次测定前后都要反复用无水乙醇及滑石粉在红外灯下进行抛光处理，但切勿用水洗。

实验三十五 核磁共振波谱法实验

乙苯、苯甲酸乙酯的核磁共振氢谱测绘

【实验目的】

1. 学习核磁共振氢谱（^{1}HNMR）的解析。
2. 了解核磁共振波谱仪的工作原理及其操作方法。

【实验原理】

位于磁场中的自旋原子核在频率为兆周级的无线电波照射下，核磁旋能级发生跃迁所得到的吸收光谱，称核磁共振波谱，主要用于结构分析，是有机物结构分析的重要手段之一，亦可用于定性和定量分析。

^{1}HNMR主要提供以下三方面的结构信息：①根据谱图中峰的个（组）数及其化学位移，可判断氢的种类；②根据谱图中峰的积分曲线高度可推断各类氢的相对数目；③根据谱图中峰的裂分及其耦合情况可判断含氢基团的相连关系。可利用^{1}HNMR来进行含氢化合物的结构分析。

【仪器与试剂】

1. 仪器 核磁共振波谱仪、样品管（5mm×200mm）、吸量管（1ml）。

2. 试剂　乙苯（AR）、苯甲酸乙酯（AR）、CCl_4 为优级纯、四甲基硅烷（TMS）。

【实验步骤】

1. 吸取乙苯、苯甲酸乙酯各0.2ml分别置于2支样品管中，各加入0.5ml CCl_4、2滴TMS，摇匀。

2. 按要求调试好核磁共振波谱仪。

3. 分别测定乙苯、苯甲酸乙酯的核磁共振氢谱并记录积分曲线。

【数据记录和处理】

解析乙苯、苯甲酸乙酯的核磁共振氢谱。

【思考题】

1. 为什么测定核磁共振氢谱时，所用的含氢溶剂应为氘代溶剂？

2. 核磁共振氢谱能提供哪些结构信息？

【注意事项】

1. 实验所用的核磁共振波谱仪型号不同，其要求的实验条件也各不相同。

2. 用于测定核磁共振波谱的样品必须是纯品。

3. 测定核磁共振氢谱时，所用的含氢溶剂应为氘代溶剂。

实验三十六　色谱法实验

一、离子交换色谱法测定枸橼酸钠的含量

【实验目的】

1. 熟悉离子交换色谱的方法、步骤。

2. 熟悉离子交换色谱法测定枸橼酸钠的原理、方法。

【实验原理】

利用强离子型阳离子交换树脂与枸橼酸钠进行离子交换反应生成枸橼酸，以酚酞为指示剂，用NaOH标准溶液滴定反应产物枸橼酸，反应式如下：

$$RH_n + \begin{array}{l} CH_2COONa \\ | \\ C(OH)COONa \\ | \\ CH_2COONa \end{array} \longrightarrow RH_{(n-3)}Na_3 + \begin{array}{l} CH_2COOH \\ | \\ C(OH)COOH \\ | \\ CH_2COOH \end{array}$$

$$\begin{array}{l} CH_2COOH \\ | \\ C(OH)COOH \\ | \\ CH_2COOH \end{array} + 3NaOH \longrightarrow \begin{array}{l} CH_2COONa \\ | \\ C(OH)COONa \\ | \\ CH_2COONa \end{array} + 3H_2O$$

离子交换树脂经再生可重复使用，本实验离子交换树脂的再生反应如下：

$$RH_{(n-3)}Na_3 + 3HCl \longrightarrow RH_n + 3NaCl$$

枸橼酸钠的含量计算式：

$$C_6H_5O_7Na_3\% = \frac{C_{NaOH} \times V_{NaOH} \times \frac{M_{C_6H_5O_7Na_3}}{3000}}{m_{样品} \times \frac{10}{25}} \times 100\%$$ 式中 $M_{C_6H_5O_7Na_3} = 258.0$

【仪器与试剂】

1. 仪器 离子交换柱管（40cm × 1.5cm）、电炉、容量瓶（25ml）、移液管（10ml）、锥形瓶（500、250ml）。

2. 试剂 强酸型离子交换树脂（信谊强阳一号）、枸橼酸钠样品、酚酞指示剂、甲基橙指示剂、NaOH 标准溶液（0.1mol/L）。

【实验步骤】

1. 阳离子交换树脂的处理 取强酸型阳离子交换树脂 10～15g 于烧杯中，加蒸馏水浸泡（25℃，2h），连水一起移入离子交换柱管中，然后在管的上部塞入少许玻璃棉（以防止倒入溶液时，离子交换树脂被冲起），将离子交换柱管垂直夹在铁架台上，自顶端加入 HCl（2mol/L）30ml，开启活塞，使加入的 HCl 以每分钟 5ml 的流速流出，再用 60～70℃的蒸馏水以每分钟 20～30ml 的流速冲洗，直至洗液不含氯化物或加入甲基橙指示剂到洗脱液中洗脱液不显红色为止。

2. 枸橼酸钠的含量测定

（1）精密称取枸橼酸钠样品 0.5g 置于小烧杯中，加入少量蒸馏水溶解后定量转移到 25ml 的容量瓶中，加蒸馏水稀释至刻度，摇匀。

（2）精密吸取上述溶液 10ml，放入离子交换柱中，下接干净的 500ml 锥形瓶，开启活塞，以每分钟 1～2ml 的流速流出，待溶液液面略高于树脂的上表面后，加入蒸馏水冲洗，直至所收集的洗脱液达 250ml 时，关闭活塞。收集的洗脱液加入 2～3 滴酚酞，用 NaOH 标准溶液（0.1mol/L）滴定至溶液呈微红色，即达终点，记录所耗 NaOH 标准溶液的体积。

（3）另取一干净的 250ml 的锥形瓶，收集 50ml 洗脱液，用 NaOH 标准溶液（0.1mol/L）继续滴定，检验生成的枸橼酸是否冲洗干净。若尚未冲洗干净，则所耗的 NaOH 标准溶液的体积应一并用于含量计算，再重复步骤（3），直至冲洗干净为止。

【数据记录和处理】

1. 记录数据。

2. 计算枸橼酸钠的百分含量。

【思考题】

在本实验操作中应注意哪些问题?

【注意事项】

1. 一定要检查生成的枸橼酸是否完全冲洗干净，直至冲洗干净时，滴定所消耗的 NaOH 体积方可用于计算枸橼酸钠的含量。

2. 在整个实验过程中，溶液液面不能低于树脂的上表面，以免空气进入树脂颗粒间，影响离子交换。

二、薄层扫描法测定样品的含量

【实验目的】

1. 学习硅胶－CMC薄层板的铺制方法。

2. 熟悉水溶性维生素的薄层分离、鉴定方法。

3. 了解维生素C、维生素B_2和烟酰胺的薄层定量方法及双波长薄层扫描仪的操作方法。

【实验原理】

维生素B_2、维生素C及烟酰胺均为水溶性维生素，在硅胶HF_{254}粘合薄板上可用三氯甲烷－95%乙醇溶液－冰醋酸－水（54:27:9:4）为展开剂将三个组分分离，采用薄层扫描法进行定量分析。

薄层扫描法进行定量分析时，一般采用供试品斑点最大吸收点波长为测定波长（λx）、无吸收点波长为参比波长（λ_R），对展开后的薄层板进行吸光度扫描，扫描曲线上的每一个峰对应于薄层板上的一个斑点，比较对照品与供试品的峰面积或峰高，即可求算维生素B_2、维生素C及烟酰胺的含量：

$$标示量\% = \frac{A_x}{A_R} \times \frac{m_R}{m_{标示量}} \times 100\%$$

式中A_x、A_R分别为样品和对照品的积分值，m_R为对照品的量。

【仪器与试剂】

1. 仪器　色谱缸（20×12×30cm）、微量注射器（5μl）、玻璃板（7×12cm或10×20cm）、紫外灯（254nm）、双波长薄层扫描仪。

2. 试剂　维生素B_2对照液（0.3mg/ml的0.9% NaCl溶液）、维生素C对照液（9mg/ml水醇溶液）、烟酰胺对照液（2mg/ml水醇溶液），复合维生素制剂，三氯甲烷－95%乙醇－冰醋酸－水的展开剂（54:27:9:4）。

【实验步骤】

1. 粘合薄层板的制备　称取羧甲基纤维素钠（CMC－Na）0.75g置于100ml水中，加热溶解，混匀，将硅胶HF_{254} 33g分次加入其中调成糊状。取此吸附剂混悬液适量放在洁净的玻璃板上，轻轻晃动玻璃板，使其均匀流动布满整块玻璃板，而获得均匀的薄层。将玻璃板平放晾干，再于110℃活化1h，贮于干燥器中备用。

2. 点样、展开及斑点的定位　在距薄层板底端约2cm处的板两边缘，用铅笔轻轻地作记号点，在两记号点间的水平线上用微量注射器分别点加维生素B_2、维生素C及烟酰胺对照品和样品溶液各4μl（注意：样品原点直径不能超过2～4mm），取已被展开剂蒸汽饱和的色谱缸，将点加样品的一端浸入色谱缸内的展开剂中约0.5～1.0cm，待展开剂迁移至约10cm时，取出薄层板，标记好溶剂前沿，待溶剂挥发后，于紫外灯（254nm）下观察，标出各斑点的位置，测量并计算R_f值。

3. 检测　取上述薄层板，在双波长薄层扫描仪上进行扫描，测定波长与参比波长见表7－1。

表 7-1 测定波长与参比波长

样品	测定波长 λ_S	参比波长 λ_R
维生素 C	250 nm	400 nm
维生素 B_2	444 nm	700 nm
烟酰胺	260 nm	400 nm

【数据记录和处理】

1. 列表记录数据。

2. 计算维生素 B_2、维生素 C 及烟酰胺的 R_f 值及其含量，并记入表中。

【思考题】

薄层扫描法定量有何优缺点？

【注意事项】

1. 薄层扫描用的玻璃板必须光滑平整，薄层必须均匀、无污染和缺损。

2. 点样斑点的间距应一致，点样时不能损坏薄层板。

3. 展开前，应预先充分饱和。

三、纸色谱法分离鉴定混氨基酸

【实验目的】

1. 掌握纸色谱法的分离鉴定原理。

2. 熟悉纸色谱的基本操作方法。

【实验原理】

纸色谱法属于分配色谱范畴，其固定相由滤纸纤维及其吸着的水组成，流动相（展开剂）常为一些含水的有机溶剂，被分离的物质因在固定相和流动相中的分配系数差异而被分离。

各种氨基酸因结构差异而具有不同的极性，因此它们在水和有机溶剂中的溶解度各不相同。根据“相似相溶”原则：极性大的氨基酸在水中的溶解度大，而在有机溶剂中的溶解度小，则其分配系数较大，比移值较小；反之亦然。乙氨酸与蛋氨酸的结构相似，但因两者碳链长短不同，而使得乙氨酸的极性较大，故乙氨酸的比移值要比蛋氨酸的小。混合氨基酸分离后，用茚三酮显色，在60℃烘烤 5～10min，即出现紫色斑点。将混合溶液中各组分的比移值与对照品的比移值进行比较，便可进行定性分析。

$$R_f = \frac{\text{原点到斑点中心的距离}}{\text{原点到溶剂前沿的距离}}$$

【仪器与试剂】

1. 仪器 色谱缸、色谱滤纸（中速）、平口毛细管或微量注射器、电吹风、显色喷雾器。

2. 试剂 乙氨酸对照品溶液（0.5mg/ml）、蛋氨酸对照品溶液（0.5mg/ml）、正丁醇－冰醋酸－水展开剂（4∶1∶1）、茚三酮显色剂（0.15g 茚三酮加 30ml 冰醋酸及 50ml 丙酮溶解制成）、混合氨基酸样品溶液。

【操作步骤】

1. 点样 取长 25cm、宽 6cm 的中速色谱滤纸，在距底边约 2.5cm 处标一起始线，用毛细管或微量注射器分别吸取乙氨酸、蛋氨酸对照品溶液和混合氨基酸样品溶液适量，分别点于起始线上，溶液宜分次点加。

2. 展开　将点好样的滤纸垂直悬挂在色谱缸的悬钩上，盖上缸盖，饱和约10min。然后，下降悬钩，使色谱滤纸浸入展开剂约0.5cm，进行展开。待溶剂前沿迁移约15cm时，取出，立即标记好溶剂前沿的位置。

3. 显色　待滤纸晾干后，用喷雾器将茚三酮显色剂均匀地喷洒在滤纸上，然后用电吹风将其吹干或于60℃烘箱内显色5min，即可见紫色斑点。

【数据记录和处理】

1. 量出各斑点中心到样品原点的距离、溶剂前沿到起始线的距离，计算各种氨基酸的 R_f 值。

2. 比较混合氨基酸样品溶液中的各组分与对照品的 R_f 值，进行定性鉴别。

【思考题】

1. 为什么纸色谱法要借助对照品来进行定性鉴别？

2. 试推断下列3种物质在纸色谱分析中 R_f 值的大小顺序？

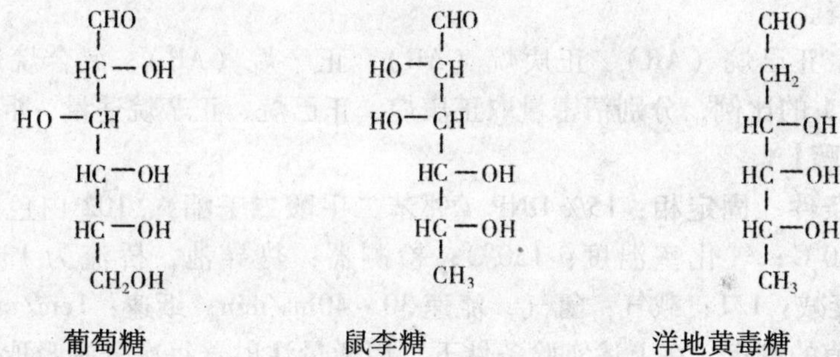

葡萄糖　　鼠李糖　　洋地黄毒糖

【注意事项】

1. 若点样量较大，应分多次点样，待第1次点样的溶液晾干后再点第2次，以防样品原点直径过大。

2. 样品原点间距离应为1.5～2.0cm、样品原点的直径应为2～4mm。

3. 茚三酮显色剂应在使用之前临时配制，或置于冰箱中冷藏备用。

4. 茚三酮显色剂也能使体液（如汗液）显色，因此在拿取滤纸时应拿滤纸的顶端或边缘，以保证滤纸上无指印等杂斑。

四、气相色谱常用定性参数的测定及归一化法测定混合烷烃含量

【实验目的】

1. 掌握气相色谱定性参数的测定方法及定性方法。

2. 掌握归一化法进行定量分析的方法。

【实验原理】

色谱法集分离、分析功能于一体，我们可利用保留值进行定性分析，据色谱峰的峰高或峰面积进行定量分析。由于同一检测器对同量的不同物质具有不同的响应值，因此常需用校正因子对色谱峰高或峰面积进行校正后再用于定量分析。

调整保留时间（t'_R）反映了组分与固定相之间的作用，与组分的性质密切相

关，为色谱法进行定性分析常用的定性参数之一，其值为：$t'_R = t_R - t_0$。

归一化法是色谱定量分析常用的方法之一，其定量结果与进样量的重复性无关，并且定量结果受实验条件的变动影响较小，但此法要求样品中所有组分在同一个分析周期内全部流出色谱柱，并在检测器上都产生讯号。归一化法的计算公式为：

$$C_i\% = \frac{A_i f_i}{A_1 f_1 + A_2 f_2 + \cdots + A_n f_n} \times 100\%$$

式中 f_i 为 i 组分的校正因子，可用公式 $f_i = \dfrac{m_i/A_i}{m_s/A_s}$ 计算；峰面积（A）为 $A = 1.065h \cdot W_{1/2}$。

若样品中各组分的校正因子相近，则可直接用下式计算：

$$C_i\% = \frac{A_i}{\sum A_i} \times 100\%$$

【仪器与试剂】

1. 仪器　102G 型气相色谱仪（或其他型号的气相色谱仪）、微量注射器（10μl）、秒表。

2. 试剂　正己烷（AR）、正庚烷（AR）、正辛烷（AR）、混合烷烃样品溶液（按体积 1∶1∶1 的比例，分别精密量取正庚烷、正己烷、正辛烷适量，混匀。）

【实验步骤】

1. 实验条件　固定相：15% DNP（邻苯二甲酸二壬酯）、102 白色担体；柱长 2m；柱温：80℃；气化室温度：130℃；检测器：热导池，桥流为 130mA，温度 90℃；仪器衰减：1/1；载气：氢气，流速 30～40ml/min；纸速：1cm/min。

2. 保留值的测定　在上述实验条件下，用微量注射器每次分别吸取正己烷、正庚烷、正辛烷纯试剂各 1μl 及空气 5μl 进行气相色谱分析。则空气的保留时间即为死时间（t_0），记录各组分的保留时间（t_R），并计算其调整保留时间（t'_R）。

3. 校正因子的测定　取一洁净、干燥的青霉素小瓶，准确称其重量，加入 10 滴正己烷，再准确称其重量，计算出所加正己烷的质量；然后，以同样的方法依次向青霉素小瓶中分别加入 10 滴正庚烷、正辛烷，并计算出各自的加入量。盖上胶盖，混匀，备用。

用微量注射器吸取上述混合溶液 2μl，在上述实验条件下进行分析，记录色谱图上各组分的峰高及半峰宽（或峰面积），以正庚烷为基准（s），分别算出各组分的校正因子（f_i）。

4. 样品的含量测定　用微量注射器吸取混合烷烃样品溶液 2μl，在上述实验条件下进行色谱分析，记录色谱图上各组分的峰高及半峰宽。重复进样 3 次，取平均值，采用归一化法计算各组分的百分含量。

【数据记录和处理】

1. 列表记录数据。

2. 分别计算各组分的 t'_R、f_i 及百分含量。

【思考题】

1. 色谱定量分析时为什么要引入校正因子？什么情况下进行色谱定量分析可不

用校正因子？

2. 采用归一化法进行定量测定时，进样量是否需要准确，为什么？

【注意事项】

1. 进行保留值测定时，色谱条件应保持稳定。

2. 测量校正因子时，所用试剂要纯净。

五、气相色谱法测定酊剂中乙醇的含量

【实验目的】

1. 掌握内标对比法的特点及其测定方法。

2. 熟悉氢焰检测器在微量有机组分测定中应用。

【实验原理】

氢焰检测器是气相色谱中常用的一种高灵敏度检测器，是通过测定有机物在氢焰作用下形成的离子流强度来进行检测的，对含碳有机物有明显响应，但对非烃类、惰性气体、在火焰中难以电离或不电离的物质响应信号较低或无响应信号，因此氢焰检测器特别适用于微量有机组分的测定。

内标对比法是在不知校正因子时内标法的一种应用。其方法是：先配制待测组分 i 的已知浓度对照品溶液，并加入一定量内标物 s；再按相同比例于待测样品溶液中加入内标物，分别进样，在同一色谱条件下进行色谱分析，样品中待测组分含量的计算式为：

$$(C_i\%)_{样品} = \frac{(A_i/A_S)_{样品}}{(A_i/A_s)_{对照}} \times (C_i\%)_{对照}$$

【仪器与试剂】

1. 仪器 102G 型气相色谱仪，微量注射器（1μl），移液管（5ml、10ml），容量瓶（100ml）。

2. 试剂 无水乙醇（AR）、无水丙醇（AR）、酊剂样品。

【实验步骤】

1. 实验条件 固定相：10% PEG－20M（聚乙二醇 2000）、102 白色担体。柱长：2m。柱温：90℃。气化室温度：140℃。检测器：氢焰检测器，温度 120℃。载气：氢气，流速 30ml/min。空气流速：400ml/min。进样量：0.5μl。纸速：1cm/min。

2. 溶液配制

（1）对照品溶液的配制：准确量取无水乙醇及无水丙醇（内标物）各 5 ml 置于 100ml 容量瓶中，加水稀释至刻度，摇匀。

（2）样品溶液的配制：准确量取酊剂样品 10ml 及无水丙醇（内标物）5ml 置于 100ml 容量瓶中，加水稀释至刻度，摇匀。

3. 测定 待基线平直后，将标准对照品溶液和样品溶液分别进样 3 次，每次 0.5μl，记录色谱图上各组分的峰高及半峰宽，则峰面积（A）为：$A = 1.065h \cdot W_{1/2}$。

【数据记录和处理】

1. 列表记录数据。

2. 以峰面积计算乙醇含量。

$$(C_i\%)_{样品} = \frac{(A_i/A_S)_{样品} \times 10}{(A_i/A_s)_{对照}} \times (C_i\%)_{对照}$$ 式中“10”为样品的稀释倍数。

【注意事项】

1. 微量注射器在使用前应用丙酮等溶剂反复清洗，待丙酮挥干后再使用。

2. 采用内标对比法定量时，应先考察内标标准曲线，若标准曲线通过原点且在其线性范围内时，再采用内标对比法定量；同时，对照品溶液的浓度应与样品液中待测组分的浓度尽量接近，以提高测定的准确度。

【思考题】

1. 使用氢焰检测器检测时，含水样品的色谱图中是否会出现水的色谱峰，为什么？

2. 采用内标法进行定量分析时，载气流速的变化对峰高定量结果影响如何，为什么？

3. 本实验中各次进样量的重复性是否会影响定量结果？为什么？

六、高效液相色谱法测定阿莫西林的含量

【实验目的】

1. 掌握外标法测定物质含量的方法。

2. 掌握高效液相色谱仪的操作使用。

【实验原理】

阿莫西林是β-内酰胺类抗生素，其分子中的酰胺侧链为羟苯基，具有紫外吸收特性，可用紫外检测器检测；此外，阿莫西林分子中有一羟基，具有较强的酸性，需使用 pH 小于 7 的缓冲溶液作为流动相，采用离子抑制色谱法进行测定。

外标法是以对照品和样品中待测组分的峰面积或峰高相比较进行定量分析。外标法包括标准曲线法和外标一点法，当标准曲线线性好、截距近似为零时，可用外标一点法，简称外标法。外标法定量不需用校正因子，不必加内标物，常用于测定药物主成分的含量。计算式为：

$$C_{i,样品} = \frac{A_{i,样品}}{A_{i,对照}} \times C_{i,对照}$$

阿莫西林的百分含量计算式：

$$阿莫西林\% = \frac{C_{i,样品} \times V_{i,样品}}{W_{样品}} \times 100\%$$

式中 $W_{样品}$ 为阿莫西林样品的质量。

【仪器与试剂】

1. 仪器 高效液相色谱仪、容量瓶（50ml）。

2. 试剂 乙腈、氢氧化钾、阿莫西林对照品、阿莫西林样品、磷酸盐缓冲液（磷酸二氢钾 13.6g，用水溶解后稀释到 2000ml，用 8mol/L 氢氧化钾溶液调节至 pH 为 5.0±0.1）。

【实验步骤】

1. 实验条件 以 ODS 柱（4.6×150mm，5μm）为色谱柱；柱温：室温；磷酸

盐缓冲液（pH5.0）-乙腈（96:4）为流动相、流速为1.0ml/min；紫外检测器，检测波长254nm。

2. 溶液的配制

（1）对照品溶液的配制：精密称取阿莫西林对照品30mg于50ml容量瓶中，加磷酸盐缓冲液（pH5.0）溶解并稀释至刻度，摇匀。

（2）样品溶液的配制：精密称取阿莫西林样品30mg于50ml容量瓶中，加磷酸盐缓冲液（pH5.0）溶解并稀释至刻度，摇匀。

3. 测定　对照品溶液、样品溶液分别进样20μl，记录各自色谱图。分别重复进样3次，取平均峰面积进行计算。

【数据记录】

1. 列表记录数据。

2. 计算阿莫西林含量。

【注意事项】

进样量要准确。

【思考题】

1. 比较外标法与内标法的优缺点。

2. 为什么本实验中要用含有磷酸盐缓冲溶液（pH=5.0）的流动相？

七、茶叶中咖啡因的高效液相色谱分析

【实验目的】

1. 掌握高效液相色谱的标准曲线定量法。

2. 熟悉反相色谱法的原理和应用。

【实验原理】

咖啡因属黄嘌呤衍生物，化学名称为1，3，7-三甲基黄嘌呤，是由茶叶提取而得的一种生物碱。咖啡因能兴奋人的大脑皮层，使人精神兴奋。

茶叶中约含咖啡因2.0%~4.7%，样品在碱性条件下，可用三氯甲烷定量提取，采用Econosphere C_{18}反相液相色谱柱进行分离，以紫外检测器在275nm处进行检测，采用标准曲线法测定样品中咖啡因的含量。

【仪器与试剂】

1. 仪器　高效液相色谱仪、紫外检测器。

2. 试剂　甲醇（色谱纯）、去离子水、三氯甲烷（AR）、NaOH溶液（1mol/L）、NaCl饱和溶液、Na_2SO_4（AR）、咖啡因（AR）、茶叶。

【实验步骤】

1. 实验条件　以Econosphere C_{18}柱（4.6cm×100mm，3μm）为色谱柱；柱温：室温；甲醇-水（60:40）为流动相、流速为1.0ml/min；紫外检测器，检测波长275nm。

2. 溶液的配制

（1）咖啡因贮备液（1000mg/L）的配制：将咖啡因在110℃下烘干1h，于干燥器中冷却至室温，准确称取0.1000g咖啡因，用三氯甲烷溶解，定量转移至100ml

容量瓶中，用三氯甲烷稀释至刻度，摇匀。

（2）咖啡因标准系列溶液的配制：分别精密吸取0.4、0.6、0.8、1.0、1.2、1.4ml咖啡因贮备液于6个10ml容量瓶中，用三氯甲烷定容，摇匀。

3. 样品的处理

（1）准确称取0.30g茶叶，用30ml蒸馏水煮沸10min，冷却后，将上层清液转移至100ml容量瓶中，并按此步骤重复两次，最后，用蒸馏水定容，摇匀。

（2）将此溶液进行干过滤（即：用干漏斗、干滤纸过滤），取续滤液。

（3）精密吸取续滤液25ml于125ml分液漏斗中，加入1.0ml饱和氯化钠溶液、1mlNaOH溶液（1mol/L），然后依次用10ml、5ml、5ml三氯甲烷萃取，合并三氯甲烷提取液，并使之经过装有无水硫酸钠的小漏斗（在小漏斗的颈部放一团脱脂棉，上面铺一层无水硫酸钠）脱水，过滤于25ml容量瓶中，用少量三氯甲烷多次洗涤无水硫酸钠小漏斗，将洗涤液合并至容量瓶中，再用三氯甲烷定容，摇匀。

4. 标准曲线的绘制 待基线平直后，分别注入咖啡因标准系列溶液10μl，重复两次，要求两次所得的咖啡因色谱峰的峰面积基本一致，记下色谱峰的峰面积和保留时间。以峰面积为纵坐标，浓度为横坐标绘制标准曲线。

5. 测定样品 样品溶液进样10μl，根据保留时间确定样品中咖啡因色谱峰的位置，重复两次，记下样品中咖啡因色谱峰的峰面积。

【数据处理记录】

1. 记录数据。

2. 计算3次测定样品中咖啡因色谱峰的平均峰面积，由标准曲线查出样品溶液中咖啡因的浓度，计算茶叶中咖啡因的含量（以mg/g表示）。

【思考题】

干过滤时，只取续滤液，这样是否会影响实验结果，为什么？

【注意事项】

1. 测定咖啡因的传统方法是先萃取，再用分光光度法测定。由于一些具有紫外吸收的杂质同时被萃取，所以，测定结果具有一定的误差。而采用高效液相色谱法，萃取液经色谱柱分离，再进行检测分析，测定结果干扰少、准确度高。实际样品成分往往比较复杂，如果不先萃取而直接进行色谱分析，虽然操作简单，但会影响色谱柱的寿命。

2. 样品溶液及标准溶液应置于冰箱保存。

3. 进样量要准确。

第八章 物理与化学参数测定实验

实验三十七 熔点的测定

【实验目的】

1. 掌握测定熔点的操作。

2. 了解熔点测定的意义。

【实验原理】

在标准大气压下，固体化合物加热一定温度就开始从固态转变为液态，当固相与液相处于平衡状态时的温度就是该化合物的熔点，一般被加热的纯化合物在固、液两相的变化对温度是非常敏锐的，从始熔至全熔的温度变化范围（此范围称为熔距或熔程或熔点范围）不超过0.5～1.0℃。如果样品含有杂质时，其熔点比纯化合物的熔点低，且熔距变宽。所以测定熔点对于鉴定有机化合物和定性判断化合物的纯度具有很大的价值。如在鉴定某未知物时，如测得其熔点和某已知化合物的熔点相同或相近时，并不能判断它们为同一种物质。还需要将它们混合，测该混合物的熔点，若熔点不变，才能认为它们为同一种物质。若混合后熔点降低、熔程增大，则说明它们属于不同的物质。故测定熔点是检验两种熔点相同或相近的有机化合物是否为同一种物质的最简便方法。

测定熔点的方法有毛细管熔点测定法、显微熔点测定法和熔点测定仪测定法，一般实验室常用的方法是毛细管熔点测定法。

【仪器与试剂】

1. 仪器 提勒管（b 形管）、温度计、橡皮塞、酒精灯、铁架台、铁夹、熔点毛细管、玻璃管（60～80cm）、表面皿。

2. 试剂 肉桂酸、苯甲酸、乙酰苯胺、液体石蜡。

【实验步骤】

1. 熔点管的制作 将内径为1～1.5mm、长约60～70mm 的毛细管一端倾斜置于酒精灯火焰上灼烧，一边烧一边旋转，使毛细管封口即得熔点管。封口时，要尽可能将底封得愈薄愈好，这样利于传热。

2. 样品的填装 将少量待测干燥样品（约0.1g）放在干净的表面皿上，用玻棒和不锈钢刮刀将其研成粉末并聚成一小堆，将熔点管开口端插入样品堆中，使样品挤入管内，然后取一根长约70cm 的玻管垂直于一干的表面皿上，将熔点管开口端向上从玻管上端自由落下，重复几次直至在底部的样品均匀紧密且装入样品高度约为2~3mm为止。注意擦去沾于管外的粉末，以免沾污浴液；研磨和填装样品要迅速，以防样品吸潮，影响测量结果。

3. 仪器的安装 在提勒管中加入浴液（常用液体石蜡），使液面没过提勒管上支管口，将提勒管竖直夹在铁架上。用橡皮圈将装好样品的熔点管紧附温度计上，样品部分要恰好靠在温度计水银球中部。温度计上端套上一个带缺口的橡皮塞，然后将温度计插入提勒管中，其深度以温度计水银球恰在提勒管的两支管中部为宜（如图8-1）。

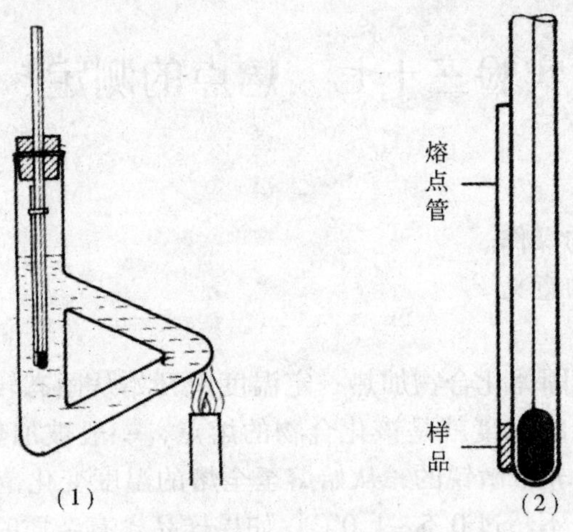

图8-1 测熔点的装置图

4. 熔点的测定 用酒精灯按图示部位缓缓加热，开始升温的速度可以较快，当距离熔点10~15℃时，调节火焰距离使每分钟上升1~2℃，愈接近熔点升温速度应愈慢。记录开始有液滴出现（初熔）和固体全部消失时（全熔）的温度读数，即为该化合物的熔程。待液温降至熔点30℃以下时，换一根熔点管，再做精确测定。精确测定时，开始升温可稍快（每分钟升约10℃），待热浴温度离粗测熔点约15℃时，将酒精灯稍微离开提勒管，使温度缓慢而均匀上升（每分钟升约1~2℃）。当接近熔点时，加热速度要更慢，每分钟上升约0.2~0.3℃，此时要注意观察温度的上升和熔点管中样品的状态变化情况，记录好初熔和全熔时的温度。例如某一化合物在115.0℃时有液滴出现，在116.0℃全部熔化成为透明液体，应该记录为：115.0~116.0℃。测定熔点时每个样品至少有重复的两次以上测试，每次测定必须用新的熔点管重新装样，不能用已测过的熔点管。

熔点测好后，必须待浴液冷却后，方可将它倒入回收瓶中。温度计冷却后，用纸擦去浴液。不能将热的温度计直接用水冲洗，以免温度计破裂。

5. 实验内容 测定尿素、肉桂酸、尿素和肉桂酸化合物及未知物的熔点。

实验三十八　微量法测定沸点

【实验目的】

1. 掌握微量法测定沸点的原理和方法。
2. 了解测定沸点的意义。

【实验原理】

当一个液体化合物受热时其蒸气压升高，当其蒸气压与外界大气压相等时，液体开始沸腾，这时液体的温度就是该化合物的沸点。液体化合物的沸点是重要的物理常数之一，在鉴定、分离和纯化过程中，具有很重要的意义。在一定的压力下，每一种液态化合物都有固定的沸点，对于同一种化合物而言，沸点与其受到的外界压力有关，外界压力增大，沸点升高；相反，若减小外界的压力，沸点降低。但通常所说的沸点是指常压下的沸点。纯的液体化合物其沸程（沸点范围）为0.5～1.0℃，不纯的液体化合物沸程常超过3.0℃，因此，通过沸点测定，不仅可以鉴别不同的有机化合物，而且还可以协助其他方法判断有机化合物的纯度。

测定沸点方法有常量法和微量法两种。通常用蒸馏或分馏的方法来测定液体的沸点，称为常量法，此法需要较多的样品（10ml以上）。但若仅有少量样品时，须采用微量法。本实验以微量法测定沸点，采用图8－2所示沸点测定装置，在盛有热浴的提勒管中进行。

【仪器与试剂】

1. 仪器　提勒管、沸点管、毛细管、温度计、酒精灯、铁架台。

2. 试剂　无水乙醇、液体石蜡。

【实验步骤】

将1～2滴无水乙醇加入沸点管的外管中，液柱高约1cm，然后将一端开口的毛细管（内管）开口端向下插入液面下，然后将沸点管用小橡皮圈附于温度计上，放入浴液中用酒精灯慢慢加热，将使温度均匀上升（加热速度控制在每分钟上升4～5℃），由于气体受热膨胀，内管中会有间断的小气泡冒出，当温度上升到接近样品的沸点时，气泡增多，此时应调节火焰，降低升温速度，当看到从内管中有一连串的小气泡不断地逸出，停止加热，使浴温自行下降，气泡逸出速度也渐渐减慢。当气泡不再冒出而液体将要进入内管的瞬间（即最后一个气泡刚欲缩回毛细管中时），这时毛细管内液体的蒸气压与外界大气压相等，此时的温度即为该液体的沸点。再重复测定2～3次，每次测定数值相差不应超过1℃（图8－2）。

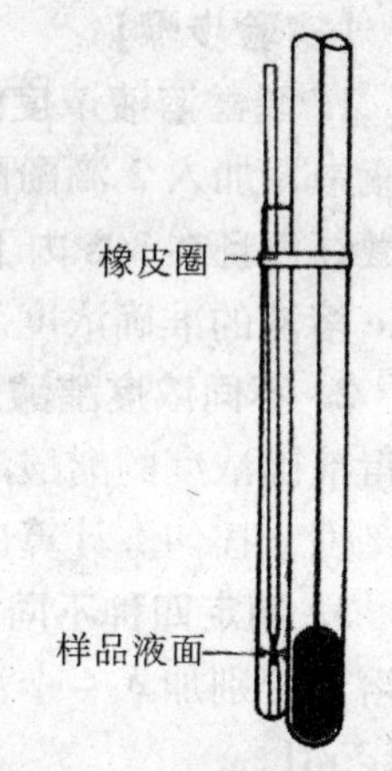

图8－2　测沸点的装置图

实验三十九　醋酸电离常数的测定

【实验目的】

1. 掌握醋酸的电离平衡及相关性质。

2. 学会使用 pH 计测定溶液的 pH。

【实验原理】

醋酸（CH_3COOH 或 HAc）是一种常见的一元弱酸，在水溶液中存在以下电离平衡：

$$HAc \rightleftharpoons H^+ + Ac^-$$

达到电离平衡时，有：

$$K_a = \frac{[H^+][Ac^-]}{[HAc]} \approx \frac{[H^+]^2}{c}$$

$$\alpha = \frac{[H^+]}{c}$$

其中，K_a 和 α 分别是 HAc 的电离常数和电离度，$[H^+]$、$[Ac^-]$ 和 $[HAc]$ 为平衡浓度，c 为 HAc 的原始浓度。

可以看出，测定了已知浓度的醋酸溶液的 pH，就可以计算出它的电离常数和电离度。

【仪器和试剂】

1. 仪器　pHS－2C 型酸度计、碱式滴定管、锥形瓶（100ml）、移液管（20ml）、容量瓶（50ml）、刻度吸量管、烧杯（50ml）。

2. 试剂　醋酸（0.1 mol/L）、酚酞指示剂、NaOH 标准溶液（0.1 mol/L）。

【实验步骤】

1. 醋酸溶液浓度的测定　用 20 ml 移液管移取 0.1 mol/L 醋酸溶液至 100ml 锥形瓶中，加入 2 滴酚酞指示剂。用已知准确浓度的 NaOH 标准溶液进行滴定，滴定至微红色且在 30s 内不消失即为滴定终点，记录结果。重复测定 2 次，求平均得到 HAc 溶液的准确浓度。

2. 不同浓度醋酸溶液的配制　用吸量管分别取 25.00ml、5.00ml、2.50ml 已经测得准确浓度的醋酸溶液，并分别加入到 3 个编号的 50ml 容量瓶中，用蒸馏水稀释至刻度，摇匀。计算出 3 瓶醋酸溶液的浓度。

3. 测定四种不同浓度醋酸溶液的 pH　将稀释前和稀释后的 4 种不同浓度的醋酸溶液分别加入 4 个洁净干燥的烧杯中，按照由稀到浓的顺序用 pHS－2C 型酸度计测定 pH。

4. 数据处理，得到电离度和电离常数　见表 8－1。

表 8-1　电离常数测定数据处理

温度______℃

测定序号		1	2	3	4
c (mol/L)					
pH					
[H^+] (mol/L)					
α					
K_a	测定值				
	平均值				

【思考题】

1. 测定 pH 时，为什么要按照由稀到浓的顺序？
2. 为什么测定计算出的 K_a 可以求平均而 α 不能？
3. 如果所用的醋酸溶液浓度极低，是否还能用 $K_a=\frac{[H^+]^2}{c}$ 来计算电离常数，为什么？
4. 如果在醋酸溶液中加入 NaAc 固体，对醋酸电离平衡有何影响，K_a 和 α 有何变化？

实验四十　溶度积常数的测定

【实验目的】

1. 了解溶度积常数的测定原理和方法。
2. 基本掌握移液管的操作。

【实验原理】

一个难溶电解质的溶液中，它的离子与固体间有一个平衡关系。平衡常数可用一个较简单的形式——“溶度积常数”来表示。

例如：有一难溶电解质固相与其饱和水溶液之间存在下列平衡

$$A_mB_n\ (s) \rightleftharpoons mA^{n+}\ (aq) + nB^{m-}\ (aq)$$

此反应的平衡常数应为：

$$\frac{[A^{n+}]^m\ [B^{m-}]^n}{[A_mB_n\ (s)]}=K$$

但其 [A_mB_n (s)] 在固定温度下为一常数，所以

$$[A^{n+}]^m\ [B^{m-}]^n=K_{sp}$$

【仪器试剂】

1. 仪器　锥形瓶、滴定管、吸量管、烧杯。

2. 试剂　酸 HNO_3 (6mol/L)、盐 $AgNO_3$ (0.2000mol/L)、NaAc (0.2000mol/L)、$Fe(NO_3)_3$ 溶液、KSCN 标准溶液 (0.1mol/L)。

【实验步骤】

1. 从滴定管中分别放出 20.00ml 和 30.00ml $AgNO_3$（0.2000mol/L）溶液于 2 个干燥的锥形瓶中，然后再用另一滴定管放出 40.00ml 和 30.00ml NaAc（0.2000mol/L）溶液分别放入以上 2 个锥形瓶中，则每瓶中均有溶液 60.00ml，轻轻摇动锥形瓶约 30min，使沉淀生成完全，使固体与溶液中的离子达到平衡。

将上述 2 瓶混合物以干滤纸分别进行过滤于 2 个干燥的小烧杯中（滤液应完全澄明，否则须重新过滤）。以吸量管吸取 25.00ml 第 1 号瓶中的滤液放入一洁净的锥形瓶中，加入 1ml HNO_3（6mol/L），及 1ml $Fe(NO_3)_3$ 溶液（指示剂），如溶液显红色（由于 Fe^{3+} 之水解）再加 HNO_3，直至无色，以 KSCN 标准溶液滴定此溶液至开始变成恒定的浅红色，记录所用 KSCN 溶液的用量，实验中的反应如下：

$$AgNO_3 + NaAc \xlongequal{} AgAc + NaNO_3$$

$$Ag^+ + SCN^- \xlongequal{} AgSCN$$

$$Fe^{3+} + 3SCN^- \xlongequal{} Fe(SCN)_3$$

2. 数据记录及结果处理见表 8-2、8-3。

表 8-2　溶度和常数测定数据记录

	1	2
$AgNO_3$（0.2000mol/L）（ml）	20.00	30.00
NaAc（0.20000mol/L）（ml）	40.00	30.00
混合物的总体积（ml）	60.00	60.00
滴定时混合物用量（ml）	25.00	25.00
所需 KSCN 溶液（ml）		
KSCN 的浓度（mol/L）		

表 8-3　溶度和常数测定结果处理

计　算　结　果	1	2
混合液中 Ag^+ 的总浓度（含沉淀的）		
混合液中 Ac^- 的总浓度（含沉淀的）		
与固体 AgAc 达到平衡后 $[Ag^+]$		
沉淀消耗的 $[Ag^+]$		
与固体 AgAc 达到平衡后 $[Ac^-]$		
溶度积常数 $K_{AgAc} = [Ag^+][Ac^-]$		

【思考题】

1. 何谓 K_{sp}？若在难溶电解质的溶液中加入其他易溶的强电解质时，K_{sp} 是否仍为常数？

2. 滴定时以 $Fe(NO_3)_3$ 作指示剂为何还须加 HNO_3？

3. 本实验中使用的仪器哪些是需干燥的，为什么？

4. 从实验所得数值如何求出 AgAc 的 K_{sp}？

实验四十一　银氨配离子配位数及稳定常数的测定

【实验目的】

1. 应用配位平衡和沉淀溶解平衡原理测定银氨配离子 $[Ag(NH_3)_n]^+$ 的配位数 n，并计算稳定常数 $K_稳$。

2. 练习作图法处理实验数据。

3. 练习酸式滴定管和碱式滴定管的正确使用和滴定操作。

【实验原理】

在硝酸银溶液中加入过量的氨水，即生成稳定的银氨配离子 $[Ag(NH_3)_n]^+$。再往溶液中加入 KBr 溶液，直到刚刚开始有 AgBr 沉淀（浑浊）出现为止。这时，混合溶液中同时存在如下平衡：

$$Ag^+ + nNH_3 \rightleftharpoons [Ag(NH_3)_n]^+ \qquad (8-1)$$

$$K_稳 = \frac{[Ag(NH_3)_n{}^+]}{[Ag^+][NH_3]^n}$$

$$AgBr(s) \rightleftharpoons Ag^+ + Br^- \qquad (8-2)$$

$$K_{sp} = [Ag^+][Br^-]$$

（8－1）＋（8－2）得：

$$AgBr(s) + nNH_3 \rightleftharpoons [Ag(NH_3)_n]^+ + Br^-$$

$$K = K_稳 \cdot K_{sp} = \frac{[Ag(NH_3)_n{}^+][Br^-]}{[NH_3]^n} \qquad (8-3)$$

所以，
$$[Br^-] = \frac{K \cdot [NH_3]^n}{[Ag(NH_3)_n^+]} \qquad (8-4)$$

式中 $[Br^-]$、$[NH_3]$、$[Ag(NH_3)_n^+]$ 均为平衡浓度，可以近似地按照以下方法计算：设每份混合溶液最初取用的硝酸银溶液的体积是 V_{Ag^+}，浓度为 $[Ag^+]_0$，每份加入的大大过量的氨水和 KBr 溶液的体积分别为 V_{NH_3} 和 V_{Br^-}，其浓度为 $[NH_3]_0$ 和 $[Br^-]_0$，混合溶液总体积为 $V_总$，则混合后并达到平衡时：

$$[Br^-] = [Br^-]_0 \times \frac{V_{Br^-}}{V_总}$$

$$[Ag(NH_3)_n{}^+] = [Ag^+]_0 \times \frac{V_{Ag^+}}{V_总}$$

$$[NH_3] = [NH_3]_0 \times \frac{V_{NH_3}}{V_总}$$

将以上三式代入（8－4）中，整理后得到：

$$V_{Br^-} = \frac{V_{NH_3}^n \cdot K \cdot \left(\frac{[NH_3]_0}{V_总}\right)^n}{\frac{[Br^-]_0}{V_总} \cdot \frac{[Ag^+]_0 \cdot V_{Ag^+}}{V_总}} \qquad (8-5)$$

因为（8－5）式中等号右边除了 $V_{NH_3}^n$ 外，其他各数值在实验过程中均保持不变，故（8－5）式可改写为：

$$V_{Br^-} = V_{NH_3}^n \cdot K' \quad (8-6)$$

（8－6）式两边取对数，得到方程：

$$\lg V_{Br^-} = n\lg V_{NH_3} + \lg K'$$

以 $\lg V_{Br^-}$ 为纵坐标、$\lg V_{NH_3}$ 为横坐标作图，所得直线的斜率 n 即是［Ag（NH_3）$_n$］$^+$的配位数。直线的截距为 $\lg K'$，可求算出 K'，再利用（8－5）式计算出 K，进而由（8－3）式和 AgBr 的 K_{sp} 可计算得到［Ag（NH_3）$_n$］$^+$的 $K_{稳}$。

【仪器和试剂】

1. 仪器 移液管（20ml）、酸式滴定管、锥形瓶、量筒（20ml、50ml）。

2. 试剂 $AgNO_3$（0.01mol/L）、KBr（0.01mol/L）、$NH_3 \cdot H_2O$（2mol/L）。

【实验步骤】

（1）用移液管准确量取 0.01mol/L $AgNO_3$ 溶液 20ml 置于洁净的锥形瓶中，再分别用量筒加入去离子水 40ml 和 2mol/L $NH_3 \cdot H_2O$ 溶液 40ml，混合均匀。然后在不断振荡下，从酸式滴定管中逐滴加入 0.01mol/L KBr 溶液，直到刚产生的 AgBr 沉淀（浑浊）不再消失为止。记下加入的 KBr 溶液的体积 V_{Br^-}，并计算出溶液的总体积 $V_{总}$。

（2）用相同的方法按照表 8－4 的用量再进行 6 次实验，将结果列入下表中。注意，从第 2 号瓶开始，当滴入 KBr 溶液（用量会少于第 1 号瓶）达到终点后，要补充适量体积的蒸馏水使每个锥形瓶中混合溶液的总体积都与第 1 号瓶相同，所补充的蒸馏水的体积 V_{H_2O} 也计入表 8－4 中。

表 8－4 稳定常数测定数据记录

编号	V_{Ag^+}（ml）	V_{NH_3}（ml）	V_{H_2O}（ml）	V_{Br^-}（ml）	V_{H_2O}（ml）	$V_{总}$（ml）	$\lg V_{NH_3}$	$\lg V_{Br^-}$
1	20.00	40.0	40.0					
2	20.00	35.0	45.0					
3	20.00	30.0	50.0					
4	20.00	25.0	55.0					
5	20.00	20.0	60.0					
6	20.00	15.0	65.0					
7	20.00	10.0	70.0					

（3）以 $\lg V_{Br^-}$ 为纵坐标、$\lg V_{NH_3}$ 为横坐标作图，求出直线的斜率 n（取最接近的整数）即是［Ag（NH_3）$_n$］$^+$的配位数。由直线的截距为 $\lg K'$，计算得出［Ag（NH_3）$_n$］$^+$的 $K_{稳}$（文献值：$K_{稳} = 1.70 \times 10^7$）。

【思考题】

1. 在计算平衡浓度［Br^-］、［NH_3］和［Ag（NH_3）$_n^+$］时，为什么可以忽略以下情况：①生成 AgBr 沉淀时消耗掉的 Br^- 和 Ag^+；②配离子 Ag（NH_3）$_n^+$ 解离出的 Ag^+；③生成配离子 Ag（NH_3）$_n^+$ 时消耗掉的 NH_3。

2. 在滴定时，以刚产生 AgBr 浑浊不再消失为其终点，怎样避免 KBr 过量？若已发现 KBr 少量过量，能否在此实验基础上设法补救？

实验四十二　凝固点降低法测定葡萄糖相对分子质量

【实验目的】

1. 掌握溶液的凝固点降低法测定溶质相对分子质量的原理和方法。

2. 学会使用 1/10 刻度的温度计，巩固分析天平和移液管的使用方法。

【实验原理】

难挥发非电解质稀溶液的凝固点下降 $\triangle T_f$ 与溶液质量摩尔浓度 b_B 成正比：

$$\triangle T_f = T_f^0 - T_f = K_f b_B$$

$$b_B = \frac{m_B/M_B}{m_A} \times 1000$$

b_B 为溶液的质量摩尔浓度，m_B 为溶质的质量，M_B 为溶质的相对分子质量，即相对分子质量，m_A 为纯溶剂质量，K_f 为溶剂的质量摩尔凝固点降低常数。

若已知 K_f、m_B、m_A，并测得 $\triangle T_f$，即可求得相对分子质量 M_B：

$$M_B = \frac{K_f m_B}{\Delta T_f m_A} \times 1000$$

实验中，要测溶剂与溶液的凝固点之差。凝固点的测定是采用过冷法，将溶剂逐渐降温至过冷，然后结晶，当晶体生成时，放出热量使体系温度再回升，而后温度保持相对恒定，直到全部液体凝成固体后才会下降，相对恒定的温度即为凝固点。过冷法对于溶剂来说，只要固液两相平衡，体系的温度均匀，理论上各次测量的凝固点应该一致，但实际上略有差别。因为体系的温度可能不均匀，尤其是过冷程度不同，析出晶体多少不一致时，回升温度不易相同。对于溶液来说，除温度外，还有溶液浓度的影响。在溶液温度回升以后，由于不断析出溶剂晶体，所以溶液的浓度逐渐增大，凝固点会逐渐下降。因此溶液温度回升后没有一个相对恒定的阶段，而只能把回升的最高点温度作为凝固点。

本实验采用纯水为溶剂，测定葡萄糖的相对分子质量。

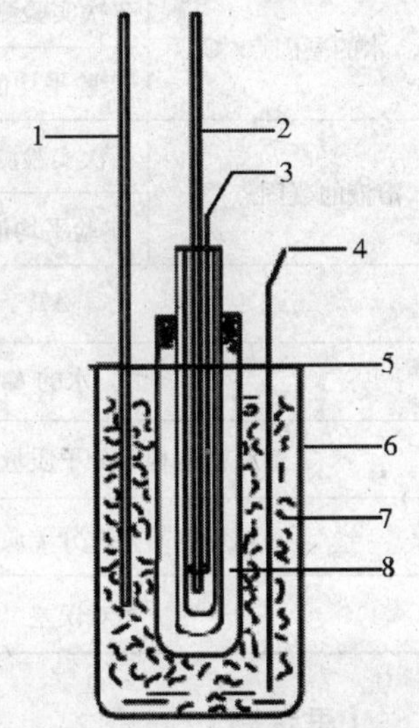

图 8-3　测定凝固点的实验装置

1，2. 温度计　3，4. 搅拌棒　5. 盖　6. 烧杯　7. 冰盐水浴　8. 待测液

【仪器与试剂】

1. 仪器　测定凝固点的实验装置、1/10 刻度的温度计、分析天平。

2. 试剂　葡萄糖（s）、NaCl（s）、冰块。

【实验步骤】

1. 装置仪器　仪器装置如图 8-3 所示，内管是盛溶液用的，在管内软木塞上插好 1/10 温度计及棒 3，搅棒 3 应能上下自由活动而不碰温度计，将内管固定在套管内，然后把套管置于冰盐水浴中（温度需保持在 -5 ~ -7℃），4 是冰盐水浴搅棒。

2. 水凝固点的测定 欲使结晶析出量少，就应控制过冷温度。移液管移取 25 ml 纯水加入内管中（纯水体积一般为内管体积的 1/3 或 2/5），调整 1/10 温度计，使水银球全部浸在水中，且离管底 1cm 左右。塞紧内管的软木塞，将搅棒上下移动，以此来搅拌水，使其温度逐渐降低（注意搅棒 3 不能碰击温度计及管壁），当温度回升时，停止搅拌，用放大镜观察温度计的读数（应使放大镜中心部分对准读数刻度，否则会引起较大的误差），待回升温度相对恒定时，记下此温度，即是水的凝固点（又叫冰点）。重复测定 3 次，使各次测量结果之差不大于 0. 02℃。

3. 溶液凝固点的测定 在分析天平上准确称取 4. 5g 左右的葡萄糖。取出内管使其中的水溶化，然后加入已称量的葡萄糖，待葡萄糖全部溶解后，用上述方法，测该溶液的凝固点。凝固点是取其过冷后温度回升时所达到的最高点温度。同样重复测定 3 次，各次测量结果之差不大于 0. 04℃。

【数据记录与结果整理】

见表 8 - 5。

表 8 - 5 葡萄糖相对分子质量测定数据记录与结果整理

室温（℃）				
水的用量（ml）				
葡萄糖的质量（g）				
水的凝固点/℃	3 次实验测定值	1.	2.	3.
	实验平均值			
溶液的凝固点/℃	3 次实验测定值	1.	2.	3.
	实验平均值			
ΔT_f				
水的 K_f				
葡萄糖的相对分子质量（实验测定值）				
葡萄糖的相对分子质量（计算值）				
相对误差（%）				

【思考题】

1. 为什么要测定纯水的凝固点？（不测纯水的凝固点就认为是零度可以吗？）
2. 测凝固点时，纯溶剂温度回升后有一平台，而溶液则没有，为什么？
3. 如果待测的葡萄糖中含有难溶杂质，对结果有何影响？

【注意事项】

1. 实验中应用移液管或滴定管准确量取溶液体积，放入测定管时不要溅出试管外，测定试管需要干燥。

2. 搅拌棒不能碰击温度计及试管壁，不要将温度计代替搅拌棒。

3. 由于每个人的反应时间不同，视差也不一样，所以实验实测值会不相同，可以采用多次测量求平均值的方法来避免。

实验四十三　燃烧热的测定

【实验目的】

1. 测定萘或蔗糖的燃烧热，掌握恒压燃烧热与恒容燃烧热的区别与联系。
2. 了解氧弹量热计各主要部件的作用，学习量热实验技术。
3. 学习应用图解法校正温度改变值。

【实验原理】

1. 燃烧热测定　燃烧热是指 1mol 物质完全氧化（燃烧）时所放出的热量。所谓完全氧化是指 C 变为 CO_2（g），H 变为 H_2O（l），N 变为 N_2（g），S 变为 SO_2（g）。

燃烧热可在恒容条件下或恒压条件下测定。由热力学第一定律可知，恒容条件下的燃烧热 $Q_V=\Delta U$，恒压条件下的燃烧热 $Q_p=\Delta H$。氧弹卡计中测得的燃烧热为 Q_V（ΔU），若把参与反应的气体作为理想气体处理，则 Q_p（ΔH）和 Q_V（ΔU）间存在下列关系式：

$$Q_p=Q_V+\Delta n\cdot RT \tag{8-7}$$

$$\Delta H=\Delta U+\Delta n\cdot RT \tag{8-8}$$

式中，Δn 为产物中气体的摩尔数之和与反应物中气体的摩尔数之和的差值。

使 m 克待测物样品在氧弹中完全燃烧，放出的热量使 W 克水及量热器的温度由 T_1 升高到 T_2。令 C 代表量热器的总热容，则每克样品恒容燃烧放出的热 Q_V 为：

$$Q_V=(C+W)(T_2-T_1)\cdot M/m \tag{8-9}$$

由标准物质的燃烧热及实验得到的相关数据即可计算出量热计的水当量，再由量热计的水当量及相关实验数据计算待测物质的恒容燃烧热，并计算恒压燃烧热。本实验的标准物质为苯甲酸，它的恒容燃烧热 $Q_V=-26.43\times10^3$ J/g 。

2. 量热计和氧弹结构　图 8-4 是实验所用氧弹量热计的装置图。外套 1 是一双壁套筒，筒内注以蒸馏水，以防止周围温度变动的影响。3 是一挡板，通过空气层使盛水桶 2 与外界绝热。盛水桶内放置有氧弹 5 和温度计 6。为了使体系的温度尽快达到均匀，盛水桶内还安装有搅拌器 7，由电动机 8 带动。实验时的温度变化，由精密温差测定仪来实现。将温差测定仪的热敏探头 4 插入研究体系内，可准确测出每一时刻体系温度的相对值。

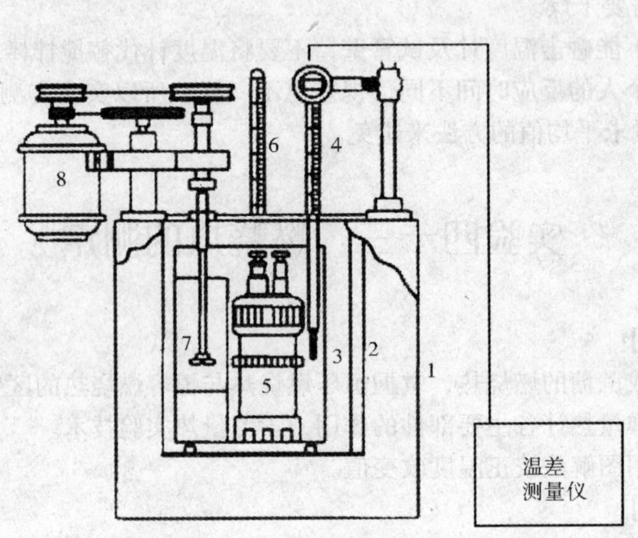

图8-4 氧弹式热量计

1. 量热计外套 2. 挡板 3. 盛水桶 4. 温差测量仪探头 5. 氧弹 6. 温度计 7. 搅拌器 8. 电动机

氧弹是用高强度耐腐蚀的不锈钢制成的，见图8-5。主要部件有厚壁圆筒1，弹盖2和螺帽3相连，在弹盖上装有用来充入氧气的进气孔4、排气孔5和电极6，电极直通弹体内部，同时作为燃烧皿7的支架。为了将燃烧时火焰产生的热量反射下来而使弹体温度均匀，在燃烧皿的上方，通过另一电极8（也是导气管）接有一火焰挡板9。

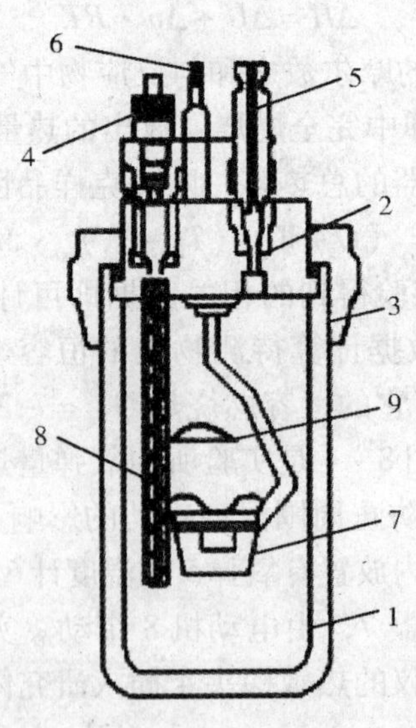

图8-5 氧弹

1. 圆筒 2. 弹盖 3. 螺帽 4. 充气孔 5. 排气孔 6. 电极 7. 燃烧皿 8. 电极 9. 燃烧挡板

【实验步骤】

1. 量热计热容的测定

（1）样品压片：取0.75～1g纯苯甲酸压片，将药片表面的碎屑擦去，在分析天平上准确称量后即可供燃烧使用。另取一长约 10cm 的燃烧丝称重。

（2）装置氧弹：打开氧弹，将氧弹内壁擦净，特别是氧弹下端的不锈钢接线柱更应擦干、擦净。用镊子将样品片放入燃烧杯中，将燃烧丝缠绕到两个电极上，将燃烧杯放入电极上，将燃烧丝弯入燃烧杯以按住样品片，但不能接触任何金属部分。小心盖上并旋紧氧弹盖，用万用电表检查两电极是否通路。若通路，则可以充氧气。

（3）充氧气：图 8－6 为氧弹充气示意图。打开氧气钢瓶的主阀 1，观察表 1 的指示是否符合要求（至少在 4mPa），关闭减压阀 2，将氧气表头的导管与氧弹的进气口连接，慢慢打开减压阀使表 2 指针指向 2mPa。打开放空阀减压，打开快速泄压阀，拆除充气管。

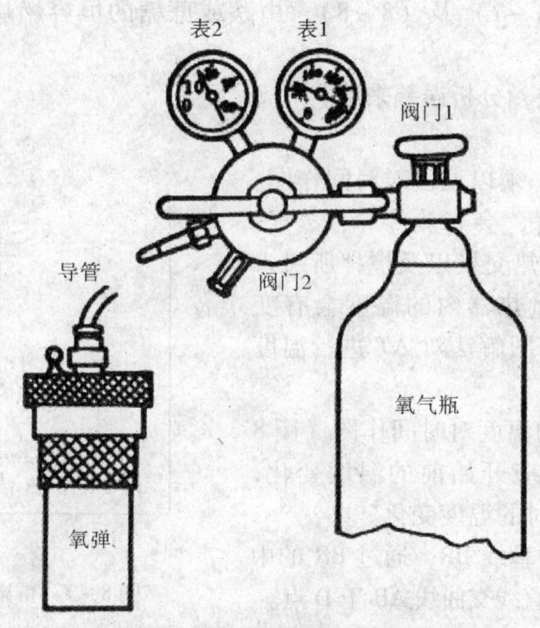

图 8－6　氧弹充气示意图

（4）测量温度：用万用电表再次检查氧弹的两极间是否通路。若不通，需放掉其中的氧气，旋开氧弹盖，重新用点火丝连接两电极，直至连好。用量筒准确量取 2500 ml 自来水，倒入盛水桶内，调节水温比室温低 0.5～1.0 ℃。将氧弹放入水中，注意水面应没过氧弹，如有气泡逸出，说明氧弹漏气，应寻找原因排除。

接上点火导线，盖上保温盖，将测温传感器插入水中，打开电源和搅拌开关，仪器开始显示水温，当水温均匀上升后，每分钟记录一次显示的温度，记下第 10 个数据的同时按“点火”键（点火键按下时间不可超过 5s），以后每隔半分钟读取并记下温度，当温度上升不明显时改为 1min 记录 1 次温度值，再记录 10 个数据即可停止实验。

停止搅拌，切断所有电源，拿出传感器，取出氧弹，打开氧弹出气口放出多余气体，开启氧弹，检查样品是否燃烧完全（若弹中没有测量残渣，表示燃烧完全；若留有许多黑色残渣表示燃烧不完全，实验失败，需重复实验），测量剩余点火丝的长度，用酒精棉将氧弹内部擦拭干净。

2. 测定萘的燃烧热 称取约0.6 g萘，重复上述操作。

3. 测定蔗糖的燃烧热 称取1.5g蔗糖，重复上述操作。注意：2和3选做其一。

4. 清洗仪器，整理实验台。

【数据记录和处理】

1. 列表记录实验数据。

2. 作图法求出苯甲酸燃烧引起量热计温度的变化值，计算量热计的热容。

3. 按作图法求出萘或蔗糖燃烧引起的量热计温度的变化值，并计算萘或蔗糖的恒容燃烧热。

4. 根据公式（8-7）及（8-8），由萘或蔗糖的恒容燃烧热（Q_V）计算恒压燃烧热（Q_P）。

5. 计算实验误差，分析误差来源。

【雷诺图解法】

为准确求得ΔT，须以温度对时间作图。由于量热器绝热不好，会有热传导、蒸气、对流、辐射等引起的热交换以及搅拌所引入的搅拌热等，所以量热器内的温度会有变化，实验中采用雷诺图解法对ΔT进行温度校正，其方法如下。

（1）将观察到的温度对时间作图（图8-7），PA表示热效应开始前的温度变化，BQ表示热效应终了时的温度变化。

（2）作AB间的垂线BR，通过BR的中点C作平行于横轴的直线交曲线AB于D点。

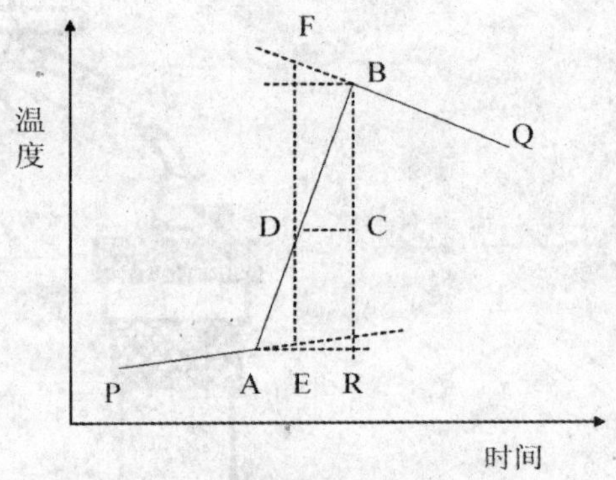

图8-7 雷诺温试校正图

（3）过D点作一垂直线分别交BQ和PA的延长线于F点和E点，EF即为所求的ΔT。

【思考题】

1. 说明恒容燃烧热（Q_V）和恒压燃烧热（Q_P）的区别和联系。

2. 使用氧气钢瓶和减压阀时要注意什么问题?

3. 如何用萘的燃烧热数据来计算萘的生成热?

实验四十四 溶解热曲线的测定

【实验目的】

1. 掌握电热补偿法测定热效应的原理和方法。

2. 应用电热补偿法测定硝酸钾的积分溶解热曲线，并求一定浓度时的积分稀释热、微分溶解热和微分稀释热。

【实验原理】

1. 溶解热概念　溶质溶解于溶剂的过程由溶质晶格破坏、电离的吸热过程和溶质溶剂化的放热过程组成，总的热效应取决于两者之和，可能是吸热的，也可能是放热的。在一定温度和压力下，热效应的大小与溶质和溶剂的相对量有关，例如硝酸钾溶解在水中的热效应（吸热）随溶剂水的量增加而增加。

在标准压力下，1 mol 溶质溶于 n_0 mol 溶剂中的热效应，称为浓度 1∶n_0 时的积分溶解热 $\Delta H_m^\$$。当 n_0 取不同值时，以 $\Delta H_m^\$$ 对 n_0 作图，所得曲线称为积分溶解热曲线，如图 8－8 所示。本实验测定的是硝酸钾的积分溶解热曲线。当 1 mol 溶质从浓度 1 稀释到浓度 2 时的热效应，称积分稀释热，可由两个浓度下的积分溶解热之差求得

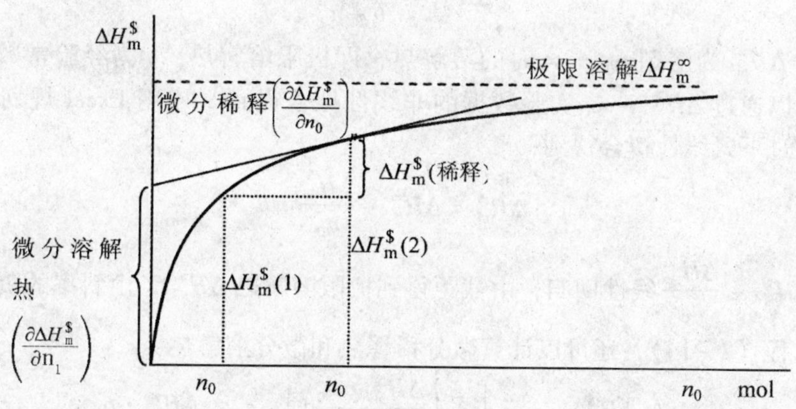

图 8－8　积分溶解热曲线

$$\Delta H_m^\$\ (\text{稀释}) = \Delta H_m^\$\ (2) - \Delta H_m^\$\ (1) \tag{8-10}$$

由于热效应的大小与溶质的量 n_1 和溶剂的量 n_0 有关，根据偏摩尔量的集合公式

$$\Delta H_m^\$ = \left(\frac{\partial\ \Delta H_m^\$}{\partial\ n_0}\right)_{T,p,n_1} n_0 + \left(\frac{\partial\ \Delta H_m^\$}{\partial\ n_1}\right)_{T,p,n_0} n_1 \tag{8-11}$$

式中 $\left(\frac{\partial\ \Delta H_m^\$}{\partial\ n_0}\right)_{T,p,n_1}$ 称为微分稀释热，其意义是在一定温度、压力和溶质量恒定时，在足量的溶液中，溶剂的量变化 1 mol 时引起的热效应。$\left(\frac{\partial\ \Delta H_m^\$}{\partial\ n_1}\right)_{T,p,n_0}$ 称为微分溶解热，其意义是在一定温度、压力和溶剂量恒定时，在足量的溶液中，溶质的量变化 1 mol 时引起的热效应。对于溶质的量恒定为 1 mol 的系统，即 $n_1=1$ 时，式（8－11）简化为

$$\Delta H_m^\$ = \left(\frac{\partial\ \Delta H_m^\$}{\partial\ n_0}\right)_{T,p,n_1} n_0 + \left(\frac{\partial\ \Delta H_m^\$}{\partial\ n_1}\right)_{T,p,n_0} \tag{8-12}$$

因此在 $\Delta H_m^\$ \sim n_0$ 图中，在某一浓度处，例如图 1 中的 n_0（8－8）处作一条切线，切线的斜率就是该浓度时的微分稀释热 $\left(\frac{\partial\ \Delta H_m^\$}{\partial\ n_0}\right)_{T,p,n_1}$，切线的截距就是该浓度

时的微分溶解热 $\left(\frac{\partial\ \Delta H_{\mathrm{m}}^{\$}}{\partial\ n_1}\right)_{T,p,n_0}$ 。由此，在 $\Delta H_{\mathrm{m}}^{\$} \sim n_0$ 图中可以同时得到积分溶解热、积分稀释热、微分溶解热和微分稀释热的数据。

2. 电热补偿法原理 硝酸钾溶解于水的过程是吸热过程，反应热可以用电热补偿法来进行测定。其基本做法是，在反应前确定系统的温度，在反应中，给予系统电加热，直到反应结束后，系统的温度回复到起始状态，计算电热量即为反应热。电热量 Q 可以由电流强度 I（A）、电压 V（V）和通电时间 t（s）算得：

$$Q = IVt \tag{8-13}$$

3. 溶解热曲线的经验方程 硝酸钾的溶解热曲线较好地符合以下经验方程：

$$\Delta H_{\mathrm{m}}^{\$} = \frac{\Delta H_{\mathrm{m}}^{\infty} \cdot n_0}{b + n_0} \tag{8-14}$$

式中 $\Delta H_{\mathrm{m}}^{\infty}$ 为溶剂 $n_0 \rightarrow \infty$ 时的溶解热，即极限溶解热；b 为经验常数。以上两个参数可以通过 $\Delta H_{\mathrm{m}}^{\$} \sim n_0$ 实验数据的非线性拟合得到（应用 Excel 规划求解法），也可以通过下式线性拟合得到：

$$\Delta H_{\mathrm{m}}^{\$} = \Delta H_{\mathrm{m}}^{\infty} - \frac{\Delta H_{\mathrm{m}}^{\$}}{n_0} \cdot b \tag{8-15}$$

即 $\Delta H_{\mathrm{m}}^{\$} \sim \frac{\Delta H_{\mathrm{m}}^{\$}}{n_0}$ 线性回归，由截距得到极限溶解热 $\Delta H_{\mathrm{m}}^{\infty}$，由斜率的负值得到 b。由经验方程（8－14），还可以计算微分稀释热和微分溶解热：

$$\left(\frac{\partial\ \Delta H_{\mathrm{m}}^{\$}}{\partial\ n_0}\right)_{T,p,n_1} = \left[\frac{\partial\left(\frac{\Delta H_{\mathrm{m}}^{\infty} \cdot n_0}{b + n_0}\right)}{\partial\ n_0}\right]_{T,p,n_1} = \frac{\Delta H_{\mathrm{m}}^{\infty} \cdot b}{(b + n_0)^2} \tag{8-16}$$

$$\left(\frac{\partial\ \Delta H_{\mathrm{m}}^{\$}}{\partial\ n_1}\right)_{T,p,n_0} = \Delta H_{\mathrm{m}}^{\$} - \left(\frac{\partial\ \Delta H_{\mathrm{m}}^{\$}}{\partial\ n_0}\right)_{T,p,n_1} n_0 = \frac{\Delta H_{\mathrm{m}}^{\infty} \cdot n_0^2}{(b + n_0)^2} \tag{8-17}$$

【仪器和试剂】

1. 仪器 直流电源、数字电压表（精度 0.001V）、数字电流表（精度 0.001A）、量热计（包括保温杯和加热器）、磁力搅拌器、数字贝克曼温度计、计时表、分析天平、台式天平。

2. 试剂 硝酸钾（AR）。

【实验步骤】

1. 硝酸钾事先磨细烘干存放于干燥器中。

2. 在分析天平上称取 8 份重量约为 2.5g、1.5g、2.5g、3g、3.5g、4g、4g、和 4.5g 的硝酸钾样品，均存放在干燥器中待用。

3. 将干燥的保温杯置于台式天平上，加入蒸馏水，精确称量 216.2g（12 mol），同时记录水温，作为实验温度。

4. 搭好装置［图 8－9（1）］，联好接线（加热器一头先断开），开启磁力搅拌器，调整转速。开启电源，接上加热器，调整功率约为 2.5 伏安（电压约 5V，电流约 0.5 A），准确记录电流电压值。当贝克曼温度计读数上升 0.5℃时，记作标记温度，并按下秒表开始计时。温度与时间变化如图 8－9（2）所示。

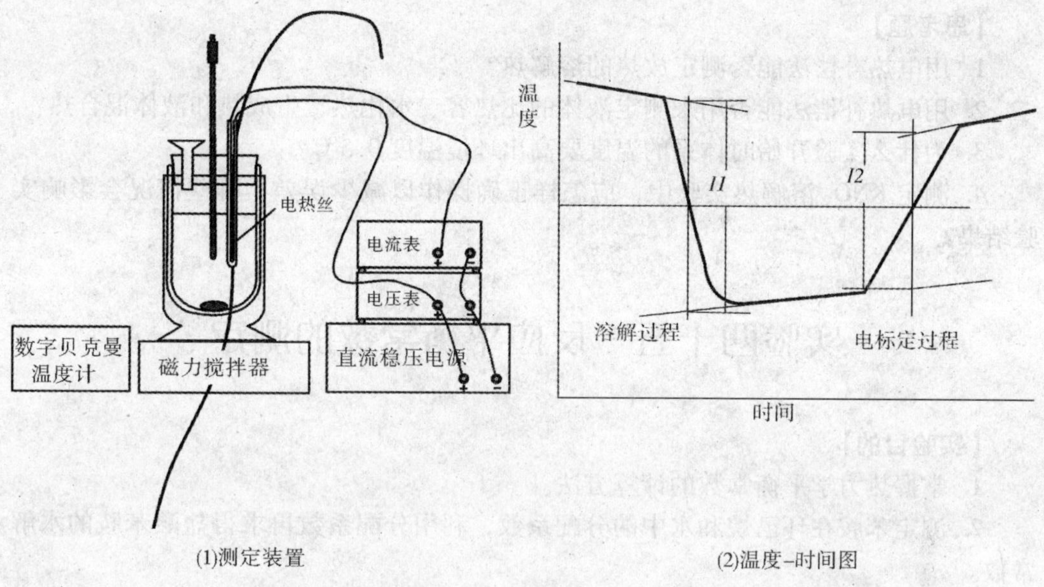

(1)测定装置　　(2)温度–时间图

图 8－9　溶解热测定

5. 慢慢加入第 1 份样品（温度迅速降低），确保样品完全进入后，取出漏斗，加塞封口。待温度回复到标记温度时，记下加热时间（不要按停秒表）。接着通过漏斗加入第 2 份样品。

6. 重复步骤 5，直到测完 8 份样品。

7. 清洗仪器，整理实验台。

【数据记录和处理】

1. 按表 8－6 记录实验数据。

表 8－6　硝酸钾溶解热曲线的测定

水的质量 m：____g。电流 I：____A。电压 U：____V。实验温度 T：____℃

样品号	KNO_3 称量（g）	累计（g）	n（mol）	n_0（mol）	通电时间 t（s）	电热量 Q（J）	积分溶解热 $\Delta H_m^\$$（J/mol）	$\Delta H_m^\$$ (n_0)
1								
2								
…								
7								
8								

其中 $n_0 = \dfrac{12}{n}$，$Q = IVt$，$\Delta H_m^\$ = \dfrac{Q}{n}$。

2. 作 $\Delta H_m^\$ \sim n_0$ 图。

3. 作 $\Delta H_m^\$ \sim \dfrac{\Delta H_m^\$}{n_0}$ 图，求参数 ΔH_m^∞ 和 b。

4. 计算 $n_0 = 100\text{mol}$ 和 $n_0 = 200\text{mol}$ 时的积分溶解热，以及 n_0 从 100mol 改变至 200mol 时的积分稀释热。

5. 计算 $n_0 = 200$ 时的微分溶解热和微分稀释热。

【思考题】

1. 用电热补偿法能否测定放热的溶解热?

2. 用电热补偿法能否用来测定液体的比热容、水化热、生成热和液体混合热?

3. 为什么实验开始时体系的温度要高出环境温度0.5℃?

4. 测定 KNO_3 溶解热实验中，应怎样正确操作以减少误差，哪些情况会影响实验结果?

实验四十五 反应平衡常数的测定

【实验目的】

1. 掌握热力学平衡常数的计算方法。

2. 测定苯胺在环已烷和水中的分配系数，利用分配系数再求得盐酸苯胺的水解常数。

3. 了解紫外分光光度计的使用方法。

【实验原理】

盐酸苯胺在水中发生如下的水解反应:

$$C_6H_5NH_3Cl \underset{H_2O}{\overset{K_a}{\rightleftharpoons}} C_6H_5NH_2 + HCl$$

在等温等压下，盐酸苯胺和苯胺在水溶液中建立平衡，其平衡常数 K_a 为

$$K_a = \frac{a_{C_6H_7N} \cdot a_{HCl}}{a_{C_6H_8HCl}} = \frac{\gamma_{C_6H_7N} \cdot \gamma_{HCl}}{\gamma_{C_6H_8NCl}} \cdot \frac{C_{C_6H_7N} \cdot C_{HCl}}{C_{C_6H_8HCl}} \tag{8-18}$$

若溶液较稀:

$$\frac{\gamma_{C_6H_7N} \cdot \gamma_{HCl}}{\gamma_{C_6H_8HCl}} \approx 1 \tag{8-19}$$

因此

$$K_a \approx \frac{c_{C_6H_7N} \cdot c_{HCl}}{c_{C_6H_8NCl}} = K_c \tag{8-20}$$

由式(8-20)计算平衡常数必须测出平衡时各物质的浓度。苯胺水溶液在213.5 nm处有最大吸收，通常用紫外分光光度法测量苯胺在水溶液中的浓度，但在本实验反应系统中，盐酸苯胺和苯胺在此波长均有吸收，这样测出的苯胺量实际上是溶液中苯胺和盐酸苯胺的合量。怎样才能测定水溶液中的苯胺浓度，这是本实验设计的关键。

在一定的温度和压力下，苯胺在水和环已烷两种溶剂中的平衡浓度比是一个常数，遵守 Nernst 分配定律:

$$K_d = \frac{c_{C_6H_7N}^{H_2O}}{c_{C_6H_7N}^{C_6H_{12}}} \tag{8-21}$$

式中，K_d 为分配系数；$c_{C_6H_7N}^{C_6H_{12}}$ 为苯胺在环已烷中的浓度；$c_{C_6H_7N}^{H_2O}$ 为苯胺在水中的

浓度。

当盐酸苯胺水解达到平衡时，用等体积的环己烷萃取苯胺。苯胺的环己烷溶液在 236 nm 处有最大吸收，因此可以通过紫外分光光度法测得苯胺在环己烷中的浓度（$c_{C_6H_7N}^{C_6H_{12}}$）。然后根据分配系数和 $c_{C_6H_7N}^{C_6H_{12}}$ 可计算出平衡时水层苯胺的浓度（$c_{C_6H_7N}^{H_2O}$）。这样，根据反应式可得：平衡时的水层中盐酸浓度为（$c_{C_6H_7N}^{C_6H_{12}}+c_{C_6H_7N}^{H_2O}$），未解离的盐酸苯胺浓度为 $[c_0-(c_{C_6H_7N}^{C_6H_{12}}+c_{C_6H_7N}^{H_2O})]$，$c_0$ 为盐酸苯胺的原始浓度。

根据平衡常数计算公式（8－20）即可算出盐酸苯胺的水解常数：

$$K_{水解}=\frac{c_{C_6H_7N}c_{H_3O^+}}{c_{C_6H_8N^+}}=\frac{c_{C_6H_7N}^{H_2O}\left[c_{C_6H_7N}^{C_6H_{12}}+c_{C_6H_7N}^{H_2O}\right]}{\left[c_0-\left(c_{C_6H_7N}^{C_6H_{12}}+c_{C_6H_7N}^{H_2O}\right)\right]} \tag{8-22}$$

【仪器与试剂】

1. 仪器　紫外分光光度计、电光天平、擦镜纸、250 ml 碘量瓶、250 ml 容量瓶、50 ml 量筒、洗耳球、25 ml 移液管、滴管。

2. 试剂　新制备的盐酸苯胺、新蒸馏的苯胺、环己烷（AR）。

【实验步骤】

1. 分配系数的测定　将 80 mg 苯胺溶解在 2 L 蒸馏水中，然后用移液管分别在 3 个干燥的碘量瓶中加入 25 ml 该苯胺水溶液以及 25 ml 环己烷。恒温振荡 1.5 h 后，静置分层，用滴管吸取一定量的苯胺－环己烷溶液（上层），放入比色杯中，在 236 nm 的波长处测定吸收度；再由水层（下层）用滴管吸取一定量的苯胺水溶液，放入比色杯中，在 231.5 nm 的波长处测定吸收度。

2. 水解常数的测定　精确称取盐酸苯胺 40.2 mg 加少量水溶解转移到 1000 ml 容量瓶中，加水稀释至刻度摇匀。用移液管分别量取 25 ml 配制好的盐酸苯胺溶液分别置于 3 个碘瓶中，再分别加入 25 ml 环己烷。恒温振荡 1.5 h 后，静置。待两层分清后，用滴管吸取一定量的环己烷层溶液于比色杯中，在 236 nm 的波长处测定吸收度。

注意：

（1）苯胺有毒，切勿溅到皮肤上；

（2）恒温振荡时间必须充分，确保体系达到平衡；

（3）严防吸取水层溶液时吸入环己烷层溶液，吸取环己烷层溶液时防止吸入水层溶液；

（4）测定环己烷溶液时，比色杯应加盖，防止溶剂挥发。

【数据记录和处理】

已知：苯胺在环己烷中的摩尔吸收系数 $\varepsilon_{环}=6180$ L/（mol · cm），苯胺在水中的摩尔吸收系数 $\varepsilon_{水}=10\ 990$ L/（mol · cm）。

1. 根据公式 $A=\varepsilon lc$，分别计算苯胺在水层和环己烷层中的浓度，计算苯胺在水中与环己烷中的分配系数。

2. 根据公式 $A=\varepsilon lc$，计算盐酸苯胺水解生成的苯胺在环己烷层中的浓度 $c_{环}$，利用分配系数计算出盐酸苯胺水解生成的苯胺在水层中的浓度 $c_{水}$。

3. 根据公式（8－22）计算盐酸苯胺的水解常数。

4. 按表 8－7 和表 8－8 记录实验数据。

表 8-7　苯胺在水和环己烷中分配系数测定

瓶号	水层 A	环己烷层 A	$c^{H_2O}_{C_6H_7N}$	$c^{C_6H_{12}}_{C_6H_7N}$	$K_d=\frac{c^{H_2O}_{C_6H_7N}}{c^{C_6H_{12}}_{C_6H_7N}}$
1					
2					
3					

表 8-8　盐酸苯胺水解常数测定

瓶号	$A_{环}$	$c_{环}$	$c_{水}$	$c_{水}$ $(c_{环}+c_{水})$	$[c_0-(c_{环}+c_{水})]$	$K_{水解}$
1						
2						
3						

【思考题】

1. 影响本试验准确性的关键因素有哪些?

2. 盐酸苯胺在酸性水溶液、中性水溶液和碱性水溶液中，水解常数是否相等?为什么?

3. 如果数据处理中没有给出摩尔吸收系数，该实验将如何设计?

实验四十六　液体饱和蒸气压的测定

【实验目的】

1. 了解用静态法（等位法）测定水在不同温度下蒸气压的原理，理解纯液体饱和蒸气压与温度的关系。

2. 掌握真空泵、恒温槽及气压计的操作方法。

3. 学会用图解法求所测温度范围内的平均摩尔气化热及正常沸点。

【实验原理】

一定温度下，密闭于真空容器中的液体与它的蒸气建立动态平衡时，蒸气分子向液面凝结的速度与液体分子从表面蒸发的速度相等，此时液面上的蒸气压力就是液体在该温度下的饱和蒸气压。液体的蒸气压与温度有关，温度升高，分子运动加剧，单位时间内从液面逸出的分子数增多，蒸气压增大；反之，温度降低时，则蒸气压减小。当蒸气压与外界压力相等时，液体沸腾，外压不同时，液体的沸点也不同。将外压为 1 个标准压力时，液体沸腾的温度定为液体的正常沸点。液体的饱和蒸气压与温度的关系可用克劳修斯－克拉贝龙方程式来表示：

$$\frac{d\ln p}{dT}=\frac{\Delta_v H_m}{RT^2} \tag{8-23}$$

式中 p 为液体在温度 T 时的饱和蒸气压；T 为热力学温度；ΔH_m 为液体的摩尔气化热；R 为气体常数。当温度变化范围较小时，ΔH_m 可视为常数，将式(8-23)积分，可得：

$$\ln p=-\frac{\Delta_v H_m}{RT}+C \tag{8-24}$$

式中 C 为积分常数，与压力 p 的单位有关。在一定温度范围内，测定不同温度下的饱和蒸气压，以 $\ln p$ 对 $\frac{1}{T}$ 作图可得一条直线，直线斜率与气体常数 R 乘积的绝对值就是摩尔气化热。

静态法测蒸气压的方法是调节外压以平衡液体的蒸气压，求出外压就能直接得到该温度下的饱和蒸气压。

【实验仪器和试剂】

1. 仪器　数字式低真空测定仪、真空泵及附件、恒温槽、温度计、DP－A 精密数字压力计、大气压力计。

2. 试剂　蒸馏水。

【实验步骤】

1. 仪器安装　如图 8－10 安装各种仪器。其中，由 3 个相连的玻璃管 a、b 和 c 组成的是平衡管，见图 8－11。a、b 和 c 管中装入的都是待测液体，连通后构成 U 型压力计。一定温度下，当 a、c 管的上部充满待测液体的蒸气，b 和 c 管中的液体在同一水平面时，则 c 管液面上的蒸气压与 b 管液面上的压力相等，其值即为待测液体在测定温度下的蒸气压。平衡管与冷凝管用玻璃磨口（或胶塞）密闭相连，以防系统漏气。平衡管中的液体可按如下方法装入：从 b 管的管口加入液体，将平衡管按图 8－10 连接、抽气，将系统的压力降低至 50～60 kPa，缓慢打开缓冲瓶连通大气阀门 K_3 至Ⅰ位置，大气压力可将液体压入 a 管。

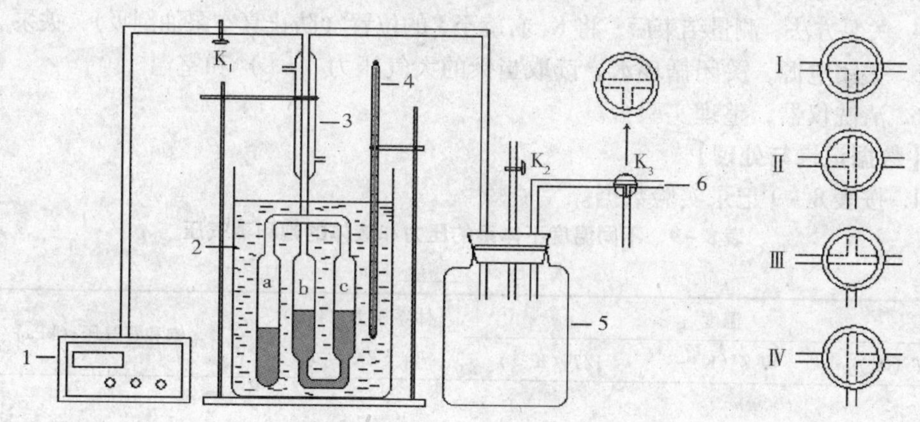

图 8－10　蒸气压测定装置图

1. 数字式真空测定仪　2. 恒温槽　3. 冷凝管　4. 温度计　5. 缓冲瓶　6. 接真空泵

2. 检查系统密闭性　打开真空泵，关闭缓冲瓶连通大气的阀门 K_2，K_3 旋至Ⅲ位置，使系统压力降低至 50kPa 左右，将真空泵与缓冲瓶间的进气阀 K_3 右旋至Ⅵ位置，关闭真空泵（注意：只有在Ⅰ或Ⅳ位置时才能关泵）。观察 DP－A 精密数字压力计读数是否发生改变，以检查系统是否漏气。若压力计读数发生明显变化，说明系统漏气，按分段检查法检查堵漏，直至整个系统密闭为止。

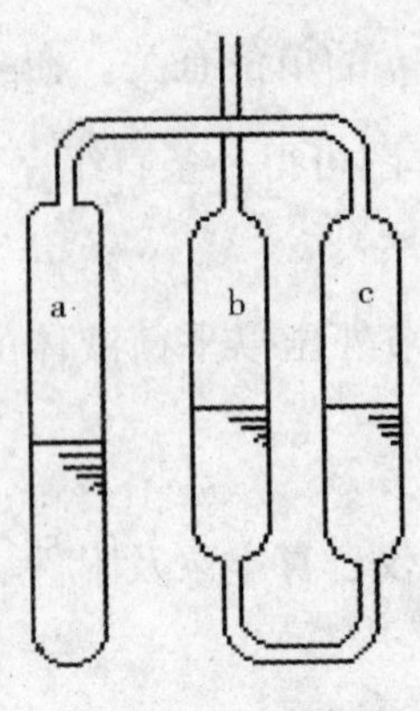

图 8－11　平衡管

3. 水的蒸气压的测定　将平衡管全部浸入恒温槽水浴中，同时打开恒温槽开关，接通冷凝水，启动真空泵，将 K_3 右旋至Ⅲ位置，抽净 a 与 c 管上方的空气（此时，应注意调节缓冲瓶上方的平衡阀 K_2 以防止发生暴沸！）。当水浴温度达到 40℃时，停止加热。将 K_3 右旋至Ⅳ位置，关闭真空泵。在该温度下恒温 10min 后，缓慢调节缓冲瓶上方的平衡阀 K_2 使空气进入体系（注意防止空气进入 a、c 管上方空间，否则需要重新抽净）。当空气将 b 管液面压至与 c 管液面相平时，关闭该平衡阀 K_2，迅速记录温度与压力，此时 b 管液面上方压力即为测量温度下水的饱和蒸气压。同法，依次测定 45℃、50℃、55℃及 60℃时水的饱和蒸气压。

4. 关泵方法　测量结束后，将 K_3 右旋至Ⅰ的位置（防止真空泵油倒吸），关泵。

5. 关闭电源，关闭循环水。读取当天的大气压力（$p_{大}$）和室温。

6. 清洗仪器，整理实验台。

【数据记录与处理】

1. 按表 8－9 记录实验数据。

表 8－9　不同温度下体系的压力和液体的饱和蒸气压

大气压：______ kPa

温度			体系压力（kPa）	饱和蒸气压（kPa）
T（℃）	T（K）	$1/T$（K^{-1}）	$p_{体}=p_{大气}-p_{真}$	

2. 作 $\ln p$ 对 $1/T$ 图，由该直线斜率计算水的平均摩尔气化热。

【思考题】

1. 能否在加热条件下检查系统的密闭性？为什么？
2. 为什么要抽除平衡管 a、c 间的空气？
3. 实验过程中为什么要防止 b 上方的空气倒流至 c、a 的上方？如何防止？
4. 缓冲瓶的作用是什么？如果不加缓冲装置，会出现什么现象？

5. 水的平均摩尔气化热为 40.60 kJ/mol，根据实验数据计算相对误差，并分析产生误差的原因。

实验四十七　环己烷 - 乙醇双液体系相图的绘制

【实验目的】

1. 用回流冷凝法测定不同浓度环己烷 - 乙醇体系的沸点和气、液两相平衡组成，绘制沸点 - 组成图。

2. 正确掌握阿贝折光仪的使用方法。

3. 通过实验进一步理解相图和相律的基本概念及分馏原理。

【实验原理】

任意两个在常温时为液态的物质混合组成的体系称为双液体系。两种溶液若能按任意比例溶解，称为完全互溶双液体系。完全互溶双液体系的沸点 - 组成图表明在气、液两相平衡时，沸点和两相成分间的关系。在恒压下完全互溶双液体系的沸点与组成图有 3 种类型。

（1）溶液沸点介于两种纯组分沸点之间，如苯与甲苯的双液体系，见图 8 - 11（1）。这类双液体系可用分馏法从溶液中分离出两个纯组分。

（2）溶液有最低恒沸点，如环己烷与乙醇、水与乙醇的双液体系，见图 8 - 11（2）。

（3）溶液有最高恒沸点，如硝酸与水的双液体系，见图 8 - 12（3）。

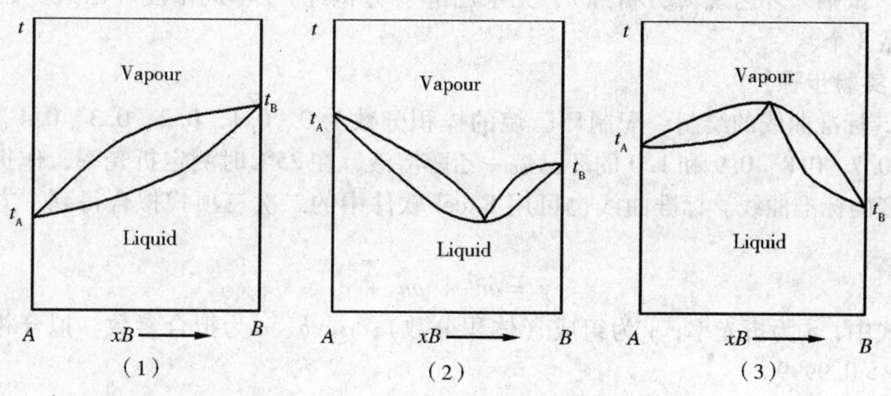

图 8 - 12　完全互溶双液体系的沸点 - 组成图

具有最低或最高恒沸点的体系，在恒沸点处液相和气相组成相同，这时的混合物称为恒沸混合物，简称恒沸物。恒沸物不能用简单分馏法分离出两个纯组分，需采用特殊分馏方法。

本实验中的环己烷 - 乙醇双液体系具有最低恒沸点，在常压下对不同组成的样品进行回流冷凝达到平衡，测定气液平衡时的沸点和两相组成，便可绘制相图。

测定沸点和平衡组成的装置称为沸点测定仪（图 8 - 13），主要部件为带有回流冷凝管的长颈圆底烧瓶。冷凝管底部有半球形小室，用以收集冷凝下来的气相样品。

气、液平衡时的沸点可直接由温度计读出，气相和液相的组成可通过测定其折光率对照标准曲线进行计算。

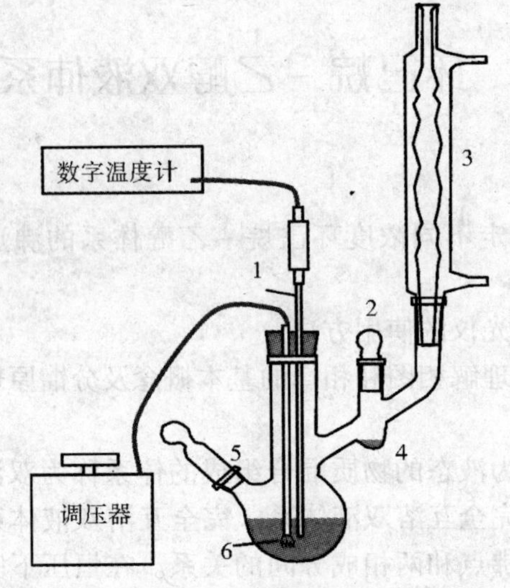

图 8－13　沸点测定仪

1. 温度计 2. 气相冷藏凝液取样口 3. 冷凝管 4. 气相冷凝液接受管 5. 加液口 6. 电炉丝

【仪器和试剂】

1. 仪器　沸点仪、阿贝折光仪（接超级恒温槽）、调压器、硅胶干燥管、0.1 刻度温度计（或精密数字温度计）、吸样管。

2. 试剂　环已烷（分析纯）、无水乙醇（分析纯）、不同浓度环已烷－乙醇混合样品 8 个。

【实验步骤】

1. 标准曲线的绘制　配制环已烷的体积分数为 0、0.1、0.2、0.3、0.4、0.5、0.6、0.7、0.8、0.9 和 1.0 的环已烷－乙醇溶液，在 25℃时测定折光率，作折光率对浓度的标准曲线。标准曲线也可用 Excel 软件中的二次三项式拟合得到，方程形式为：

$$y = an^2 + bn + c$$

式中，n 为折光率；y 为组成（体积分数）；a、b、c 为拟合参数。拟合相关系数应 $r > 0.9999$。

若将体积分数按环已烷和乙醇的密度折算成质量分数，可拟合得到另一标准曲线，式中 y 为质量分数表达的组成。

2. 折光仪的使用训练　连接折光仪的超级恒温槽事先调至 25℃。以纯乙醇（或纯环已烷）为样品，进行折光率测定的操作，直到能对样品进行迅速准确的测定。每次测定后，应对折光仪中的样品池进行清洁干燥处理。

3. 安装沸点测定仪　将干燥的沸点仪按图 8－13 安装好，塞紧带有温度计的塞子，注意温度计的水银球不能接触电热丝，冷凝管上部装好硅胶干燥管。

4. 沸点的测定　将待测样品约 30 ml 从加料口倒入沸点仪中（注意电热丝应完全浸没于溶液中），使温度计水银球 1/2 至 2/3 处浸入溶液中。打开冷凝水，接通电源，调整输出电压约 15 ~ 20 V（勿使电压过大，以免发生事故），使液体缓缓加热升温至沸腾。液体沸腾后，保持回流数分钟，并将接受管中的最初气相冷凝液倒回到液相中 2 ~ 3 次，在气液充分平衡后（此时温度恒定），读取沸点，并停止加热（调电压为零）。

5. 组成的测定　用干燥的吸管分别吸取气相冷凝液（气相样品）和残馏液（液相样品），用阿贝折光仪迅速测定其折光率。测定完毕，将原溶液全部放出或倒出，收集在回收瓶中。沸点仪、取样吸管用电吹风作干燥处理。

6. 重复步骤 4、5，同法测定其他样品的沸点和气、液两相的折光率。

7. 准确读取实验时的大气压。

8. 实验结束，关闭电源，关闭冷凝水，整理实验台。

【数据记录和处理】

1. 按表 8 - 10 记录实验数据

表 8 - 10　样品的折光率和组成

室温______℃　大气压：______kPa　折光率测定温度：25℃

样品序号	沸点/℃	气相		液相	
		折光率	组成（环己烷 V%）	折光率	组成（环己烷 V%）
1					
2					
…					
9					
10					

按标准曲线方程，从折光率数据计算相应的组成。

1 号和 10 号样品为纯乙醇和纯环己烷，可不做实验测定。其沸点根据当天的大气压按克劳修斯（克拉贝龙方程计算：$\ln\frac{p_2}{p_1} = -\frac{\Delta H_m}{R}\left(\frac{1}{T_2} - \frac{1}{T_1}\right)$。

乙醇：沸点 78.5℃，摩尔气化热 ΔH_m 为 39.380 kJ/mol。

环己烷：沸点 80.7℃，摩尔气化热 ΔH_m 为 29.952 kJ/mol。

2. 根据实验数据绘制环己烷 - 乙醇溶液的沸点组成相图。

【思考题】

1. 将含环己烷 30% 的环己烷 - 乙醇溶液在 101325 Pa 进行精馏时，如塔效率足够高可以得到什么馏出液和残馏液？

2. 将恒沸混合物进行精馏时可以得到什么结果？

3. 本实验的误差来源有哪些？

实验四十八　三元液 - 液体系相图的绘制

【实验目的】

1. 熟悉相律和用三角形坐标表示三组分相图的方法。

2. 绘制等温等压下具有一对共轭溶液的醋酸－三氯甲烷－水三组分系统的相图。

【实验原理】

根据相律，在恒温恒压下，三组分系统最多只有两个浓度独立变量，可用平面图来表示这类系统的平衡状态。通常用等边三角形来表示三组分系统的组成，如图 8－14 所示。等边三角形的三个顶点分别代表纯组分 A、B 和 C，三条边分别代表 A－B、B－C 和 A－C 所形成的三组分系统，而三角形内任意一点，则代表三组分系统的组成。通常按逆时针方向在三角形三边上标出 A、B、C 三组分的质量分数（或摩尔分数）。以图 8－14 中 O 点为例，其组成可按下法求得：过 O 点作平行于三角形三边的直线 Oa'、Ob'、Oc'，按几何学原理，$Oa' + Ob' + Oc' = AB = BC = CA$，$Oa'$、$Ob'$、$Oc'$ 即分别为 A、B、C 的质量分数 w_A、w_B、w_C（或摩尔分数 x_A、x_B、x_C）。

图 8－15 所示的醋酸－水－三氯甲烷三组分体系中，醋酸和水及醋酸和三氯甲烷完全互溶，而醋酸和三氯甲烷只能有限度的互溶。图中 *EOF* 是溶解度曲线。溶解度曲线之内是共轭两相区，曲线上面是单相区。O_1、O_2 为物系点，K_1L_1、K_2L_2 称为连结线。当物系点从两相区转移到单相区，在通过相分界线 *EOF* 时，体系从浑浊变为澄清。从单相区转移到两相区通过相分界线 *EOF* 时，体系从澄清变为浑浊。因此，根据体系澄明度的变化，可以测定出溶解度曲线，绘出相图。

通常可用下述方法绘制溶解度曲线。配制完全互溶的以一定比例混合的 B 和 C 的均相溶液，其组成点为 M，当不断加入液体 A 时，则系统组成沿 *MA* 线移动，直至溶液由浑浊变为清澈，从而确定终点 *O*。继续加入 A，体系保持浑浊，然后用三氯甲烷滴定，体系出现澄清时又会得到另一个终点。如此重复，则可画出溶解度曲线。

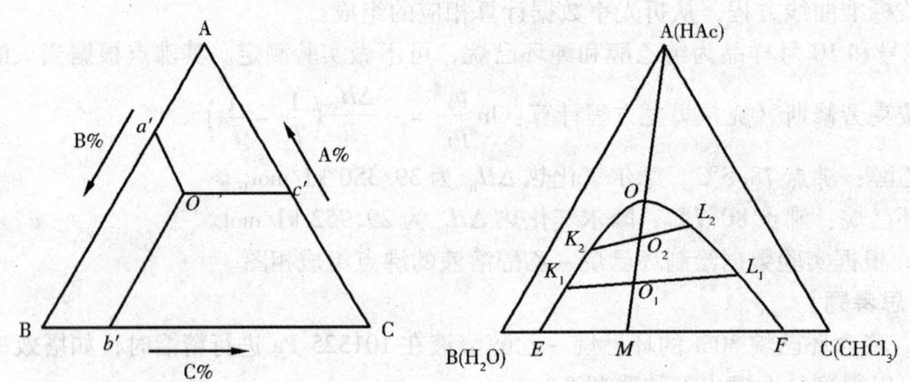

图 8－14　三角形坐标表示法　　　图 8－15　一对共轭溶液的三组分体系相图

【仪器和试剂】

1. 仪器　5 ml、100 ml 磨口锥形瓶，100 ml 锥形瓶，50 ml 酸式滴定管，50 ml 碱式滴定管，2 ml、1 ml 移液管，分液漏斗，漏斗架。

2. 试剂　三氯甲烷（分析纯），冰醋酸（分析纯），0.5 mol/L 标准氢氧化钠溶液，酚酞指示剂。

【实验步骤】

1. 在洁净的酸式滴定管内装入蒸馏水，在碱式滴定管内装入 NaOH 溶液。

2. 移取 10 ml 三氯甲烷和 4 ml 醋酸于洁净的 100 ml 磨口锥形瓶中，然后慢慢滴入水，同时不停振荡，至溶液恰由清变浑，即为终点，记下所用水的量。再向此瓶内加入 5 ml 醋酸，系统又成均相，继续用水滴定至终点（由清变浑）。以后用同法加入 8 ml 醋酸，用水滴定至终点，再加 8 ml 醋酸，用水滴定，记录各次各组分的用量。最后再加入 40 ml 水，加磨口塞摇动，并每隔 5 min 摇动 1 次，30 min 后用此液体测连接线（溶液 I）。

另取一个洁净而干燥的 100 ml 磨口锥形瓶，用移液管移入 1 ml 三氯甲烷和 3 ml 醋酸，用水滴定至终点（由清变浑）。以后依次加 2 ml、5 ml、6 ml 醋酸，分别用水滴定至终点，并记录各次各组分用量。最后再加入 10 ml 三氯甲烷和 5 ml 醋酸，加磨口塞摇动，每隔 5 min 摇动一次，30 min 后用来测另一根连接线（溶液Ⅱ）。

3. 将溶液Ⅰ和溶液Ⅱ分别移至分液漏斗中，静置分层后，用洁净且干燥的移液管（或滴管）吸取溶液 I 上层和下层液体各 2 ml，分别置于已称量的 4 个25ml带塞磨口锥形瓶中，再称其质量，然后用水洗入 100 ml 锥形瓶中，以酚酞为指示剂，用 0.5 mol/L NaOH 标准溶液滴定以确定其中醋酸的含量。

同法吸取溶液Ⅱ上层和下层液体各 2 ml，称重并滴定之，记录数据。

4. 清洗仪器，整理实验台。

5. 注意事项

（1）酸式滴定管易漏，所以试剂不宜久存管中。三氯甲烷也可用刻度移液管加入。

（2）用水滴定如超过终点，则可再滴几滴醋酸至刚由浑浊变清作为终点，记下各组分的实际用量。在作最后几点时（三氯甲烷含量较少）终点是逐渐变化的，需滴至出现明显浑浊，才停止滴加水。

（3）在室温低于 16℃时，冰醋酸可恒温后用刻度移液管量取。

（4）用移液管（或滴管）吸取二相平衡的下层溶液时，可在吹气鼓泡条件下插入移液管，这样可避免上层溶液的沾污。

【数据记录和处理】

1. 设计数据记录表格，记录终点时溶液中各组分的实际体积。由手册查出实验温度时 3 种液体的密度，算出各组分的重量百分含量，记入表中。

2. 在等边三角形坐标纸上，平滑地做出溶解度曲线。

【思考题】

1. 如连接线不通过物系点，其原因可能是什么？

2. 为什么根据体系由清变浑的现象即可测定相界？

实验四十九　电导法测定弱电解质的解离常数和难溶盐的溶解度

【实验目的】

1. 巩固溶液电导的基本概念，掌握测量电解质溶液电导的原理与方法。

2. 测定磺胺水溶液的电导率（比电导），并求摩尔电导率、解离度和解离常数。

3. 测定难溶盐的溶解度。

【实验原理】

电解质溶液的导电能力用电导 G 表示，单位为 S（西门子）。电导与导体的截面积 A 成正比，与导体的长度 l 成反比，即

$$G=\kappa\frac{A}{l} \tag{8-23}$$

式中比例系数 κ 称为电导率，单位为 S/m。

式（8-23）可以写为

$$\kappa=G\frac{l}{A} \tag{8-24}$$

式中的 $\frac{l}{A}$ 对于一定的电导电极而言是一常数，称为电导电极常数，以 K 表示。则

$$\kappa=L\cdot K \tag{8-25}$$

在相距 1 m 的两个平行电极之间，放置含有 1 mol 电解质的溶液，此溶液的电导率称为摩尔电导率，用 Λ_m 表示，单位为 $S\cdot m^2/mol$。由于规定了电解质的量为 1 mol，溶液的体积 V_m 将随浓度 c 而改变，即 $V_m=1/c$，c 的单位为 mol/m^3。所以，摩尔电导率 Λ_m 与电导率 κ 的关系为

$$\Lambda_m=\kappa V_m=\frac{\kappa}{c} \tag{8-26}$$

电解质的摩尔电导率随溶液浓度的稀释而增加，无限稀释时的摩尔电导以 Λ_m^∞ 表示。对于弱电解质来说，某一浓度时的摩尔电导率与无限稀释时的摩尔电导率之比，表示该浓度下的解离度 α

$$\alpha=\frac{\Lambda_m}{\Lambda_m^\infty} \tag{8-27}$$

因此，可以用测定电导率的方法，来测定弱电解质的解离平衡常数。

如以磺胺为例，其解离平衡常数 K_c 与解离度 α 及浓度 c 之间有如下关系：

$$H_2N\text{-}C_6H_4\text{-}SO_2NH_2 + H_2O \rightleftharpoons H_3^+O + {}^-HN\text{-}C_6H_4\text{-}SO_2NH_2$$

c（1 − α）　　　　cα　　　cα

$$K_c=\frac{c^2\alpha^2}{c\ (1-\alpha)}=\frac{c\alpha^2}{1-\alpha} \tag{8-28}$$

难溶盐氯化银的溶解度，也可通过测定其饱和水溶液的电导率而算出。

$$\kappa_{溶液}=\kappa_{AgCl}+\kappa_{H_2O} \tag{8-29}$$

所以

$$\kappa_{AgCl}=\kappa_{溶液}-\kappa_{H_2O} \tag{8-30}$$

由于难溶盐在水中的溶解度很小，溶液可视作无限稀，于是 AgCl 饱和水溶液的

摩尔电导率可以用无限稀释摩尔电导率代替，即，

$$\Lambda_{m,AgCl}=\Lambda_{m,AgCl}^{\infty}=\lambda_{m,Ag^+}^{\infty}+\lambda_{m,Cl^-}^{\infty} \tag{8-31}$$

这样由式（8－26）可计算出氯化银在水中的溶解度 c

$$c_{饱和}=\frac{\kappa_{溶液}-\kappa_{水}}{\Lambda_{m,AgCl}^{\infty}} \tag{8-32}$$

【仪器与试剂】

1. 仪器　DDS－11A 型电导率仪、电导电极、超级恒温水浴、50 ml 烧杯。

2. 试剂　0.0100 mol/L 磺胺水溶液、*AgCl* 饱和水溶液。

【实验步骤】

1. 磺胺解离常数的测定　将 50 ml 烧杯与电导电极依次用蒸馏水及待测的磺胺水溶液冲洗 2 次，然后装入被测的磺胺溶液，插入电导电极。在 25 ℃恒温水浴中，恒温 10 min 后用电导率仪测定其电导率，重复测定 3 次。代入式（8－26）、（8－27）和（8－28），即可求得磺胺的解离常数。

2. 难溶盐氯化银在水中的溶解度测定　将 50 ml 烧杯与电导电极依次用蒸馏水及待测的氯化银饱和溶液冲洗两次，然后装入被测的氯化银饱和溶液，插入电导电极。在 25 ℃恒温水浴中，恒温10 min后用电导率仪测定其电导率，重复测定三次。同法测定蒸馏水的电导率。再由手册查得 $\lambda_{m,Ag^+}^{\infty}$ 和 $\lambda_{m,Cl^-}^{\infty}$ 的数据，直接计算 $\Lambda_{m,AgCl}^{\infty}$。然后代入式（8－32）可求出氯化银在水中的溶解度 c。

3. DDS－11A 型电导率仪的操作要点　开机预热，检查指针是否指零；确定“常数”；选择工作频率（电导率 $>10^3$ 档，用“高周”，否则用“低周”）；选择适当量程档；“校正”开关打开，旋动“调整”钮，将指针调至满刻度；最后“测量”开关打开，读数。量程选择应由大到小，注意红档、黑档量程在表盘中读数的区别。

4. DDS－11A 型电导率仪的使用注意事项

（1）电极引线不能潮湿，否则所测数据不准。

（2）纯水的测量要迅速，因为空气中的二氧化碳溶解在水中，导致水的电导率的迅速增加，影响测量结果。

（3）盛待测液的容器必须清洁，无离子沾污。

（4）擦拭电极时不可触及铂黑，以免铂黑脱落，引起电极常数的改变。

【数据记录和处理】

已知：磺胺的无限稀释溶液摩尔电导 $\lambda_{m,SN}^{\infty}=0.0400S\cdot m^2/mol$

氯化银的无限稀释溶液摩尔电导 $\lambda_{m,AgCl}^{\infty}=0.013826S\cdot m^2/mol$

1. 设计数据记录表格，将实验数据列入表格中。

2. 求磺胺的解离常数。

3. 求难溶盐氯化银的溶解度。

【思考题】

1. 影响弱电解质溶液电导率的因素有哪些？

2. 电导率测定中对使用的水有什么要求？

3. 测定溶液的电导率有何实际应用？

实验五十　电动势法测定化学反应的热力学函数

【实验目的】

1. 掌握电动势法测定化学反应的热力学函数的原理和方法。

2. 掌握电位差计的测定原理和使用方法。

3. 测定反应 Ag（s）$+\frac{1}{2}Hg_2Cl_2$（s）$\longrightarrow$AgCl（s）　+　Hg（l）的热力学函数。

【实验原理】

1. 测定可逆电池的电动势求算电池反应的热力学函数　在可逆电池中，恒温恒压下，化学反应的摩尔 Gibbs 能变化 $\Delta_r G_m$ 与原电池电动势之间存在如下关系：

$$\Delta_r G_m = -zFE \tag{8-33}$$

式中 z 为电池反应中的电子计量系数；F 为 Faraday 常数；E 为反应温度下可逆电池的电动势。

该温度下，电池反应的摩尔熵变化 $\Delta_r S_m$，可根据 Gibbs - Helmholtz 公式求得：

$$\left[\frac{\partial\ (\Delta_r G_m)}{\partial\ T}\right]_p = -\Delta_r S_m \tag{8-34}$$

将式（8－33）代入上式，得：

$$\Delta_r S_m = zF\left(\frac{\partial\ E}{\partial\ T}\right)_p \tag{8-35}$$

式中 $\left(\frac{\partial\ E}{\partial\ T}\right)_p$ 称为电池电动势的温度系数，可通过测定电池在不同温度下的电动势求得。

反应的摩尔焓变化 $\Delta_r H_m$，可由热力学关系式 $\Delta_r G_m = \Delta_r H_m - T\Delta_r S_m$ 和式（8－33）及式（8－35）求出：

$$\Delta_r H_m = -zEF + zFT\left(\frac{\partial\ E}{\partial\ T}\right)_p \tag{8-36}$$

2. 电位差计工作原理　测定电动势必须用电位差计，它是采用对消法（或称补偿法）原理，在无电流通过的情况下测得的电动势，其工作原理见图 8－16。

首先根据实验温度，调整标准电阻 R_s 值，接通标准电池 E_s，调整工作电阻 R_w，使检流计 G 指零，即对消 E_s，此时工作电流是个定值：$I = \frac{E_s}{R_s}$ = 常数。然后接通待测电池 E_x，调整电阻 R_x，使检流计 G 指零，此时待测电池的电动势 E_x 等于电阻 R_x 两端的电压降 $E_x = IR_x$ = 常数 $\times R_x$，R_x 在电位差计上直接表示为电动势值。

3. 将化学反应设计成可逆电池　本实验测定的化学反应为：

$$Ag\ (s) + \frac{1}{2}Hg_2Cl_2\ (s) \longrightarrow AgCl\ (s) + Hg\ (l)$$

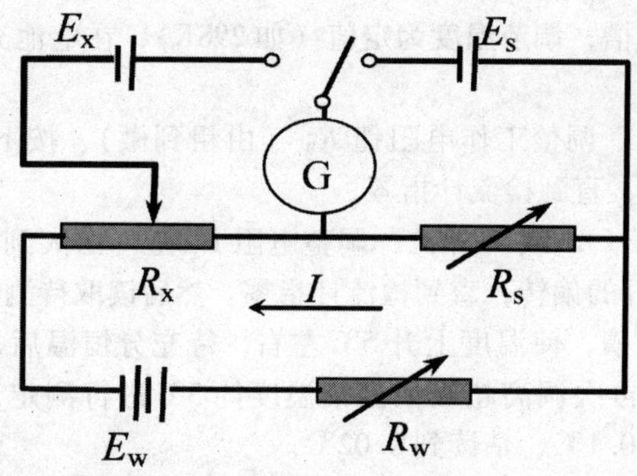

图 8－16　电位差计工作原理示意图

将该反应设计成电池：

负极　　$Ag\ (s) + Cl^-\ (a) \longrightarrow AgCl\ (s) + e^-$

正极　　$\frac{1}{2}Hg_2Cl_2\ (s) + e^- \longrightarrow Hg\ (l) + Cl^-\ (a)$

电池组成　$Ag\ (s) \mid AgCl\ (s) \mid KCl\ (0.1\ mol/L) \mid Hg_2Cl_2\ (s) \mid Hg\ (s)$

因此用银－氯化银电极为负极，甘汞电极为正极，以 KCl 溶液为电极液组成可逆电池，通过测定电池的电动势数值来计算反应的热力学函数。由电池反应可以看出，该电池的电动势与 KCl 溶液的活度无关，即 $E = E^{M}YM$。但是，KCl 浓度太大对银－氯化银电极有溶解作用，故本实验采用 0.1 mol/L 的 KCl 作电极液。

【仪器与试剂】

1. 仪器　UJ－25 型电位差计及附件、超级恒温水浴、恒温隔套、磁力搅拌器、银－氯化银电极和甘汞电极（0.1 mol/L KCl）。

2. 试剂　0.1 mol/L 的 KCl 溶液。

【实验步骤】

1. 如图 8－17 连接各装置和接线，开启磁力搅拌器。

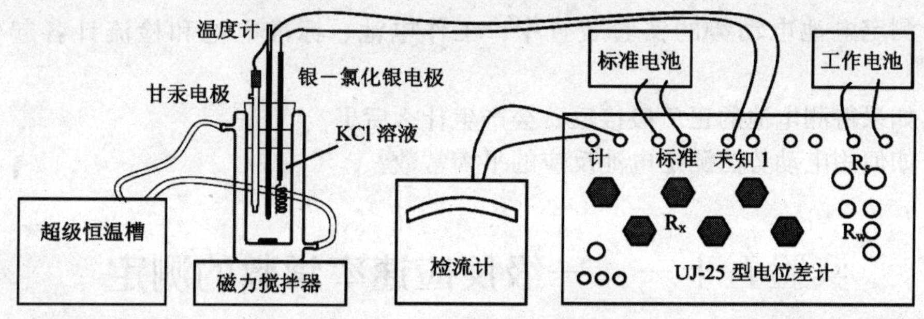

图 8－17　实验装置示意图

2. 查看标准电池的温度 T（K），查表或按下式计算该温度时标准电池的电动势 E_S，调整标准电池钮 R_S 到计算值。

$$E_S = 1.01845 - 4.05 \times 10^{-5}(T-293) - 9.5 \times 10^{-7}(T-293)^2 + 1 \times 10^{-8}(T-293)^3 \quad (8-37)$$

3. 开启超级恒温槽，调节温度为定值（如298K），在电池充分恒温后进行以下测定操作。

4. 接通标准电池，调整工作电阻钮 R_W（由粗到微），按下检流计钮（先粗后细）查看指针的偏转，直到检流计指零。

5. 接通待测电池（X_1 或 X_2 档），调整电阻 R_x 钮（由大到小），按下检流计钮（先粗后细）查看指针的偏转，直到检流计指零。然后读取待测电池的电动势值。

6. 调节超级恒温槽，使温度上升5℃左右，待充分恒温后，重复步骤5，测定该温度下的电动势。再次调高超级恒温槽温度约5℃进行测定，共测定5～6个数据，温度读数精确到0.1℃，估读到0.02℃。

【数据记录和处理】

1. 按表8－11记录实验数据。

表8－11　不同温度下的电池电动势测定值

标准电池温度：______℃。标准电池电动势：______V

测定序号	电池温度 t（℃）	电池温度 T（K）	电池电动势 E（V）
1			
2			
3			
4			
5			

2. 作 $E\sim T$ 图，并对 $E\sim T$ 线性回归，计算电池电动势温度系数 $\left(\frac{\partial E}{\partial T}\right)_p$。

3. 根据 $E\sim T$ 关系式，计算298 K时电池的电动势 E，电池反应的 $\Delta_r G_m$、$\Delta_r S_m$ 和 $\Delta_r H_m$。

【思考题】

1. 实验测定电池电动势时，为什么一定要采用对消法？

2. 测定电池电动势的实验装置中，工作电池、标准电池和检流计各起什么作用？

3. 如果待测电池的正负极接反，会产生什么后果？

4. 如何用电动势法测定电池反应的平衡常数？

实验五十一　一级反应速率常数的测定

一、蔗糖水解反应速率常数的测定

【实验目的】

1. 掌握一级反应动力学的特点和研究方法。

2. 测定一级反应的速率常数，学会计算药物的半衰期。

3. 了解旋光仪的基本原理，掌握使用方法。

【实验原理】

蔗糖水解为葡萄糖及果糖的反应为

$$C_{12}H_{22}O_{11}\text{（蔗糖）}+H_2O \xrightarrow{H^+} C_6H_{12}O_6\text{（葡萄糖）}+C_6H_{12}O_6\text{（果糖）}$$

此反应的反应速率与蔗糖的浓度、水的浓度及催化剂 H^+ 的浓度有关。由于体系中水是大量的，可以认为其在反应过程中的浓度基本保持恒定，而 H^+ 是催化剂，其浓度也保持不变，故反应速率只与蔗糖浓度有关。此反应可视为准一级反应，其动力学方程为：

$$\ln c = \ln c_0 - kt \tag{8-38}$$

式中，t 为时间；k 为反应速率常数；c 为 t 时间的反应物浓度；c_0 为反应物的初始浓度。

当 $c=\dfrac{c_0}{2}$ 时，反应所需的时间称为反应的半衰期，用 $t_{1/2}$ 表示。由（8-38）式可得：

$$t_{1/2}=\frac{\ln 2}{k}=\frac{0.693}{k} \tag{8-39}$$

不同时刻反应物或产物的浓度测定是研究化学反应速率的关键。测定方法分为化学法和物理法两种。化学法是用化学分析方法来测定反应进行到不同时刻反应物或产物的浓度。当从系统中取出一部分样品进行分析时，必须使样品中的反应立即停止，或使其速率降至可以忽略的程度。为此常采用骤冷、冲淡、加入阻滞剂或移出催化剂等方法。此法的优点是能直接测得各时刻浓度的绝对值，但操作较繁，且有时没有合适的方法使反应停止。物理法是测定系统的某一与反应物或产物浓度呈单值函数的物理量随时间的变化。通常可利用的物理量有压力、体积、折光率、旋光度、吸光度、电导、电动势、黏度等。此法的优点是迅速而方便，通常不用中止反应，可在反应容器内进行连续测定，易于实现自动记录。

蔗糖及水解产物均为旋光性物质，但它们的旋光能力不同，故可以利用系统在反应过程中旋光度的变化来衡量反应的进程。溶液的旋光度与溶液中所含旋光物质的旋光能力、溶剂的性质、溶液浓度、液层厚度、光源波长及温度等因素有关。

为了比较各种物质的旋光能力，引入比旋光度的概念。比旋光度可用下式表示：

$$[\alpha]_D^t=\frac{\alpha}{lc} \tag{8-40}$$

式中，t 为实验温度；D 为光源波长；α 为旋光度；l 为液层厚度；c 为浓度。

当其他条件不变时，旋光度 α 与浓度 c 成正比。即

$$\alpha = Kc \tag{8-41}$$

K 为比例常数，与物质旋光能力、溶剂性质、液层厚度、光源波长、温度等因素有关。

在蔗糖的水解反应中，反应物蔗糖是右旋性物质，其比旋光度 $[\alpha]_D^{20}=66.6°$。产物中葡萄糖也是右旋性物质，其比旋光度 $[\alpha]_D^{20}=52.5°$；而果糖则是左旋性物

质，其比旋光度 $[\alpha]_D^{20}=-91.9°$。由于各旋光物质的旋光度具有加和性，因此，随着水解反应的进行，整体溶液的右旋角度不断减小，至零以后变成左旋。最后，当蔗糖完全转化为产物时，左旋角度达到最大值 α_∞。

若反应时间为 0、t 和∞时，溶液的旋光度分别用 α_0、α_t 和 α_∞ 表示，则当蔗糖未转化时，体系的旋光度 α_0 为：

$$\alpha_0=K_{反}c_0 \tag{8-42}$$

当蔗糖已完全转化时，体系的旋光度 α_∞ 为：

$$\alpha_\infty=K_{生}c_0 \tag{8-43}$$

式中的 $K_{反}$ 和 $K_{生}$ 分别为反应物和生成物的比例常数。那么，当反应进行到任意时刻，体系的旋光度 α_t 为：

$$\alpha_t=K_{反}c+K_{生}(c_0-c) \tag{8-44}$$

联立式（8-42）、（8-43）和（8-44），可以得到：

$$c_0=\frac{\alpha_0-\alpha_\infty}{K_{反}-K_{生}}=K'(\alpha_0-\alpha_\infty) \tag{8-45}$$

$$c=\frac{\alpha_t-\alpha_\infty}{K_{反}-K_{生}}=K'(\alpha_t-\alpha_\infty) \tag{8-46}$$

将（8-45）和（8-46）两式代入式（8-38），即得：

$$\ln(\alpha_t-\alpha_\infty)=-kt+\ln(\alpha_0-\alpha_\infty) \tag{8-47}$$

由此可见，以 $\ln(\alpha_t-\alpha_\infty)$ 对 t 作图为一直线，由该直线的斜率即可求得反应速率常数 k，进而可求得半衰期。

若测得不同温度下的速率常数，根据阿仑尼乌斯方程，可求取反应的活化能 E_a。

$$\ln k=-\frac{E_a}{RT}+\ln A \tag{8-48}$$

【仪器与试剂】

1. 仪器 旋光仪（如 WZZ-2 型自动旋光仪）、恒温槽、超级恒温槽（当使用带恒温水隔套的旋光管时）、台称、停表、烧杯、移液管、带塞三角瓶。

2. 药品 蔗糖（分析纯）、3 mol/L HCl 溶液。

【实验步骤】

1. 熟悉旋光仪的构造，学习使用方法，了解注意事项。

2. 旋光仪零点的校正　在旋光管夹套中通入30℃恒温水，管内装入蒸馏水，恒温后，测定旋光度，重复测量 3 次，取其平均值，作为旋光仪的零点。

3. 溶液的配制　用台秤称取 20 g 蔗糖，加入 100 ml 蒸馏水配成 20 % 的溶液，若溶液浑浊则需过滤。浓 HCl 按 1:3 稀释成 3 mol/L 的浓度。两者分别放入 30℃ 恒温槽中恒温。

也可配置 10 % 蔗糖溶液和按 1:4 稀释的盐酸溶液进行实验。

4. α_t 的测定　用移液管移取 25 ml 蔗糖溶液于干燥的 100 ml 带塞三角瓶中，移取 25 ml 3 mol/L HCl溶液于另一三角瓶中，迅速将 HCl 溶液倒入蔗糖溶液中，计时开始。混匀后，用少量混合液润洗旋光管 2 次，然后将混合液装满旋光管，进行 α_t 的测定。从计时开始，每隔 3 min 测一次旋光度，测定 6 次，继而每隔 5 min 测 1 次，测定 3 次。

使用普通旋光管时，应将旋光管置于恒温槽中，在测定时刻前迅速取出，两头擦净后进行测定。测定结束后，再迅速放回到恒温槽中。

注意：装上液体后的旋光管光路中不应存有气泡，旋紧旋光管两端的旋光片时既要防止过松引起液体渗漏，又要防止过紧造成用力过大而压碎玻片。操作时应特别注意避免酸液滴漏到仪器上腐蚀仪器，实验结束后必须将旋光管洗净。旋光仪中的钠光灯不宜长时间开启，测量间隔较长时应熄灭，以免损坏及温度对 α_t 的测定产生影响。

5. α_∞ 的测定　将步骤 4 剩余的混合液放入 50～60℃的恒温水浴中，反应 60 min 后冷却至实验温度，测定其旋光度，此值即为 α_∞。注意：水浴温度不可太高，否则将产生副反应，溶液颜色变黄。同时在恒温过程中避免溶液蒸发影响浓度，以致造成 α_∞ 的偏差。

6. 根据需要，还可选做以下实验

（1）*催化剂的用量对反应速率的影响*：用蒸馏水将 3 mol/L HCl 稀释成 1.5 mol/L，重复步骤 4、5，测定 α_t 和 α_∞，计算速率常数。

（2）*温度对反应速率的影响*：分别在不同温度（如 25℃、30℃和 35℃）下，使用相同浓度的催化剂，重复步骤 4、5，测定 α_t 和 α_∞，计算各温度下的速率常数和反应的活化能。不同温度测定时，取样时间间隔和反应总时间应作适当调整。

【WZZ－2 型自动旋光仪介绍】

1. 仪器的构造原理　旋光仪是测定物质旋光度的仪器。通过对样品旋光度的测定，可以分析确定物质的浓度、含量及纯度等。WZZ－2 型自动旋光仪采用光电检测自动平衡原理，进行自动测量，测量结果由数字显示。

WZZ－2 型自动旋光仪的测量原理如图 8－18 所示。仪器采用 20 瓦钠光灯作光源，由小孔光栏和物镜组成一个简单的点光源平行光管，平行光经偏振镜 A（偏振轴为 OO）变为平面偏振光，当偏振光经过有法拉第效应的磁旋线圈时，其振动平面上产生 50 赫兹的 β 角摆动，光线经过偏振镜 B（偏振轴为 PP）投射到光电管上，产生交变的电讯号。

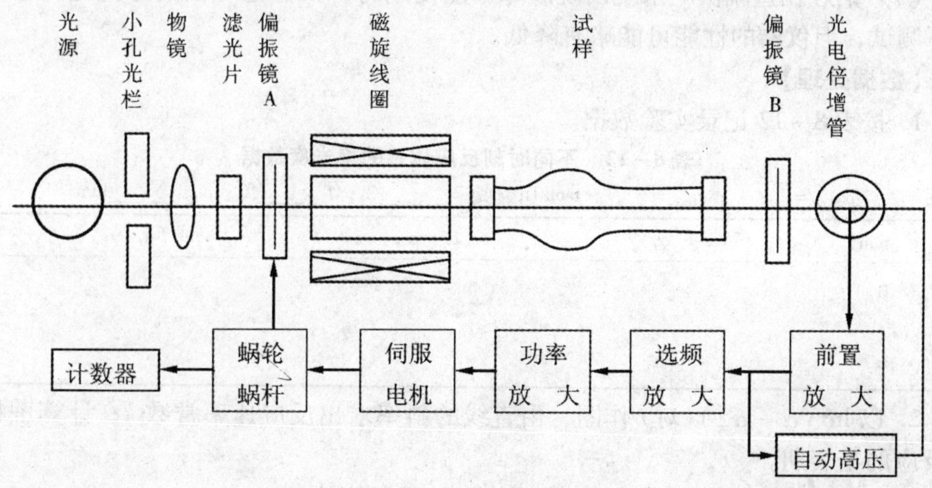

图 8－18　自动旋光仪原理

仪器以两偏振镜光轴正交时（即 OO⊥PP）作为光学零点，此时，$\alpha=0°$。当偏振光通过旋光性物质时，偏振光的振动面与偏振镜 B 的偏振轴不垂直，光电检测器便能检测到 50 赫兹的光电讯号，该讯号能使工作频率为 50 赫兹的伺服电机转动，并通过蜗轮蜗杆将偏振镜 A 转过一个 α 角度，此 α 角度就是被测试样的旋光度，并在旋光仪的数显窗显示。

2. 使用方法

（1）将仪器电源插头插入 220V 交流电源，打开电源开关，这时钠光灯应启亮，预热 5min，使钠光灯发光稳定。

（2）打开光源开关，如光源开关扳上后，钠光灯熄灭，则再将光源开关上下重复扳动 1 到 2 次，使钠光灯在直流下点亮，为正常。

（3）打开测量开关，这时数码管应有数字显示。

（4）将装有蒸馏水或其他空白溶剂的试管放入样品室，盖上箱盖，待示数稳定后，按清零按钮。

（5）取出空白溶剂的试管，将待测样品注入试管，按相同的位置和方向放入样品室内，盖好箱盖。仪器数显窗将显示出该样品的旋光度。

（6）逐次揿下复测按钮，重复读几次数，取平均值作为样品的测定结果。

（7）如果样品超过测量范围，仪器在 ±4 处来回振荡。此时，取出试管，仪器即自动转回零位。

（8）仪器使用完毕后，应依次关闭测量、光源、电源开关。

3. 注意事项

（1）仪器应放在干燥通风处，防止潮气侵蚀，尽可能在 20℃ 的工作环境中使用仪器，搬动仪器应小心轻放，避免震动。

（2）在调零或测量时，试管中不能有气泡，若有气泡，应先让气泡浮在凸颈处；如果通光面两端有雾状水滴，应用软布揩干。试管螺帽不宜旋得太紧，以免产生应力，影响读数。试管安放时应注意标记的位置和方向。

（3）钠灯在直流供电系统出现故障不能使用时，仪器也可在钠灯交流供电的情况下测试，但仪器的性能可能略有降低。

【数据处理】

1. 按表 8－12 记录实验数据。

表 8－12　不同时刻反应体系的旋光度数据

$\alpha_{零点}$ = ______；c_{HCl} = ______ mol/L；$c_{蔗糖}$ = ______ %；T ______ ℃；$p_{大气}$ ______ kPa

t（min）	α_t	$\alpha_t-\alpha_\infty$	$\ln(\alpha_t-\alpha_\infty)$
0			
…			
∞			

2. 以 $\ln(\alpha_t-\alpha_\infty)$ 对 t 作图，由直线的斜率求出反应速率常数 k；计算蔗糖转化反应的半衰期。

3. 比较催化剂浓度对反应速率常数 k 及 α_∞ 的影响。

4. 根据阿仑尼乌斯方程，计算反应活化能 E_a。

【思考题】

1. 实验中，为什么用蒸馏水来校正旋光仪的零点？在蔗糖转化反应过程中，所测的旋光度 α_t 是否需要零点校正？为什么？

2. 如何判断某一旋光物质是左旋还是右旋？

3. 蔗糖溶液为什么可粗略配制？配制反应液时为什么要用移液管取蔗糖和盐酸溶液？

4. 蔗糖的转化速度和哪些因素有关？

二、吸收度法测定硫酸链霉素水解的速率常数

【实验目的】

1. 掌握一级反应动力学的特点和研究方法。

2. 测定一级反应的速率常数，学会计算药物的半衰期。

3. 了解旋光仪的基本原理，掌握使用方法。

【实验原理】

硫酸链霉素在碱性溶液中水解为链霉胍及链霉双糖胺，链霉胍部分分子重排为麦芽酚，该反应为假一级反应。

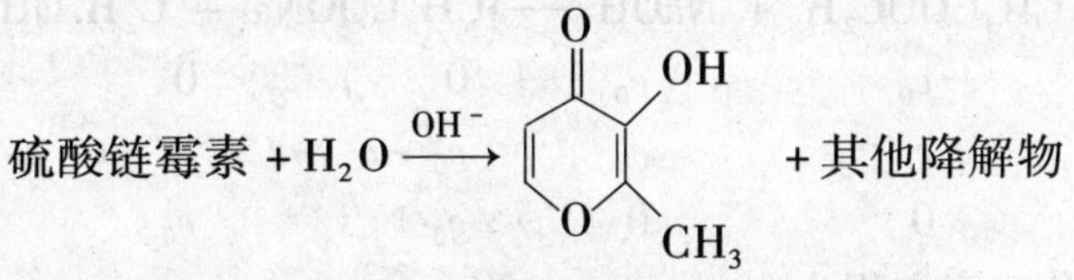

硫酸链霉素 + $H_2O \xrightarrow{OH^-}$ （O、OH、O、CH_3） + 其他降解物

此反应的反应速率服从一级反应动力学方程式，即：

$$\ln(c_0 - c) = -kt + \ln c_0 \tag{8-49}$$

式中：c_0 为链霉素的初浓度；c 为 t 时刻麦芽酚的浓度；k 为水解速率常数。

硫酸链霉素水溶液在碱性条件下水解时，定量产生的麦芽酚可与铁离子作用，生成紫红色络合物，该络合物在 520 nm 波长处有最大吸收，由溶液的吸光度可以测得不同时刻硫酸链霉素的浓度。

（O、OH、O、CH_3） + $Fe^{3+} \longrightarrow$ [（O、O^-、O、CH_3）$]_3 Fe^{3+}$

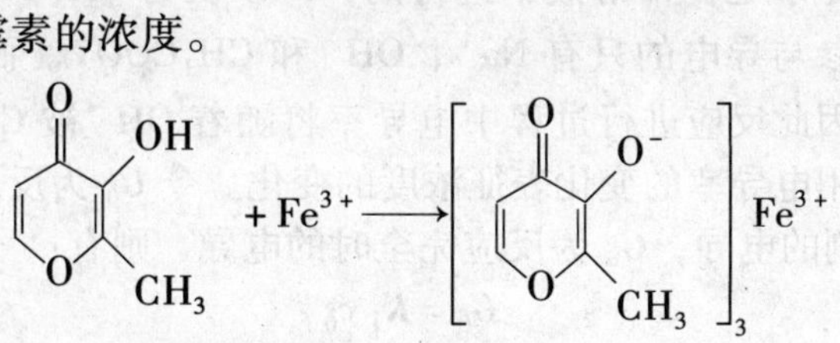

硫酸链霉素水溶液的初浓度 c_0 与此溶液中硫酸链霉素全部水解时测得的吸收度 A_∞ 成正比，即 $c_0 \propto A_\infty$；t 时刻麦芽酚的浓度 c 与该时间测得的吸收度 A_t 成正比，即 $c \propto A_t$，而 t 时刻硫酸链霉素的浓度正比于（$A_\infty - A_t$）。根据式（8－49），有：

$$\ln(A_\infty - A_t) = -kt + \ln A_\infty \tag{8-50}$$

以 $\ln(A_\infty - A_t)$ 对 t 作图为一直线，由直线的斜率计算反应的速率常数 k。

实验五十二　乙酸乙酯皂化反应速率常数及活化能的测定

【实验目的】

1. 用电导法测定乙酸乙酯皂化反应速率常数。

2. 了解二级反应的特点，学会用作图法或计算法求取二级反应的速率常数，了解反应活化能的测定方法。

3. 掌握电导仪或电导率仪的使用方法。

【实验原理】

乙酸乙酯的皂化反应是典型的二级反应：

$$CH_3COOC_2H_5 + NaOH \longrightarrow CH_3COONa + C_2H_5OH$$

反应过程中各物质的浓度随时间的变化，可直接通过酸碱滴定求得（化学法），或通过间接测定溶液电导率而求得（物理法），本实验采用后者。为处理方便起见，在设计实验时采用相同的反应物起始浓度 c_0。因此，不同时刻，反应体系中各物质的浓度分别为

	$CH_3COOC_2H_5$	+ $NaOH$	$\longrightarrow CH_3COONa$	+ C_2H_5OH
$t=0$ 时	c_0	c_0	0	0
$t=t$ 时	c	c	c_0-c	c_0-c
$t\to\infty$ 时	0	0	c_0	c_0

该反应的积分速率方程为：

$$\frac{1}{c}-\frac{1}{c_0}=kt \tag{8-51}$$

式中 k 为反应速率常数。只要测出不同 t 时刻的浓度 c，就可以通过数据处理得到反应速率常数 k。

假定整个反应体系是在稀溶液中进行的，可以认为 CH_3COONa 是全部解离的。因此，反应体系中参与导电的只有 Na^+、OH^- 和 CH_3COO^-。而 Na^+ 的浓度在反应前后不发生变化，因此反应进行过程中电导率将随着 OH^- 被 CH_3COO^- 取代而不断变小。这样，可以用电导率的变化表征浓度的变化。令 G_0 为反应起始时的电导，G_t 为反应进行至 t 时刻的电导，G_∞ 为反应完全时的电导，则有：

$$G_0=K_1\,c_0 \tag{8-52}$$

$$G_\infty=K_2\,c_0 \tag{8-53}$$

$$G_t=K_1\,c+K_2(c_0-c) \tag{8-54}$$

将式（8－52）和式（8－53）代入式（8－54），消去比例常数 K_1 和 K_2，可得浓度 c 与电导的关系式：

$$c=\frac{G_t-G_\infty}{G_0-G_\infty}c_0 \tag{8-55}$$

将式（8－55）代入式（8－51），得

$$\frac{G_0-G_t}{G_t-G_\infty}=c_0kt \tag{8-56}$$

因此，只要测定 G_0、G_∞ 和不同时刻的 G_t 值后，以 $\frac{G_0-G_t}{G_t-G_\infty}$ 对 t 作图或线性回归，从回归直线斜率可求出速率常数 k。

而已知电导和电导率的关系为：

$$G=\kappa\frac{A}{l} \tag{8-57}$$

对同一电导池而言，A/l 为常数，故电导与电导率成正比。即不同时刻的电导率与浓度之间存在着与式（8-56）相似的关系：

$$\frac{\kappa_0-\kappa_t}{\kappa_t-\kappa_\infty}=c_0kt \tag{8-58}$$

因此，只要测定 κ_0、κ_∞ 和不同时刻的 κ_t 值后，以 $\frac{\kappa_0-\kappa_t}{\kappa_t-\kappa_\infty}$ 对 t 作图或线性回归，从回归直线斜率可求出速率常数 k。

在温度变化范围不大时，反应速率常数与温度的关系符合阿伦尼乌斯方程

$$\ln\frac{k_2}{k_1}=-\frac{E_a}{R}\left(\frac{1}{T_2}-\frac{1}{T_1}\right) \tag{8-59}$$

$$\ln k=-\frac{E_a}{R}\cdot\frac{1}{T}+\ln A \tag{8-60}$$

通过测定两个不同温度 T_1、T_2 时的反应速率常数 k_1 和 k_2，即可由式（8-59）计算出反应的活化能 E_a。若测得多个温度下的速率常数，根据式（8-60），由作图法可求得反应的活化能 E_a 和指前因子 A。

本实验装置示意图见图 8-19。

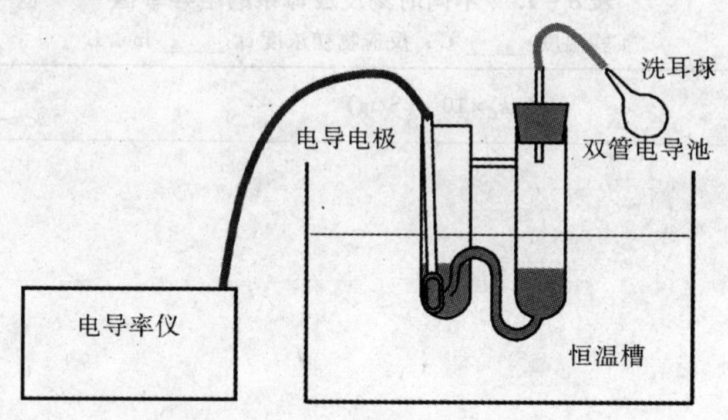

图 8-19　反应速率常数测定示意图

【仪器与试剂】

1. 仪器　恒温槽、电导率仪、停表、电导池（碘瓶或试管）、10 ml 移液管。

2. 试剂　0.02 mol/L NaOH 溶液、0.02 mol/L $CH_3COOC_2H_5$ 溶液、0.01 mol/L NaOH 溶液、0.01 mol/L CH_3COONa 溶液。

【实验步骤】

1. 熟悉电导率仪的使用　SLDS-Ⅰ型数显电导率仪操作要点：电导率仪开机预热 10 min，将“温度”旋钮调至实验温度（例如 298K）；“校正/测量”开关置于“校正”位置，调节“常数”旋钮使显示数（小数点位置不论）与所使用电极的常

数值一致。然后将“校正/测量”开关置于“测量”位置。

DDS－11A 型电导率仪的操作要点：开机预热，检查指针是否指零；确定“常数”；选择工作频率（电导率 $>10^3$ 档，用“高周”，否则用“低周”）；选择适当量程档；“校正”开关打开，旋动“调整”钮，将指针调至满刻度；最后“测量”开关打开，读数。量程选择应由大到小，注意红档、黑档量程在表盘中读数的区别。

2. 恒温槽调节至25℃。

3. k_0 的测量 取适量的0.01 mol/L NaOH 溶液于电导池中，插入电导电极，置于恒温槽中恒温10 min。按动“量程/选择”开关选择合适量程（如果数据为1，表明超出测量范围，应选高档量程；如读数很小，应选低档量程），待显示稳定后读数。

4. kG^{∞} 的测量 按上述操作方法测量0.01 mol/L CH_3COONa 溶液的电导率 k_{∞}。

5. k_t 的测量 分别用移液管准确量取10 ml 的0.02 mol/L 的 NaOH 和0.02 mol/L 的 $CH_3COOC_2H_5$ 溶液于联通双管电导池中，反应液于分隔的两管中恒温10 min 后，然后用洗耳球将一侧反应物压入另一侧混合之，并开始计时。混合时可压入、抽回反复操作3次。在第5 min、10 min、15 min、20 min、25 min、30 min、40 min 和50 min 时分别测其电导率 k_t。

6. 活化能测定 选择不同的温度，重复上述步骤，测定不同温度下速率常数，取样时间间隔和反应总时间作适当调整。

【数据记录和处理】

1. 按表8－13 记录实验数据。

表8－13　不同时刻反应体系的电导率值

实验温度______℃；反应物初浓度 c_0 ______mol/L

t（min）	$k_t\times10^3$（S/m）	$\dfrac{\kappa_0-\kappa_t}{\kappa_t-\kappa_\infty}$
0		
5		
10		
15		
20		
25		
30		
40		
50		
∞		

2. 以 $\dfrac{\kappa_0-\kappa_t}{\kappa_t-\kappa_\infty}$ 对 t 作图和线性回归，从回归直线的斜率计算反应速率常数 k，并求算反应的半衰期 $t_{1/2}$。

3. 由不同温度的速率常数值，计算反应活化能。

【思考题】

1. 为什么0.01 mol/L NaOH 溶液和0.01 mol/L CH_3COONa 溶液的电导率可分别

被记为 κ_0 和 κ_∞？

2. 本实验为什么在恒温下进行？改变温度进行上述实验操作，所得的 k 值是否相同？

3. 若 NaOH 溶液和 $CH_3COOC_2H_5$ 溶液起始浓度不等，能否计算 k 值？

实验五十三　最大泡压法测定溶液的表面张力

【实验目的】

1. 明确溶液表面吸附的概念和特点，理解表面张力和吸附之间的关系。
2. 学会利用最大气泡压力法测定溶液表面张力的原理和技术方法。
3. 根据吉布斯公式计算溶液表面吸附量，绘制吸附等温线。

【实验原理】

1. 表面张力等温式　一定温度下，液体表面张力与溶液浓度的关系曲线，称表面张力等温线，如图 8－20 所示。若用数学方程式表示表面张力与溶液浓度之间的关系，则称作表面张力等温式。用吸附平衡方法，可导出如下表面张力等温式：

$$\sigma=\sigma_0\left(1-\frac{ac}{1+bc}\right) \tag{8-61}$$

式中，σ、σ_0 为溶液和纯溶剂的表面张力，c 为溶液浓度，a、b 为常数。该式对小分子醇类、羧酸类、酚类（图 8－20 中的Ⅱ型曲线）溶液有很好的拟合度。将该式作线性转换，可以得到：

$$\frac{\sigma_0 c}{\sigma_0-\sigma}=\frac{b}{a}c+\frac{1}{a} \tag{8-62}$$

2. Gibbs 吸附公式　溶质在溶液中的分散是不均匀的，也就是说溶质在液体表面层中的浓度和液体内部不同。这种溶质分布在溶液表面上的浓度与溶液内部浓度有所不同的现象称作吸附现象。对于两组分（非电解质）稀溶液，在指定温度与压力下，溶质的吸附量与溶液浓度的关系曲线称表面吸附等温线（图 8－21），两者的数学关系服从吉布斯吸附等温式：

$$\Gamma=\frac{-c}{RT}\left(\frac{d\sigma}{dc}\right)_T \tag{8-63}$$

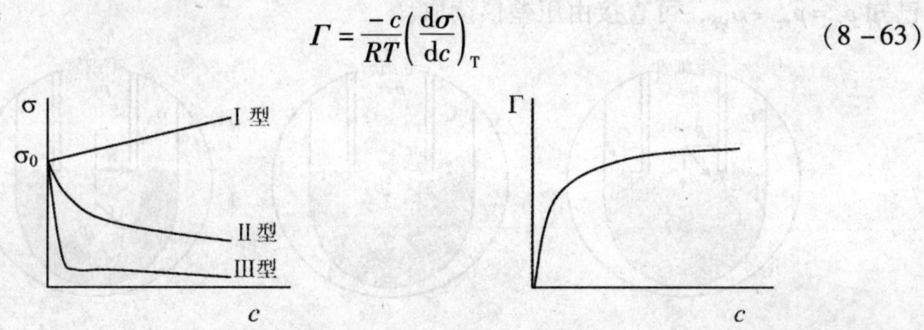

图 8－20　表面张力等温线　　图 8－21　表面吸附等温线（正吸附）

式中 Γ 为溶质在单位面积表面层中的吸附量，c 为溶液的浓度，T 为热力学温度，σ 为溶液的表面张力，$\frac{d\sigma}{dc}$ 称作表面活度。若 $\frac{d\sigma}{dc}<0$，溶液的表面张力将随溶质浓度的升高而降低，因此 $\Gamma>0$，溶质在液体表面产生正吸附。这类能降低水的表面张力的物质称为表面活性物质。反之，若 $\frac{d\sigma}{dc}>0$，溶液的表面张力将随溶质浓度的升高而升高，因此 $\Gamma<0$，溶质在液体表面产生负吸附。这类能升高水的表面张力的物质称为表面惰性物质。

对于式（8－61），其相应的吸附等温式为

$$\Gamma=-\frac{c}{RT}\cdot\frac{d\sigma}{dc}=-\frac{c}{RT}\cdot\left(-\frac{\sigma_0 a}{(1+bc)^2}\right)=\frac{\sigma_0 a}{RT}\cdot\frac{c}{(1+bc)^2} \quad (8-64)$$

3. 最大气泡压力法测定表面张力原理　测定表面张力的仪器装置如图 8－22（1）（使用恒温隔套），或图 8－22（2）（使用恒温槽）所示。

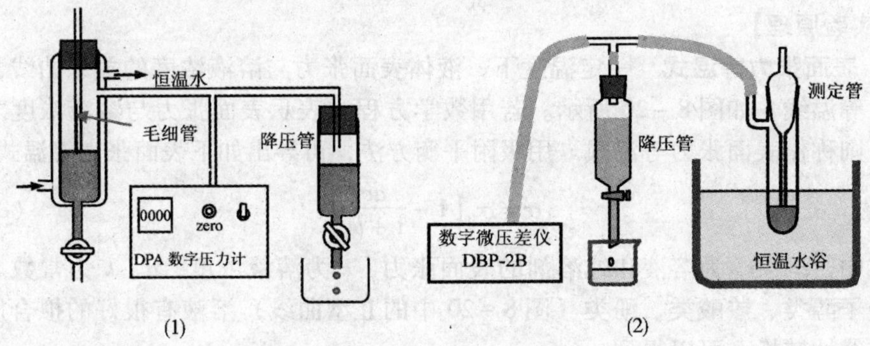

图 8－22　最大气压力法测定液体表面张力装置

测定管中的毛细管端面与液体相切，系统与外压隔开。当系统内压 $p_{内}$ 通过降压管减小时，毛细管口形成凹液面，同时产生曲面压力 p_r 抗衡外压，维持平衡。根据 Laplace 公式，$p_r=\frac{2\sigma}{r}$，p_r 随液面的曲率半径 r 减小而增大，当 r 等于毛细管半径 R 时，p_r 最大，此时气泡将失去平衡而逃逸，详细描述见图 8－23。由于气泡逃逸时的曲率半径为定值（$r=R$），因此可通过测定气泡逃逸时的 p_r 来计算表面张力。已知 $p_r=p_{外}-p_{内}$，可直接由压差仪读取。

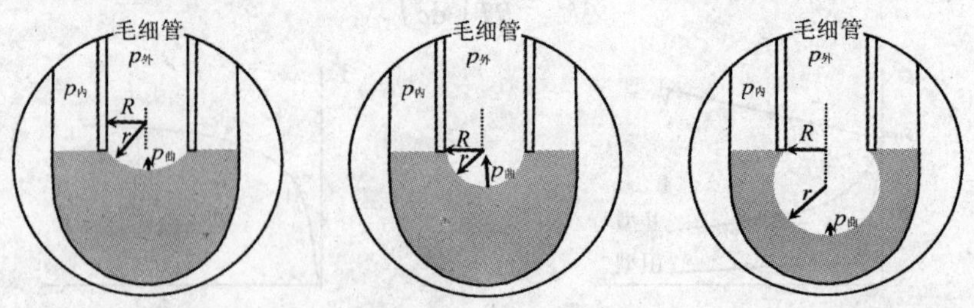

图 8－23　毛细管内液面变化和曲面压力变化

实验温度下水的表面张力 $\sigma_{水}$ 可查表得到，用同一毛细管分别测定 $p_{水}$ 和 $p_{样品}$，可按下式计算样品的表面张力 $\sigma_{样品}$。

$$p_{样品} = \frac{2\sigma_{样品}}{r} \tag{8-65}$$

$$p_{水} = \frac{2\sigma_{水}}{r} \tag{8-66}$$

$$\sigma_{样品} = \frac{\sigma_{水}}{p_{水}} \cdot p_{样品} \tag{8-67}$$

【仪器与试剂】

1. 仪器　表面张力测定器（测定管、减压管、精度为1Pa的微压差仪）、恒温槽。

2. 试剂　醋酸、异戊醇或其他表面活性物质、标准NaOH溶液。

【实验步骤】

1. 配制醋酸水溶液，使其浓度约为0.1 mol/L、0.25 mol/L、0.50 mol/L、1.0 mol/L、1.5 mol/L、2.0 mol/L和3.0 mol/L，用标准NaOH溶液滴定，确定其准确浓度。

若测定异戊醇溶液的表面张力，配制的溶液浓度分别约为0.006 25 mol/L、0.0125 mol/L、0.025 mol/L、0.05 mol/L及0.1 mol/L。

2. 取一定量的蒸馏水注入事先洗净的测定管中，插入毛细管，调节蒸馏水的量，确保液面与毛细管端部恰好接触。将测定管固定到恒温槽中，注意保持垂直。调节恒温槽温度至指定值，如30℃。压力计调零后，与系统相连。

3. 恒温5~10 min后，打开降压管活塞缓慢放水，系统逐渐减压，控制水的流速使压差计的示值每1 Pa变化都能显示（约1 min出8~12个气泡）。记录气泡逃逸时的最大压差值，连续读取3次（误差不超过±2 Pa），取平均值。注意系统不要漏气，液体不能进入连接软管。

4. 按由稀到浓的顺序，依同法测定不同浓度的醋酸（或异戊醇）溶液。每次更换溶液时，必须用待测液洗涤毛细管内壁及管壁3次，测定管保持相同位置和垂直度。

5. 实验完毕，用洗衣粉（内含去污粉）和热水清洗测定管，蒸馏水冲淋后沥干待用。仪器复位，整理实验台。

【数据记录和处理】

1. 按表8-14记录实验数据。

表8-14　最大气泡压力法测定表面张力实验值

实验温度________℃；大气压________kPa

浓度 c（mol/L）	压差 p_r（kPa）	表面张力 $\sigma_{样}$（N/m）	吸附量 Γ（10^6mol/m）

2. 以 σ 对 c 作图，得到表面张力等温线（横坐标浓度从零开始）。

3. 用Excel软件进行数据拟合：应用“规划求解”功能对式（8-61）进行非

线性拟合，求出常数 a 和 b。

也可按方程（8－64），作线性拟合，由截距和斜率求出常数 a 和 b。

4. 按式（8－63），计算不同浓度的吸附量 Γ，并以吸附量 Γ 对浓度 c 作图，得到表观吸附等温线（对醋酸溶液，用低浓度部分 c ＜1.5 mol/L 进行计算）。

【思考题】

1. 表面张力测定管的清洁与否对所测数据有何影响？

2. 本实验成败的关键是什么，如果气泡出得很快，或两三个一起出来对结果有什么影响？

3. 毛细管的端口为什么要刚好接触液面？操作过程中如将毛细管端口插入液面过深，有何影响？

【其他测量系统】

正丁醇水溶液，浓度为 0.02 mol/L、0.05 mol/L、0.10 mol/L、0.20 mol/L、0.25L mol/L、0.30 mol/L、0.35 mol/L 和 0.5 mol/L。

乙醇水溶液，浓度为 5%、10%、15%、20%、25%、30%、35%、40%。

用正丁醇或乙醇作为研究系统时，需要先用阿贝折光仪测定各配制浓度溶液的折光率，然后根据实验室给出的浓度（折光率标准曲线求得准确的溶液浓度）。

实验五十四　电导法测定临界胶团浓度

【实验目的】

1. 用电导法测定离子型表面活性剂临界胶团浓度。

2. 学习表面活性剂的特性和临界胶团形成的原理。

3. 掌握电导率仪和超级恒温槽的使用方法。

【实验原理】

表面活性剂是指那些具有两亲结构，可明显降低体系表面张力的物质。当表面活性剂的浓度较低时，表面活性剂在溶液的表面定向排列，溶液中的浓度相对较低；当表面活性剂的浓度超过一定值时，溶液表面被表面活性剂分子占满，同时溶液内部的表面活性剂离子或分子将会发生缔合，形成胶团。对于指定的表面活性剂，其在溶液中开始形成胶团的最小浓度称为该表面活性剂的临界胶团浓度，简称 CMC。由于表面活性剂溶液的某些物理化学性质随着胶团的形成而发生突变，故将 CMC 看作表面活性剂的重要特征，它是表面活性剂表面活性大小的一个度量。CMC 越小，则表示这种表面活性剂形成胶团所需浓度越低，达到表面饱和吸附的浓度越低，因而改变表面性质起到润湿、乳化、增溶、起泡等作用所需的表面活性剂浓度也越小，表面活性剂的表面活性就越大。因此，测定 CMC 和研究各种影响 CMC 大小的因素，对于深入了解表面活性剂的物理化学性质是至关重要的。

测定 CMC 的方法很多，如表面张力法、电导法、折光指数法、染料增溶变色法等。原则上，只要溶液的物理化学性质随着表面活性剂溶液浓度的变化在 CMC 的浓度范围内发生突变，都可用来测定 CMC。电导法是测量离子型表面活性剂 CMC 值较为经典的方法。

对于离子型表面活性剂溶液，当溶液浓度很稀时，电导的变化规律和强电解质一样。但当溶液浓度达到临界胶团浓度时，随着胶团的形成，带相反电荷的离子被强烈地吸附在胶团表面上，它们的部分电荷被中和，电导率发生变化，摩尔电导率急剧下降，这就是电导法测定 CMC 的依据。

本实验采用电导法，通过测定不同浓度的十二烷基硫酸钠溶液的电导率，绘制电导率与浓度的关系曲线，从曲线的转折点即可求得十二烷基硫酸钠的临界胶团浓度。

【仪器与试剂】

1. 仪器　电导率仪、超级恒温槽、铂黑电导电极、磁力加热搅拌器、容量瓶、烧杯、移液管。

2. 试剂　十二烷基硫酸钠（$C_{12}H_{25}SO_4Na$）溶液、蒸馏水。

【实验步骤】

1. 准确配制浓度范围在 0.002 mol/L、0.004 mol/L、0.006 mol/L、0.008 mol/L、0.010 mol/L、0.012 mol/L、0.016 mol/L 和 0.020mol/L 的十二烷基硫酸钠溶液各 50 ml。

2. 打开电导率仪，预热。接通超级恒温槽电源，调节温度至40℃，将待测液置于恒温槽中恒温 20 min。

3. 将电导电极安装到电导率仪上，用待测液冲洗电极并用滤纸擦干，小心将其插入上述溶液中，依次测量电导率值并记录溶液电导率。

【数据记录和处理】

1. 按表 8－15 记录实验数据。

表 8－15　十二烷基硫酸钠浓度与电导率

c（mol/L）	0.002	0.004	0.006	0.008	0.010	0.012	0.016	0.020
$\sqrt{c}$（mol/L）$^{1/2}$								
k（S/m）								
$\bar{\kappa}$（S/m）								
Λ_m（S·m^2/mol）								

2. 根据公式计算不同浓度的十二烷基硫酸钠水溶液的摩尔电导率 Λ_m，列于表 8－15 中。

3. 作 $\kappa-c$ 曲线和 $\Lambda_m-\sqrt{c}$ 曲线，分别在曲线的延长线交点上确定出 CMC 值。

【思考题】

1. 表面活性剂溶液的临界胶团浓度 CMC 的意义是什么？

2. 采用电导法测定 CMC 的影响因素是什么？

实验五十五　固体在溶液中的吸附

【实验目的】

1. 了解固体在溶液中对溶质吸附量测定的实验方法。
2. 验证弗罗因德利希和兰格缪尔吸附等温式对固体吸附的适用性。
3. 用兰格缪尔吸附等温式求算固体的比表面。

【实验原理】

1. 固体在溶液中的吸附　由于比表面较大的吸附剂（如活性炭、硅胶等）在溶液中有较强的吸附能力，故吸附情况往往比较复杂。它们不仅吸附溶质，还吸附溶剂，而且固体、溶质和溶剂三者之间相互作用，因此在理论上的处理不如气相中对气体的吸附那样简单，吸附量要用表观吸附量 $(x/m)_{表观}$ 表示：

$$\left(\frac{x}{m}\right)_{表观}=\frac{V(c_0-c)}{m} \tag{8-68}$$

式中 m 为吸附剂的质量；V 为溶液的体积；c_0 为溶液的起始浓度；c 为吸附达平衡后溶液的浓度；x 为吸附溶质的摩尔数，该摩尔数并非溶质覆盖在固体表面的绝对值，而是与体相比较所得摩尔数的差值，可正或负，也可能为零。

2. 吸附等温式　对于固体在溶液中的吸附，没有成熟的理论推导式，一般套用固体在气相中对气体的两个吸附等温式：

$$\left(\frac{x}{m}\right)_{表观}=Kc^n \tag{8-69}$$

$$\left(\frac{x}{m}\right)_{表观}=\frac{\Gamma_m bc}{1+bc} \tag{8-70}$$

式（8－69）和式（8－70）分别为弗罗因德利希等温式和兰格缪尔吸附等温式，它们相应的线性关系式为：

$$ln\left(\frac{x}{m}\right)_{表观}=\ln K+n\ln c \tag{8-71}$$

$$\frac{c}{(x/m)_{表观}}=\frac{1}{\Gamma_m}\cdot c+\frac{1}{\Gamma_m b} \tag{8-72}$$

式（8－69）、式（8－70）、式（8－71）和式（8－72）中的 K、n、b、Γ_m 均为常数，可通过线性回归方程的截距和斜率求得；Γ_m 为饱和吸附量，其物理意义是固体表面被单分子层吸附铺满时的吸附量。

由 Γ_m 可计算固体的比表面 a：

$$a=\Gamma_m LA \tag{8-73}$$

式中 L 为 Avogadro 常数（6.023×10^{23}）；A 为溶质分子的截面积，对于直链脂肪酸（包括醋酸），$A=24.3\times10^{-20}\ m^2$。按上式测得的比表面，一般比实际值小一些，因为固体表面有部分溶剂的吸附。

【仪器与试剂】

1. 仪器　100 ml 酸式滴定管、250 ml 碘量瓶、150 ml 锥形瓶、玻璃漏斗、50 ml

碱式滴定管、10 ml 和 20 ml 移液管、精度为 0.001 g 的天平。

2. 试剂　浓度约为 0.04 mol/L、0.08 mol/L、0.12 mol/L、0.20 mol/L、0.30 mol/L 和 0.40 mol/L 的 HAc 溶液（事先标定好）、浓度约为 0.1 mol/L 的 NaOH 标准液、酚酞指示剂、活性炭。

【实验步骤】

（1）分别称取 6 份 1.000g 的活性炭于 6 个已编号的碘量瓶中。

（2）分别用 100 ml 滴定管在碘量瓶中依次加入 6 个浓度的醋酸溶液 100 ml。

（3）振摇碘量瓶约 30 min，确保吸附平衡。

（4）按浓度由稀到浓的顺序，分别过滤 6 个碘量瓶中的溶液于锥形瓶中。注意，过滤时要弃去最初部分滤液。

（5）对于浓度较小的 3 个样品，用移液管吸取 20 ml 滤液，加入酚酞指示剂，用 0.1 mol/L 的标准 NaOH 滴定至终点。将消耗的 NaOH 体积除 2，折算成 10 ml 样品的消耗量。每个样品至少滴定 2 次，若 2 次滴定消耗的体积差值大于 0.02 ml，应再次滴定。

（6）对于浓度较大的 3 个样品，用移液管吸取 10 ml 滤液，进行同样的滴定分析。

（7）取 10 ml 蒸馏水，作空白滴定。

（8）清洗仪器，整理实验台。

【数据记录和处理】

1. 按表 8-16 记录实验数据。

表 8-16　溶液浓度和活性炭对醋酸溶液的吸附量

m 1.000 g；c_{NaOH} ______ mol/L；T ______ ℃；

$V_{样品}$ 10ml；V_{HAc} 0.1L；V_0 ______ ml

序号	c_0 (mol/L)	V_{NaOH} (ml)	c (mol/L)	x/m (mol/kg)	$\ln c$	$\ln(x/m)$	$c/(x/m)$ (kg/L)
1							
2							
3							
4							
5							
6							

2. 以下式计算平衡浓度 c，将算得的 c 代入式（8-68）计算不同浓度下的表观吸附量，并作活性炭对醋酸溶液的吸附等温线 $\frac{x}{m} \sim c$。

$$c = \frac{c_{NaOH}(V - V_0)}{10}$$

3. 以 $\ln\frac{x}{m} \sim \ln c$ 作图和线性回归，求弗罗因德利希等温式的经验常数 K 和 n。

4. 以 $\frac{c}{x/m} \sim c$ 作图和线性回归，求兰格缪尔吸附等温式中的常数 b 和 Γ_m。

5. 由 Γ_m 估算活性炭的比表面。

【思考题】

1. 实验中为什么过滤活性炭时要弃去部分最初滤液?
2. 实验操作中应注意哪些问题以减少误差?

实验五十六 溶胶的制备及性质实验

【实验目的】

1. 学习用不同的方法制备溶胶，并观察溶胶的丁达尔现象和电泳现象。
2. 学会用界面移动法测定 $Fe(OH)_3$ 溶胶的 ζ－电势和确定电荷符号的方法。

【实验原理】

1. 溶胶的制备 通常，溶胶的制备方法有两种，即分散法和凝聚法。分散法是把大颗粒的物质用适当的方法粉碎为胶体大小的质点而获得胶体；凝聚法是把小分子或离子聚集成胶体大小的质点而制得溶胶。例如，$Fe(OH)_3$ 溶胶就是采用凝聚法制备的。通过水解 $FeCl_3$ 溶液生成难溶于水的 $Fe(OH)_3$，在适当的条件下，过饱和的 $Fe(OH)_3$ 溶液析出小的颗粒而形成 $Fe(OH)_3$ 溶胶。

一般制备所得的溶胶都含有过多的电解质，会使溶胶不稳定，通常可用半透膜渗析法进行纯化，以除去过多的电解质。

2. 溶胶的光学性质 当把一束可见光投射到分散系统上时，如果分散系统的粒径大于入射光的波长，粒子对光主要起反射作用，如果分散系统的粒径小于入射光的波长，粒子对光主要起散射作用。粗分散系统对可见光主要起反射作用，胶体分散系统对可见光主要起散射作用。当一束可见光通过胶体时，在光线的垂直方向观察，可以看到胶体中有一明亮的光柱，这就是丁达尔现象。

3. 溶胶的电学性质 通常在相界面上都有双电层存在，根据扩散双电层理论，由于表面分子电离或表面吸附离子而带电荷，在表面附近的介质中必定分布着与表面电性相反而电荷数相等的离子，因而表面和介质间就形成了一定电势差。介质中的离子由于热运动使它们扩散分布着，其中一部分离子紧紧地被吸附在表面形成一定厚度的紧密层，而其余的离子则以扩散的形式分布在表面附近的介质中，形成扩散层。当固液两相发生相对移动时，扩散层离子随介质移动，而紧密层离子则随固相移动，滑动面与介质内部电中性处间的电势差称为 ζ－电势，ζ－电势也叫电动电势。

在外加电场的作用下，带电的胶粒与分散的介质间会发生相对运动，胶粒向正极或负极（视胶粒所荷负电或正电而言）移动的现象称为电泳。

测定 ζ－电势对了解溶胶的稳定性具有重要意义，ζ－电势的绝对值越小，则溶胶的稳定性就愈差，当ζ－电势等于零时，溶胶的稳定性最差，此时可观察到聚沉现象。因此，无论制备溶胶和破坏溶胶，都需要了解所研究溶胶的 ζ－电势。

原则上，溶胶的任何一种电动现象（电渗、电泳、流动电势和沉降电势）都可以用来测定 ζ－电势，但常用的还是宏观电泳法。

宏观电泳法的装置如图 8-24 所示。例如，要测定 $Fe(OH)_3$ 溶胶的 ζ-电势，先在电泳管中加入暗红色的 $Fe(OH)_3$溶胶，然后在溶胶液面上加入无色的稀盐酸溶液，使溶胶与稀盐酸溶液之间形成清晰的界面；在两个弯管中各插入一支铂电极；通电一定时间后，即可见负极区域的 $Fe(OH)_3$ 溶胶与稀盐酸的界面上升，而在正极区域的 $Fe(OH)_3$ 溶胶与稀盐酸的界面下降，这说明$Fe(OH)_3$胶粒带正电荷。ζ-电势的计算公式为：

$$\zeta = \frac{K\eta u}{4\varepsilon_0\varepsilon_r E} \quad (8-74)$$

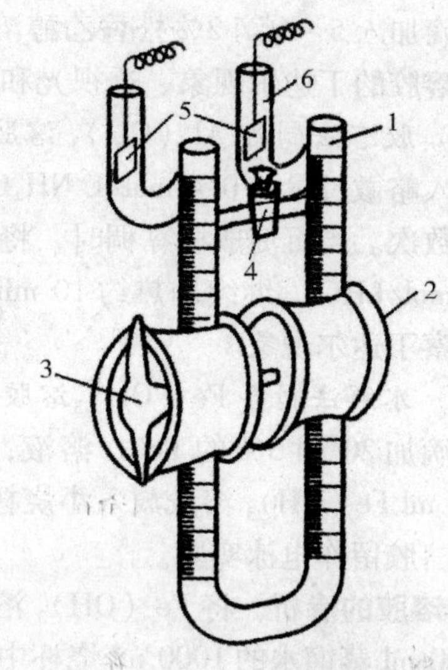

图 8-24　电泳管示意图

1. U 形管　2、3、4. 旋塞　5. 电极　6. 弯管

式中：K 为常数，对于棒状粒子 $K=4$，对于球状粒子 $K=6$，$Fe(OH)_3$胶粒按棒状粒子处理；ε_0 为真空绝对介电常数，其数值为 8.854×10^{-12} F/m，ε_r 为分散介质的相对介电常数，水的相对介电常数为 81；η 为分散介质的黏度，25℃时水的黏度为 0.8904×10^{-3} Pa·s；u 是电泳速度；E 是电势梯度。

电泳速度 u 可由溶胶界面在外电场作用下迁移的距离 h 和所用的时间 t 求出，即 $u=h/t$；电势梯度 E 可由两电极间的电压 V（V）和距离 l 求得，即 $E=V/l$ 求出。将 u、E 的表示式代入式（1）中，并取 $K=4$，得：

$$\zeta = \frac{\eta hl}{\varepsilon_0\varepsilon_r tV} \quad (8-75)$$

【仪器与试剂】

1. 仪器　电泳管、电泳仪、秒表、25 ml 和 100 ml 量筒、50 ml 烧杯、200 ml 和 1000 ml 烧杯、250 ml 三角烧瓶、500 W 电炉、铂电极、温度计（100 ℃）、电导率仪。

2. 试剂　2% 松香乙醇溶液、3% 的 $AlCl_3$ 溶液、0.4 mol/L 的 NH_4OH、0.1 mol/LHCl、3% $FeCl_3$ 溶液、5% 火棉胶液、1% 硝酸银溶液。

【实验步骤】

1. 渗析袋的制备　在一只洁净、干燥的 250 ml 锥形瓶中，倒入约 20 ml 5% 火棉胶液（注意远离火焰），小心转动锥形瓶，使其在瓶壁形成一均匀薄层。将多余的火棉胶液倒回瓶中（注意勿倒入水池），把锥形瓶倒置在铁圈上，让剩余的火棉胶液流尽。待溶剂挥发完，轻触火棉胶膜不再粘手时，在锥形瓶内加满自来水溶去残留的溶剂，几分钟后倒掉水，在锥形瓶口剥离开一部分膜。在膜与瓶壁之间注入自来水，一个完整的渗析袋就脱离瓶壁。取出袋后，将其加满蒸馏水，检查是否漏水，如果袋完好无损，泡入蒸馏水中备用。

2. 溶胶的制备

（1）置换溶剂法制备松香水溶胶：在一 50 ml 烧杯中加入 20 ml 蒸馏水，在搅拌下逐滴加入5~6滴2%松香乙醇溶液（若松香过多会形成浑浊的悬浮液）。观察松香水溶胶的丁达尔现象、透视光和侧射光，并与松香乙醇溶液对比。

（2）胶溶法制备Al（OH）$_3$溶胶：在一50 ml烧杯中加入5 ml 3%的$AlCl_3$溶液，加入略微过量的0.4 mol/L NH_4OH溶液。将Al（OH）$_3$沉淀过滤出，并用蒸馏水洗涤数次。当沉淀成极黏稠时，将其转入100 ml蒸馏水中煮沸，并不时滴加3~4滴0.1 mol/LHCl。继续加热约10 min后，停止加热，放置约1 h，沉淀几乎全部胶溶，观察丁达尔现象。

（3）水解法制备Fe（OH）$_3$溶胶：取200 ml蒸馏水于烧杯中，加热至沸腾，边搅拌边滴加20 ml 3%的$FeCl_3$溶液，再煮沸约2min，得棕红色的Fe（OH）$_3$溶胶。取约20 ml Fe（OH）$_3$溶胶放入小烧杯中，用20 ml蒸馏水稀释后，观察丁达尔现象。剩余的溶胶留作电泳实验。

3. 溶胶的渗析 将Fe（OH）$_3$溶胶倒入火棉胶袋中，扎好袋口，将其放入一盛有约600 ml蒸馏水的1000 ml烧杯中。根据情况选用热渗析法或冷渗析法纯化溶胶。

（1）热渗析：加热至60~70℃，半小时换一次水，直至渗析液用$AgNO_3$溶液检查不出Cl^-时为止。

（2）冷渗析：在室温下静置3~4天，中间更换一两次蒸馏水。

4. ζ－电势的测定 将纯化好的Fe（OH）$_3$溶胶倒入200 ml的干净烧杯中，测其电导率。另取一个干净的200 ml烧杯，配制稀盐酸。先加入150 ml蒸馏水，再往里滴加0.1 mol·dm^{-3}的盐酸，一直加到与溶胶的电导率相同为止。用少许溶胶洗涤电泳管一次，然后将溶胶注入电泳管，使液面高于旋塞2、3，关闭旋塞2、3，倒去旋塞上面多余的Fe（OH）$_3$溶胶，用配制的稀盐酸溶液洗涤两次，然后将稀盐酸溶液加满电泳管。将电泳管固定到铁架上。开通旋塞4，使两侧溶液平衡。调节液面至弯管高度2/3处。将两个铂电极插入弯管里。关闭旋塞4，同时开启旋塞2、3，使溶胶与稀盐酸溶液之间形成清晰的界面。接通电源，调节输出电压约为200 V，观察溶胶与稀盐酸溶液之间界面的迁移。待界面上升至旋塞上方有刻度部分时，选定某一位置作为界面上升的起始位置开始记时，等界面上升约2.5 cm时，记下界面上升的距离h和所消耗的时间t以及加在两电极间的电压V。关闭电源，倒掉电泳管中的液体，用金属丝量取两电极间的距离（电流在液体中流过的距离）l。实验结束后，洗净电泳管，待下次实验使用。

【数据记录及处理】

1. 记录各实验现象，并加以解释说明原因。

2. 按表8－17记录实验数据。

表8－17 电泳实验数据

t

时间t（s）	界面移动的距离h（m）	电压V（V）	电极间的距离l（m）

3. 将数据代入式（8－75），计算Fe（OH）$_3$溶胶的ζ－电势。

【思考题】

1. 影响电泳速度的因素有哪些？
2. 本实验中所用稀 HCl 的电导率为什么必须和所测溶胶的电导率十分相近？
3. Fe（OH）$_3$ 胶粒带何种电荷？

实验五十七　黏度法测定大分子的平均相对分子质量

【实验目的】

1. 掌握乌贝路德黏度计的特点及测量原理。
2. 掌握黏度法测定大分子化合物平均相对分子质量的原理和实验方法。

【实验原理】

大分子稀溶液的黏度反映了液体在流动时存在着的内摩擦。黏度法是目前应用最广泛的测定大分子平均相对分子质量的方法，常用的黏度表示方法及物理意义见表 8－18。

表 8－18　常用黏度的表示方法及物理意义

名词与符号	物理意义
溶剂黏度 η_0	溶剂分子间的内摩擦表现出来的黏度
溶液黏度 η	溶剂分子间、大分子间和大分子与溶剂分子间三者内摩擦的综合表现
相对黏度 η_r	$\eta_r=\eta/\eta_0$，溶液粘度与溶剂黏度的比值
增比黏度 η_{sp}	$\eta_{sp}=(\eta-\eta_0)/\eta_0=\eta_r-1$，溶液黏度比溶剂黏度增加的相对值
比浓黏度 η_{sp}/c	单位浓度下所显示出的黏度
特性黏度［η］	$\lim\limits_{c\to 0}\frac{\eta_{sp}}{c}=[\eta]$，无限稀溶液中大分子与溶剂分子之间的内摩擦

大分子的相对相对分子质量愈大，则它与溶剂间的接触表面也愈大，内摩擦力也愈大，表现出的特性黏度也就愈大。特性黏度和大分子的相对分子质量间的经验关系式为：

$$[\eta]=KM_\eta^\alpha \tag{8-76}$$

式中，M_η 为黏均分子质量；K 和 α 是与温度、大分子和溶剂的性质有关的常数。α 也与分子的形状和大小有关，其数值一般介于 0.5～1 之间。K 与 α 的数值可通过渗透压或光散射等方法求得。通过测定大分子溶液的黏度求得特性黏度［η］，代入式（8－76）就可以计算出大分子化合物的平均相对分子质量。

黏度的测定有许多方法，其中以乌贝路德黏度计法最为方便。若测得液体从毛细管黏度计中的流出时间，通过泊肃叶公式可计算黏度。当溶液流出的时间 t 大于 100 s 时，泊肃叶公式可表示为：

$$\eta=\frac{\pi pr^4t}{8LV} \tag{8-77}$$

式中，η 为液体的黏度；r 为毛细管的半径；t 为溶液流出的时间；p 为毛细管两端的压力差，$p=\rho gh$，h 为毛细管中液体的平均高度，g 为重力加速度，ρ 为液体的密度；L 为毛细管的长度；V 为流经毛细管的液体体积。

设 η_0、ρ_0、t_0 分别为溶剂的黏度、密度和一定体积溶剂流经毛细管的时间，η、ρ、t 分别为待测液体的粘度、密度和同体积待测液流经同一毛细管的时间，则根据式（8－77），溶剂和待测液体的黏度之间的关系为：

$$\frac{\eta}{\eta_0}=\frac{pt}{p_0t_0} \qquad (8-78)$$

将 $p=$（gh 代入式（8－78），可以得到：

$$\frac{\eta}{\eta_0}=\frac{\rho t}{\rho_0t_0} \qquad (8-79)$$

若溶液很稀时（$c<1\times10^{-5}$kg/ml），$\rho\approx\rho_0$，则式（8－79）可写成：

$$\eta_r=\frac{\eta}{\eta_0}=\frac{t}{t_0} \qquad (8-80)$$

当溶液浓度趋近于零时，$[\eta]=\lim\limits_{c\to0}\frac{\eta_{sp}}{c}=\lim\limits_{c\to0}\frac{\ln\eta_r}{c}$。所以，测定 η_r 后，即可算出 η_{sp}/c 和 $\ln\eta_r/c$，再根据下列经验式：

$$\frac{\eta_{sp}}{c}=[\eta]+\beta_1[\eta]^2c \qquad (8-81)$$

$$\frac{ln\eta_r}{c}=[\eta]-\beta_2[\eta]^2c \qquad (8-82)$$

用 η_{sp}/c 和 $\ln\eta_r/c$ 对浓度 c 作图，线性外推而得到［η］。如图 8－25 所示，两条线应重合于一点，由此也可以校验实验的可靠性。

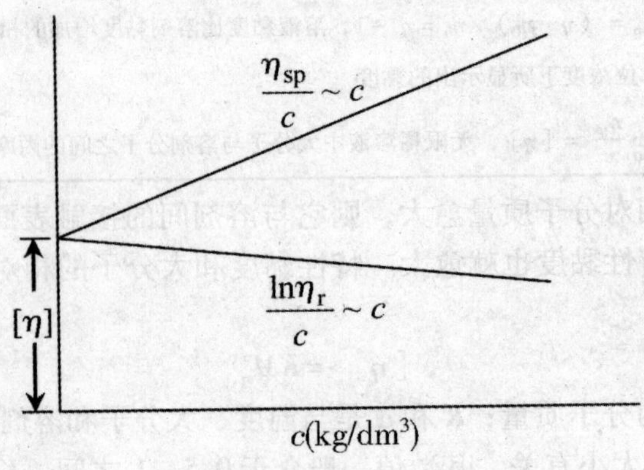

图 8－25 外推法求［η］

三、仪器与药品

1. 仪器 恒温槽、乌贝路德粘度计、秒表、5 ml 和 10 ml 移液管、100 ml 注射器、3 号砂芯漏斗、50 ml 容量瓶、50 ml 烧杯、100 ml 锥形瓶、250 ml 吸滤瓶、洗耳球、螺旋夹、橡皮管（约 20 cm 长）。

2. 试剂 右旋糖酐（分析纯，平均相对相对分子质量：40 000 ~60 000）或聚乙烯醇（分析纯）。

【实验步骤】

1. 右旋糖酐溶液的配制 用分析天平准确称取 1.5 g 右旋糖酐样品，倒入预先洗净的50 ml烧杯中，加入约30 ml蒸馏水，在水浴中加热溶解至溶液完全透明，取出自然冷却至室温，再将溶液移至50 ml的容量瓶中，加蒸馏水至刻度（浓度为0.03 kg/L）。然后用预先洗净并烘干的3号砂芯漏斗过滤，装入100 ml锥形瓶中备用。

2. 黏度计的清洗 先用洗液将黏度计洗净，再用自来水、蒸馏水分别冲洗几次，尤其要注意反复冲洗毛细管部分，洗好后烘干备用。

3. 仪器的安装 图8－26为乌贝路德黏度计示意图。调节恒温槽温度至25℃，在黏度计的B管和C管上都接上橡皮管，然后将黏度计垂直放入恒温槽并固定，最好使水面完全浸没G球。

4. 溶液流出时间的测定 用移液管量取10 ml右旋糖酐溶液（c_1），放入干燥洁净的黏度计中，恒温10min。用夹子夹紧C管上的橡皮管使之不通气，用注射器经橡皮管从B管抽气，待到液面上升至G球的一半时，移去注射器，立即打开C管上的橡皮管的夹子，D球以上的液体悬空。毛细管中的液体在重力作用下流下，当液面降到刻度a时，开启秒表记时，待液面到达刻度b时，停止计时，此即液体流过a～b刻度所需时间t。重复操作3次，每次相差不大于0.2 s，取3次的平均值为t_{av1}。然后用移液管由A管加入5 ml蒸馏水，使溶液浓度为c_2，用注射器将溶液混合均匀，并将溶液通过毛细管和G球部荡洗2～3次，再测定液体流过所需时间t_{av2}。同样依次准确加入5 ml、5 ml、10 ml、10 ml蒸馏水稀释溶液，溶液浓度分别为c_3、c_4、c_5、c_6，用同样的方法分别测定液体流过a～b刻度所需的时间t_{av3}、t_{av4}、t_{av5}、t_{av6}。

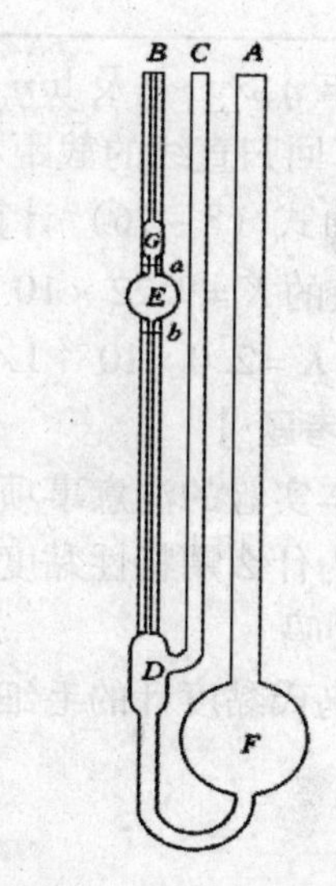

图8－26 乌贝路德黏度计

5. 溶剂流出时间的测定 倒掉黏度计中的溶液，用自来水洗净黏度计，尤其要反复冲洗黏度计的毛细管部分。最后用蒸馏水清洗3次。在黏度计中加入约10～15 ml蒸馏水，按照上述方法测定其流出时间t_{av0}。实验完毕后，倒掉黏度计中的液体，收拾好仪器和实验台。

实验步骤也可作如下设计：配制0.06 kg/L的右旋糖酐，先取10 ml蒸馏水测定溶剂的t_{av0}，然后加入10 ml右旋糖酐测定t_{av1}，再依次加5 ml、5 ml、5 ml、10 ml蒸馏水测定t_{av2}、t_{av3}、t_{av4}、t_{av5}，其优点是不必取出黏度计，保持测定条件的恒定。

【数据记录及处理】

1. 按表8－19记录实验数据。

表 8－19 不同浓度大分子溶液的黏度和流经毛细管的时间

溶剂：______；测定温度：______ ℃

c（kg/dm³）	t_{av}（s）	η_r	η_{SP}/c	$\ln\eta_r/c$
c_0				
c_1				
c_2				
c_3				
c_4				
c_5				
c_6				

2. 作 $\eta_{SP}/c \sim c$ 及 $\ln\eta_r/c \sim c$ 图，并外推到 $c\rightarrow 0$，由截距求出［η］，或作线性回归，计算回归直线的截距和相关系数。一般由 $\eta_{SP}/c \sim c$ 得到的数据较为可靠。

3. 由式（8－76）计算右旋糖酐的粘均相对分子质量 M_η 。在 25℃时，右旋糖酐水溶液的 $K=9.22\times10^{-2}$ L/kg，$\alpha=0.5$。若测定聚乙烯醇的黏均相对分子质量，25℃时，$K=2.0\times10^{-2}$ L/kg，$\alpha=0.76$。

【思考题】

1. 本实验的注意事项有哪些？

2. 为什么用特性黏度［η］来求算大分子的平均相对分子质量？它和纯溶剂粘度有区别吗？

3. 乌氏黏度计的毛细管太粗或太细对测定结果有何影响？

第九章　综合性实验

实验五十八　药用氯化钠的制备和药检

【实验目的】

1. 掌握药用氯化钠的制备原理及方法。

2. 掌握溶解、过滤、蒸发、浓缩、结晶、干燥等基本操作。

3. 初步了解药品鉴别检查的意义和方法。

【实验原理】

1. 食盐是能溶于水的固态物质，对于其中所含杂质的去除方法基本如下。

（1）有机物可通过加热炭化，因炭化后不溶于水，可与机械杂质如泥沙一起被过滤除去。

（2）一些能溶解的杂质可根据其性质借助于化学方法除去。如加入 $BaCl_2$ 溶液可使 SO_4^{2-} 生成 $BaSO_4$ 沉淀，加 Na_2CO_3 溶液可使 Ca^{2+}、Mg^{2+}、Ba^{2+} 等离子生成难溶物沉淀，先后滤去。

$$Ba^{2+} + SO_4^{2-} \rightarrow BaSO_4\downarrow$$

$$2Mg^{2+} + 2CO_3^{2-} + H_2O \rightarrow Mg_2(OH)_2CO_3\downarrow + CO_2\uparrow$$

$$Ca^{2+} + CO_3^{2-} \rightarrow CaCO_3\downarrow$$

$$Ba^{2+} + CO_3^{2-} \rightarrow BaCO_3\downarrow$$

（3）少量可溶性杂质如 Br^-、I^-、K^+ 等离子，可根据溶解度不同，在重结晶时，使其残留在母液中弃去。

2. 钠盐可以通过焰色反应或沉淀反应加以鉴别。

$$Na^+ + Zn^{2+} + 3UO_2^{2+} + 8Ac^- + HAc + 9H_2O \rightarrow NaAc\cdot Zn(Ac)_2\cdot 3UO_2(Ac)_2\cdot 9H_2O\downarrow + H^+$$

3. 氯化物则可以通过形成可溶于氨水的 AgCl 沉淀来鉴别。

$$Ag^+ + Cl^- \rightarrow AgCl\downarrow$$

$$AgCl^+ 2NH_3 \rightarrow Ag(NH_3)_2^+ + Cl^-$$

$$Ag(NH_3)_2^+ + Cl^- + 2H^+ \rightarrow AgCl\downarrow + 2NH_4^+$$

4. 钡盐、硫酸盐、钾盐、钙镁盐的限度检查，是根据沉淀反应原理，样品管和标准管在相同条件下进行比浊试验，样品管不得比标准管更深。

5. 重金属　系指 Pb、Bi、Cu、Hg、Sb、Sn、Co、Zn 等金属的离子，它们在一

定条件下能与 H_2S 或 Na_2S 作用而显色。《中华人民共和国药典》规定在弱酸性条件下进行，用稀醋酸调节。实验证明，在 pH = 3 时，PbS 沉淀最完全，反应式为：

$$Pb^{2+} + S^{2-} \rightarrow PbS \downarrow$$

重金属的检查，是在相同条件下进行比色试验。

【仪器和试剂】

1. 仪器 研钵、台秤、药匙、电炉、石棉网、布氏漏斗、吸滤瓶、蒸发皿、坩埚钳、量筒、试管、玻棒、烧杯、奈氏比色管、刻度吸量管。

2. 试剂 粗食盐（固体）、$BaCl_2$（1mol/L）、Na_2CO_3（饱和溶液）、NaOH（2 mol/L、0.02 mol/L）、HCl（2 mol/L、1 mol/L、0.02 mol/L）、HAc（3 mol/L）、溴麝香草酚蓝指示剂、三氯甲烷、氯试液、KI（10%）、KBr（10%）、硫酸（3 mol/L）、硝酸（6 mol/L）、醋酸铀酰锌试液、$AgNO_3$（0.25 mol/L）、氨水（6 mol/L）、磷酸氢二钠试液、$(NH_4)_2C_2O_4$（饱和溶液）、钙盐溶液、镁盐溶液、标准硫酸钾溶液（每 1ml ≈0.1mg 的 SO_4^{2-}）、标准铁溶液（每 1ml ≈0.01mg 的 Fe^{3+}）、标准硫酸钾溶液（每 1ml ≈1mg 的 K^+）、标准铅溶液（每 1ml = 0.01mg 的 Pb^{2+}）、$BaCl_2$（5%）、过硫酸铵（固体）、硫氰酸铵试液、四苯硼钠（0.1 mol/L）、硫化氢试液、镁试剂、滤纸、广泛 pH 试纸。

【实验步骤】

1. 粗食盐提纯精制

（1）称取在研钵中研磨好的粗食盐 30g，置于蒸发皿中。

（2）在电炉（或酒精灯）上小火炒至有机物炭化（无爆炸声、颜色发灰），稍冷后，转移至 250ml 的烧杯中。

（3）加入约 120ml 去离子水，加热搅拌使其溶解。趁热减压过滤，弃去滤渣。

（4）将上述滤液转移至另一洁净烧杯中，加热至近沸，边搅拌边滴加 1 mol/L $BaCl_2$ 溶液至沉淀完全，继续加热煮沸 2～3min，稍冷后，趁热减压过滤。弃去滤渣，滤液待用。

（5）将澄清的滤液转移至 250ml 的烧杯中，加热至沸，然后边搅拌边滴加饱和 Na_2CO_3 溶液至沉淀完全，再滴加 2 mol/L NaOH 溶液，调节 pH 为 10～11。继续加热煮沸 2～3min，稍冷后，趁热减压过滤。沉淀滤渣，滤液待用。

（6）将滤液转移至一洁净蒸发皿中，滴加 2 mol/L 盐酸溶液，使 pH 为 3～4。

（7）加热并不断搅拌浓缩至糊状，停止加热，趁热抽滤。滤液回收，把漏斗中的晶体转移至干净蒸发皿中，在电炉上小火烘干。

（8）自然冷至室温，得到粗品。

（9）对粗品重结晶，得到成品氯化钠。称重，计算产率。

2. 产品鉴别

（1）称量：称取 1g 产品，配制其溶液（1:10），待用。

（2）钠盐的鉴别

① 焰色反应：取铂丝，用浓盐酸润湿后在无色火焰中灼烧至火焰不显颜色为止（表示铂丝已经洁净），蘸取配制好的 NaCl 溶液，置于无色火焰中灼烧，火焰应该出现持久的鲜黄色。

② 沉淀反应：用胶头滴管取 NaCl 溶液 1～2 滴于一洁净试管中，加入 3 滴 3 mol/L HAc 溶液酸化后，再加入醋酸铀酰锌试液 10 滴，摇匀。用玻璃棒摩擦试管内壁，应该渐渐析出黄绿色的沉淀。

（3）氯化物的鉴别：用胶头滴管取 NaCl 溶液 1～2 滴于一洁净试管中，加入 2 滴 0.25 mol/L $AgNO_3$溶液，立即产生白色凝乳状沉淀。滴加 6 mol/L 氨水，振荡，白色沉淀逐渐溶解完全。再继续加入 6 mol/L 硝酸至溶液显酸性，白色沉淀又重新析出。

3. 产品纯度检验　成品氯化钠需要进行以下各项质量检查试验。

（1）溶液的澄清度：取自制产品 2g，加 10ml 去离子水，应得到无色透明澄清溶液。

（2）酸碱度：取本品 5g，加去离子水 50ml 溶解后，加溴麝香草酚蓝指示剂 2 滴。如溶液呈黄色，则逐滴滴加 0.02 mol/L NaOH 溶液，摇匀，使其突变为蓝色，所消耗的 0.02mol/L NaOH 溶液量不得超过 0.1ml；如加入溴麝香草酚蓝指示剂 2 滴后的 NaCl 溶液显蓝色或绿色，则逐滴滴加 0.02 mol/L HCl 溶液，摇匀，使其突变黄色，所消耗的 0.02 mol/L HCl 溶液不得超过 0.2ml。

（氯化钠在水溶液中应呈中性，但在制备过程中，可能夹杂少量酸或碱，所以药典把它限制在很小的范围内。溴麝香草酚蓝指示液的变色范围是 pH = 6.6～7.6，由黄色到蓝色。）

（3）碘化物与溴化物：取本品 1g，加去离子水 3ml 溶解后，加三氯甲烷 1ml，并逐滴加入用等量去离子水稀释的氯试液，边滴边振摇，三氯甲烷层不得显紫红色、黄色或橙色。

（对照试验：分别将 10% 的 KI、KBr 溶液各 1ml 置于两试管中，各加三氯甲烷 1ml，同上法逐滴加入等量蒸馏水稀释的氯试液，边滴边摇。氯试液氧化 I^- 释出 I_2，三氯甲烷层显紫红色，氯试液氧化 Br^- 释出 Br_2，三氯甲烷层显黄色或橙黄色。）

（4）钡盐：取本样品 2g，加 10ml 去离子水溶解。若浑浊则过滤，滤液分为两等份。一份加 3 mol/L 稀硫酸 1ml，另一份加去离子水 1ml。静置 2h，两液应同样澄清。

（5）钙盐与镁盐：取本样品 2g，加 10ml 去离子水溶解后，加 6 mol/L 氨水 1ml；摇匀，分两等份。一份加饱和草酸铵试液 1ml，另一份加磷酸氢二钠试液 1ml，氯化铵溶液数滴，5min 内均不得发生浑浊。

［对照试验：① 取钙盐溶液 1ml，加 6 mol/L 氨水至微碱性，再加饱和草酸铵试液 1ml，溶液有白色结晶析出。$Ca^{2+} + C_2O_4^{2-} \rightarrow CaC_2O_4 \downarrow$（白色）。② 另取镁盐溶液 1ml，加入 6 mol/L 氨水和氯化铵数滴，再逐滴加磷酸氢二钠试液至有白色沉淀析出。$Mg^{2+} + HPO_4^{2-} + NH_4^+ + OH^- \rightarrow MgNH_4PO_4 \downarrow$（白色）$+ H_2O$］

（6）硫酸盐：取 50ml 奈氏比色管两支，用吸量管将标准硫酸钾溶液 1ml 加入甲管中，加去离子水稀释至约 35ml 后，加 1mol/L 盐酸 5ml，5% 氯化钡试液 5ml，再加适量去离子水至刻度线，摇匀。

取本样品 5g 于乙管中，加去离子水溶解至约 35ml，加 1 mol/L 盐酸 5ml，5% 氯化钡 5ml，加去离子水至刻度线，摇匀。

甲乙两管放置10min后，置于比色管架上，在光线明亮处双眼自上而下透视，比较两管的浑浊度，乙管发生的浑浊度不得大于甲管。

[标准硫酸钾溶液的制备：精密称取硫酸钾0.1813g，置于1000ml的容量瓶中，加适量的蒸馏水溶解，然后稀释至刻度，摇匀即得（每1ml≈0.1mg的SO_4^{2-}）。]

（7）铁盐：取本样品5g，置于50ml奈氏比色管中，加去离子水约35ml溶解，加1 mol/L稀盐酸5ml，加过硫酸铵约30mg，再加硫氰酸铵试液5ml，然后加去离子水至50ml刻度线，摇匀。如显色，则与标准铁溶液1.5ml用同法处理后制得的标准管的溶液颜色比较，不得更深（0.0003%），反应式为：

$$Fe^{3+} + 3SCN^- = Fe(SCN)_3 \text{（血红色）}$$

[标准铁溶液的制备：精确称取未风化的硫酸铁铵0.863g，置于1000ml的容量瓶中，加适量蒸馏水溶解后，加2ml稀盐酸，再加蒸馏水至刻度，摇匀即得（每1ml≈0.01mg的Fe^{3+}）。]

（8）钾盐：取本样品5g置于奈氏比色管中，加去离子水约20ml溶解，加3 mol/L醋酸2滴（使pH为5~6），加0.1 mol/L四苯硼钠溶液2ml，加去离子水至50ml刻度线，摇匀。如显浑浊，则与标准硫酸钾溶液0.5ml制成的对照标准溶液比较，不得比标准管更浑浊（0.01%）。

$$K^+ + B(C_6H_5)_4^- = KB(C_6H_5)_4 \downarrow \text{白色}$$

[标准硫酸钾溶液的制备：精确称取105°C干燥至恒重的硫酸钾2.228g，置于1000ml的容量瓶中，加适量的蒸馏水溶解，然后继续加蒸馏水至刻度，摇匀即得（每1ml≈1mg的K^+）。]

四苯硼钠溶液的配制：取四苯硼钠[$NaB(C_6H_5)_4$]1.5g，置于研钵中加去离子水10ml研磨后，再加去离子水40ml研匀，用质密的滤纸过滤即得。）

（9）重金属：取50ml比色管两支。第1支管中加标准铅溶液1ml（每1ml=0.01mg的Pb^{2+}），加稀醋酸溶液2ml，加水稀释至25ml 。在第2支试管中，加样品5g，用约23ml的蒸馏水溶解后，加稀醋酸溶液2ml。再于两管中分别加入10ml硫化氢试液，摇匀，在暗处中放置10min，然后进行比色。如果第2管所显颜色比第1管为浅，说明重金属含量不超过规定限量。

上述标准铅溶液1ml是根据具体情况计算出来的，介绍如下：

因药典规定氯化钠的重金属检查项目："取样品5g，加蒸馏水23ml溶解后，加醋酸2ml依法检查，含重金属不得超过2ppm"。并没有直接给出标准铅的取用量，需要按下述次序自行计算。

① 先根据供试验样品的取用量和重金属的限量，求重金属的含量（mg）。如NaCl的取用量为5g，其中含重金属的限量为2ppm。则允许重金属Pb的含量为：5×1000×0.00002=0.01mg（Pb）。

② 计算标准铅溶液的取用量。因标准铅溶液每1ml含Pb 0.01mg，需0.01mg Pb作为标准进行对照，故应取标准溶液体积为0.01（mg）/0.01（mg/ml）=1.0ml。J

【思考题】

1. 在NaCl精制的过程中，加入沉淀剂后，如何判断沉淀完全？沉淀完全后，再加热煮沸2~3min的目的是什么？

2. 在 NaCl 精制的过程中，除去 Ca^{2+}、Mg^{2+}、SO_4^{2-} 等离子时，为什么必须先滴加 $BaCl_2$ 溶液，再加 Na_2CO_3？是否可以改变这样的加入次序？

3. 在 NaCl 精制的过程中，最后加盐酸酸化的目的是什么？为什么不把 pH 正好调到 7，而是调到 3～4？

4. 在浓缩过程中，能否把溶液蒸干？为什么？

5. 何谓重结晶？根据你所得粗品 NaCl 晶体的量计算应加多少水量使之溶解为宜？

6. 在检验产品的纯度时，能否用自来水溶解食盐，为什么？

7. 在产品纯度检查中，如钡盐的检查，若加稀硫酸的和加去离子水的两支试管同样澄清透明，是否说明产品中根本就无 Ba^{2+}。为什么？

实验五十九　葡萄糖酸锌的制备及含量测定

【实验目的】

1. 了解葡萄糖酸锌的制备方法。
2. 掌握水浴加热的方法和减压过滤操作。
3. 学习锌盐含量的测定方法。

【实验原理】

锌是生物体内必需的微量元素之一。我国及世界上不少地区的人口和农作物都存在缺锌现象，人体缺锌常与心血管疾病的发生有密切关系，少年儿童生长发育阶段对锌特别敏感，缺锌主要症状是生长迟缓或停止形成侏儒、伤口愈合慢、味觉异常等，严重缺乏时导致缺铁性贫血，肝脾肿大，骨骼长期不能接合，皮肤粗糙及色素增加。土壤中锌的含量一般比较充足，但因土壤严重浸出或过多地施用氮、磷肥时，也可造成多种作物缺锌，引起玉米的白芽病，苹果、梨的小叶病及柑橘的斑叶病等常见病害。由此可见，合适的锌制剂来弥补锌的不足是很有必要的。过去对缺锌症，一般都用无机硫酸锌来治疗，硫酸锌毒性大、刺激肠胃，且吸收率低。葡萄糖酸锌是一种无毒物质，容易进入体内代谢过程，具有见效快，吸收率高，使用方便等优点，是目前首选的补锌药物和营养强化剂，特别是作为儿童食品、糖果、乳制品的添加剂，应用范围日益广泛。

葡萄糖酸锌为白色晶体或颗粒状粉末；易溶于水，不溶于乙醇、三氯甲烷和乙醚。在 80～90℃恒温条件下，可以用葡萄糖酸钙与等摩尔的硫酸锌反应制备得到葡萄糖酸锌：

$$Ca(C_6H_{11}O_7)_2 + ZnSO_4 = Zn(C_6H_{11}O_7)_2 + CaSO_4\downarrow$$

葡萄糖酸锌中的 Zn^{2+} 在 pH 为 10 的条件下，能与 EDTA 产生配位反应：

$$Zn^{2+} + H_2Y^{2-} \rightleftharpoons ZnY^{2-} + 2H^+$$

生成的配合物稳定常数较高，根据 EDTA 的用量即可求算葡糖酸锌的含量。

葡糖酸锌的百分含量计算式为：

$$葡萄糖酸锌\% = \frac{C_{EDTA} V_{EDTA} \times \frac{M_{葡萄糖酸锌}}{1000}}{m_{葡萄糖酸锌}} \times 100\%$$

式中 $M_{葡萄糖酸锌}$ 为葡萄糖酸锌的分子量

【仪器和试剂】

1. 仪器 台秤、恒温水浴锅、抽滤瓶、布氏漏斗、密封圈、真空泵、酸式滴定管、电炉、蒸发皿、烧杯、量筒、分析天平、量筒（10ml）、滴定管（25ml）、锥形瓶（250ml）。

2. 试剂 葡萄糖酸钙（固体）、$ZnSO_4 \cdot 7H_2O$（固体）、95%乙醇溶液、NH_3-NH_4Cl 缓冲溶液、0.1 mol/L EDTA-2Na 标准溶液、铬黑T指示剂、EDTA 标准溶液（0.01 mol/L）、铬黑T指示剂。

【实验步骤】

1. 葡萄糖酸锌的制备 用量筒量取约 80ml 蒸馏水于烧杯中，加热至 80～90℃，加入 13.4g $ZnSO_4 \cdot 7H_2O$，搅拌使完全溶解。将硫酸锌溶液放在 90℃ 恒温水浴中，再加入葡萄糖酸钙 20.0g 并不断搅拌至全溶，静置保温 20min，趁热抽滤（用两层滤纸）。滤液移至蒸发皿中（滤渣为 $CaSO_4$ 弃之）。将滤液在沸水浴上浓缩至黏稠状（体积约为 20ml，如浓缩液有沉淀为 $CaSO_4$，需过滤）。滤液冷至室温，加 20.0ml 95%乙醇溶液（降低葡萄糖酸锌的溶解度），并不断搅拌，此时有大量的胶状葡萄糖酸锌析出，充分搅拌后，倾泻法去除乙醇，于胶状沉淀上，加 20.0ml 95%乙醇溶液，充分搅拌，沉淀慢慢转变成晶体状。抽滤至干，即得粗品（母液回收）。

重结晶：将上述粗产品加水 20.0ml，加热（90℃），全部溶解后趁热抽滤。冷至室温，加 20ml 95%乙醇溶液，重复上述操作，即得精品。50℃下烘干，称量并计算产率。

2. 葡萄糖酸锌的含量测定 精密称取葡萄糖酸锌样品 0.1g 置于锥形瓶中，加蒸馏水 30 ml 溶解后，加入氨-氯化氨缓冲溶液 10 ml，铬黑T指示剂适量，用 EDTA 标准溶液（0.01 mol/L）滴定至溶液由紫红色变为纯蓝色，即达终点。平行测定 3 次。

【数据记录与处理】

1. 列表记录数据。

2. 计算产率、每次测定的葡萄糖酸锌含量及其平均值、相对平均偏差，填入表中。

【思考题】

1. 反应温度为什么要控制在 80～90℃？

2. 为什么乙醇可降低葡萄糖酸锌的溶解度？

3. 试分析一下，本实验有哪些地方可以改进？

4. 查阅相关的文献，你可以学习到几种葡萄糖酸锌的合成工艺？

5. 为什么在滴定时要加入氨-氯化铵缓冲液？

实验六十 六水合三氯化六氨合钴（Ⅲ）的制备及组成测定

【实验目的】

1. 了解三氯化六氨合钴的制备原理及其组成测定方法。

2. 加深理解配合物的形成对三价钴稳定性的影响。

【实验原理】

根据标准电极电势，在酸性介质中二价钴盐比三价钴盐稳定，而在它们的配合物中，大多数三价钴配合物比二价钴配合物稳定，所以常采用空气或过氧化氢氧化 Co（Ⅱ）配合物来制备 Co（Ⅲ）配合物。

氯化钴（Ⅲ）的氨合物有许多种。主要有三氯化六氨合钴（Ⅲ）（橙黄色晶体）、三氯化一水五氨合钴（Ⅲ）（砖红色晶体）、二氯化一氯五氨合钴（Ⅲ）（紫红色晶体）等。它们的制备条件各不相同。例如，在没有活性炭存在时，由氯化亚钴与过量的氨、氯化铵反应的主要产物是二氯化一氯五氨合钴（Ⅲ），有活性炭存在时，制得的主要产物是三氯化六氨合钴（Ⅲ）。

本实验用活性炭作催化剂，用过氧化氢作氧化剂，氯化亚钴溶液与过量的氨和氯化铵作用制备三氯化六氨合钴（Ⅲ）。

$$2CoCl_2 + 2NH_4Cl + 10NH_3 + H_2O_2 = 2[Co(NH_3)_6]Cl_3 + 2H_2O$$

三氯化六氨合钴（Ⅲ）溶解于酸性溶液中，通过过滤可以将混在产品中的大量活性炭除去，然后在高浓度盐酸中使三氯化六氨合钴（Ⅲ）结晶。

三氯化六氨合钴（Ⅲ）可溶于水（293K 时，溶解度 0.26mol/L），不溶于乙醇。在强碱作用下（冷时）或强酸作用下基本不被分解，只有在沸热条件下被强碱分解：

$$2[Co(NH_3)_6]Cl_3 + 6NaOH = 2Co(OH)_3 + 12NH_3 + 6NaCl$$

分解逸出的氨可用过量的标准盐酸溶液吸收，剩余的盐酸用标准的氢氧化钠溶液回滴，便可计算出组成中氨的百分含量。

然后，用碘量法测定蒸氨后的样品溶液中的 Co（Ⅲ）：

$$2Co(OH)_3 + 2I^- + 6H^+ = 2Co^{2+} + I_2 + 6H_2O$$

$$I_2 + 2S_2O_3^{2-} = S_4O_6^{2-} + 2I^-$$

用沉淀滴定法（莫尔法）测定样品中氯离子的含量。

【仪器与试剂】

1. 仪器 托盘天平、分析天平、酸式滴定管（50ml）、碱式滴定管（50ml）、玻璃管、碱封管。

2. 试剂 NH_4Cl（固体）、KI（固体）、$CoCl_2 \cdot 6H_2O$（固体）、活性炭（固体）、HCl（6 mol/L、0.5 mol/L）、HNO_3（6 mol/L）、NaOH（0.5 mol/L、10%）浓氨水、$Na_2S_2O_3$（0.1 mol/L）、$AgNO_3$（0.1 mol/L）、5% K_2CrO_4 溶液、6% H_2O_2 溶液、C_2H_5OH（无水）、淀粉溶液（1%）。

3. 其他 冰、定量滤纸（中速）、pH 试纸。

【实验步骤】

1. 制备三氯化六氨合钴（Ⅲ） 在100ml锥形瓶中加入6g研细的氯化亚钴 $CoCl_2 \cdot 6H_2O$，4gNH_4Cl 和7ml蒸馏水，加热溶解后加入0.3g活性炭。冷却，加14ml浓氨水，冷却至283K以下，缓慢加入14ml 6%的过氧化氢，水浴加热至333K左右并恒温20min（适当摇动锥形瓶）。取出，先用自来水冷却，后用冰水冷却。抽滤，将沉淀溶解于含有2ml浓盐酸的50ml沸水中，趁热过滤。在滤液中慢慢加入7ml浓盐酸，冰水冷却，过滤，洗涤（用什么试剂?），抽干，在真空干燥器中干燥或在378K以下烘干，称量，计算产率。

2. 三氯化六氨合钴（Ⅲ）组成测定

（1）氨的测定：在250ml锥形瓶1中加入0.2g（准确至0.1mg）待测的三氯化六氨合钴（Ⅲ）晶体，加入80ml蒸馏水，摇动，溶解，然后加入10ml 10% NaOH溶液。在接收瓶（锥形瓶2）中加入30.00 ~ 35.00ml 0.5 mol/L标准HCl溶液，接收瓶浸入冰水槽中。在锥形瓶1中的碱封管内注入3 ~ 5ml 10% NaOH溶液，将各部分导管连接，如图9－1。

大火加热样品溶液至沸后，改用小火，微沸50 ~ 60 min，使氨全部蒸出，并通过导管被标准HCl溶液吸收，停止加热，取出锥形瓶，用少量蒸馏水将导管内外可能黏附的盐酸溶液冲洗入接收瓶内，用0.5 mol/L标准NaOH溶液滴定剩余的盐酸，记录数据。

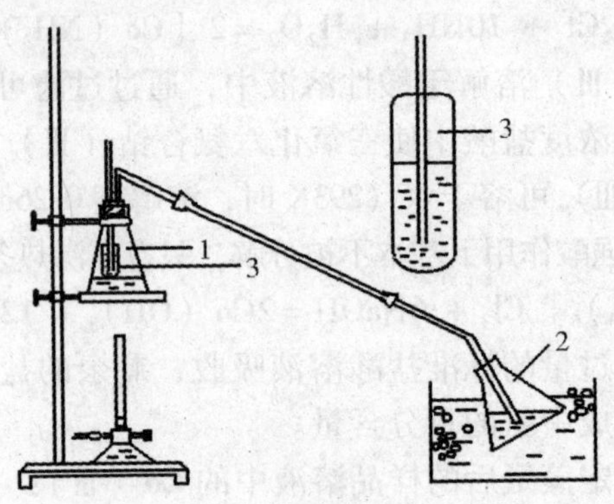

图9－1 测定氨的装置
1. 反应瓶 2. 接收瓶 3. 碱封管

（2）钴的测定：取下装样品溶液的锥形瓶1，用少量蒸馏水将塞子、碱封管上黏附的溶液冲洗入接收瓶内。待样品溶液冷却后加入1g固体KI，振荡溶解，再加入12ml左右的6 mol/L盐酸酸化后放在暗处静置10min，然后，加入60 ~ 70ml蒸馏水，用0.1 mol/L标准 $Na_2S_2O_3$ 溶液滴定，开始滴定速度可以快些，滴定至溶液淡黄色时加入几滴淀粉溶液，继续慢慢滴加 $Na_2S_2O_3$ 溶液，滴定至终点（终点溶液颜色），记录数据。

（3）氯的测定：在锥形瓶中加入0.2g样品（准确至0.1mg），加入适量的蒸馏水溶解，用沉淀滴定法（莫尔法）测定氯的含量。

【注意事项】

1. 在制备三氯化六氨合钴（Ⅲ）时，为什么要将沉淀溶解于含有2ml浓盐酸的

50ml 沸水中？

2. 在滤液中慢慢加入 7ml 浓盐酸，冰水冷却，过滤，洗涤，用什么试剂洗涤最好？

3. 氨的测定实验中，怎样判断氨全部蒸出？

【思考题】

1. 在制备过程中，水浴加热 20min 的目的是什么？能否加热至沸腾？

2. 制备过程中为什么要加入 7ml 浓盐酸？

3. 在用 NaOH 滴定过量 HCl 时，为何不用酚酞作指示剂，而用甲基红？

4. 测定 Cl^- 余量时，HNO_3 酸化试液酸度为何不能过大？

5. 要使 $[Co(NH_3)_6]Cl_3$ 产品产率高，你认为哪些步骤是比较关键的？为什么？

实验六十一　硫代硫酸钠的制备及检验

【实验目的】

1. 了解硫代硫酸钠的制备方法。

2. 了解 $Na_2S_2O_3 \cdot 5H_2O$ 的检验方法。

3. 练习减压过滤、蒸发浓缩、结晶等基本操作。

【实验原理】

硫代硫酸钠（$Na_2S_2O_3 \cdot 5H_2O$）俗名“海波”或“大苏打”，是无色透明单斜晶体。易溶于水，不溶于乙醇，具有较强的还原性和配位能力。硫代硫酸钠具有很大的应用价值。在分析化学中用来定量测定碘，摄影业中用作照相定影剂，在纺织工业和造纸工业用作脱氯剂，在医药中可用作注射剂的抗氧剂、治疗疥疮和急救解毒剂。

硫代硫酸钠的制备方法有多种，其中亚硫酸钠法是工业和实验室中的主要方法：

$$Na_2SO_3 + S \xrightarrow{\text{煮沸或微波辐射}} Na_2S_2O_3$$

反应液经脱色、过滤、浓缩结晶、过滤、干燥即得产品 $Na_2S_2O_3 \cdot 5H_2O$。（$Na_2S_2O_3 \cdot 5H_2O$ 于 40～45℃熔化，48℃分解，因此，在浓缩过程中要注意不能蒸发过度。）

当与 $S_2O_3^{2-}$ 作用的 Ag^+ 过量存在时，将生成不稳定的白色沉淀 $Ag_2S_2O_3$，此沉淀在放置过程中，逐渐由白色变成棕色，最后转化为稳定的黑色沉淀。上述反应常用于 $S_2O_3^{2-}$ 的定性检验。$S_2O_3^{2-}$ 的定量检测可用碘滴定法。有关反应为：

$$\text{定性检验：} 2Ag^+ + S_2O_3^{2-} = Ag_2S_2O_3$$

$$Ag_2(S_2O_3)_2 + H_2O = Ag_2S + H_2SO_4$$

$$\text{定量检测：} 2S_2O_3^{2-} + I_2 = S_4O_6^{2-} + 2I^-$$

【仪器和试剂】

1. 仪器　台秤、烧杯、布氏漏斗、吸滤瓶、蒸发皿、九孔点滴板、锥形瓶、家用微波炉（方法Ⅱ用）。

2. 试剂 滤纸、Na_2SO_3（或 $Na_2SO_3 \cdot 6H_2O$）（固体）、硫粉（固体）、活性炭（固体）、$AgNO_3$（0.1 mol/L）、I_2（0.100 mol/L）、1%淀粉试液。

【实验步骤】

1. 制备

（1）方法Ⅰ：取6.3g Na_2SO_3（或11.7g $Na_2SO_3 \cdot 6H_2O$）于100ml烧杯中，加25ml水搅拌溶解；另取2.0g充分研细的硫粉于100ml烧杯中，加3ml乙醇充分搅拌均匀再加入 Na_2SO_3 溶液，隔石棉网小火加热煮沸，不断搅拌至硫粉几乎全部反应（注意：蒸发过程中要不断地搅拌，补充蒸发掉的水分），停止加热。待溶液稍冷却后，加入1g活性炭，再加热煮沸2min脱色，趁热过滤；将滤液放在蒸发皿（或100ml烧杯）中，小火蒸发浓缩至溶液呈微黄色浑浊，停止加热，冷却、结晶，抽滤，滤液倒入回收瓶中。晶体用少量乙醇洗涤，用滤纸吸干后，然后置于40℃的烘箱中干燥40~60min，称重，计算产率。

（2）方法Ⅱ：称取1g充分研细的硫粉置于100ml烧杯中，加10滴乙醇搅拌均匀，再加3.0gNa_2SO_3（或6g $Na_2SO_3 \cdot 7H_2O$）和30ml水，搅拌溶解。将烧杯放在250ml烧杯的水浴中，盖上表面皿，放入微波炉，以小火档（约250W）微波辐射6min，取出趁热过滤，滤液转移到100ml烧杯里，小火蒸发浓缩至液面有微晶析出，停止加热，冷却、结晶。抽滤，用少量无水乙醇（5~10ml）洗涤晶体，再用滤纸吸干。称量并计算产率。

2. 产品检验

（1）$S_2O_3^{2-}$的定性鉴定：取一粒 $Na_2S_2O_3 \cdot 5H_2O$ 晶体置于点滴板的孔穴中，加2滴水使之溶解，再加上两滴0.1 mol/L $AgNO_3$，观察沉淀颜色变化过程，写出相应反应方程式。

（2）$Na_2S_2O_3 \cdot 5H_2O$ 含量的测定：精确称取约0.5000g硫代硫酸钠样品，放入250ml锥形瓶中，加少量水溶解，再加入10mlHAc－NaAc缓冲溶液，以保证溶液呈弱酸性，然后用0.1000 mol/L碘标准溶液滴定至近终点时，加1~2ml 1%淀粉试液，继续滴定至溶液呈蓝色（1min内不褪色为止）。

$Na_2S_2O_3 \cdot 5H_2O$ 含量的计算如下：

$$w\,(Na_2S_2O_3 \cdot 5H_2O) = \frac{cV \times 10^{-3} \times 248.2 \times 2}{m} \times 100\%$$

式中 c（mol/L）为碘标准溶液的物质的量浓度；

V（ml）为所消耗碘标准液的体积；

m（g）为样品的质量。

【思考题】

1. 用亚硫酸钠法制备硫代硫酸钠，硫粉稍有过量，为什么？
2. 如果要提高 $Na_2S_2O_3$ 的产率和纯度，实验中需要注意哪些问题？
3. 减压过滤所得的产物晶体要用乙醇来洗涤，为什么？
4. 蒸发浓缩时，为什么不可将溶液蒸干？干燥硫代硫酸钠晶体的温度为什么控制在40℃？

实验六十二　水质分析中常规指标的测定

水是人类不可或缺的物质，水质的好坏直接影响到人体健康。目前我国对饮用水水源和生活饮用水的水质监测标准推行必测项目和选测项目的“双轨制”，检测项目相当多，如城市供水水质分析的常规检验项目就包括有生物学指标、感官性状及一般化学指标、毒理学指标和放射性指标等几面，其中要求总硬度（以 $CaCO_3$ 计）≤450mg/L、耗氧量（COD_{Mn}，以 O_2 计）≤3mg/L、硝酸盐（以 N 计）≤10mg/L。本实验主要介绍水质分析常规检验项目中的总硬度、化学需氧量及硝酸盐氮的测定。

【实验目的】

1. 掌握配位滴定法测定水的硬度的原理、方法。
2. 掌握高锰酸钾法测定水中化学耗氧量（COD）的原理及方法。
3. 掌握紫外分光光度法测定水中硝酸盐氮的原理及操作技术。
4. 了解水的硬度的表示方法。
5. 了解水的 COD 含义及其与水污染的关系。

【实验原理】

1. 水的硬度测定　水的硬度是指沉淀肥皂的程度。水中能使肥皂沉淀的离子主要有 Ca^{2+}、Mg^{2+}，此外铁、铝、锰、锶及锌等离子也能沉淀肥皂，但其浓度通常很低，因此常以铬黑 T 为指示剂，调节溶液 pH≈10，用 EDTA 标准液直接滴定水中 Ca^{2+}、Mg^{2+} 的总量，然后换算为每升水含碳酸钙的质量（mg）来表示水的硬度。

计算式为：

$$硬度 = \frac{C_{EDTA}\ (V_{EDTA} - V_0)\ \times M_{CaCO_3}}{V_{H_2O} \times 10^{-3}} \quad (mg/L)$$

式中　$M_{CaCO3} = 100.1$，体积单位用 ml

2. 水中化学耗氧量的测定　化学耗氧量（COD）是指在一定条件下，用强氧化剂处理水样时所消耗氧化剂的量，通常换算成氧的含量（mg/L）表示。它反映了水样受还原性物质污染的程度。水中的还原物质包括有机物、亚硝酸盐、亚铁盐及硫化物等。高锰酸钾法测定化学耗氧量时，是通过在水样中加入 H_2SO_4 及一定量的 $KMnO_4$ 溶液，置沸水浴中加热，使其中的还原性物质氧化，剩余的 $KMnO_4$ 用一定量过量的 $Na_2C_2O_4$ 还原，再以 $KMnO_4$ 标准溶液返滴 $Na_2C_2O_4$ 的过量部分。由于 Cl^- 对本法有干扰，因此，本法仅适于测定地表水、地下水、饮用水和生活污水中的 COD，而含 Cl^- 较高的工业废水则应采用 $K_2Cr_2O_7$ 法测定。

水中 COD 的计算式为：

$$COD_{Mn} = \frac{[\frac{5}{4}C_{MnO_4^-}\ (V_1 + V_2 - V_0)\ - \frac{1}{2}CV_{C_2O_4^{2-}}]\ \times M_{O_2}}{V_{水样} \times 10^{-3}} \quad (O_2\ \ mg/L)$$

式中体积单位用 ml，V_1、V_2 分别为第一、二次加入的 $KMnO_4$ 溶液体积，V_0 为空白体积。

3. 水中硝酸盐氮的测定 利用 NO_3^- 在 220nm 处的吸光度，采用标准曲线法测定水中的硝酸盐氮。由于水中的有机物在 220nm、275nm 处有吸收，而 NO_3^- 在 275nm 处没有吸收，所以可在 275nm 处作另一次测定，以校正测定值。

本方法适用于清洁地面水和未受明显污染的地下水中硝酸盐氮的测定，其最低检出浓度为 0.08mg/L，测量上限为 4mg/L。

【仪器与试剂】

1. 仪器 滴定管（10ml 、25ml）、锥形瓶（250ml）、量筒（10ml）、移液管（5ml、25ml、100ml）、容量瓶（50ml 、250ml）、紫外分光光度计。

2. 试剂 EDTA 标准溶液（0.01mol/L）、$KMnO_4$ 标准溶液（0.02mol/L）、$Na_2C_2O_4$ 标准溶液（0.005mol/L）、硝酸盐氮标准储备液（0.1000mg/ml）。

$NH_3 \cdot H_2O - NH_4Cl$ 缓冲溶液（pH≈10）、铬黑 T 指示剂、HCl（优级纯，1mol/L）、H_2SO_4（4mol/L）、10% 氨基磺酸溶液（避光保存于冰箱）。

【实验步骤】

1. 水的硬度测定 精密吸取水样 100ml（或适量）置于 250ml 锥形瓶，加 1 滴稀 HCl，充分振摇后，加 $NH_3 \cdot H_2O - NH_4Cl$ 缓冲液 5ml、铬黑 T 指示剂适量，用 EDTA 标准液（0.01mol/L）滴定至溶液由紫红色变为纯蓝色为终点，同时做空白实验。平行测定 3 份。

2. 水中化学耗氧量的测定

（1）$KMnO_4$ 标准溶液（0.002mol/L）的配制：精密吸取 $KMnO_4$ 标准溶液（0.02mol/L）25ml 置于 250ml 容量瓶中，加新煮沸放冷的蒸馏水稀释至刻度，摇匀。

（2）化学耗氧量的测定：精密吸取水样 100ml（或适量）置于 250ml 锥形瓶中，加 12ml H_2SO_4（4mol/L），再准确加入 10ml $KMnO_4$ 标准溶液（0.002mol/L），立即加热至沸（若此时红色褪去，说明水样中还原性物质较多，则应补加一定适量的 0.002mol/L $KMnO_4$ 标准溶液至试样溶液显稳定的红色），从冒第一个大泡开始计时，用小火准确煮沸 10min，取下锥形瓶，趁热准确加入 10ml $Na_2C_2O_4$ 标准溶液（0.005mol/L），摇匀，此时溶液由红色转为无色。再用 $KMnO_4$ 标准溶液（0.002mol/L）滴定至溶液呈现稳定的淡红色，即达滴定终点。平行测定 3 次。

（3）空白实验：取 100ml 蒸馏水代替水样做空白实验。

3. 水中硝酸盐氮的测定

（1）硝酸盐氮标准溶液（0.010mg/ml）的配制：精密吸取硝酸盐氮标准储备液（0.1000mg/ml）10ml 置于 100ml 容量瓶中，加去离子水稀释至刻度，摇匀。

（2）标准曲线的绘制：分别精密量取硝酸盐氮标准溶液（0.010mg/ml）0.0ml、1.0ml、3.0ml、5.0ml、10.0ml、15.0ml 置于 50ml 容量瓶中，各加入 1ml HCl（1mol/L）和 1ml 的 10% 氨基磺酸溶液，用去离子水稀释至刻线，摇匀。用 1cm 的石英吸收池分别于 220nm 及 275nm 处测定上述溶液的吸光度，以 $A_{校}$ 为纵坐标（$A_{校} = A_{220nm} - 2A_{275nm}$）、硝酸盐氮含量（mg/L）为横坐标作图，得标准曲线。

（3）硝酸盐氮的测定：精密量取水样适量置于 50ml 容量瓶中，分别加入 HCl

（1mol/L）1ml 和 10% 氨基磺酸溶液 1ml，用去离子水稀释至刻线，摇匀。用 1cm 的石英吸收池分别于 220nm 及 275nm 处测定吸光度。

【数据记录和处理】

1. 列表记录数据。

2. 计算每次测定的水的总硬度及其平均值、相对平均偏差，填入表中。

3. 计算每次测定的水样 COD_{Mn} 及其平均值、相对平均偏差，填入表中。

4. 据 $A_{校,水样}$ 从标准曲线上查出 $C_{硝酸盐氮}$，此值乘以稀倍数即为水样中硝酸盐氮的含量。

【注意事项】

1. 若水的硬度较大时，加缓冲溶液后会析出 $CaCO_3$、$MgCO_3$ 沉淀，终点出现“返回”现象，难以确定。为此，可在取水样后，于溶液中加一小块刚果红试纸，滴加稀 HCl（1→2）至试纸变蓝，振摇 2min，除去 CO_2，再按操作步骤进行滴定。或加入 80% ~90% 的 EDTA 后，再加氨缓冲液进行滴定。

2. 水样采集后应尽快分析，必要时可于 0 ~5℃保存，但也应在 48h 内测定。

3. 在测定硝酸盐氮时，为了解水样受污染的程度以确定是否需要对水样进行预处理，必须对水样进行紫外吸收光谱扫描。若仪器无扫描功能，亦可在 220 ~280nm 间每隔 2 ~5nm 测一次水样的吸光度，绘制吸收曲线。水样与近似浓度硝酸盐氮标准溶液的吸收曲线应相似，且在 220 ~275nm 附近没有肩状或折线出现。$\frac{A_{275nm}}{A_{220nm}} \times 100\%$ 应小于 20%，且越小越好。水样若不符合上述要求，则应经絮凝处理及用大孔中性吸附树脂进行预处理后，方可采用本法测定。

【思考题】

1. 为什么在硬度较大的水样中加酸酸化，振摇 2min，可防止 Ca^{2+}、Mg^{2+} 沉淀？

2. 如果只测定水样中的 Ca^{2+}，应如何选择指示剂？在什么条件下测定？

3. 为什么测定水样 COD 时，加入 $KMnO_4$ 溶液煮沸后，若溶液红色褪去，还要补加一定适量的 $KMnO_4$ 溶液？

4. 请查阅相关资料，简述紫外分光光度法进行水中硝酸盐氮的测定时，如何利用絮凝处理及大孔中性吸附树脂对水样进行预处理？

【备注】

硝酸盐氮标准储备液（0.1000mg/ml）：精密称取 0.7218g 经 105 ~110℃干燥 2h 的 KNO_3 溶于去离子水，定量转入 1000ml 容量瓶，定容、摇匀。可在此溶液中加入 2ml 三氯甲烷作保存剂，能使该储备液至少稳定 6 个月。

实验六十三　纳米氧化锌的制备及抗菌性能

【实验目的】

1. 熟悉和掌握纳米氧化锌的制备方法。

2. 了解纳米氧化锌抗菌性能。

3. 了解纳米材料的常见表征方法。

4. 学习超声波清洗机及反应釜、烘箱等设备的使用。

【实验原理】

纳米 ZnO 为白色或微黄色的超细粉体，与普通氧化锌相比，由于其尺寸介于原子簇和宏观微粒之间，具有纳米材料的体积效应、量子尺寸效应、表面效应、宏观量子隧道效应等许多宏观材料所不具有的特殊的性质，显示出诸多特殊性能，如压电性、荧光性、无毒和非迁移性、吸收和散射紫外线能力等，它在磁、光、电、敏感、紫外线屏蔽、抗菌消毒等方面具有普通 ZnO 产品所不具备的特殊功用，是一种应用前景广阔的新型功能材料。例如，ZnO 可作外用药物，对皮肤有收敛、消炎、防腐、防皱和保护等功能，用于治疗无渗出液的急性、亚急性皮炎、光感性皮炎及湿疹、疱疹、瘙痒性皮肤病等。

纳米 ZnO 的制备方法很多，一般可以分为物理法和化学法。物理方法有熔融骤冷、溅射沉积、重离子轰击和机械粉碎等，但是，物理法对设备要求较高，实验条件也比较苛刻，不能大量生产，且制备出产物的单分散性较差，故应用范围相对狭小。在工业生产和研究领域常用的方法为化学法，包括固相法、液相法和气相法。液相法如溶胶凝胶法、沉淀法、水热法、微乳液法等，由于其操作简便，且可制备出粒径分布窄、形状可控（线状、带状、棒状、环状、管状、星状、花形、三角形等）的纳米产物等特点而备受关注。

本实验首先用 $ZnCl_2$ 和 NaOH 为原料制备 $[Zn(OH)_4]^{2-}$ 溶液，以此溶液为前驱体，再采用水（溶剂）热法，通过改变添加剂及溶剂等反应条件，得到不同粒径及形貌的纳米 ZnO。

【仪器和试剂】

1. 仪器 天平、磁力搅拌器、磁转子、烧杯、容量瓶、聚四氟衬里的高压反应釜、超声波清洗机烘箱、粉末 X 射线衍射仪、透射电镜等。

2. 试剂 无水 $ZnCl_2$（分析纯）、NaOH 固体（分析纯）、去离子水、无水乙醇、聚乙二醇（PEG）。

【实验步骤】

1. 纳米 ZnO 的制备

（1）配制预备液：通过计算，分别称取一定量的分析纯无水 $ZnCl_2$ 和 NaOH 固体，配制成0.5 mol/L的 $ZnCl_2$ 溶液和 5 mol/L 的 NaOH 溶液各 100ml。以 $[Zn^{2+}]$: $[OH^-]$ =1:10 的比例将 5 mol/L NaOH 溶液慢慢地加入到 0.5 mol/L $ZnCl_2$ 溶液中（边加入边搅拌），开始时有白色沉淀生成，随着 NaOH 不断的慢慢加入，OH^- 过量，白色沉淀消失，生成无色透明的液体，该液体为 $[Zn(OH)_4]^{2-}$ 溶液。有关反应为：

$$2NaOH + ZnCl_2 = Zn(OH)_2 \downarrow + 2NaCl$$

$$Zn(OH)_2 + 2OH^- = [Zn(OH)_4]^{2-}$$

（2）配制反应液及水热处理：将学生分为 12 组，分别按表 9－1 中所列聚乙二醇（PEG）、去离子水、无水乙醇、预备液的量配备反应液，如果有沉淀物要进行搅拌使其溶解。再把反应液放在超声水浴槽中进行连续水浴超声 40min。

表 9-1　制备反应液的各种成分及其比例

编号	H_2O（ml）	乙醇（ml）	聚乙二醇（PEG）（g）	预备液（ml）
1 组	35	0	0	5
2 组	35	0	0.0100	5
3 组	35	0	0.0400	5
4 组	35	0	0.0800	5
5 组	0	35	0	5
6 组	0	35	0.0100	5
7 组	0	35	0.0400	5
8 组	0	35	0.0800	5
9 组	10	25	0	5
10 组	10	25	0.0100	5
11 组	10	25	0.0400	5
12 组	10	25	0.0800	5

把经过超声处理的反应液转移入干净的反应釜内衬中，将内衬装入反应釜中。将反应釜放入烘箱中，在 200℃反应 20h。反应完毕后，关掉电源，反应釜自然冷却到常温。

（3）样品处理：取出样品进行离心分离，用蒸馏水洗涤 3 次，用乙醇洗涤 2 次，抽滤，在 75℃温度条件下烘干，得到纳米 ZnO 样品，保存待测。

2. 产品的表征（选做）

（1）利用粉末 X 射线衍射仪（XRD）对所制样品进行测试，确定产品的物相和晶粒大小。

（2）将得到的固体粉末均匀分布于铜网上，晾干后用透射电子显微镜（TEM）观测产品的形貌、分散情况和粒度分布情况。

3. 产品抗菌实验　抗菌性能检测以金黄色葡萄球菌和大肠杆菌作为革兰阳性菌和革兰阴性菌的代表，用抑菌圈法来评价材料的抗菌性能。

于无菌培养皿中加入 15 ~20ml 已灭菌的营养琼脂培养基，使之覆盖整个培养皿底部。然后用无菌棉签蘸取浓度约为 107cfu/ml 的菌悬液，在培养基表面均匀涂抹 3 次。每涂一次，平板旋转 60°，最后将棉签绕平板边缘涂抹一周，盖好平皿，置室温干燥 5min。称取 5mg 待测样品，并小心堆放于已经蘸取无菌水的直径为 6mm 的滤纸片上，置室温干燥后将有样品的一面贴在平板上，同时放置一片阴性对照片（滤纸蘸取无菌水后，干燥备用）。37℃下培养 16 ~18h 观察结果，用游标卡尺测量抑菌圈的直径（包括贴片）。

【思考题】

1. 制备纳米氧化锌除了上述水热法外，你还知道哪些方法？

2. 试分析用上述方法制备氧化锌纳米材料，影响产物物相和形貌的因素主要有哪些？

实验六十四 纳米羟基磷灰石的制备及表征

【实验目的】

1. 熟悉和掌握纳米羟基磷灰石的湿法合成方法。

2. 了解纳米材料常用的表征方法。

3. 学习超声波清洗机及马弗炉等设备的使用。

【实验原理】

人工合成的纳米羟基磷灰石（hydroxyapatite，简称 HA 或 HAp），与人体硬组织（骨和牙）中的无机成分具有相似的化学组成和结构，具有良好的生物相容性，能与骨组织牢固键合，被广泛应用于医学领域用作损伤骨的填充和修复替代材料。合成与人体硬组织有相似化学组成和晶体结构的磷灰石一直都是生物医学材料领域的热点。

纳米羟基磷灰石粉体的合成方法可分高温固相合成法（干法）和液相合成法（湿法）两类，而湿法中又分为化学沉淀法、水热合成法、溶胶－凝胶法及微乳液法。干法合成需要高温煅烧，所得颗粒尺寸较大，不适用于合成纳米粉体。湿法合成由于工艺简单，条件好控制，因此广泛用于纳米粉体的合成。

纳米羟基磷灰石的湿法制备一般采用均相沉淀法，即采用磷酸盐和钙盐的溶液，在一定的条件下发生化学反应，生成溶解度较小的羟基磷灰石。如采用磷酸氢二铵（或磷酸二氢铵）和硝酸钙为原料进行反应，用氨水调节其 pH 进行合成：

$$10Ca(NO_3)_2 + 6(NH_4)_2HPO_4 + 8NH_3 \cdot H_2O = Ca_{10}(PO_4)_6(OH)_2 + 6H_2O + 20NH_4NO_3$$

$$10Ca(NO_3)_2 + 6NH_4H_2PO_4 + 14NH_3 \cdot H_2O = Ca_{10}(PO_4)_6(OH)_2 + 12H_2O + 20NH_4NO_3$$

然后再在一定温度下煅烧 HAp 粉末，以提高其结晶度。此法合成的 HAp 呈针状，含有一定量的 CO_3^{2-}，这是由于空气中的 CO_2 进入造成的，而且其组成、结构、形态和结晶度等方面都与人骨磷灰石十分相似。

【仪器与试剂】

1. 仪器 天平、磁力搅拌器、滴液漏斗、磁转子、滴管、普通玻璃漏斗、烧杯、量筒、超声波清洗器、烘箱、研钵、马弗炉、坩埚、粉末 X 射线衍射仪、透射电镜。

2. 试剂 $Ca(NO_3)_2 \cdot 4H_2O$（固体）、$(NH_4)_2HPO_4$（固体）、浓氨水、无水乙醇、滤纸、pH 试纸。

【实验步骤】

1. 纳米羟基磷灰石的制备

（1）溶液的配制：准确称取 8.501g $Ca(NO_3)_2 \cdot 4H_2O$ 和 2.847g $(NH_4)_2HPO_4$，各加去离子水 100ml 和 345ml，配制成 0.36 mol/L $Ca(NO_3)_2$ 和 0.0625 mol/L $(NH_4)_2HPO_4$ 的稀溶液，并以浓氨水调节 $(NH_4)_2HPO_4$ 溶液的 pH 大于 10。

（2）合成 HAp：将已调节 pH 的 $(NH_4)_2HPO_4$ 溶液转移到滴液漏斗中，在持续搅拌下将其缓慢地滴入 $Ca(NO_3)_2$ 溶液（约 40 滴/分）。滴加溶液过程中，用 pH

试纸监测溶液 pH 的变化，不断补充氨水以保持溶液 pH 不低于 10。溶液滴加结束后，室温持续搅拌 24 h。反应结束后，用去离子水清洗悬浮液至 pH = 7，常压过滤，得到乳白色胶状物。

（3）除水：将上述乳白色胶状物转移至烧杯，加入少量无水乙醇，搅拌，超声 5min 后静置，倾析法倒掉上层清液，重复几次，过滤，转移至坩埚，100℃烘干，研磨。

（4）煅烧：将上述产物置于马弗炉中，900℃煅烧 2h，得到粉末状纳米羟基磷灰石。

2. 产品的表征（选做）

（1）利用粉末 X 射线衍射仪（XRD）对所制样品进行测试，确定产品的物相和晶粒大小。

（2）将得到的固体粉末均匀分布于铜网上，晾干后用透射电子显微镜（TEM）观测产品的形貌、分散情况和粒度分布情况。

【思考题】

1. 为何以湿法合成纳米粉末时，要求原料溶液的浓度很稀？

2. 反应结束后，为何要用乙醇代替溶液中的水，然后再进行干燥？

第十章　设计性实验

实验目的：设计实验要求学生自己查阅相关文献，结合实验室的实际情况，选择合适的实验方法，自主设计实验方案，独立完成实验操作和数据处理。

实验报告：实验报告应包括实验设计的基本思想，实验方法和实验步骤，原始数据记录，实验数据的处理方法和结果，依据实验方案和结果自行设计的讨论题目(应包括对实验设计的评价、影响实验结果的因素、实验中出现的问题和可能的原因、实验方案改进的设想、试验结果等)，以及参考文献。

实验要求：①利用各种检索工具查阅相关文献并做出较为详细的摘录；②参考相关文献，通过本人的综合思考，拟订详细的实验方案，并独立实施；③对实验结果进行详细的归纳总结。

实验六十五　硫酸亚铁铵的制备

【实验目的】

该目标产物是复盐，根据相关的信息，由学生设计出合理的、具体的实验步骤并独立完成该复盐的制备，加强学生对实验基本知识、基本操作、基本技能的综合运用能力及实验设计能力。

【提示】

硫酸亚铁铵又称莫尔盐，是透明浅蓝色单斜晶体，溶于水但不溶于乙醇。一般亚铁盐在空气中都易被氧化，但形成复盐后却比较稳定，不易氧化。在定量分析中，常用硫酸亚铁铵来配制亚铁离子的标准溶液。

在0～60℃，硫酸亚铁铵［$(NH_4)_2SO_4 \cdot FeSO_4 \cdot 6H_2O$］在水中的溶解度比组成它的每一组分 $FeSO_4$ 或 $(NH_4)_2SO_4$ 的溶解度都要小，因此只需要将浓度较高的 $FeSO_4$ 溶液与浓度较高的 $(NH_4)_2SO_4$ 溶液混合得硫酸亚铁铵的浓溶液适当降温就可获得晶体。

$$FeSO_4 + (NH_4)_2SO_4 + 6H_2O = FeSO_4 \cdot (NH_4)_2SO_4 \cdot 6H_2O$$

产品中的杂质 Fe^{3+} 含量可用比色法来测定，因 Fe^{3+} 能与过量的 SCN^- 生成血红色的 $[Fe(SCN)_6]^{3-}$。在产品溶液中加入 SCN^- 后，若溶液显较深的红色，则表明产品中含 Fe^{3+} 较多，反之表明产品中含 Fe^{3+} 较少。因此，可将产品溶液与 KSCN 在比色管中配成待测溶液，将它所呈现的红色与 $[Fe(SCN)_6]^{3-}$ 标准溶液色阶进行比较，找出与之红色深浅程度一致的标准溶液，则该标准溶液所示 Fe^{3+} 含量为产品的

杂质 Fe^{3+} 含量。依此便可确定产品的等级（一、二、三级的 1g 硫酸亚铁铵的含 Fe^{3+} 限量分别为 0.05 mg、0.10 mg、0.20 mg）。

【仪器与试剂】

1. 仪器　台秤、恒温水浴锅、抽滤水泵、蒸发皿、锥形瓶、量筒、比色管、石棉网。

2. 试剂　碎铁屑（固体）、硫酸铵（固体）、H_2SO_4（3mol/L）、HCl（3mol/L）、KSCN（0.1 mol/L）、10% Na_2CO_3 溶液。

【实验内容】

根据所提供的信息，设计制备硫酸亚铁铵晶体的具体步骤、写出各步骤应注意的事项、所选用的仪器药品等，制备出约 12g 的目标产物，并用比色法检测你所制备硫酸亚铁铵晶体的等级。

【实验结果】

完成一篇完整的实验报告，包括实验目的、实验原理、实验步骤、实验结果（要有详细的计算过程）、结果分析与讨论。

【注意事项】

1. 由于铁屑含有杂质砷，本实验在合成过程中，有剧毒气体 AsH_3 放出，它能刺激和麻痹神经系统，故实验需要在通风橱中进行。

2. 铁与硫酸反应，在加热过程中应不时加入少量的去离子水，以补充被蒸发的水分，防止 $FeSO_4$ 结晶出来。

3. $FeSO_4$ 溶液中加固体硫酸铵后，需充分搅拌至硫酸铵完全溶解后，才能进行蒸发浓缩。加热浓缩时间不宜过长，浓缩到一定体积后，需在室温放置一段时间，以待结晶析出、长大。

4. 硫酸亚铁铵的制备，蒸发过程不宜不停地搅动。

实验六十六　由废铁屑制备三氯化铁

【实验目的】

1. 运用所学的知识及查阅相关的文献，设计由废铁屑或铁片用氯化法来制取三氯化铁试剂。

2. 进一步掌握单质铁的还原性，以及有关无机盐制备的一般原理和方法。

3. 熟悉易水解的无机盐的制备方法。

【提示】

1. 三氯化铁是重要的化学试剂，也是印刷电路的良好腐蚀剂，用途很广，在临床上也可用做止血剂，所制的产品要纯。

2. 它可以利用廉价的原料：废边角铁片或铁屑、工业级盐酸、氯气来制取。

3. 铁片或铁屑应尽可能纯些，但有的可能含有少许铜、铅等杂质。

【思考】

1. 某些步骤是否可参考实验“硫酸亚铁铵的制备”？$FeCl_3$ 溶液蒸发浓缩时应要

注意什么？

2. 用什么物质进行除杂？在哪一步除杂好？

3. 想一想有几种能防水解的方法，说明其理由。

【要求】

1. 设计合理的制备路线，画出主要的实验装置图。

$$Fe \rightarrow FeCl_2 \rightarrow FeCl_3 \rightarrow FeCl_3 \cdot 6H_2O$$

2. 确定合适的实验条件。

3. 制取20g左右的三氯化铁。

【参考资料】

[1] 戴安邦等．无机化学教程．北京：人民教育出版社，1958年．

[2] 蚌埠自来水厂．合肥工业大学化工系．三氯化铁生产新工艺．合肥：安徽人民出版社．

[3] [苏] Ю. В. 卡尔雅金，И. И. 安捷列夫著．化工部图书编辑室译．无机化学试剂手册．北京：化学工业出版社，1959年．

实验六十七　有机酸的相对分子质量测定

【实验目的】

1. 培养学生查阅文献、综合运用相关知识的能力。

2. 培养学生独立设计实验方案、解决实际问题的能力。

3. 进一步巩固滴定分析的相关知识。

【实验室提供的条件】

1. 仪器　常用容量分析仪器，如：滴定管、容量瓶、烧杯、移液管、量筒、锥形瓶等，分析天平。

2. 试剂　有机酸样品、常用的酸和碱、常用指示剂等。

【实验提示】

当有机酸符合准确滴定的条件时，可采用酸碱滴定的方法测定有机酸的相对分子质量。在进行数据处理时，要注意反应的摩尔比关系。

【实验要求】

学生自行查阅相关文献，结合实验室的实际情况，选择合适的实验方法，自主设计实验方案，经老师审阅，方案可行（若方案不可行，可在老师的指导下反复修订方案）后，方可独立进行实验操作和数据处理，并提交实验报告。

【实验记录和报告】

原始数据要如实规范记录。

实验报告包括实验设计的基本思想，完整的实验方法和实验步骤，实验数据的处理方法和结果，实验讨论（包括对实验设计的评价、影响实验结果的因素、实验过程中出现的问题及可能的原因、实验方案改进的设想、实验结果等），参考文献。

实验六十八 鸡蛋壳中 Ca、Mg 总量的测定

【实验目的】

1. 培养学生查阅文献、综合运用相关知识的能力。
2. 培养学生独立设计实验方案、解决实际问题的能力。
3. 进一步巩固相关的理论知识。

【实验室提供的条件】

1. 仪器 常用容量分析仪器，如：滴定管、容量瓶、烧杯、移液管、量筒、锥形瓶等，分析天平。

2. 试剂 鸡蛋壳、常用滴定分析试剂（如：酸、碱、配位剂、氧化还原试剂等）、常用指示剂。

【实验提示】

1. 蛋壳的主要成分为 $CaCO_3$，并含有少量 $MgCO_3$。
2. 样品的预处理：蛋壳去内膜、洗净、烘干、研碎、过 80～100 目筛。

【实验要求】

学生自行查阅相关文献，结合实验室的实际情况，选择合适的实验方法，自主设计实验方案，经老师审阅、方案可行（若方案不可行，可在老师的指导下反复修订方案）后，方可独立进行实验操作和数据处理，并提交实验报告。

【实验记录和报告】

原始数据要如实规范记录。

实验报告包括实验设计的基本思想，完整的实验方法和实验步骤，实验数据的处理方法和结果，实验讨论（包括对实验设计的评价、影响实验结果的因素、实验过程中出现的问题及可能的原因、实验方案改进的设想、实验结果等），参考文献。

实验六十九 药物稳定性及有效期测定

【实验目的】

1. 培养学生独立思考、独立设计实验能力。
2. 掌握化学反应动力学方程和温度对化学反应速率常数的影响。
3. 熟悉药物的结构特点及其影响稳定性的因素。
4. 了解药物含量测定方法，设计化学动力学实验。

【实验背景】

药品的稳定性是指原料药及制剂保持其物理、化学、生物学和微生物学性质的能力。稳定性研究贯穿药品研究与开发的全过程，一般始于药品的临床前研究，在药品临床研究期间和上市后还应继续进行稳定性研究。我国《化学药物稳定性研究技术指导原则》中详细规定了样品的考察项目，考察内容以及考察方法，不仅为药

品的生产、包装、贮存、运输条件和有效期的确定提供了科学依据，也保障了药品使用的安全有效性。

在药品稳定性研究中，原药含量是考察项目之一，一般以原药量降低5%（特殊规定除外）的时间定为药物贮存有效期。在实际工作中，通常需要快速有效的方法预测药物制剂的稳定性，从而为进一步研究工作提供基础。

【实验提示】

1. 药物选择：金霉素水溶液（pH =6），或维生素 C 注射液。

2. 查阅相关文献，了解药物性质和特点，了解和借鉴他人研究金霉素水溶液或维生素 C 化学稳定性的方法。文献查阅时使用的关键词（供参考）：金霉素、维生素 C、稳定性、有效期。

3. 找到合适的分析方法，为动力学研究提供基础。

4. 通过加温加速实验，预测药物稳定性。通过快速实验得到的数据计算正常条件下药物的贮存有效期。

5. 设计实验方案时，应充分注意实验室的条件。

【实验室提供的条件】

1. 仪器 UV9100 紫外－可见分光光度计，721 可见分光光度计，超级恒温水浴，各种常用玻璃仪器。

2. 药品 金霉素水溶液（pH =6），维生素 C 注射液，其他常用试剂。

实验七十 二组分合金体系相图的绘制

【实验目的】

1. 培养学生独立思考、独立设计实验能力。

2. 掌握步冷曲线的测定方法和原理。

3. 初步掌握热分析法测绘金属相图的基本原理和方法，了解如何确定低共熔点及相应组成。

【实验背景】

相图又称为状态图。它明确指出在给定条件下，系统是由哪些相所构成，各相的组成又是什么等。在相图中，表示体系总组成的点称为“物系点”，表示某一相组成的点称为“相点”。

本设计性实验要求学生自已查阅相关文献，结合实验室的实际情况，选择合适的实验方法，自主设计实验方案，独立完成实验操作和数据处理，绘制 Sn 和 Pb 的合金体系相图。

【实验提示】

1. 药品选择 Sn 和 Pb。

2. 查阅相关文献，了解合金相图的性质和特点。

3. 设计实验方案时，应充分注意实验室的条件。

4. 实验时应小心。勿打翻样品以致烫伤皮肤、烫坏仪器和电线。

【实验室提供的条件】

1. 仪器　自动平衡记录仪、热电偶、电炉、泥三角 、坩埚钳、坩埚。

2. 药品　Sn 和 Pb。

【试验记录和报告】

试验记录和报告应包括实验设计的基本思想，完整的实验方法和实验步骤，原始数据记录，实验数据的处理方法和结果，实验讨论（包括对实验设计的评价、影响实验结果的因素、实验过程中出现的问题和可能的原因、实验方案改进的设想、实验结果等），以及参考文献。

【实验要求】

1. 利用各种检索工具查阅相关文献并做出较为详细的摘录。
2. 参考相关文献，通过本人的综合思想，拟定详细的实验方案，并独立实施。
3. 对实验结果进行详细的归纳总结。

实验七十一　差热分析

【实验目的】

1. 培养学生独立思考、独立设计实验能力。
2. 了解差热分析原理，掌握差热分析仪的操作技术。
3. 了解定性和定量分析谱图的方法。

【实验背景】

差热分析方法是测定物质加热（或冷却）时伴随物理、化学变化的同时产生热效应的一种方法。从热效应的测定中可以了解材料物理——化学变化与热变化的关系，以达到对物质进行定性、定量分析的目的。它是热分析法中最简单的一种，也是最普及的一种方法。但由于差热分析作为一种动态温度分析技术，长时间使用后会存在着结果偏差，并且有诸多因素影响其实验结果。

【实验提示】

1. 药品选择 $CuSO_4 \cdot 5H_2O$。
2. 查阅相关文献，了解差热分析仪的工作原理。
3. 实验时应经常注意记录笔的出水情况。
4. 电炉的温度很高，不要烫伤皮肤。

【实验室提供的条件】

1. 仪器　JCF－C 简易型差热分析仪 1 套 、XWT－264 型台式双笔自动记录仪 1 套、小样品管 2 个 、镊子、吸耳球。

2. 药品　$CuSO_4$、$5H_2O$、MgO。

【试验记录和报告】

试验记录和报告应包括实验设计的基本思想，完整的实验方法和实验步骤，原始数据记录，实验数据的处理方法和结果，实验讨论（包括对实验设计的评价、影响实验结果的因素、实验过程中出现的问题和可能的原因、实验方案改进的设想、实验结果等），以及参考文献。

【实验要求】

1. 利用各种检索工具查阅相关文献并做出较为详细的摘录。

2. 参考相关文献，通过本人的综合思想，拟定详细的实验方案，并独立实施。

3. 对实验结果进行详细的归纳总结。

实验七十二　电池电动势的测定

【实验目的】

1. 培养学生独立思考、独立设计实验能力。

2. 熟悉电动势测定原理和方法。

3. 用对消法（补偿法）测定不同温度化学电池的电动势，计算电池反应的热力学函数，$\Delta_r S_m$、$\Delta_r H_m$、$\Delta_r G_m$。

【实验背景】

电池电动势的测定，在物理化学实验中占有重要地位。它实际上是测定一系列物理化学常数所最常用的方法之一。像热力学各函数，电化学常数，平衡常数，pH等均可通过电动势的测定来求得。

电池电动势不能直接用伏特计来测定。因为电池与伏特计相接后，便成通路，电流通过引发电化学变化，溶液浓度改变，电动势不能保持恒定，不为可逆电池电动势了，而且电池本身有内阻，伏特计量得的电位差仅为电动势的一部分，即端电压。利用补偿法可以在电池无电流（或极小电流）通过时测得两极的电位差，才能表征电池电动势。

【实验提示】

1. 查阅相关文献，了解对消法测定电池电动势的特点。

2. 设计实验方案时，应充分注意实验室的条件。

【实验室提供的条件】

1. 仪器　SDC－Ⅰ精密数字电位差计1台、恒温装置1套、银电极2个、饱和NH_4NO_3盐桥1个、大试管2个、20 ml量筒2个。

2. 药品　0.1 mol/L NaCl溶液、0.1 mol/L $AgNO_3$溶液。

【试验记录和报告】

试验记录和报告应包括实验设计的基本思想，完整的实验方法和实验步骤，原始数据记录，实验数据的处理方法和结果，实验讨论（包括对实验设计的评价、影响实验结果的因素、实验过程中出现的问题和可能的原因、实验方案改进的设想、实验结果等），以及参考文献。

【实验要求】

1. 利用各种检索工具查阅相关文献并做出较为详细的摘录。

2. 参考相关文献，通过本人的综合思想，拟定详细的实验方案，并独立实施。

3. 对实验结果进行详细的归纳总结。

实验七十三 凝固点法测定尿素的相对分子质量

【实验目的】

1. 培养学生独立思考、独立设计实验能力。
2. 掌握溶液的凝固点降低法测定溶质相对分子质量的原理和使用方法。
3. 学会使用数字温度计记录温度。

【实验背景】

凝固点法测定药物的相对分子质量，在化学实验中占有重要地位。药物的相对分子质量在药物研究、生产、和使用过程都具有十分重要的意义。

【实验提示】

1. 查阅相关文献，了解凝固点降低法测定药物相对分子质量的特点。
2. 设计实验方案时，应充分注意实验室的条件。
3. 传感器不能当做搅拌器使用。

【实验室提供的条件】

1. 仪器 SDC－Ⅰ精密数字电位差计1台、量筒、大试管等。

2. 药品 NaCl、尿素。

【试验记录和报告】

试验记录和报告应包括实验设计的基本思想，完整的实验方法和实验步骤，原始数据记录，实验数据的处理方法和结果，实验讨论（包括对实验设计的评价、影响实验结果的因素、实验过程中出现的问题和可能的原因、实验方案改进的设想、实验结果等），以及参考文献。

【实验要求】

1. 利用各种检索工具查阅相关文献并做出较为详细的摘录。
2. 参考相关文献，通过本人的综合思想，拟定详细的实验方案，并独立实施。
3. 对实验结果进行详细的归纳总结。

实验七十四 左布比卡因

【实验目的】

1. 参考相关文献，拟定详细的合成路线实验方案。
2. 独立实施，完成盐酸左布比卡因的合成。

【实验背景】

盐酸左布比卡因是一种新型长效酰胺类局部麻醉药，其麻醉维持时间长，肌肉松弛良好，术中无需多次椎管内用药即能维持相对稳定的麻醉深度，麻醉药用量小，对血流动力的变化影响较小，患者有较高的安全性，同时也方便管理。局部麻醉效果和作用时间均优于布比卡因，肌体中枢神经系统和心脏毒性只有布比卡因的1/2，因此市场潜力巨大。

【实验提示】

合成路线1：

合成路线2：

【参考文献及专利】

[1] Adger B, Dyer U, et al. Stereospecific synthesis of the anaesthetic levobupivacaine. *Tetrahedron Lett*, 1996, 37: 6399 ~ 6402.

[2] Hutton G E. (Chiroscience, Ltd). The manufacture of levopupicavaine and analogues thereof. from L – lysine. WO 9611181.

[3] Langston M, Skead B M. (Chiroscience, Ltd). Crystallization of levopupicavaine and analogues thereof. WO 9612700.

实验七十五　固体药物常规理化常数的测定

【实验目的】

1. 了解药物常规理化性质和测定方法，培养学生独立实验能力。

2. 熟悉常用的药物理化性质测定的仪器设备和使用方法。

3. 了解药物理化性质在药物研究、生产和使用中的意义。

【实验背景】

药物常规的理化常数有：熔点、沸点、溶解度、吸光系数、比旋度、解离常数、分配系数等，这些理化常数在药物研究、生产和使用过程中都具有十分重要的意义。药物的理化常数是药物质量研究、剂型设计的基础，所以，学会各种理化常数的物理意义和测定方法是非常重要的。

【实验提示】

1. 查阅相关文献，特别是《中华人民共和国药典》或其他国家的药典，了解各种常规理化常数的测定方法。

2. 根据实验室条件，设计试验方案。

【实验提供的条件】

1. 仪器 紫外－可见分光光度计、721 可见分光光度计、旋光计、熔点管、超级恒温水浴、水浴恒温振荡器、各种常用玻璃仪器。

2. 药品 原料药（10 种以上）、各种其他常用试剂。

实验七十六 三草酸根合铁（Ⅲ）酸钾的制备及其 $C_2O_4^{2-}$ 含量测定

【EXPERIMENT AIM（实验目的）】

根据给出的实验原理（英文），由学生设计出合理的、具体的实验步骤并独立完成实验，巩固学生的实验基本知识、基本操作、基本技能，以及加强学生的综合运用能力及实验设计能力，并进一步培养学生独立地从事无机实验的技能，且在一定程度上提高学生的英语阅读能力。

【EXPERIMENT PRINCIPIUM（实验原理）】

1. Synthesis of the complex $K_3[Fe(C_2O_4)_3] \cdot 3H_2O$

The title complex $K_3[Fe(C_2O_4)_3] \cdot 3H_2O$ is a kind of emerald monoclinic crystal. It is very easy to be dissolved in water and very difficult to be dissolved in organic solvent. It can be dissolved 4. 9 g at 273 K and 117. 7g at 373 K in 100 g water. Beacause of its sensitization character, the complex will turn the emerald to the yellow by the light at the room temperature. The followings are the synthesis routes of the complex $K_3[Fe(C_2O_4)_3]3H_2O$.

One synthesis route is : Firstly, ferrous oxalate ($FeC_2O_4 \cdot 2H_2O$) was synthesized by using ammoniumferrous sulfate [$(NH_4)_2Fe(SO_4)_2 \cdot 6H_2O$] and oxalic acid ($H_2C_2O_4$) to react; Secondly, ferrous oxalate was oxidated to $K_3[Fe(C_2O_4)_3]$ by peroxide (H_2O_2) in the excessive oxalic acid groups; Finally, after adding the certain oxalic acid into the reaction system, $Fe(OH)_3$ can be translated into the title complex $K_3[Fe(C_2O_4)_3]$ and the crystals will be obtained by the using the ethanol to debase the solubility of the title complex. The correlative reaction equations are the followings :

$(NH_4)_2Fe(SO_4)_2 \cdot 6H_2O + H_2C_2O_4$

$= FeC_2O_4 \cdot 2H_2O + (NH_4)_2SO_4 + H_2SO_4 + 4H_2O$

$6FeC_2O_4 \cdot 2H_2O + 3H_2O_2 + 6K_2C_2O_4 = 4K_3[Fe(C_2O_4)_3] + 2Fe(OH)_3 + 12H_2O$

$2Fe(OH)_3 + 3H_2C_2O_4 + 3K_2C_2O_4 = 2K_3[Fe(C_2O_4)_3] + 6H_2O$

$2FeC_2O_4 \cdot 2H_2O + H_2O_2 + 3K_2C_2O_4 + H_2C_2O_4 = 2K_3[Fe(C_2O_4)_3] \cdot 3H_2O$

The other synthesis route is: Firstly, $Fe(OH)_3$ was synthesized with ferrous (Ⅱ) salt [$(NH_4)_2Fe(SO_4)_2 \cdot 6H_2O$, $FeCl_2$ or $Fe(SO_4)_2$] by oxidation - reduction reaction and deposition reaction; Secondly, the solution of $K_3[Fe(C_2O_4)_3]$ was obtained by the coordination reaction of $Fe(OH)_3$ and potassium binoxalate (KHC_2O_4) derived from oxalic acid and potassium hydroxide. Finally, the solution of $K_3[Fe(C_2O_4)_3]$ was vaporized in water bath, then cooled by ice - salt mixtures, emerald crystals were obtained. The followings are the correlative reaction equations:

$Fe(Ⅱ) \xrightarrow{oxidation\ \ reduction\ \ reaction\ \ deposition\ \ reaction} Fe(OH)_3$

$Fe(OH)_3 + 3KOH + 3H_2C_2O_4 = K_3[Fe(C_2O_4)_3] + 6H_2O$

2. Determination content of $C_2O_4^{2-}$ of $K_3[Fe(C_2O_4)_3] \cdot 3H_2O$

Using the solution of the normal potassium permanganate to titrate the oxalic acid derived from the reaction of the title complex $K_3[Fe(C_2O_4)_3] . 3H_2O$ and the excessive sulfuric acid, the content of $C_2O_4^{2-}$ of $K_3[Fe(C_2O_4)_3] \cdot 3H_2O$ can be calculated by the dosage of the normal potassium permanganate.

【INSTRUMENT AND REAGENT (仪器与试剂)】

1. 仪器与材料 烧杯、量筒、漏斗、抽滤瓶、布氏漏斗、蒸发皿、试管、表面皿、水浴锅、滤纸、玻璃棒。

2. 试剂 硫酸亚铁铵、氯化亚铁或硫酸亚铁、草酸、草酸钾、过氧化氢、氨水、氢氧化钾、高锰酸钾。

【EXPERIMENT CONTENT (实验内容)】

根据所提供的原理，设计制备三草酸根合铁（Ⅲ）酸钾晶体的具体步骤、写出各步骤应注意的事项、所选用的仪器药品等等，制备出2～3g的目标产物，并用滴定法测定三草酸根合铁（Ⅲ）酸钾晶体中$C_2O_4^{2-}$的含量。

[提示：确定所选用方案，计算用量；正确选用氧化剂和沉淀剂；熟悉三草酸根合铁（Ⅲ）酸钾的溶解性，尽量减少损失。]

【EXPERIMENT RESULT (实验结果)】

完成一篇完整的实验报告，包括实验目的、实验原理、实验步骤、实验结果、结果分析与讨论（学有余力的同学可以用英语来完成实验报告）。

实验七十七 氨基酸的纸层析

【实验目的】

1. 学习纸层析的原理和方法及在分离、鉴定上的应用。

2. 掌握纸层析的基本操作方法。

【实验背景】

1. 仪器　层析槽（缸）、新华1号滤纸、喷雾器等。

2. 试剂　甘氨酸、丙氨酸、赖氨酸、异亮氨酸、鸡蛋清等。

【提示】

1. 已知氨基酸 R_f 值的测定和混合氨基酸的鉴定

（1）试样、展开剂和显色剂的配制

① 各种标准氨基酸的配制：将下列氨基酸配制成0.5%水溶液或0.03mol溶液。甘氨酸 、丙氨酸 、赖氨酸、异亮氨酸。

② 氨基酸混合物的配制：取上述已配好的两个标准氨基酸溶液各10ml，混合均匀供全班使用。所配制的混合试样，标以Ⅰ、Ⅱ两种。

③ 展开剂的配制：乙醇∶水∶醋酸＝50∶10∶1（体积比）。

④ 显色剂的配制：0.2g茚三酮溶于100ml95%乙醇溶液中。

（2）标准氨基酸色列和混合物色列的制作：将新华一号滤纸裁成8cm×15cm长条。在短边1cm处用硬铅笔轻轻画上一条线，在线上轻轻打上3个点（等距并编号）。

用毛细管蘸取试样在铅笔线的点上打两个标准氨基酸试样斑点（每打一个试样，换一根毛细管，以免弄脏样品）。再用毛细管打上一个混合物的斑点。斑点的直径约为1.5mm，不宜过大。将试样号码记于实验记录本上，并把滤纸放在空气中晾干。

取一12cm×20cm标本缸，洗净烘干，加入20ml乙醇－水－醋酸展开剂，盖上盖约0.5h使标本缸内形成此溶液的饱和蒸气。将滤纸小心放入上述标本缸中，不要碰及缸壁。当展开剂的前沿位置达到滤纸上端约1cm处，小心取出滤纸，用铅笔作下展开剂前沿位置的记号。记下展开剂吸附上升所需的时间、温度和高度。将此滤纸于105℃烘箱中烘干。

（3）显色：用喷雾方式将茚三酮溶液均匀地喷在滤纸上，并放回烘箱中于105℃烘干。此时，由于氨基酸与茚三酮溶液作用而使斑点呈色。用铅笔划出斑点的轮廓以供保存。

量出每个斑点中心到原中心的距离，计算每个氨基酸的 R_f 值并通过 R_f 推断出混合氨基酸Ⅰ和Ⅱ的组成。

2. 蛋白质水解样品的分析

（1）蛋白质水解液的制备：取鸡蛋清1滴（约0.2ml），加到2ml的安瓶中，再加入2ml经过重蒸的盐酸溶液（5～7mol/L），封口后置于110℃烤箱中进行封管酸水解。24h后打破安瓶，将酸水解液转移到小烧杯中，于沸水浴上蒸去盐酸，内容物蒸干时可加少量蒸馏水，再次蒸发，重复3～4次，最后加1ml蒸馏水。

（2）水解液色列的制作：在滤纸上（28cm×22cm）点上不同体积：10、20、25、30μl的蛋清酸水解液，同时再点上一个标准氨基酸混合液点（15μl/点）。用前述相同的方法处理。

找出各种氨基酸的斑点，并求出 R_f 值。

附　录

附录一　元素相对原子质量表

元素	元素符号	相对原子质量	元素序号
氢	H	1.008	1
氦	He	4.003	2
锂	Li	6.941	3
铍	Be	9.012	4
硼	B	10.81	5
碳	C	12.01	6
氮	N	14.01	7
氧	O	16	8
氟	F	19	9
氖	Ne	20.18	10
钠	Na	22.99	11
镁	Mg	24.31	12
铝	Al	26.98	13
硅	Si	28.09	14
磷	P	30.97	15
硫	S	32.06	16
氯	Cl	35.45	17
氩	Ar	39.95	18
钾	K	39.1	19
钙	Ca	40.08	20
钪	Sc	44.96	21
钛	Ti	47.9	22
钒	V	50.94	23
铬	Cr	52	24
锰	Mn	54.94	25

续表

元素	元素符号	相对原子质量	元素序号
铁	Fe	55.85	26
钴	Co	58.93	27
镍	Ni	58.7	28
铜	Cu	63.55	29
锌	Zn	65.38	30
镓	Ga	69.72	31
锗	Ge	72.59	32
砷	As	74.92	33
硒	Se	78.96	34
溴	Br	79.9	35
氪	Kr	83.8	36
铷	Pb	85.47	37
锶	Sr	87.62	38
钇	Y	88.91	39
锆	Zr	91.22	40
铌	Nb	92.91	41
钼	Mo	95.94	42
锝	Tc	[98]	43
钌	Pu	101.1	44
铑	Ph	102.9	45
钯	Pd	106.4	46
银	Ag	107.9	47
镉	Cd	112.4	48
铟	In	114.8	49
锡	Sn	118.7	50
锑	Sb	121.8	51
碲	Te	127.6	52
碘	I	126.9	53
氙	Xe	131.3	54
铯	Cs	132.9	55
钡	Ba	137.3	56
镧	La	138.9	57
铈	Ce	140.1	58
镨	Pr	140.9	59
钕	Nd	144.2	60
钷	Pm	[147]	61

续表

元素	元素符号	相对原子质量	元素序号
钐	Sm	150.4	62
铕	Eu	152	63
钆	Gd	157.3	64
铽	Tb	158.9	65
镝	Dy	162.5	66
钬	Ho	164.9	67
铒	Er	167.3	68
铥	Tm	168.9	69
镱	Yb	173	70
镥	Lu	175	71
铪	Hf	178.5	72
钽	Ta	180.9	73
钨	W	183.9	74
铼	Pe	186.2	75
锇	OS	190.2	76
铱	Ir	192.2	77
铂	Pt	195.1	78
金	Au	197	79
汞	Hg	200.6	80
铊	Tl	204.4	81
铅	Pb	207.2	82
铋	Bi	209	83
钋	Po	[209]	84
砹	At	[210]	85
氡	Pn	[222]	86
钫	Fr	[223]	87
镭	Pa	226	88
锕	Ac	227	89
钍	Th	232	90
镤	Pa	231	91
铀	U	238	92
镎	Np	237	93
钚	Pu	[244]	94
镅	Am	[243]	95
锔	Cm	[247]	96
锫	Bk	[247]	97

续表

元素	元素符号	相对原子质量	元素序号
锎	Cf	[251]	98
锿	Es	[254]	99
镄	Fm	[257]	100
钔	Md	[258]	101
锘	No	[259]	102
铹	Lr	[260]	103

附录二 常用试剂的配制

试剂名称	浓度	配制方法
奈斯勒试剂		取11.5gHgI_2和8gKI溶于水中，稀释至50ml。再加入50ml 6 mol/L NaOH溶液，静置后取其清液，贮存于棕色瓶中
醋酸双氧铀锌		（1）溶解10g醋酸双氧铀$UO_2(Ac)_2 \cdot 2H_2O$于15ml 6 mol/L HAc溶液中，微热，并搅拌使其溶解，加水稀释至100ml （2）另取$Zn(Ac)_2 \cdot 3H_2O$ 30g溶于15ml 6 mol/L HAc溶液中，搅拌后加水稀释至100ml 将上述（1），（2）两种溶液加热至70℃后混合，放置24h后，取清液贮存于棕色瓶中
钴亚硝酸钠 $Na_3[Co(NO_2)_6]$		溶解23g $NaNO_2$于50ml水中，加入16.5ml 6 mol/L HAc和3g$Co(NO_3)_2 \cdot 6H_2O$，放置24h，取其清液，稀释至100ml，贮存于棕色瓶中
镁试剂	0.001%	取0.01g镁试剂（对硝基苯偶氮间苯二酚）溶于1L1 mol/L NaOH溶液中
铝试剂	0.1%	溶解1g铝试剂于1L水中
碘水	0.01 mol/L	取2.5g碘和3gKI，加入尽可能少的水中，搅拌至碘完全溶解，加水稀释至1L
淀粉溶液	0.5%	将1g可溶性淀粉加入100ml冷水调和均匀。将所得乳浊液在搅拌下倾入200ml沸水中，煮沸2～3min使溶液透明，冷却即可
KI—淀粉溶液		0.5%淀粉溶液中含有0.1 mol/L KI
铬酸洗液		将25g固体重铬酸钾溶于50ml水中，加热溶解。冷却后，向该溶液缓慢加入450ml浓H_2SO_4，边加边搅拌，冷却即可。切勿将$K_2Cr_2O_7$溶液加到浓H_2SO_4中
氯化汞 $HgCl_2$	0.2 mol/L	取54g $HgCl_2$溶于适量水后稀释至1L
硝酸亚汞 $Hg_2(NO_3)_2$	0.1 mol/L	取56.1g $Hg_2(NO_3)_2 \cdot 2H_2O$溶于250ml 6 mol/L HNO_3中，加水稀释至1L，并加入少量金属汞

续表

试剂名称	浓度	配制方法
硫化钠 Na_2S	1 mol/L	取 240g$Na_2S \cdot 9H_2O$ 和 40gNaOH，溶于适量水中，稀释至 1L，混匀
硫化铵 $(NH_4)_2S$	3 mol/L	在 200ml 浓氨水中通入 H_2S 气体至饱和，再加入 200ml 浓氨水稀释至 1L，混匀
硫代乙酸胺	5%	溶解 5g 硫代乙酸胺于 100ml 水中
碳酸铵 $(NH_4)_2CO_3$	1	将 96g $(NH_4)_2CO_3$ 研细，溶于 1L2 mol/L 氨水中
	12%	将 140g $(NH_4)_2CO_3$，溶于 860ml 水中
钼酸铵 $(NH_4)_2MoO_4$	0.1 mol/L	取 124g $(NH_4)_2MoO_4$ 溶于 1L 水中，然后将所得溶液倒入 1L 6 mol/L HNO_3 中，放置 24h，取其清液
氯化铵 NH_4Cl	3 mol/L	160g NH_4Cl 溶于适量水后稀释至 1L
乙酸钠 NaAc	3 mol/L	408gNaAc·$3H_2O$ 溶于 1L 水中
氯水		在水中通入氯气至饱和。氯在 25℃时溶解度为 199ml/100gH_2O
溴水		将（约）液溴注入盛有水的磨口瓶中。剧烈振荡。每次振荡之后将塞子微开，使溴蒸气放出。将清液倒入试剂瓶中备用
镍试剂	1%	溶解 10g 镍试剂（丁二酮肟）于 1L95% 乙醇溶液中
铁氰化钾	0.25 mol/L	取 $K_3[Fe(CN)_6]$ 8.2g 溶于少量水后稀释至 100ml
亚铁氰化钾 $K_4[Fe(CN)_6]$	0.25 mol/L	取 $K_4[Fe(CN)_6]$ 10.6g 溶于少量水后稀释至 100ml
硫氰酸汞铵 $(NH_4)_2Hg(SCN)_4$	0.15 mol/L	取 8g $HgCl_2$ 和 9g NH_4SCN 溶于 100ml 水中
邻菲罗啉	2%	取 2g 邻菲罗啉溶于 100ml 水中
亚硝酸铁氰化钠 $Na_2[Fe(CN)_5NO]$	1%	取 1g $Na_2[Fe(CN)_5NO]$ 溶于 100ml 水中，贮存于棕色瓶中
对-氨基苯磺酸	0.34%	将 0.5g 对-氨基苯磺酸溶于 150ml 2 mol/L HAc 中
α-萘胺	0.12%	将 0.3gα-萘胺溶于 20ml 水中，加热煮沸后，在所得溶液中加入 150ml 2 mol/L HAc
二苯硫腙	0.01%	取 0.01g 二苯硫腙溶于 100mlCCl_4 中
硫脲	10%	取 10g 硫脲溶于 100ml 1 mol/L HNO_3 中

续表

试剂名称	浓度	配制方法
二苯胺	1%	将1g 二苯胺在搅拌下溶于100ml 浓硫酸中
三氯化锑 $SbCl_3$	0.1 mol/L	取22.8g $SbCl_3$ 溶于330ml 6 mol/L HCl 中，加水稀释至1L
三氯化铋 $BiCl_3$	0.1 mol/L	取31.6g $BiCl_3$ 溶于330ml 6 mol/L HCl 中，加水稀释至1L
氯化亚锡 $SnCl_2$	0.1 mol/L	取22.6g $SnCl_2 \cdot 2H_2O$ 溶于330ml 6 mol/L HCl 中，加水稀释至1L，加入几粒纯锡，以防氧化
三氯化铁 $FeCl_3$	1 mol/L	取90g $FeCl_3 \cdot 6H_2O$ 溶于80ml6 mol/L HCl 中，加水稀释至1L
三氯化铬	0.5 mol/L	取44.5g $CrCl_3 \cdot 6H_2O$ 溶于40ml 6 mol/L HCl 中，加水稀释至1L
硫酸亚铁 $FeSO_4$	0.1 mol/L	取69.5g $FeSO_4 \cdot 7H_2O$ 溶于适量水中，缓慢加入5ml 浓 H_2SO_4，再用水稀释至1L，并加入数枚小铁钉，以防氧化

附录三 常用指示剂及其配制

1. 酸碱指示剂（18~25℃）

名称	pH 变色范围	颜色变化	配制方法
百里酚蓝，0.1%	1.2~2.8	红~黄	0.1g 指示剂溶于100ml20% 乙醇溶液中
甲基黄，0.1%	2.9~4.0	红~黄	0.1g 指示剂溶于100ml20% 乙醇溶液中
甲基橙，0.1%	3.1~4.4	红~黄	0.1g 甲基橙溶于100ml 热水
溴酚蓝，0.1%	3.0~4.6	黄~紫	0.1g 溴酚蓝溶于100ml20% 乙醇溶液中。或0.1g 溴酚蓝与3ml 0.05 mol/L NaOH 溶液混匀，加水稀释至100ml
溴甲酚绿，0.1%	3.8~5.4	黄~蓝	0.1%的20% 乙醇溶液或1g 溴甲酚绿与20ml 0.05 mol/L NaOH 溶液混匀，加水稀释至100ml
甲基红，0.1%	4.4~6.2	红~黄	0.1g 甲基红溶于100ml 60% 乙醇溶液中
溴百里酚蓝，0.1%	6.2~7.6	黄~蓝	0.1g 溴百里酚蓝溶于100ml20% 乙醇溶液中
中性红，0.1%	6.8~8.0	红~黄橙	0.1g 中性红溶于100ml 60% 乙醇溶液中
苯酚红，0.1%	6.8~8.4	黄~红	0.1g 苯酚红溶于100ml 60% 乙醇溶液中
酚酞，0.1%	8.2~10.0	无色~红	1g 酚酞溶于100ml 90% 乙醇溶液中
百里酚蓝，0.1%	8.0~9.6	黄~蓝	0.1g 百里酚蓝溶于100ml 20% 乙醇溶液中
百里酚酞，0.1%	9.4~10.6	无色~蓝	0.1g 百里酚酞溶于100ml 90% 乙醇溶液中

2. 金属指示剂

名称	颜色		配制方法
	游离态	化合物	
铬黑 T（EBT）	蓝	红	① 将 0.5g 铬黑 T 溶于是 100ml 水中 ② 将 1g 铬黑 T 与 100gNaCl 研细、混匀
钙指示剂	蓝	红	将 0.5g 钙指示剂与 100gNaCl 研细、混匀
二甲酚橙（XO），0.1%	黄	红	将 0.1g 二甲酚橙溶于 100ml 水中
K－B 指示剂	蓝	红	将 0.5g 酸性铬蓝 K 加 1.25g 萘酚绿 B，再加 25gKNO_3 研细，混匀
磺基水杨酸，1%	无色	红	将 1g 磺基水杨酸溶于 100ml 水中
吡啶偶氮萘酚（PAN），0.1%	黄	红	将 0.1g 吡啶偶氮萘酚溶于 100ml 乙醇中
邻苯二酚紫，0.1%	紫	蓝	将 0.1g 邻苯二酚紫溶于 100ml 水中
钙镁试剂（calmagite）	红	蓝	将 0.5g 钙镁试剂溶于水 100ml 中

3. 几种常用的吸附指示剂简表

名称	待测离子	滴定剂	颜色变化	适用的 pH
荧光黄（荧光素）	Cl^-	Ag^+	黄绿色（有荧光→粉红色）	7～10
二氯荧光黄	Cl^-	Ag^+	黄绿色（有荧光）→红色	4～10
曙红（四溴荧光黄）	Br^-，I^-，SCN^-	Ag^+	橙黄色（有荧光）→红紫色	2～10
酚藏红	Cl^-，Br^-	Ag^+	红色→蓝色	酸性

4. 常用酸碱混合指示剂

指示剂溶液的组成	变色点 pH	颜色		备注
		酸色	碱色	
1 份 0.1% 甲基黄乙醇溶液 1 份 0.1% 亚甲基蓝乙醇溶液	3.25	蓝紫	绿	pH＝3.2 蓝紫色 pH＝3.4 绿色
1 份 0.1% 甲基橙水溶液 1 份 0.25% 靛蓝二磺酸钠水溶液	4.1	紫	黄绿	pH＝4.1 灰色
3 份 0.1% 溴甲酚绿乙醇溶液 1 份 0.2% 甲基红乙醇溶液	5.1	酒红	绿	颜色变化极显著
1 份 0.1% 溴甲酚绿钠盐水溶液 1 份 0.1% 氯酚红钠盐水溶液	6.1	黄绿	蓝紫	pH＝5.4 蓝绿色 pH＝5.8 蓝色 pH＝6.0 蓝微带紫色 pH＝6.2 蓝紫色
1 份 0.1% 中性红乙醇溶液 1 份 0.1% 亚甲基蓝乙醇溶液	7.0	蓝紫	绿	pH＝7.0 蓝紫色

续表

指示剂溶液的组成	变色点 pH	颜色		备注
		酸色	碱色	
1 份 0.1% 甲酚红钠盐水溶液 3 份 0.1% 百里酚蓝钠盐水溶液	8.3	黄	紫	pH = 8.2 粉色 pH = 8.4 紫色
1 份 0.1% 酚酞乙醇溶液 2 份 0.1% 甲基绿乙醇溶液	8.9	绿	紫	pH = 8.8 浅蓝色 pH = 9.0 紫色
1 份 0.1% 酚酞乙醇溶液 1 份 0.1% 百里酚乙醇溶液	9.9	无	紫	pH = 9.6 玫瑰色 pH = 10.0 紫色

5. 氧化还原指示剂

名称	变色电位 φ/V	颜色		配制方法
		氧化态	还原态	
二苯胺，1%	0.76	紫	无色	将 1g 二苯胺在搅拌下溶于 100ml 浓硫酸和 100ml 浓磷酸，贮存于棕色瓶中
二苯胺磺酸钠，0.5%，	0.85	紫	无色	将 0.5g 二苯胺磺酸钠溶于 100ml 水中，必要时过滤
邻苯氨基苯甲酸，0.2%	0.89	紫红	无色	将 0.2g 邻苯氨基苯甲酸加热溶解在 100ml0.2% Na_2CO_3 溶液中，必要时过滤
邻二氮菲硫酸亚铁，0.5%	1.06	浅蓝	红	将 0.5g$FeSO_4 \cdot 7H_2O$ 溶于 100ml 水中，加 2 滴 H_2SO_4，加 0.5g 邻二氮杂菲

6. 常用试纸的制备

试纸名称及颜色	制备方法	用途
石蕊试纸 （红色或蓝色）	用热的乙醇处理市售石蕊以除去夹杂的红色素。倾去浸液，1 份残渣与 6 份 H_2O 浸煮并不断摇荡，滤去不溶物，将滤液分成两份，1 份加稀 H_3PO_4 或 H_2SO_4 至变红，另 1 份加稀 NaOH 至变蓝，然后将滤纸条分别浸入这两种溶液中，取出后在避光且没有酸、碱蒸气的房中晾干	红色试纸在碱性溶液中变蓝色；蓝色试纸在酸性溶液中变红色
酚酞试纸 （白色）	将 1g 酚酞溶于 100ml 95% 乙醇溶液中，振摇溶液，同时加入 100ml H_2O，将滤纸条浸入，取出置于无 NH_3 蒸气处晾干	在碱性溶液中变成深红色
刚果红试纸 （红色）	将 0.5g 刚果红溶于 1L 水中，加 5 滴 HAc，滤纸条在温热溶液中浸湿后，取出晾干	与无机酸及 HCOOH，$ClCH_2COOH$,HOOCCOOH 等有机酸作用变蓝。
淀粉 - KI 试纸 （白色）	将 3g 淀粉与 25ml 水搅和，倾入 225ml 沸水中，加 1gKI 及 1g$Na_2CO_3 \cdot 10H_2O$ 用水稀释至 500ml，将滤纸条浸入，取出晾干	用以检出氧化剂（特别是卤素），作用时变蓝色
Pb（Ac)$_2$ 试纸 （白色）	将滤纸浸入 3%Pb（Ac)$_2$ 溶液中，取出后在无 H_2S 处晾干	用以检出痕量的 H_2S，作用时变黑

附录四 常用的缓冲溶液及洗涤剂

1. 常用缓冲溶液

缓冲溶液组成	pK_a	缓冲溶液 pH	缓冲溶液配制方法
$H_2NCH_2COOH-HCl$	2.35 pK_{a1}	2.3	取 150g H_2NCH_2COOH 溶于 500ml 水中，加 80ml 浓 HCl，稀释至 1L
H_3PO_4 - 柠檬酸盐	—	2.5	取 113g $Na_2HPO_4 \cdot 12H_2O$ 溶于 200ml 水中，加 387g 柠檬酸溶解，过滤后稀释至 1L
$ClCH_2COOH-NaOH$	2.86	2.8	取 200g $ClCH_2COOH$ 溶于 200ml 水中，加 40gNaOH 溶解后，稀释至 1L
邻苯二甲酸氢钾 - HCl	2.95 pK_{a1}	2.9	取 500g 邻苯二甲酸氢钾溶于 500ml 水中，加 80ml 浓 HCl，稀释至 1L
HCOOH - NaOH	3.76	3.7	取 95gHCOOH 和 40gNaOH 于 500ml 水中，溶解，稀释至 1L
$NH_4Ac-HAc$	—	4.5	取 77g NH_4Ac 溶于 200ml 水中，加 59ml 冰 HAc，稀释至 1L
NaAc - HAc	4.74	4.7	取 83g 无水 NaAc 溶于水中，加 60ml 冰 HAc，稀释至 1L
NaAc - HAc	4.74	5.0	取 160g 无水 NaAc 溶于水中，加 60ml 冰 HAc，稀释至 1L
$NH_4Ac-HAc$	—	5.0	取 250g NH_4Ac 溶于水中，加 25ml 冰 HAc，稀释至 1L
六次甲基四胺 - HCl	5.15	5.4	取 40g 六次甲基四胺溶于 200ml 水中，加 10ml 浓 HCl，稀释至 1L
$NH_4Ac-HAc$	—	6.0	取 600g NH_4Ac 溶于水中，加 20ml 冰 HAc，稀释至 1L
NaAc - H_3PO_4 盐	—	8.0	取 50g 无水 NaAc 和 50g$Na_2HPO_4 \cdot 12H_2O$ 溶于水中，稀释至 1L
三羟甲基氨基甲烷 - HCl	8.21	8.2	取 25g 三羟甲基氨基甲烷溶于水中，加 8ml 浓 HCl，稀释至 1L
NH_3-NH_4Cl	9.26	9.2	取 54gNH_4Cl 溶于水中，加 63ml 浓 $NH_3 \cdot H_2O$，稀释至 1L
NH_3-NH_4Cl	9.26	9.5	取 54gNH_4Cl 溶于水中，加 126ml 浓 $NH_3 \cdot H_2O$，稀释至 1L
NH_3-NH_4Cl	9.26	10.0	取 54gNH_4Cl 溶于水中，加 350ml 浓 $NH_3 \cdot H_2O$，稀释至 1L

2. 常用洗涤剂

名称	配制方法	备注
合成洗涤剂	将合成洗涤剂粉用热水搅拌配成浓溶液	用于一般的洗涤
皂角水	将皂角捣碎，用水熬成溶液	同上
H_2CrO_4 洗液	取 20g$K_2Cr_2O_7$（LR）于 500ml 烧杯中，加 40ml 水，加热溶解，冷后，缓缓加入 320ml 浓硫酸即成（注意边加边搅），贮存于磨口细口瓶中	用于洗涤油污及有机物，使用时防止被水稀释。用后倒回远原瓶，可反复使用，直至溶液变为绿色
$KMnO_4$ 碱性洗液	取 4g $KMnO_4$（LR），溶于少量水中，缓缓加入 100ml10% NaOH 溶液	用于洗涤油污及有机物，洗后玻璃壁上附着的 MnO_2 沉淀，可用粗亚铁或 Na_2SO_3 溶液洗去
碱性乙醇溶液	30% ~40% NaOH 乙醇溶液	用于洗涤油污
乙醇 - 浓 HNO_3 洗液		用于沾有有机物或油污的结构较复杂是仪器，洗涤时先加少量及于脏仪器中，再加入少量 HNO_3，即产生大量棕色 NO_2，将有机物氧化而破坏

附录五 常用的物理和化学数据表

1. 常用的物理和化学常数

量的名称（Quantity）	量的符号（Symbol）	量的数值（SI）（Numerical value）
光在真空中的传播速度（speed of light in vacuum）	c	2.99792458×10^8 m/s
普朗克常数（Planck constant）	h	6.6260693（11）$\times 10^{-34}$ J·s
万有引力常数（Newtonian constant of gravitation）	G	6.6742（10）$\times 10^{-11}$ m^3/（kg·s^2）
重力加速度（Standard acceleration of gravity）	g	9.80665 m/s^2
基本电荷（elementary charge）	e	1.60217653（14）$\times 10^{-19}$ C
阿佛加特罗常数（Avogadro constant）	N_A, L	6.0221415（10）$\times 10^{23}$/mol
电子静止质量（electron mass）	m_e	9.1093826（16）$\times 10^{-31}$ kg
质子静止质量（proton mass）	m_p	1.67262171（29）$\times 10^{-27}$ kg
中子静止质量（neutron mass）	M_n	1.67492728（29）$\times 10^{-27}$ kg
法拉第常数（Faraday constant）	$F = N_A e$	9.64853383（83）$\times 10^4$ C/mol
摩尔气体常数（molar gas constant）	R	8.314472（15）J/（mol·K）
玻尔兹曼常数（Boltzmann constant）	k	1.3806505（24）$\times 10^{-23}$ J/K

续表

量的名称（Quantity）	量的符号（Symbol）	量的数值（SI）（Numerical value）
真空介电常数（electric constant）	ε_0	8.85418782（7）$\times 10^{-12}$ C/（mol·m）
电子质荷比	e/m_e	1.758805（5）$\times 10^{11}$ C/kg
里德堡常数（Rydberg constant）	R_∞	1.0973731568525（73）$\times 10^{7}$/m
玻尔磁子（Bohr magneton）	μ_B	9.27400949（80）$\times 10^{-24}$ J/T
玻尔半径（Bohr radius）	$a_0 = a \mid 4\pi R_\infty$	5.291772108（18）$\times 10^{-11}$ m

2. 不同温度下水的黏度（η）和表面张力（σ）

t（℃）	$\eta \times 10^3$（Pa·s）	$\sigma \times 10^3$（N/m）	t（℃）	$\eta \times 10^3$（Pa·s）	$\sigma \times 10^3$（N/m）
0	1.787	75.64	25	0.8904	71.97
5	1.519	74.92	26	0.8705	71.82
10	1.307	74.23	27	0.8513	71.66
11	1.271	74.07	28	0.8327	71.50
12	1.235	73.93	29	0.8148	71.35
13	1.202	73.78	30	0.7975	71.20
14	1.169	73.64	35	0.7197	70.38
15	1.139	73.49	40	0.6529	69.60
16	1.109	73.34	45	0.5960	68.74
17	1.081	73.19	50	0.5468	67.94
18	1.053	73.05	55	0.5040	67.05
19	1.027	72.90	60	0.4665	66.24
20	1.002	72.75	70	0.4042	64.47
21	0.9779	72.59	80	0.3547	62.67
22	0.9548	72.44	90	0.3147	60.82
23	0.9325	72.28	100	0.2818	58.91
24	0.9111	72.13			

3. 不同温度下液体的密度（kg/m^3）

t（℃）	水 Water	苯 Benzene	甲苯 Methyl benzene	乙醇 Alcohol	三氯甲烷 Trichlormethane	汞 Mercury	醋酸 Acetic acid
0	0.9998425		0.886	0.80625	1.526	13.5955	1.0718
5	0.9999668	—	—	0.80207	—	13.5832	1.0660
10	0.9997026	0.887	0.375	0.79788	1.496	13.5708	1.0603
11	0.9996081	—	—	0.79704	—	13.5684	1.0591
12	0.9995004	—	—	0.79620	—	13.5659	1.0580

续表

t (℃)	水 Water	苯 Benzene	甲苯 Methyl benzene	乙醇 Alcohol	三氯甲烷 Trichlormethane	汞 Mercury	醋酸 Acetic acid
13	0.9993801	——	——	0.79535	——	13.5634	1.0568
14	0.9992474	——	——	0.79451	——	13.5610	1.0557
15	0.9991026	0.883	0.870	0.79367	1.486	13.5585	1.0546
16	0.9989460	0.882	0.869	0.79283	1.484	13.5561	1.0534
17	0.9987779	0.882	0.867	0.79198	1.482	13.5536	1.0523
18	0.9985986	0.881	0.866	0.79114	1.480	13.5512	1.0512
19	0.9984082	0.880	0.865	0.79029	1.478	13.5487	1.0500
20	0.9982071	0.870	0.864	0.78945	1.476	13.5462	1.0489
21	0.9979955	0.879	0.863	0.78860	1.474	13.5438	1.0478
22	0.9977735	0.878	0.862	0.78775	1.472	13.5413	1.0467
23	0.9975415	0.877	0.861	0.78691	1.471	13.5389	1.0455
24	0.9972995	0.876	0.860	0.78606	1.469	13.5364	1.0444
25	0.9970479	0.875	0.859	0.78522	1.467	13.5340	1.0433
26	0.9967867	——	——	0.78437	——	13.5315	1.0422
27	0.9965162	——	——	0.78352	——	13.5291	1.0410
28	0.9962365	——	——	0.78267	——	13.5266	1.0399
29	0.9959478	——	——	0.78182	——	13.5242	1.0388
30	0.9956502	0.869	——	0.78097	1.460	13.5217	1.0377
40	0.9922187	0.858	——	0.772	1.451	13.4973	——
50	0.9880393	0.847	——	0.763	1.433	13.4729	——
90	0.9653230	0.836	——	0.754	1.411	13.3762	

4. 不同温度下水的饱和蒸汽压

t (℃)	p (kPa)	t (℃)	p (kPa)	t (℃)	p (kPa)
0	0.612 5	34	5.320	68	28.56
1	0.656 8	35	5.623	69	29.83
2	0.705 8	36	5.942	70	31.16
3	0.758 0	37	6.275	71	32.52
4	0.813 4	38	6.625	72	33.95
5	0.872 4	39	6.992	73	35.43
6	0.935 0	40	7.376	74	35.96
7	1.002	41	7.778	75	38.55
8	1.073	42	8.200	76	40.19
9	1.148	43	8.640	77	41.88
10	1.228	44	9.101	78	43.64

续表

t（℃）	p（kPa）	t（℃）	p（kPa）	t（℃）	p（kPa）
11	1.312	45	9.584	79	45.47
12	1.402	46	10.09	80	47.35
13	1.497	47	10.61	81	49.29
14	1.598	48	11.16	82	51.32
15	1.705	49	11.74	83	53.41
16	1.818	50	12.33	84	55.57
17	1.937	51	12.96	85	57.81
18	2.064	52	13.61	86	60.12
19	2.197	53	14.29	87	62.49
20	2.338	54	15.00	88	64.94
21	2.487	55	15.74	89	67.48
22	2.644	56	16.51	90	70.10
23	2.809	57	17.31	91	72.80
24	2.985	58	18.14	92	75.60
25	3.167	59	19.01	93	78.48
26	3.361	60	19.92	94	81.45
27	3.565	61	20.86	95	84.52
28	3.780	62	21.84	96	87.67
29	4.006	63	22.85	97	90.94
30	4.248	64	23.91	98	94.30
31	4.493	65	25.00	99	97.76
32	4.755	66	26.14	100	101.30
33	5.030	67	27.33		

5. 不同温度下水和乙醇的折光率*

t（℃）	纯 水 Water	99.8%乙醇 Alcohol（99.8%）	t（℃）	纯 水 Water	99.8%乙醇 Alcohol（99.8%）
14	1.33348		34	1.33136	1.35474
15	1.33341		36	1.33107	1.35390
16	1.33333	1.36210	38	1.33079	1.35306
18	1.33317	1.36129	40	1.33051	1.35222
20	1.33299	1.36048	42	1.33023	1.35138
22	1.33281	1.35967	44	1.32992	1.35054
24	1.33262	1.35885	46	1.32959	1.34969
26	1.33241	1.35803	48	1.32927	1.34885
28	1.33219	1.35721	50	1.32894	1.34800
30	1.33192	1.35639	52	1.32860	1.34715
32	1.33164	1.35557	54	1.32827	1.34629

*相对于空气；钠光波长589.3nm。

6. 不同温度下 KCl 的摩尔溶解热 $\Delta_{isol}H_m$ （kJ/mol）

t（℃）	$\Delta_{isol}H_m$	t（℃）	$\Delta_{isol}H_m$
5	20.941	20	18.297
6	20.740	22	17.995
8	20.338	24	17.702
10	19.979	25	17.556
12	19.623	26	17.414
14	19.276	28	17.138
15	19.100	30	16.874
16	18.933	32	16.615
18	18.602	34	16.372

注：1molKCl 溶于 200mol 水中的积分溶解热

7. 浓度 KCl 在不同温度下的电导率 κ（S/cm）

t（℃）	c（mol/L）			
	1.000**	0.1000	0.0200	0.0100
0	0.06541	0.00715	0.001521	0.000776
5	0.07414	0.00822	0.001752	0.000896
10	0.08319	0.00933	0.001994	0.001020
15	0.09252	0.01048	0.002243	0.001147
16	0.09441	0.01072	0.002294	0.001173
17	0.09631	0.01095	0.002345	0.001199
18	0.09822	0.01119	0.002397	0.001225
19	0.10014	0.01143	0.002449	0.001251
20	0.10207	0.01167	0.002501	0.001278
21	0.10400	0.01191	0.002553	0.001305
22	0.10594	0.01215	0.002606	0.001332
23	0.10789	0.01239	0.002659	0.001359
24	0.10984	0.01264	0.002712	0.001386
25	0.11180	0.01288	0.002765	0.001413
26	0.11377	0.01313	0.002819	0.001441
27	0.11574	0.01337	0.002873	0.001468
28		0.01362	0.002927	0.001496
29		0.01387	0.002981	0.001524
30		0.01412	0.003036	0.001552
35		0.01539	0.003312	
36		0.01564	0.003368	

* 在空气中称取 74.56gKCl，溶于 18℃水中，稀释到 1L，其浓度为 1.000mol/L（密度 1.0449g/cm³），再稀释得其他浓度溶液。

8. 98K 时常见离子在无限稀释水溶液中的摩尔电导率 Λ_m^∞ (S·m²/mol)

离子 (ion)	Λ_m^∞ ×10⁴	离子 (ion)	Λ_m^∞ ×10⁴	离子 (ion)	Λ_m^∞ ×10⁴
Ag^+	61.9	F^-	54.4	IO_3^-	40.5
Ba^{2+}	127.8	ClO_3^-	64.4	IO_4^-	54.5
Ca^{2+}	118.4	ClO_4^-	67.9	NO_2^-	71.8
Cu^{2+}	110	CN^-	78	NO_3^-	71.4
Fe^{2+}	108	CO_3^{2-}	144	OH^-	198.6
Fe^{3+}	204	CrO_4^{2-}	170	PO_4^{3-}	207
H^+	349.82	$Fe(CN)_6^{4-}$	444	SCN^-	66
Hg^+	106.12	$Fe(CN)_6^{3-}$	303	SO_3^{2-}	159.8
K^+	73.5	HCO_3^-	44.5	SO_4^{2-}	160
Mg^{2+}	106.12	HS^-	65	Ac^-	40.9
NH_4^+	73.5	HSO_3^-	50	$C_2O_4^{2-}$	148.4
Na^+	50.11	HSO_4^-	50	Br^-	73.1
Zn^{2+}	105.6	I^-	76.8	Cl^-	76.35

参考文献

[1] 李发美. 分析化学实验指导. 第2版. 北京：人民卫生出版社，2007.
[2] 孙毓庆. 分析化学实验. 北京：科学出版社，2004.
[3] 武汉大学. 分析化学实验. 第4版. 北京：高等教育出版社，1999.
[4] 雷丽红. 分析化学实验. 第2版. 北京：中国医药科技出版社，2006.
[5] 铁步荣. 无机化学实验. 第2版. 中国中医药出版社，2008.
[6] 华东化工学院. 无机化学实验. 第3版. 北京：高等教育出版社 1990.
[7] 吴世华. 无机化学实验，北京：科学出版社，2010.
[8] 赵剑英. 有机化学实验. 北京：化学工业出版社，2009.
[9] 程青芳. 有机化学实验. 南京：南京大学出版社，2006.
[10] 夏忠英. 有机化学实验. 北京：中国中医药出版社，1996.
[11] 张毓凡. 有机化学实验. 天津：南开大学出版社，1999.
[12] 北京大学化学系物理化学教研室. 物理化学实验，第3版. 北京：北京大学出版社，1995.
[13] 复旦大学. 物理化学实验. 第3版. 北京：高等教育出版社，2004.
[14] 李三鸣. 物理化学实验. 北京：中国医药科技出版社，2007.
[15] 刘文英. 药物分析. 北京：人民卫生出版社，2004.
[16] 南京大学. 物理化学实验. 南京：南京大学出版社，1995.
[17] 魏红，吴秋业. 物理化学实验（1）. 北京：人民卫生出版社，2005.
[18] 尹业平，王辉宪. 物理化学实验. 北京：科学出版社，2006.
[19] 张师愚，杨慧森. 物理化学实验. 北京：科学出版社，2002.
[20] Crockford H D, Nowell J W, Baird H W, Getzen F W. Laboratory manual of Physical Chemistry, 2nd ed. John Wiley & Sons, 1975.
[21] Daniels F, Williams J W, Bender P, Alberty R A, Cornwell C D, Harriman J E. Experimental Physical Chemistry, 7th ed. McGraw Hill, 1970.
[22] David R. Lide, ed. CRC Handbook of Chemistry and Physics, 85th. CRC Press, 2005.
[23] Gao Zi. Experimental Physical Chemistry. Beijing: Higher Education Press, 2005.

参考文献

[1] [illegible]分析化学实验指导. 第2版. 北京: 人民卫生出版社, 2007.

[2] [illegible]. 北京: [illegible]出版社, 2004.

[3] 武汉大学. 分析化学. 第4版. 北京: 高等教育出版社, [illegible].

[4] [illegible]. 第2版. 北京: [illegible]出版社, [illegible].

[5] [illegible]. 第2版. [illegible]出版社, 2008.

[6] [illegible]. 第3版. [illegible]出版社, 1990.

[7] [illegible]. 2010.

[8] [illegible]. 北京: [illegible]出版社, 2003.

[9] [illegible]. 南京: [illegible]出版社, 2006.

[10] [illegible]. 北京: [illegible]出版社, 1998.

[11] [illegible]. [illegible]出版社, 1989.

[12] 北京大学[illegible]物理化学[illegible]. 物理化学实验. 第3版. 北京: 北京大学出版社, 1995.

[13] [illegible]. 北京: [illegible]出版社, 2003.

[14] [illegible]. 物理化学实验. [illegible]出版社, 2007.

[15] [illegible]. 北京: 人民卫生出版社, 2004.

[16] [illegible]. 物理化学实验. 南京: 东南大学出版社, 1998.

[17] [illegible]. 物理化学实验 (Ⅱ). 北京: [illegible]出版社, 2006.

[18] [illegible]. 物理化学实验. 北京: [illegible]出版社, 2006.

[19] [illegible]. 物理化学实验. 上海: [illegible]出版社, 2002.

[20] Crockford H D, Nowell J W, Baird H W, Getzen F W. Laboratory manual of Physical Chemistry. 2nd ed. John Wiley & Sons, 1975.

[21] Daniels F, Williams J W, Bender P, Alberty R A, Cornwell C D, Harriman J E. Experimental Physical Chemistry. 7th ed. McGraw-Hill, 1970.

[22] David R Lide. ed. CRC Handbook of Chemistry and Physics, 80th. CRC Press, 2003.

[23] Guo Z. Experimental Physical Chemistry. Beijing: Higher Education Press, 2005.